"十二五"江苏省高等学校重点教材(编号：2014-1-137)

南京大学·大学数学系列

微 积 分 Ⅰ

（第二版）

张运清　黄卫华　孔　敏

邓卫兵　廖良文　周国飞　编

科学出版社

北京

内 容 简 介

本套书由《微积分I（第二版）》、《微积分II（第二版）》两本书组成.《微积分 I（第二版）》内容包括极限与函数的连续性、导数与微分、导数的应用、不定积分、定积分及其应用、广义积分、向量代数与空间解析几何. 在附录中简介了行列式和矩阵的部分内容.《微积分 II（第二版）》内容包括多元函数微分学、二重积分、三重积分及其应用、曲线积分、曲面积分、场论初步、数项级数、幂级数、傅里叶级数、广义积分的敛散性的判别法、常微分方程初步等. 本套书继承了微积分的传统特色, 内容安排紧凑合理, 例题精练, 习题量适难易恰当.

本套书可供综合性大学、理工科大学、师范院校作为教材, 也可供相关专业的工程技术人员参考阅读.

图书在版编目(CIP)数据

微积分. I /张运清等编. —2 版. —北京: 科学出版社, 2016.6

"十二五"江苏省高等学校重点教材. 南京大学·大学数学系列

ISBN 978-7-03-048410-9

I. ① 微… II. ① 张… III. ① 微积分–高等学校–教材 IV. ① O172

中国版本图书馆 CIP 数据核字 (2016) 第 117210 号

责任编辑: 黄 海 许 蕾 / 责任校对: 郑金红
责任印制: 张 倩 / 封面设计: 许 瑞

科学出版社 出版

北京东黄城根北街 16 号
邮政编码: 100717
http://www.sciencep.com

新科印刷有限公司印刷
科学出版社发行 各地新华书店经销
*

2013 年 8 月第 一 版 开本: 787×1092 1/16
2016 年 6 月第 二 版 印张: 16 1/2
2017 年 6 月第五次印刷 字数: 380 000
定价: 39.00 元
(如有印装质量问题, 我社负责调换)

第二版前言

本书第一版在 2013 年 8 月正式出版, 2014 年被江苏省教育厅列入江苏省高等学校重点教材立项建设名单 (修订教材). 自 2013 年以来, 我们在南京大学 2013、2014、2015 级的本科生中使用了该教材, 在教学使用中取得了良好的效果. 在使用过程中, 我们也发现了第一版存在的一些问题和不足之处. 在多次倾听任课老师的建议以及学生的意见后, 根据这些建议和意见, 并根据教学实践中积累的经验, 我们对第一版进行了修订, 从而形成了本书的第二版.

在此次修订中, 我们保持了这套教材原有的编写思想与基本内容框架, 但对一些在教学过程中发现的不能适应课堂教学的部分进行了修改. 我们首先纠正了第一版中的一些排版错误, 更正了习题参考答案中的个别错误答案. 其次, 我们对部分知识点进行了重写 (如第 7 章两类曲线积分之间的关系, 第 10 章微分方程积分因子等), 修改了一些结论的证明 (如第 7 章格林公式的证明、第 8 章正项级数柯西积分判别法的证明等), 修改了一些例题的解法 (如第 6 章二重积分换元积分法部分的例题, 第 7 章格林公式部分的例题, 第 8 章幂级数部分的例题, 以及第 8 章广义积分敛散性判别法部分的例题等), 并对微积分 I 和微积分 II 的几乎所有章节都有针对性地增加了大量难度不同的习题, 删除了第一版中某些难度不合适的习题, 从而使本书更加适应于微积分课程的教学, 也更适合学生自学和自我检测.

此次修订工作由张运清老师具体负责, 邓卫兵、黄卫华、孔敏、廖良文和周国飞老师提供了具体的修订意见, 并进行了审阅. 南京大学数学系主任秦厚荣教授、副主任朱晓胜教授对本书的再版提供了很多具体的支持和帮助, 很多任课教师也对本书的编写和修订提出了许多宝贵的意见和建议, 在此谨向他们致以诚挚的谢意. 编者特别感谢科学出版社黄海、许蕾等编辑和工作人员为本书的出版所付出的辛勤劳动.

由于编者水平有限, 书中错误和不足之处在所难免, 期盼广大读者批评指正.

编 者

2016 年 6 月

第一版前言

为了使大学数学的教学内容更加适应新形势的需要, 我们根据南京大学新的招生形式 (按大类招生)、国际交流的需要, 以及 "三三制" 教学模式的要求, 在数学系和教务处的指导下, 对我校非数学系的外系科大学数学的教学进行了多次研讨, 确定了外系科大学数学的教学模式和教学大纲. 微积分是大学生必修的基础数学课, 学习微积分学可以培养学生的逻辑思维能力, 提高学生的数学素养, 对学生以后的发展起着重要的作用. 本教材是我们为南京大学理工科第一层次的一年级本科生 (包含物理、电子、计算机、软件工程、天文、工程管理、地球科学、大气科学、地理科学以及商学院等专业) 编写的大学数学教材. 南京大学理工科第一层次大学数学共开设两个学期, 总课时为 128 课时, 另加 64 课时的习题课. 整套教材分上、下两册, 上册主要包含极限, 一元函数微积分学, 空间解析几何与向量代数; 下册主要包含多元函数微积分学, 级数及常微分方程初步等.

在编写本教材的过程中, 我们参阅了国内外部分教材, 汲取其精华, 根据我们的理解和经验, 对教材作了现有的编排, 并配备了相当数量的习题. 其中黄卫华编写了第 1、4 章以及附录, 邓卫兵编写了第 2 章, 孔敏编写了第 3 章, 张运清编写了第 5、6 章, 廖良文编写了第 7、8、9 章, 周国飞编写了第 10 章. 张运清绘制了上、下册的大部分图形. 全书由黄卫华统稿, 周国飞对下册也作了部分统稿工作. 附录中, 我们给出了习题的参考答案. 但建议读者不要依赖参考答案, 尽量独立思考.

在本教材的编写过程中, 我们得到了系领导的关怀, 无论在资金还是时间上都得到了他们大力的支持, 在此表示衷心的感谢! 数学系党委书记秦厚荣教授、系主任尤建功教授、副系主任师维学教授、尹会成教授、朱晓胜教授、数学系陈仲教授、罗亚平教授、宋国柱教授、姚天行教授、姜东平教授、梅家强教授等对本教材进行了审阅并提出了非常宝贵的意见. 此外, 在本教材的试用阶段 (2010.9 ~ 2013.6), 邓建平、陆宏、潘灏、肖源明、耿建生、李军、吴婷、李春、崔小军、苗栋、王奕倩、程伟、谭亮、王伟、刘公祥、窦斗、石亚龙、杨俊峰、钱志、李耀文、陈学长等老师也提出了许多有益的建议, 在此表示感谢!

此外, 2009 年本教材获南京大学 "985 工程" 二期 "精品教材" 建设基金的支持, 在此表示由衷的感谢!

由于我们水平有限, 错误和缺点在所难免, 期盼读者批评指正.

编 者

目　　录

第二版前言

第一版前言

第1章　极限与连续性 ･･･ 1

　1.1　预备知识 ･･ 1

　　1.1.1　集合 ･･･ 1

　　1.1.2　数学归纳法 · 不等式 · 极坐标系 · 复数 ･･･････････････････ 2

　　1.1.3　区间 · 邻域 · 数集的界 ･･･････････････････････････････ 7

　　1.1.4　一元函数 ･･･ 8

　　习题 1.1 ･･･ 14

　1.2　极限 ･･ 15

　　1.2.1　数列的极限 ･･･ 16

　　1.2.2　函数的极限 ･･･ 19

　　1.2.3　无穷小量与无穷大量 ････････････････････････････････ 23

　　1.2.4　极限的四则运算法则 ････････････････････････････････ 25

　　1.2.5　极限的存在准则 ････････････････････････････････････ 26

　　1.2.6　无穷小量阶的比较 ･･････････････････････････････････ 32

　　习题 1.2 ･･･ 34

　1.3　连续函数 ･･ 37

　　1.3.1　连续函数的定义 ････････････････････････････････････ 37

　　1.3.2　连续函数的运算法则 ････････････････････････････････ 39

　　1.3.3　函数的间断 ･･･ 42

　　1.3.4　闭区间上连续函数的性质 ････････････････････････････ 42

　　习题 1.3 ･･･ 44

第2章　导数与微分 ･･･ 46

　2.1　导数 ･･ 46

　　2.1.1　切线斜率与速度问题 ････････････････････････････････ 46

　　2.1.2　导数的概念 ･･･ 47

　　2.1.3　导数的运算法则 ････････････････････････････････････ 53

　　2.1.4　高阶导数 ･･･ 64

　　习题 2.1 ･･･ 69

　2.2　微分 ･･ 73

　　2.2.1　微分的概念 ･･･ 73

　　2.2.2　微分的应用 ･･･ 77

　　　　2.2.3　高阶微分 ·· 78
　　　习题 2.2 ··· 80
　2.3　微分学中值定理 ··· 81
　　　　2.3.1　中值定理 ·· 81
　　　　2.3.2　洛必达法则 ·· 86
　　　　2.3.3　泰勒公式 ·· 91
　　　习题 2.3 ··· 97
　2.4　导数的应用 ·· 101
　　　　2.4.1　函数的单调性与极值 ··· 101
　　　　2.4.2　最大值与最小值 ·· 105
　　　　2.4.3　函数图形的凹向与拐点 ·· 106
　　　　2.4.4　曲线的渐近线 ·· 109
　　　　2.4.5　函数作图 ··· 111
　　　　2.4.6　导数在经济学中的应用 ··· 114
　　　　2.4.7　方程的近似解* ··· 121
　　　习题 2.4 ·· 124
第 3 章　一元函数积分学 ·· 127
　3.1　不定积分 ··· 127
　　　　3.1.1　不定积分的定义与性质 ··· 127
　　　　3.1.2　积分基本公式 ·· 129
　　　　3.1.3　不定积分的基本积分方法 ··· 130
　　　　3.1.4　有理函数及某些简单可积函数的积分 ································· 136
　　　习题 3.1 ·· 142
　3.2　定积分 ··· 145
　　　　3.2.1　定积分的定义与性质 ··· 145
　　　　3.2.2　牛顿–莱布尼兹 (Newton-Leibniz) 公式 ···························· 153
　　　　3.2.3　定积分的计算 ·· 157
　　　　3.2.4　数值积分方法* ··· 161
　　　习题 3.2 ·· 163
　3.3　定积分的应用 ·· 167
　　　　3.3.1　定积分的微元法 ·· 167
　　　　3.3.2　定积分在几何学中的应用 ··· 168
　　　　3.3.3　定积分在物理学中的应用 ··· 180
　　　　3.3.4　定积分在经济学中的应用 ··· 186
　　　习题 3.3 ·· 188
　3.4　广义积分 ··· 190
　　　　3.4.1　无穷区间上的积分 ·· 190
　　　　3.4.2　无界函数的积分 ·· 193

　　　　习题 3.4 ・・ 195

第 4 章　向量代数与空间解析几何 ・・・ 196

　4.1　向量代数 ・・・ 196

　　　4.1.1　空间直角坐标系 ・・ 196

　　　4.1.2　向量代数 ・・・ 197

　　　习题 4.1 ・・・ 207

　4.2　平面与直线 ・・ 209

　　　4.2.1　平面的方程 ・・ 209

　　　4.2.2　直线的方程 ・・ 212

　　　4.2.3　直线与平面的关系 ・・ 217

　　　4.2.4　平面束 ・・・ 219

　　　习题 4.2 ・・・ 219

　4.3　空间曲面与空间曲线 ・・・ 221

　　　4.3.1　空间曲面与空间曲线的方程 ・・・・・・・・・・・・・・・・・・・・・・・・・・・・・・・ 221

　　　4.3.2　柱面 ・・ 222

　　　4.3.3　旋转曲面 ・・ 224

　　　4.3.4　锥面 ・・ 225

　　　4.3.5　空间曲面和空间曲线的参数方程 ・・・・・・・・・・・・・・・・・・・・・・・・・・ 226

　　　4.3.6　二次曲面 ・・ 227

　　　习题 4.3 ・・・ 232

参考文献 ・・・ 234

附录 A　行列式与矩阵 ・・・ 235

　A.1　行列式 ・・・ 235

　A.2　矩阵 ・・ 238

附录 B　部分习题参考答案 ・・ 241

第1章 极限与连续性

1.1 预 备 知 识

本节我们把读者在初高中学习过的一些与高等数学联系较紧密的初等数学知识做简单的概括，以便读者能够在学习高等数学需要用到有关初等数学知识时可以较方便地检索到，从而能更好地学习高等数学.

首先介绍本书常用到的一些符号.

一、常用集合

$\mathbb{N}$ —— **自然数集**;　　$\mathbb{Z}$ —— **整数集**;　　$\mathbb{R}$ —— **实数集**;

$\mathbb{R}^+$ —— **正实数集**;　　$\mathbb{R}^-$ —— **负实数集**;　　$\mathbb{C}$ —— **复数集**.

二、逻辑符号介绍

(1) $\exists$: 表示"存在某个"，"至少有一个". 例如，"$\exists N \in \mathbb{N}$"，表示"存在某个自然数 N"，或表示"至少存在一个自然数 N".

(2) $\forall$: 表示"对于任意给定的"(当用在符号"$\exists$"之前或命题开始时)，或表示"对任意一个"，"对所有的"(当用在命题之末时). 例如"$\forall a > 0, \exists c > 0$ 使得 $0 < c < a$"表示对任意给定的正数 a, 存在正数 c, 使得 $0 < c < a$. 再如"$x^2 + y^2 \geqslant 2xy, \forall x, y \in \mathbb{R}$"表示对所有的实数 x, y 成立不等式 $x^2 + y^2 \geqslant 2xy$.

(3) $P \Longrightarrow Q$: 表示命题 P 的必要条件是 Q; 或由 P 可推得 Q.

(4) $P \Longleftarrow Q$: 表示命题 P 的充分条件是 Q.

(5) $P \Longleftrightarrow Q$: 表示命题 P 与 Q 等价，或 P 的充分必要条件是 Q.

(6) $\square$: 表示一个定理、推论证明结束，或一个例题解答完毕.

1.1.1 集合

集合的概念在初高中时已经学过. 我们把具有某种性质的研究对象的全体称为具有该性质的**集合**. 例如，"某高校某年所有新生的集合"，"所有正实数的集合"等.

集合通常用大写字母 A, B, C, D 等表示，集合中的每一个个别的对象称为**集合的元素**，通常用小写字母 a, b, x, y 等表示. a 是集合 A 的元素，记为 $a \in A$. b 不是集合 A 的元素，记为 $b \notin A$.

只含有有限多个元素的集合称为**有限集**. 含无穷多个元素的集合称为**无限集**. 不含任何元素的集合称为**空集**，记为 $\varnothing$. 若 $\forall x \in A \iff x \in B$, 则称集合 A 与 B **相等**，记为 $A = B$, 否则，称 A 和 B 不相等，记为 $A \neq B$. 若 $\forall x \in A \Rightarrow x \in B$, 则称 A 为 B 的**子集**，也称 A 包含于 B 或 B **包含** A, 记为 $A \subseteq B$. 空集是任一集合的子集. 由所研究对象的全体构成的集合称为**全集**.

设 A, B 是两个集合, 则集合 $A\bigcup B = \{x\,|\,x \in A\text{或}x \in B\}$ 称为 A 与 B 的 **并集**; 集合 $A\bigcap B = \{x\,|\,x \in A\text{且}x \in B\}$ 称为 A 与 B 的 **交集**; 集合 $A \setminus B = \{x\,|\,x \in A\text{但}x \notin B\}$ 称为 A 与 B 的 **差集**; 集合 $C_U A = \{x\,|\,x \in U\text{但}x \notin A\}$ 称为 A 的 **补集**, 其中 U 为全集.

集合具有下述运算法则:

(1) 交换律: $A\bigcup B = B\bigcup A$, $A\bigcap B = B\bigcap A$;

(2) 结合律: $(A\bigcup B)\bigcup C = A\bigcup(B\bigcup C)$, $(A\bigcap B)\bigcap C = A\bigcap(B\bigcap C)$;

(3) 分配律: $(A\bigcup B)\bigcap C = (A\bigcap C)\bigcup(B\bigcap C)$; $(A\bigcap B)\bigcup C = (A\bigcup C)\bigcap(B\bigcup C)$;

(4) 德·摩根 (De Morgan*) 律: $C_U(A\bigcup B) = C_U A\bigcap C_U B$, $C_U(A\bigcap B) = C_U A\bigcup C_U B$.

1.1.2 数学归纳法·不等式·极坐标系·复数

一、数学归纳法

在初等数学中, 数学归纳法在证明一些结论时是一种经常使用的行之有效的方法, 它在大学数学中也是证明定理、命题成立的一种重要的方法.

数学归纳法 (又称**完全归纳法**): 设以下出现的 α, k, n 均为自然数, 如果某一个命题对于数 α 正确 (其中 α 是使这个命题有意义的最小的自然数), 并且从它对于 $k\,(\geqslant \alpha)$ 正确就能推出它对于 $k + 1$ 也正确, 那么这个命题对于大于 α 的自然数 n 都成立.

数学归纳法证明命题的步骤:

(1) 检验命题对于使它有意义的最小自然数 α 是正确的;

(2) 从命题对于 k 正确, 推出它对于 $k + 1$ 也正确;

(3) 这两步证明如果都能完成, 那么根据数学归纳原理可以断定, 这个命题对于一切大于 α 的自然数 n 都正确.

数学归纳法有第一和第二数学归纳法之分. 对于一个关于自然数 n 的命题 $P(n)$, 用第一数学归纳法证明命题的步骤如下:

(1) 证明 $n = 1$ 时, 命题 $P(1)$ 成立;

(2) 假设 $n \geqslant 2$ 时, 命题 $P(n-1)$ 成立, 由此推得命题 $P(n)$ 成立, 则命题 $P(n)$ 对于所有的 $n \in \mathbb{N}$ 成立.

用第二数学归纳法证明命题的步骤如下:

(1) 证明 $n = 1$ 时, 命题 $P(1)$ 成立;

(2) 假设对于小于 n 的自然数, 命题 $P(1), P(2), P(3), \cdots, P(n-1)$ 都成立, 由此推得命题 $P(n)$ 成立, 则命题 $P(n)$ 对于所有的 $n \in \mathbb{N}$ 成立.

例 1.1.1 用数学归纳法证明: $1^3 + 2^3 + \cdots + n^3 = \left[\dfrac{n(n+1)}{2}\right]^2$.

证 $n = 1$ 时, 左边 $=1$, 右边 $=1$. 所以结论对于 $n = 1$ 成立.

假设结论对于 $n = k$ 时成立, 即有 $1^3 + 2^3 + \cdots + k^3 = \left[\dfrac{k(k+1)}{2}\right]^2$, 那么对于 $n = k+1$, 有

---

* 德·摩根 (De Morgan, 1806～1871), 英国数学家.

$$1^3 + 2^3 + \cdots + k^3 + (k+1)^3 = \left[\frac{k(k+1)}{2}\right]^2 + (k+1)^3$$

$$= \frac{k^2(k+1)^2}{4} + (k+1)^3 = \frac{(k+1)^2(k^2+4k+4)}{4}$$

$$= \frac{(k+1)^2(k+1+1)^2}{4} = \left[\frac{(k+1)(k+1+1)}{2}\right]^2.$$

所有结论对于 $n = k+1$ 时成立. 由数学归纳法知结论对于所有的自然数 $n \in \mathbb{N}$ 成立.　　□

二、不等式

不等式在微积分中的地位非常重要, 熟悉一些基本不等式和掌握证明不等式的基本方法, 对以后的学习是十分重要的. 我们在这里只给出一些常用的不等式, 证明留给读者作为练习.

1. 三角不等式: 设 $a, b \in \mathbb{R}$, 则

$$\big| |a| - |b| \big| \leqslant |a \pm b| \leqslant |a| + |b|. \tag{1.1.1}$$

2. 方幂不等式: 设 $x, y \in \mathbb{R}$, 则

$$x^2 + y^2 \geqslant 2xy. \tag{1.1.2}$$

当且仅当 $x = y$ 时, 等号成立.

3. 伯努利 (Bernoulli*) 不等式: 设 $a_i \in \mathbb{R}$, $a_i > -1$ $(i = 1, 2, \cdots, n)$, 且符号相同, 则有

$$\prod_{i=1}^{n}(1 + a_i) \geqslant 1 + \sum_{i=1}^{n} a_i. \tag{1.1.3}$$

特别地, 当 a_i 均相等时, 记为 $x > -1$, 则有

$$(1+x)^n \geqslant 1 + nx, \quad (\forall n \in \mathbb{N}, \ x > -1). \tag{1.1.4}$$

由此立得

$$1 + \frac{x}{n} \geqslant (1+x)^{\frac{1}{n}}.$$

4. 设 n 个正数之积为 1, 则这 n 个数之和必不小于 n. 即若 $a_i \in \mathbb{R}^+$ $(i = 1, 2, \cdots, n)$, 且 $\prod_{i=1}^{n} a_i = 1$, 则

$$\sum_{i=1}^{n} a_i \geqslant n. \tag{1.1.5}$$

当且仅当这 n 个数相等时, 等号成立.

---

* 伯努利 (Bernoulli J, 1667 ~ 1748), 瑞士数学家.

5. 正数的几何平均数不大于其算术平均数. 即设 $a_i \in \mathbb{R}^+$ $(i = 1, 2, \cdots, n)$, 则

$$\sqrt[n]{a_1 a_2 \cdots a_n} \leqslant \frac{a_1 + a_2 + \cdots + a_n}{n}. \tag{1.1.6}$$

6. 正数的几何平均数不小于其调和平均数. 即设 $a_i \in \mathbb{R}^+$ $(i = 1, 2, \cdots, n)$, 则

$$\sqrt[n]{a_1 a_2 \cdots a_n} \geqslant \frac{n}{\dfrac{1}{a_1} + \dfrac{1}{a_2} + \cdots + \dfrac{1}{a_n}}. \tag{1.1.7}$$

7. 柯西–施瓦兹 (Cauchy[†] - Schwarz[‡]) 不等式: 设 $a_i, b_i \in \mathbb{R}(i = 1, 2, \cdots, n)$, 则

$$\left(\sum_{i=1}^{n} a_i b_i \right)^2 \leqslant \sum_{i=1}^{n} a_i^2 \cdot \sum_{i=1}^{n} b_i^2. \tag{1.1.8}$$

8. 闵可夫斯基 (Minkowski[§]) 不等式: 设 $a_i, b_i \in \mathbb{R}$ $(i = 1, 2, \cdots, n)$, 则

$$\left[\sum_{i=1}^{n} (a_i + b_i)^2 \right]^{1/2} \leqslant \left(\sum_{i=1}^{n} a_i^2 \right)^{1/2} + \left(\sum_{i=1}^{n} b_i^2 \right)^{1/2}. \tag{1.1.9}$$

例 1.1.2　证明: $n! < \left(\dfrac{n+1}{2} \right)^n$ $(n > 1, n \in \mathbb{N})$.

证明　由式 (1.1.6),

$$\sqrt[n]{n!} = \sqrt[n]{1 \cdot 2 \cdots n} < \frac{1 + 2 + \cdots + n}{n} = \frac{\dfrac{n(n+1)}{2}}{n} = \frac{(n+1)}{2}.$$

不等式两边 n 次方, 得 $n! < \left(\dfrac{n+1}{2} \right)^n$ $(n > 1, n \in \mathbb{N})$.　　　　　□

三、极坐标系

在平面解析几何中除了直角坐标系外, 常用的还有一种坐标系称为**极坐标系**. 现在我们来建立这种坐标系.

在平面上取一定点 O, 称为**极点**. 从 O 点作射线 Ox(习惯上 Ox 指向右), 称为**极轴**. 且在其上定义好单位长度. 这就构成了**极坐标系**(图 1.1). 设 A 为平面上除极点 O 外的任一点, A 点到极点的距离为 ρ, 又设 Ox 与 OA 的夹角为 $\theta(0 \leqslant \theta < 2\pi$, θ 的单位为弧度, 它是由 Ox 按逆时针方向绕 O 点旋转得到), 则记 A 点的**极坐标**为 (ρ, θ), 称 ρ 为**极径**, θ 为**极角**. 除了极点外, 平面上任一点均有唯一的极坐标. 此外, 规定当 $\rho = 0$ 时 A 点就是极点, 此时 θ 不定. 因此对任意给定的一对有序实数 (ρ, θ), 其中 $\rho > 0, 0 \leqslant \theta < 2\pi$, 在极坐标系下有唯一的一点与之对应, 而该点的极坐标为 (ρ, θ).

[†] 柯西 (Cauchy A L, 1789 ~ 1857), 法国数学家.

[‡] 施瓦兹 (Schwarz H A, 1843 ~ 1921), 德国数学家.

[§] 闵可夫斯基 (Minkowski H, 1864 ~ 1909), 立陶宛、德国数学家.

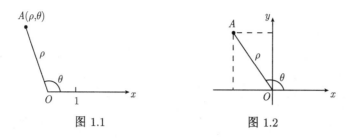

图 1.1　　　　　　　　　　　　　　图 1.2

当 $\rho < 0$ 时, 我们规定 (ρ, θ) 与 $(-\rho, \theta + \pi)$ 为同一点; 当 $\theta \geqslant 2\pi$ 或 $\theta < 0$, 我们规定 (ρ, θ) 与 $(\rho, \theta + 2k\pi)\,(k \in \mathbb{Z})$ 为同一点.

下面我们来建立极坐标与直角坐标之间的转换公式.

在平面上同时建立直角坐标系与极坐标系 (图 1.2), 使得原点与极点重合 (均用字母 O 表示), x 轴正向与极轴方向一致, 均用 Ox 表示. 设 A 为平面上任意一点, A 点的直角坐标为 (x, y), 极坐标为 (ρ, θ). 由平面解析几何知

$$\begin{cases} x = \rho \cos\theta, \\ y = \rho \sin\theta. \end{cases}$$

这就是从极坐标 (ρ, θ) 到直角坐标 (x, y) 的转换公式. 我们还可以得到从直角坐标 (x, y) 到极坐标 (ρ, θ) 的转换公式如下:

$$\begin{cases} \rho = \sqrt{x^2 + y^2}, \\ \theta = \arctan \dfrac{y}{x}. \end{cases}$$

有时我们也用字母 r 代替 ρ, 在平面解析几何中 r 与 ρ 具有相同的含义.

例如, 方程 $x^2 + y^2 = R^2$ 在直角坐标系中是以原点为圆心、R 为半径的圆的方程. 利用极坐标与直角坐标的转换公式可以将其化为

$$\rho = R.$$

此式就是在极坐标系中, 以极点为圆心、极径 R 为半径的圆的方程.

四、复数

每个复数 z 都具有 $a + b\mathrm{i}$ 的形式, 其中 a 和 b 都是实数, 分别称为 z 的**实部和虚部**, 记为 $a = \mathrm{Re}(z)$, $b = \mathrm{Im}(z)$. i 称为虚数单位, 满足 $\mathrm{i}^2 = -1$. 给定两个复数 z_1 与 z_2, 当且仅当 $\mathrm{Re}(z_1) = \mathrm{Re}(z_2)$, $\mathrm{Im}(z_1) = \mathrm{Im}(z_2)$ 时才成立 $z_1 = z_2$.

我们可以在平面上表示复数. 在平面上取定一个直角坐标系 xOy. 对于复数 $a + b\mathrm{i}$, 我们用平面上具有横坐标 $a = \mathrm{Re}(z)$ 与纵坐标 $b = \mathrm{Im}(z)$ 的点 (a, b) 来表示 (图 1.3); 反过来, 若给出平面上的一点 (a, b), 我们取复数 $a + b\mathrm{i}$ 与这个点对应. 这样, 就建立了平面上所有的点和一切复数之间的一个一一对应的关系. 正因为如此, 这个平面就称为**复平面**, 记为 $\mathbb{C}$, z 点在平面上, 就可以记为 $z \in \mathbb{C}$, Ox 轴称为**实轴**, Oy 轴称为**虚轴**.

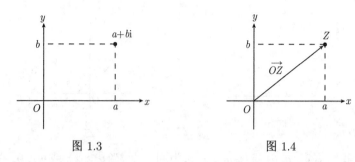

图 1.3 　　　　　　　　图 1.4

我们还可以把复数看成**平面向量**, 所谓向量, 是指既有方向又有大小的量. 给定一个复数 z, 以原点 O 为起点, 以点 Z 为终点, 可得一个向量, 用 $\overrightarrow{OZ}$ 表示 (图 1.4). 反之, 画出一个由 O 点作为起点的向量, 它的终点便唯一地确定了一个复数. 从而, 平面上所有从原点出发的向量与一切复数之间也建立了一一对应的关系. 所以就有

$$z = \overrightarrow{OZ}.$$

向量 $\overrightarrow{OZ}$ 的长度记为 $|\overrightarrow{OZ}|$. 令 $r = |\overrightarrow{OZ}|$, 易知

$$r = \sqrt{a^2 + b^2},$$

称为**复数的模**. 而向量的方向可以用 $\overrightarrow{OZ}$ 与实轴正向之间的夹角 θ (称为**复数的幅角**, 记为 $\theta = \arg z$ 且 $-\pi \leqslant \theta < \pi$, 或 $0 \leqslant \theta < 2\pi$) 来表示. 当 z 在包括实轴在内的上半平面时, θ 取非负值并满足 $0 \leqslant \theta \leqslant \pi$; 当 z 在不包括实轴在内的下半平面时, θ 取负值并满足 $-\pi < \theta < 0$. 只有 $z = 0$ 是例外, 这时无法给定 θ 的值, 规定 $\overrightarrow{OZ} = \mathbf{0}$.

由图 1.4 可知

$$a = r\cos\theta, \quad b = r\sin\theta.$$

所以对于任何异于零的复数 $a + b\mathrm{i}$ 都可以写为

$$z = r(\cos\theta + \mathrm{i}\sin\theta),$$

称为**复数的三角表示式**. 若记

$$\mathrm{e}^{\mathrm{i}\theta} = \cos\theta + \mathrm{i}\sin\theta,$$

就有

$$z = r\,\mathrm{e}^{\mathrm{i}\theta},$$

称为**复数的指数表示式**.

复数 $z = a + b\mathrm{i}$ 的**共轭复数**记为: $\bar{z} = a - b\mathrm{i}$.

例如, 已知一个复数为 $z = 2 + 2\mathrm{i}$, 则其共轭复数为 $\bar{z} = 2 - 2\mathrm{i}$, 其模为 $|z| = 2\sqrt{2}$, 其幅角为 $\theta = \dfrac{\pi}{4}$.

已知 $\mathrm{i} = \sqrt{-1}$, 则有

$$\mathrm{i}^2 = -1, \quad \mathrm{i}^3 = -\mathrm{i}, \quad \mathrm{i}^4 = 1.$$

更一般地, 有

$$i^{4n+1} = i, \quad i^{4n+2} = -1, \quad i^{4n+3} = -i, \quad i^{4n} = 1 \quad (n \in \mathbb{N}).$$

设有两个复数 $z_1 = a_1 + b_1\,i$, $z_2 = a_2 + b_2\,i$, 则复数四则运算的代数式如下:

(1) 复数的加减法运算: $z_1 \pm z_2 = (a_1 \pm a_2) + (b_1 \pm b_2)\,i$;

(2) 复数的乘法运算: $z_1 \cdot z_2 = (a_1\,a_2 - b_1\,b_2) + (a_2\,b_1 + a_1\,b_2)\,i$;

(3) 复数的除法运算: $\dfrac{z_1}{z_2} = \dfrac{a_1\,a_2 + b_1\,b_2}{a_2^2 + b_2^2} + \dfrac{a_2\,b_1 - a_1\,b_2}{a_2^2 + b_2^2}\,i$.

如果复数用指数式表示, 即 $z_1 = r_1\,e^{i\,\theta_1}$, $z_2 = r_2\,e^{i\,\theta_2}$, 则复数乘除法运算的指数式如下:

(1) 复数的乘法运算: $z_1 \cdot z_2 = r_1\,r_2\,e^{i\,(\theta_1 + \theta_2)}$, 特别地, $z_1^n = r_1^n\,e^{i\,n\,\theta_1}$;

(2) 复数的除法运算: $\dfrac{z_1}{z_2} = \dfrac{r_1}{r_2}\,e^{i\,(\theta_1 - \theta_2)}$.

例 1.1.3　已知 $z_1 = 2 + 2\,i$, $z_2 = 3 + 4\,i$, 求 $z_1 + z_2$, $z_1 - z_2$, $z_1 \cdot z_2$, $\dfrac{z_1}{z_2}$, z_1^n.

解

$$z_1 + z_2 = 5 + 6\,i;$$
$$z_1 - z_2 = -1 - 2\,i;$$
$$z_1 \cdot z_2 = -2 + 14\,i;$$
$$\frac{z_1}{z_2} = \frac{14}{25} - \frac{2}{25}\,i;$$
$$z_1^n = (2\sqrt{2})^n \cdot e^{i\frac{n\pi}{4}}.$$

　　　　　　　　　　　　　　　　　　　　　　　　　　　　　　　　　　□

1.1.3　区间 · 邻域 · 数集的界

我们称数轴上某一段中连续的点的集合为**区间**, 依据区间端点的隶属关系以及区间是否有限, 可分为以下几种情形 (下列各式中 $a < b$, $a, b \in \mathbb{R}$):

(1) 闭区间:　$[a, b] = \{x \mid a \leqslant x \leqslant b\}$;

(2) 开区间:　$(a, b) = \{x \mid a < x < b\}$;

(3) 半开区间: $(a, b] = \{x \mid a < x \leqslant b\}$,　$[a, b) = \{x \mid a \leqslant x < b\}$;

(4) 无穷区间: $(a, +\infty) = \{x \mid a < x < +\infty\}$,　$[a, +\infty) = \{x \mid a \leqslant x < +\infty\}$,

　　　　　　$(-\infty, b) = \{x \mid -\infty < x < b\}$,　$(-\infty, b] = \{x \mid -\infty < x \leqslant b\}$,

　　　　　　$(-\infty, +\infty) = \{x \mid -\infty < x < +\infty\} = \mathbb{R}.$

上述前三种区间是有限区间, $b - a$ 是其长度. 第四种区间是无穷区间. 注意 "∞" 是个符号, 并不是具体的实数, 表示 "无穷大".

有时我们用大写的 I 或其他大写字母表示区间.

设 $x_0 \in \mathbb{R}$, δ 为某个正数, 称开区间 $(x_0 - \delta, x_0 + \delta) = \{x \mid |x - x_0| < \delta\}$ 为**点 x_0 的 δ 邻域**, 简称**点 x_0 的邻域**, 记为 $N_\delta(x_0)$, 即 $N_\delta(x_0) = \{x \mid |x - x_0| < \delta\}$. 称 $N_\delta(x_0) \backslash \{x_0\} = \{x \mid 0 < |x - x_0| < \delta\}$ 为**点 x_0 的 δ 去心邻域**, 简称**去心邻域**, 记为 $\overset{\circ}{N}_\delta(x_0)$. 称开区间 $(x_0, x_0 + \delta)$ 为**点 x_0 的右邻域**, 记为 $N_\delta^+(x_0)$; 开区间 $(x_0 - \delta, x_0)$ 为**点 x_0 的左邻域**, 记为 $N_\delta^-(x_0)$.

注　有时在表示上述各种邻域的记号中, 右下角的 "δ" 可以省去不写.

当 M 为充分大的正数时, 如下数集

$$U(\infty) = \{x \mid |x| > M\}, \quad U(+\infty) = \{x \mid x > M\}, \quad U(-\infty) = \{x \mid x < -M\},$$

分别称为 ∞ 邻域, $+\infty$ 邻域, $-\infty$ 邻域.

下面给出数集"界"的概念.

定义 1.1.1(数集的界)   设 S 为 $\mathbb{R}$ 中的一个数集, 若存在实数 M (或 m) 使得 $x \leqslant M$ (或 $x \geqslant m$), $\forall x \in S$, 则称 M (或 m) 为**数集 S 的上界 (或下界)**, 并称 S 为**上有界 (或下有界) 集合**. 若 S 既有上界又有下界, 则称 S 为**有界集合**. 若 $\forall M > 0$, $\exists x \in S$ 使得 $x > M$(或 $x < -M$), 则称 S 为**上无界 (或下无界) 集合**, 上无界集合和下无界集合统称**无界集合**.

显然, S 为有界集合 $\Longleftrightarrow \exists K > 0$ 使 $|x| \leqslant K, \forall x \in S$. 这时称 K 为数集 S 的**界**.

可以证明任何有限区间都是有界集合, 无限区间都是无界集合, 由有限个数组成的数集都是有界集合.

定义 1.1.2(上确界与下确界)   若一个数集 S 上有界, 则其就有无限多个上界, 而上界中的最小者被称为 S 的**上确界**, 记为 $\sup S$, 即一个数集的上确界是该数集的最小上界; 若一个数集 S 下有界, 则其就有无限多个下界, 而下界中的最大者被称为 S 的**下确界**, 记为 $\inf S$, 即一个数集的下确界是该数集的最大下界.

实际上, 如果 $M \in \mathbb{R}$ 是数集 S 的上确界, 即 $\sup S = M \Longleftrightarrow \forall x \in S$, 有 $x \leqslant M$; $\forall \varepsilon > 0$, $\exists x_1 \in S$, 使得 $x_1 > M - \varepsilon$.

如果 $m \in \mathbb{R}$ 是数集 S 的下确界, 即 $\inf S = m \Longleftrightarrow \forall x \in S$, 有 $x \geqslant m$; $\forall \varepsilon > 0$, $\exists x_2 \in S$, 使得 $x_2 < m + \varepsilon$.

例如, 若 $S = (0,1)$, 则 $\sup S = 1$, $\inf S = 0$; 对数集 $E = \left\{ (-1)^n \dfrac{1}{n} \mid n \in \mathbb{N} \right\}$, 有 $\sup E = \dfrac{1}{2}$, $\inf E = -1$. 这两个例子说明 $\sup S$, $\inf S$ 可能属于 S, 也可能不属于 S.

我们知道无限多个实数组成的集合中不一定有最大数, 也不一定有最小数. 例如开区间 $(0,1)$ 中既无最大数, 也无最小数. 因此, 我们当然要问上有界集合是否必有上确界? 下有界集合是否必有下确界? 答案是肯定的, 我们有下述定理:

定理 1.1.1(确界存在公理)   每一个非空上有界 (或下有界) 集合必有唯一的实数作为其上确界 (或下确界).

上述定理是本课程的理论基础, 它的证明涉及实数的理论, 故略去. 此定理在后面的章节中有重要的应用.

1.1.4   一元函数

一、映射与函数

定义 1.1.3(映射)   设 A, B 为两个非空集合, 若对于任意的 $x \in A$, 按某对应法则 Ψ 有唯一的 $y \in B$ 与之对应, 则称 Ψ 为 A 到 B 的**映射**, 记为 $\Psi : A \to B$. 并称 y 为 x 关于映射 Ψ 的**像**, 记为 $\Psi(x) = y$, 称 x 为 y 的**原像**, 称 A 为映射 Ψ 的**定义域**, 记为 $D(\Psi)$, 称像 $\Psi(x)$ 的集合为映射 Ψ 的**像域 (或值域)**, 记为 $\Psi(A)$.

特别地, 若 $B = \Psi(A)$, 称 $\Psi : A \to B$ 为**满映射**, 或称 Ψ 将 A **映到 B 上**; 若 $\forall x_1, x_2 \in A, x_1 \neq x_2$ 有 $\Psi(x_1) \neq \Psi(x_2)$, 称 $\Psi : A \to B$ 为**单映射**; 若 $\Psi : A \to B$ 是满映射, 又是单映射, 则称 $\Psi : A \to B$ 为 $1 - 1$ **映射, 或双映射**.

例 1.1.4   设 A 是平面上多边形集合, $\forall x \in A$, $y = \Psi(x)$ 表多边形顶点个数, 则 $\Psi : A \to \mathbb{N}$ 不是满映射 (因无顶点个数是 1 或 2 的多边形), 也不是单映射 (因平面上有无穷多个三角形).

例 1.1.5　设 A 表某大学大学生的集合, $\forall x \in A$, $y = \Psi(x)$ 表该大学生 x 的学号, 则 $\Psi : A \to \mathbb{N}$ 是单映射.

例 1.1.6　$y = \sin x : \mathbb{R} \to \mathbb{R}$ 既不是满映射也不是单映射; $y = \sin x : \mathbb{R} \to [-1,1]$ 是满映射不是单映射. $y = \sin x : \left[-\dfrac{\pi}{2}, \dfrac{\pi}{2} \right] \to [-1,1]$ 是双映射.

定义 1.1.4(函数)　设 $A \subseteq \mathbb{R}$ (或 $\mathbb{C}$), 称映射 $f : A \to \mathbb{R}$ (或 $\mathbb{C}$) 为**函数**, 记为函数 $f : A \to \mathbb{R}$ (或 $\mathbb{C}$) 或函数 $y = f(x)$, $x \in A$. 称 x 为**自变量**, y 为**因变量**, $f(x)$ 为函数 f 在 x 的**函数值**. $D(f) = A$ 为函数的**定义域**, $f(A) = \{ f(x) \mid x \in A \}$ 为函数的**值域**.

注　确定一个函数必须具有两个要素: 定义域与对应法则, 而值域不是要素, 因为当定义域与对应法则确定后, 值域也随之确定.

函数有三种表示法: 公式法, 图像法, 表格法. 而我们在本课程中主要通过函数的解析表达式 (公式) 来研究函数的性质.

特别地: 当 x, y 皆为实数时, 称 $y = f(x)$ 为**实变函数**, 简称**实函数**; 当 x 为实数, y 为复数时, 称 $y = f(x)$ 为**复值函数**; 当 x, y 皆为复数时, 称 $y = f(x)$ 为**复变函数**, 简称**复函数**.

例如, $y = \dfrac{1}{\sqrt{1 - x^2}}$, 注意到函数的定义域通常理解为使该解析式有意义 (在实数范围内) 的一切自变量的全体. 对此处给出的函数, 若 $x, y \in \mathbb{R}$, 则定义域 $D = (-1,1)$; 若 $x \in \mathbb{R}, y \in \mathbb{C}$, 则定义域 $D = \mathbb{R} \setminus \{ -1, 1 \}$; 若 $x, y \in \mathbb{C}$, 则定义域 $D = \mathbb{C} \setminus \{ (1,0), (-1,0) \}$.

本课程仅限于讨论实函数, 简称为函数. 对于复函数, 本课程不予讨论.

定义 1.1.5(逆映射与复合映射)　设 $\Psi : A \to B$ 为 $1 - 1$ 映射, 则 $\forall y \in B$ 存在唯一的 $x \in A$, 使得 $\Psi(x) = y$, 这个由 B 到 A 的映射称为 Ψ 的**逆映射**, 记为

$$\Psi^{-1} : B \to A.$$

设有映射 $\Psi : A \to B, \Phi : B \to C$, 则由 $\Phi \circ \Psi(x) = \Phi(\Psi(x))$ 定义的 A 到 C 的映射称为 Ψ 与 Φ 的**复合映射**. 记为

$$\Phi \circ \Psi : A \to C.$$

若在上述定义中 $A \subseteq \mathbb{R}$, $B \subseteq \mathbb{R}$, $C \subseteq \mathbb{R}$, 则 $\Psi^{-1} : B \to A$ 为**反函数**, $\Phi \circ \Psi : A \to C$ 为**复合函数**.

注　注意在复合函数中, 并不是任意两个函数都是可以复合的, 例如, $y = \arcsin x$, $x = \sqrt{1 + t^2}$, $t \in \mathbb{R}$, 这两个函数是不可以复合的. 两个函数 $f(x)$ ($x \in A$), $g(y)$ 可以复合必须满足: $f(A) \subseteq D(g)$. 而在这个例子中, 反正弦函数的定义域为: $|x| \leqslant 1$, 但 $x = \sqrt{1 + t^2}$, $t \in \mathbb{R}$ 的值域是: $|x| \geqslant 1$.

$y = f(x)$ 与 $x = f^{-1}(y)$ 的图像相同; $y = f(x)$ 与 $y = f^{-1}(x)$ 的图像关于 $y = x$ 对称.

例 1.1.7　设 $f(x) = x^2$, $g(x) = \log_a x$ ($a > 0$, $a \neq 1$), 求函数 $f \circ g(x)$, $g \circ f(x)$, $g^{-1}(x)$, 并确定其定义域.

解
$$f \circ g(x) = (\log_a x)^2 \ (x > 0);$$
$$g \circ f(x) = 2 \log_a |x|, \ (x \neq 0);$$
$$g^{-1}(x) = a^x (a > 0, a \neq 1) \ (x \in \mathbb{R}). \qquad \square$$

在现实世界中有些函数关系, 对于其定义域内自变量 x 不同的值不能用统一的数学表达式来表示, 需要把函数的定义域 D 分成若干部分, 在不同的部分用不同的式子表示函数关系, 这样的函数称为**分段函数**. 例如, 个人所得税的计算公式就是这种类型的函数. 这类函数在以后的函数的极限、连续性、导数等内容上都会用到. 下面我们来看几个函数的例子.

例 1.1.8　$\forall x \in \mathbb{R}$, 我们把不超过 x 的最大整数记为 $[x]$, 称函数 $y = [x] : \mathbb{R} \to \mathbb{Z}$ 为**取整函数**, 它也可以写成

$$y = [x] = n, \quad n \leqslant x < n + 1, n \in \mathbb{Z}.$$

取整函数的图形见图 1.5, 图中的小圆圈表示该点不在函数的图形上.

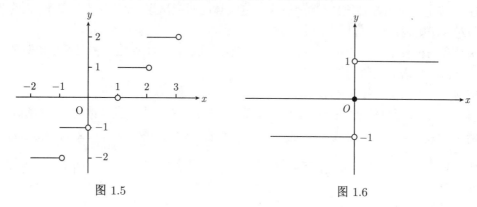

图 1.5　　　　　　　　　　　　　　　　图 1.6

例 1.1.9　函数

$$y = \operatorname{sgn} x = \begin{cases} 1, & x > 0, \\ 0, & x = 0, \\ -1, & x < 0. \end{cases}$$

称为**符号函数**, 其图形见图 1.6.

例 1.1.10　狄利克莱 (Dirichlet*) 函数:

$$y = \mathrm{D}(x) = \begin{cases} 1, & x \text{为有理点}, \\ 0, & x \text{为无理点}, \end{cases} x \in [\,0,1\,]$$

二、基本初等函数

我们把下述在初等数学中学过的函数称为**基本初等函数**, 它们是:

(1) 常数函数: $y = c \ (c \in \mathbb{R})$;

(2) 自然指数函数: $y = \mathrm{e}^x$;

(3) 自然对数函数: $y = \ln x$;

(4) 正弦函数: $y = \sin x$;

(5) 反正弦函数: $y = \arcsin x$.

读者应该对这些函数的定义域、值域、有界性、奇偶性、周期性、单调性熟练掌握并熟悉它们的图形.

---

* 狄利克莱 (Dirichlet P G L, 1805~1859), 德国数学家.

三、初等函数

定义 1.1.6(初等函数)　由上述基本初等函数经过有限次加减乘除四则运算与有限次复合而得到并用一个式子表达的函数称为**初等函数**.

由于

$$a^x = \mathrm{e}^{x \ln a} \ (a > 0, a \neq 1), \qquad \log_a x = \frac{\ln x}{\ln a} \ (a > 0, a \neq 1),$$

$$\cos x = \sin\left(\frac{\pi}{2} - x\right), \qquad \tan x = \frac{\sin x}{\cos x},$$

$$\arccos x = \frac{\pi}{2} - \arcsin x, \qquad \arctan x = \arcsin \frac{x}{\sqrt{1 + x^2}},$$

所以指数函数, 对数函数, 三角函数以及反三角函数都是初等函数 (但在有些教材中也把它们直接定义为基本初等函数).

由初等函数的定义可知函数 $y = \mathrm{e}^{\arctan^3 \frac{1}{x}}$, $y = \ln(x + \sqrt{a^2 + x^2})$ 等均是初等函数.

由定义可知, 初等函数总是用一个统一的解析表达式给出的, 故分段函数不是初等函数, 如前面提到的取整函数、符号函数等均不是初等函数, 而是由初等函数分段给出的函数.

初等函数是最常见、应用最广泛的一类函数, 它是本书主要的研究对象.

从初等函数的 "生成" 方式可见, 函数 $y = \sin x$ 与 $y = \mathrm{e}^x$ 有着特别重要的作用. 函数 $y = \arcsin x$ 与 $y = \ln x$ 分别是它们的反函数, 而函数 $y = x^\mu$ 可由 $y = \mathrm{e}^u, u = \mu \ln x$ 复合而成 (定义域可能有变化). 因此我们把函数 $y = \sin x$ 与 $y = \mathrm{e}^x$ 称为初等函数的**生成函数**. 在 1.2.5 节中我们将介绍两个基本极限, 它们分别是为研究这两个函数而建立的. 在这两个基本极限的基础上, 利用复合函数、反函数以及函数四则运算的极限公式, 就可导出许多初等函数的极限公式.

三角函数有很多有用的恒等式, 在以后的学习中经常会用到, 我们列举一些如下:

(1) $\sin^2 \alpha + \cos^2 \alpha = 1$,

(2) $\tan^2 \alpha + 1 = \sec^2 \alpha$,

(3) $\cot^2 \alpha + 1 = \csc^2 \alpha$,

(4) $\sin \alpha \cdot \csc \alpha = 1$,

(5) $\cos \alpha \cdot \sec \alpha = 1$,

(6) $\tan \alpha \cdot \cot \alpha = 1$,

(7) $\tan(\alpha \pm \beta) = \dfrac{\tan \alpha \pm \tan \beta}{1 \mp \tan \alpha \tan \beta}$,

(8) $\cot(\alpha \pm \beta) = \dfrac{\cot \alpha \cot \beta \mp 1}{\cot \beta \pm \cot \alpha}$,

(9) $\sin(\alpha \pm \beta) = \sin \alpha \cos \beta \pm \cos \alpha \sin \beta$,

(10) $\cos(\alpha \pm \beta) = \cos \alpha \cos \beta \mp \sin \alpha \sin \beta$,

(11) $\sin \alpha + \sin \beta = 2 \sin \dfrac{\alpha + \beta}{2} \cos \dfrac{\alpha - \beta}{2}$,

(12) $\sin \alpha - \sin \beta = 2 \cos \dfrac{\alpha + \beta}{2} \sin \dfrac{\alpha - \beta}{2}$,

(13) $\cos \alpha + \cos \beta = 2 \cos \dfrac{\alpha + \beta}{2} \cos \dfrac{\alpha - \beta}{2}$,

(14) $\cos \alpha - \cos \beta = -2 \sin \dfrac{\alpha + \beta}{2} \sin \dfrac{\alpha - \beta}{2}$,

(15) $\sin \alpha \sin \beta = -\dfrac{1}{2}[\cos(\alpha + \beta) - \cos(\alpha - \beta)]$,

(16) $\cos \alpha \cos \beta = \dfrac{1}{2}[\cos(\alpha + \beta) + \cos(\alpha - \beta)]$,

(17) $\sin\alpha\cos\beta = \dfrac{1}{2}[\sin(\alpha+\beta)+\sin(\alpha-\beta)]$,

(18) $\sin 2\alpha = 2\sin\alpha\cos\alpha$,

(19) $\cos 2\alpha = \cos^2\alpha - \sin^2\alpha = 2\cos^2\alpha - 1 = 1 - 2\sin^2\alpha$.

(20) $\tan 2\alpha = \dfrac{2\tan\alpha}{1-\tan^2\alpha}$,   (21) $\cot 2\alpha = \dfrac{\cot^2\alpha - 1}{2\cot\alpha}$,

(22) $\sin^2\alpha = \dfrac{1}{2}(1-\cos 2\alpha)$,   (23) $\cos^2\alpha = \dfrac{1}{2}(1+\cos 2\alpha)$,

(24) $\sin^4\alpha = \dfrac{1}{8}(3-4\cos 2\alpha + \cos 4\alpha)$,

(25) $\cos^4\alpha = \dfrac{1}{8}(3+4\cos 2\alpha + \cos 4\alpha)$.

下面介绍一类由 e^x 生成的初等函数 —— 双曲函数:

$$\operatorname{sh} x = \sinh x = \frac{1}{2}\left(\mathrm{e}^x - \mathrm{e}^{-x}\right), \qquad \operatorname{ch} x = \cosh x = \frac{1}{2}\left(\mathrm{e}^x + \mathrm{e}^{-x}\right),$$

$$\operatorname{th} x = \tanh x = \frac{\mathrm{e}^x - \mathrm{e}^{-x}}{\mathrm{e}^x + \mathrm{e}^{-x}}, \qquad \operatorname{cth} x = \coth x = \frac{\mathrm{e}^x + \mathrm{e}^{-x}}{\mathrm{e}^x - \mathrm{e}^{-x}},$$

分别称为**双曲正弦函数**、**双曲余弦函数**、**双曲正切函数**、**双曲余切函数**. 它们有下列恒等式:

$$\operatorname{sh}(x\pm y) = \operatorname{sh} x\operatorname{ch} y \pm \operatorname{ch} x\operatorname{sh} y, \qquad \operatorname{ch}(x\pm y) = \operatorname{ch} x\operatorname{ch} y \pm \operatorname{sh} x\operatorname{sh} y,$$

$$\operatorname{ch}^2 x - \operatorname{sh}^2 x = 1, \qquad \operatorname{sh} 2x = 2\operatorname{sh} x\operatorname{ch} x,$$

$$\operatorname{ch} 2x = \operatorname{ch}^2 x + \operatorname{sh}^2 x, \qquad \operatorname{th} x = \frac{\operatorname{sh} x}{\operatorname{ch} x},$$

$$\operatorname{cth} x = \frac{\operatorname{ch} x}{\operatorname{sh} x}, \qquad \operatorname{th} 2x = \frac{2\operatorname{th} x}{1+\operatorname{th}^2 x},$$

$$\operatorname{cth} 2x = \frac{1+\operatorname{cth}^2 x}{2\operatorname{cth} x}.$$

这些恒等式与三角恒等式有很多相似之处, 读者可以自己去验证之, 但也要注意这两类函数的不同之处.

下面来求双曲正弦与双曲余弦的反函数. 设

$$y = \operatorname{sh} x = \frac{1}{2}\left(\mathrm{e}^x - \mathrm{e}^{-x}\right),$$

两边乘以 $2\mathrm{e}^x$ 并移项得

$$\mathrm{e}^{2x} - 2y\mathrm{e}^x - 1 = 0.$$

解之得 $\mathrm{e}^x = y + \sqrt{1+y^2}$ (因为 $\mathrm{e}^x > 0$, 故根号前取正号). 因此 $y = \operatorname{sh} x$ 的反函数为

$$y = \operatorname{arsh} x = \ln\left(x + \sqrt{1+x^2}\right).$$

类似地, 我们可以求得 $y = \operatorname{ch} x$ 的反函数 (取单值分支) 为

$$y = \operatorname{arch} x = \ln\left(x + \sqrt{x^2-1}\right), \ x \geqslant 1.$$

四、函数的基本性质

1. 有界性

定义 1.1.7(有界函数)　设 I 为某区间, 若存在一个数 $M \in \mathbb{R}$, 使得

$$f(x) \leqslant M \text{ (或} f(x) \geqslant M\text{)}, \text{对于任意的} x \in I,$$

则称 $f(x)$ 在 I 上是**上有界** (或**下有界**) 的, M 为 $f(x)$ 在 I 上的**上界** (或**下界**). 若 $f(x)$ 在 I 上既有上界又有下界, 则称 $f(x)$ 在 I 上是**有界函数**. 否则称 $f(x)$ 在 I 上为**无界函数**.

例如, $y = \arctan x$ 在 $(-\infty, +\infty)$ 上为有界函数, 而 $y = 1/x$ 在 $(0, 1)$ 上为无界函数.

2. 奇偶性

定义 1.1.8(奇函数, 偶函数)　设 $f(x)$ 的定义域 X 为关于原点对称的数集, 若对于任意 $x \in X$, 有

$$f(-x) = -f(x) \quad (\text{或} f(-x) = f(x)),$$

则称 $f(x)$ 为**奇函数** (或**偶函数**).

奇函数的图形关于原点对称, 偶函数的图形关于 y 轴对称. 我们熟悉的函数如 $y = \sin x$, $y = \tan x, y = x^5$ 都是奇函数; $y = \cos x, y = x^2 - 5, y = \sin^4 x$ 都是偶函数.

例 1.1.11　设 $y = f(x)$ 的定义域是关于原点对称的点集 X, 讨论函数

$$\varphi(x) = f(x) + f(-x), \qquad \psi(x) = f(x) - f(-x)$$

的奇偶性.

解　由函数的奇偶性定义, 有

$$\varphi(-x) = f(-x) + f(-(-x)) = f(-x) + f(x) = \varphi(x),$$
$$\psi(-x) = f(-x) - f(-(-x)) = f(-x) - f(x) = -\psi(x).$$

所以, $\varphi(x)$ 是偶函数, $\psi(x)$ 是奇函数.　　　　　　　　　　　　　　　□

此例说明在关于原点对称的点集 X 上定义的函数, 必可表为偶函数与奇函数之和的形式

$$f(x) = \frac{1}{2} \cdot (\varphi(x) + \psi(x)).$$

3. 周期性

定义 1.1.9(周期函数)　设 $f(x)$ 的定义域为 $X = (-\infty, +\infty)$, 若存在正常数 T, 使得

$$f(x + T) = f(x), \quad \text{对于任意的} x \in X,$$

则称 $f(x)$ 为**周期函数**, T 为**周期**.

例如, 函数 $y = \sin x, y = \cos x$ 是周期为 2π 的周期函数; $y = \tan x, y = \cot x$ 是以 π 为周期的周期函数; $y = x - [x] = (x)$ 是以 1 为周期的周期函数, 其中 (x) 表示 x 的小数部分.

4. 单调性

定义 1.1.10(单调函数) 若对区间 I 上的任意两点 x_1, x_2，当 $x_1 < x_2$，总有 $f(x_1) \leqslant f(x_2)$（或 $f(x_1) \geqslant f(x_2)$），则称 $y = f(x)$ 为在区间 I 上的**单调增加函数 (或单调减少函数)**，也称 $f(x)$ 在 I 上**单调上升 (或单调下降)**．若上述不等式是严格地成立，则称 $f(x)$ 为在区间 I 上的**严格单调增加函数 (或严格单调减少函数)**，也称 $f(x)$ 在 I 上**严格单调上升 (或严格单调下降)**．

单调增加函数与单调减少函数统称为**单调函数**，严格单调增加函数与严格单调减少函数统称为**严格单调函数**．

例如，$y = x^2$ 在 $x \geqslant 0$ 时为严格单调增加函数，当 $x \leqslant 0$ 时为严格单调减少函数．但 $y = x^2$ 在 $\mathbb{R}$ 上不是单调函数．$y = x^3$ 在 $\mathbb{R}$ 上是严格单调增加函数．

习题 1.1

1. 设 x, y 为正数，$x + y = 1$，证明：
$$x^2 + y^2 + \frac{1}{x^2} + \frac{1}{y^2} \geqslant \frac{17}{2}.$$

2. 证明伯努利不等式 (1.1.3).

3. 设 $a_i \in \mathbb{R}^+ \ (i = 1, 2, \cdots, n)$，则
$$(a_1 + a_2 + \cdots + a_n)\left(\frac{1}{a_1} + \frac{1}{a_2} + \cdots + \frac{1}{a_n}\right) \geqslant n^2.$$

4. 证明：当 $n > 1$ 时，有
$$\left(\frac{n+1}{3}\right)^n < n! < \left(\frac{n+1}{2}\right)^n, \ n \in \mathbb{N}.$$

5. 设 $y = ax^2 + bx + c \, (a > 0)$ 为实系数二次三项式，求证：$\forall \, x \in \mathbb{R}$ 均有 $y \geqslant 0$ (或 $y > 0$) 成立的充分必要条件是 $b^2 - 4ac \leqslant 0$（或 $b^2 - 4ac < 0$）. 利用此结论证明柯西-施瓦兹 (Cauchy - Schwarz) 不等式 (1.1.8)：
$$\left(\sum_{i=1}^n a_i b_i\right)^2 \leqslant \left(\sum_{i=1}^n a_i^2\right) \cdot \left(\sum_{i=1}^n b_i^2\right), \ \forall \, a_i, b_i \in \mathbb{R}, \ (i = 1, 2, \cdots, n).$$

6. 利用数学归纳法证明：

   (1) $1^2 + 2^2 + \cdots + n^2 = \dfrac{n(n+1)(2n+1)}{6}$；

   (2) $\cos\alpha \cdot \cos 2\alpha \cdot \cos 4\alpha \cdot \ldots \cdot \cos 2^n\alpha = \dfrac{\sin 2^{n+1}\alpha}{2^{n+1}\sin\alpha}$.

7. 求下列函数的定义域：

   (1) $y = \dfrac{x^2}{1+x}$；   (2) $y = \sqrt{6 + x - x^2}$；

(3) $y = \ln(1 - 2\cos x)$;　　　　　　　(4) $y = \arccos\dfrac{1-x}{3}$.

8. 求函数 $y = f(x)$，已知

(1) $f(x+1) = x^2 + 4x - 5$;　　　　　　(2) $f\left(x - \dfrac{1}{x}\right) = x^2 + \dfrac{1}{x^2}$;

(3) $f\left(\sin\dfrac{x}{2}\right) = 1 + \cos x$;

(4) $2f(\sin x) + 3f(-\sin x) = 4\sin x\cos x, |x| \leqslant \dfrac{\pi}{2}$.

9. 设 $f(x) = \ln x(x > 0), g(x) = x^2 \ (-\infty < x < +\infty)$，试求 $f(f(x)), g(g(x))$，$f(g(x)), g(f(x))$.

10. 设 $f(x) = \dfrac{x}{x-1} \ (x \neq 0, 1)$，求 $f\{f[f(f(x))]\}$ 和 $f\left(\dfrac{1}{f(x)}\right)$.

11. 用几个基本初等函数及其四则运算表示下列函数的复合关系：

(1) $y = e^{\sin(2x)}$;　　　　　　　　　(2) $y = \sin^5(2^{\cos x} + 7)$;

(3) $y = \ln(x + \sqrt{x^2 + a^2}), \ (a \in \mathbb{R})$;

(4) $y = \ln\sqrt{1 + 4\sin^2(\log_a x)} \ (a > 0, \ a \neq 1)$.

12. 求下列函数的反函数，并讨论反函数的定义域：

(1) $y = \dfrac{ax + b}{cx + d}, \ (ad \neq bc)$;

(2) $y = \begin{cases} \dfrac{4}{\pi}\arctan x, & |x| > 1, \\ \sin\dfrac{\pi x}{2}, & |x| \leqslant 1; \end{cases}$

(3) $y = \begin{cases} 2 - \sqrt{4 - x^2}, & 0 \leqslant x \leqslant 2, \\ 2x - 2, & 2 < x \leqslant 3. \end{cases}$

13. 设 $f(x), g(x)$ 均为严格单调增加的函数，且 $f(x) < g(x)$. 证明 $f(f(x)) < g(g(x))$.

14. 试讨论复合函数 $y = f(g(x))$ 的单调性：

(1) 当 $f(x)$ 与 $g(x)$ 均严格增加时；

(2) 当 $f(x)$ 严格增加，当 $g(x)$ 严格减少时.

15. 试求下列函数的周期：

(1) $y = \sin^2 x$;　　　　　　　　　(2) $y = 2\tan\dfrac{x}{2} - 3\tan\dfrac{x}{3}$;

(3) $y = A\cos\omega t + B\sin\omega t \ (\omega > 0, A, B \in \mathbb{R})$.

1.2　极　　限

极限的概念与理论是微积分学的基础，后面我们所讨论的导数、定积分、偏导数、级数等都是建立在极限概念基础上的. 本节我们首先讨论数列的极限，然后讨论函数的极限.

1.2.1 数列的极限

定义 1.2.1(数列) 将无穷多个数按序排列起来的形式:

$$x_1, x_2, \cdots, x_n, \cdots$$

称为**无穷数列**, 简称为**数列**, 记为 $\{x_n\}$, 其中 x_n 称为数列 $\{x_n\}$ 的**通项**, 下标 n 可从 $0, 1$ 或某个自然数 k 开始.

定义 1.2.2(单调数列) 对于数列 $\{x_n\}$, 若对于任意的 $n \in \mathbb{N}$, 有 $x_n \leqslant x_{n+1}$ (或 $x_n \geqslant x_{n+1}$), 则称 $\{x_n\}$ 为**单调增加** (或**减少**) **数列**, 两者通称为**单调数列**. 如果是严格不等式, 就称为**严格单调数列**.

定义 1.2.3(有界数列) 若存在 K (或 L), 对于任意的 $n \in \mathbb{N}$, 使得 $x_n \leqslant K$ (或 $x_n \geqslant L$), 则称 $\{x_n\}$ 为上 (或下) **有界数列**, K (或 L) 称为数列 $\{x_n\}$ 的**上界** (或**下界**). 若该数列既上有界又下有界, 则称数列 $\{x_n\}$ 是**有界数列**. 否则称 $\{x_n\}$ 是**无界数列**.

但要注意, 一个上 (或下) 有界的数列其下方 (或上方) 未必有界. 例如, 数列 $\{-n^2\}$, $\forall n \in \mathbb{N}$, 其上界为 -1, 但其下方无界. 而数列 $\{e^n\}$ 其下界为 e, 但上方无界.

对于数列 $\{x_n\}$, 我们关注的是在下标 n 趋于无穷时其通项 x_n 的变化趋势. 下面来看几个具体的数列.

(1) $x_n = \dfrac{n}{n+2}$: $\dfrac{1}{3}, \dfrac{2}{4}, \dfrac{3}{5}, \cdots, \dfrac{n}{n+2}, \cdots$;

(2) $x_n = \dfrac{(-1)^{n-1}}{n}$: $1, -\dfrac{1}{2}, \dfrac{1}{3}, -\dfrac{1}{4}, \cdots, \dfrac{(-1)^{n-1}}{n}, \cdots$;

(3) $x_n = \dfrac{1+(-1)^n}{n}$: $0, 1, 0, \dfrac{1}{2}, 0, \dfrac{1}{3}, \cdots, \dfrac{1+(-1)^n}{n}, \cdots$;

(4) $x_n = 9$: $9, 9, 9, \cdots, 9, \cdots$;

(5) 数列: $2.6, 2.64, 2.645, 2.6457, 2.64575, \cdots$, 此数列的通项是 $\sqrt{7}$ 的精确到 10^{-n} 的不足近似值;

(6) $x_n = n^2$: $1, 4, 9, 16, \cdots, n^2, \cdots$;

(7) $x_n = (-1)^{n-1}$: $1, -1, 1, -1, 1, -1, \cdots$.

以上这些数列 $(1) \sim (5)$ 有一个共同的趋势, 就是随着下标 n 趋于无穷时其通项 x_n 无限地趋于一个常数; 而数列 (6) 是一个无上界的单调增加数列; 数列 (7) 随着下标 n 趋于无穷时其通项 x_n 不趋于一个常数. 我们关注的是, 某个数列随着下标 n 趋于无穷时其通项 x_n 无限地趋于一个常数 A 的情形. 即在下标 n 趋于无穷时, 从某项之后 x_n 与 A 之差的绝对值可以任意小, 则我们就称当 $n \to \infty$ 时, 数列 $\{x_n\}$ 有极限 A, 或说 $\{x_n\}$ 收敛到 A, 记为 $\lim\limits_{n \to \infty} x_n = A$, 或 $x_n \to A (n \to \infty)$. 此时我们称数列 $\{x_n\}$ 是一个收敛数列. 这样来描述数列的极限显然是不严谨的. 为了今后论证的方便起见, 我们引进 "$\varepsilon\text{-}N$ 语言" 来描述数列的上述情形. 那就是引入 "任给 $\varepsilon > 0$ (不论它怎么小)", "恒有 $|x_n - A| < \varepsilon$" 来刻画 "x_n 与 A 之差的绝对

值可以任意小"; 而引入 "存在 N, 当 $n > N$" 来刻画 "从某项之后 n 无限增大的过程". 从而有下列的关于数列极限的严格定义.

定义 1.2.4(数列极限的 "ε-N 语言")　设有数列 $\{x_n\}$, 若存在 $A \in \mathbb{R}$, 对于任意的 $\varepsilon > 0$, 存在 $N \in \mathbb{N}$, 使得当 $n > N$ 时, 恒有

$$|x_n - A| < \varepsilon,$$

则称数列 $\{x_n\}$ 以 A 为极限, 也称 $\{x_n\}$ 收敛于 A, 记为

$$\lim_{n \to \infty} x_n = A, \quad \text{或} \quad x_n \to A \ (n \to \infty).$$

并称数列 $\{x_n\}$ 为**收敛数列**, 反之称 $\{x_n\}$ 为**发散数列**.

注　定义 1.2.4 是在牛顿 (Newton) [*]和莱布尼茨 (Leibniz)[†]17 世纪创立微积分以后大约 150 年间才建立起来的. 现在被世界各国数学家所采用. 关于数列极限的 ε-N 语言, 读者应注意下面几点:

(1) ε 的任意性: ε 的作用是衡量 x_n 和 A 的接近程度, ε 越小, 表示接近得越好. 然而, 尽管 ε 有它的任意性, 但当它一经给出, 就应暂看作是固定不变的, 以便根据它来求 N. 另外, ε 既然是任何正数, 那么 2ε, $\varepsilon/2$, 或 ε^2 等同样也可以是任何正数. 因此定义中表达式右边的 ε 也可以用 2ε, $\varepsilon/2$, 或 ε^2 来代替. 同样可知, 把表达式中的 "$<$" 换成 "$\leqslant$" 号, 也不影响定义所蕴含的意义.

(2) 一般地说, N 是随着 ε 的变化而变化的, ε 越小, N 就越大, 但 N 不是由 ε 唯一确定的, 因为对已知的 ε, 若 $N = 100$ 能满足要求, 则 $N = 101$ 或 1000 或 10000 自然更能满足要求. 其实 N 也不必限于自然数, 只要它是正数就行.

(3) 定义中 "当 $n > N$ 时, 恒有 $|x_n - A| < \varepsilon$", 这句话从几何上讲, 就是所有下标大于 N 的 x_n, 都落在数轴上点 A 的 ε 邻域内, 而在这个邻域之外, 至多有 N (有限) 个项. 换句话说, 若 $\{x_n\}$ 收敛于 A, 则在 A 的任何邻域外只有 $\{x_n\}$ 的有限多个项. 收敛数列的这个几何解释为后面讨论收敛数列的性质和关于数列极限的柯西准则提供了很好的帮助.

例 1.2.1　试用极限的定义证明 $\lim\limits_{n \to \infty} \dfrac{n}{n+2} = 1$.

证明　$\forall \varepsilon > 0$, 欲证 $\left| \dfrac{n}{n+2} - 1 \right| < \varepsilon$, 注意到 $\left| \dfrac{n}{n+2} - 1 \right| = \dfrac{2}{n+2} < \dfrac{2}{n}$, 要使 $\left| \dfrac{n}{n+2} - 1 \right| < \varepsilon$, 只需 $\dfrac{2}{n} < \varepsilon$. 所以我们只要取 $N = \left[\dfrac{2}{\varepsilon} \right] + 1$, 当 $n > N$ 时, 就有 $\left| \dfrac{n}{n+2} - 1 \right| = \dfrac{2}{n+2} < \dfrac{2}{n} < \varepsilon$, 故 $\lim\limits_{n \to \infty} \dfrac{n}{n+2} = 1$.　□

例 1.2.2　试用极限的定义证明 $\lim\limits_{n \to \infty} q^n = 0 \ (|q| < 1)$.

证明　当 $q = 0$ 时, 结论显然成立. 当 $0 < |q| < 1$ 时, $\forall \varepsilon > 0$ (不妨假设 $\varepsilon < 1$), 欲证 $|q^n - 0| < \varepsilon$, 注意到 $|q^n - 0| = |q|^n$, 所以我们只要取 $N = [\ln \varepsilon / \ln |q|] + 1$, 当 $n > N$ 时, 总有 $|q^n - 0| = |q|^n < \varepsilon$, 故 $\lim\limits_{n \to \infty} q^n = 0 \ (0 < |q| < 1)$. 综上所述, 我们证明了 $\lim\limits_{n \to \infty} q^n = 0 \ (|q| < 1)$.　□

---

[*] 牛顿 (Newton I, 1642~1727), 英国数学家、物理学家.

[†] 莱布尼茨 (Leibniz G W, 1646~1716), 德国数学家.

例 1.2.3   试用极限的定义证明 $\lim\limits_{n\to\infty} \sqrt[n]{n} = 1$.

证明 $\forall \varepsilon > 0$, 记 $\alpha_n = \sqrt[n]{n} - 1 \geqslant 0 \,(\forall n \geqslant 1)$, 即

$$n = (1 + \alpha_n)^n = 1 + n\alpha_n + 0.5\,n\,(n-1)\,\alpha_n^2 + \cdots + \alpha_n^n,$$

$$n > 1 + 0.5\,n\,(n-1)\,\alpha_n^2, \quad \alpha_n < \sqrt{\frac{2}{n}},$$

若取 $N = \left[\dfrac{2}{\varepsilon^2}\right] + 1$, 当 $n > N$ 时, 有 $\left|\sqrt[n]{n} - 1\right| \leqslant \sqrt{\dfrac{2}{n}} < \varepsilon$, 故 $\lim\limits_{n\to\infty} \sqrt[n]{n} = 1$.   □

从上面几个例子可以看出, 用极限定义证明数列 $\{x_n\}$ 以 A 为极限, 关键是寻找 N, 而在 "$\forall \varepsilon > 0$" 的条件下, 我们可以从 $|x_n - A| < \varepsilon$ 中找到 N. 当然在寻找的过程中要对 $|x_n - A|$ 做一些必要的处理 (即缩放不等式). 注意我们这儿只需要找到满足定义中的一个 N, 即存在某个 N, 没有必要去寻找符合要求的最小的数 N.

下面我们来讨论收敛数列的性质.

定理 1.2.1 (唯一性)   收敛数列的极限是唯一的.

证明   用反证法. 假设数列 $\{x_n\}$ 的极限不唯一, 不妨设其极限分别为 A, B, 且 $A \neq B$, 即此时我们有 $\lim\limits_{n\to\infty} x_n = A$ 以及 $\lim\limits_{n\to\infty} x_n = B$. 我们取 $\varepsilon = \dfrac{|A-B|}{2} > 0$, 则 $\exists N \in \mathbb{N}$, 当 $n > N$ 时, 我们有 $|x_n - A| < \varepsilon$, $|x_n - B| < \varepsilon$, 注意到

$$2\varepsilon = |A - B| = |A - x_n + x_n - B| \leqslant |A - x_n| + |x_n - B| < 2\varepsilon,$$

产生矛盾, 所以假设不成立. 结论正确.   □

定理 1.2.2 (有界性)   收敛数列必为有界数列.

证明   取 $\varepsilon_0 = 1$, $\exists N_0 \in \mathbb{N}$, 当 $n > N_0$ 时, 我们有 $|x_n - A| < 1$, 所以进一步有

$$|x_n| = |x_n - A + A| \leqslant |x_n - A| + |A| < 1 + |A| \,(\forall n > N_0),$$

取 $M = \max\{|x_1|, |x_2|, \cdots, |x_{N_0}|, 1 + |A|\}$, 则有 $|x_n| \leqslant M \,(\forall n \in \mathbb{N})$.   □

定理 1.2.3   设 $\lim\limits_{n\to\infty} x_n = A > p\,(\text{或}\,A < q)$, 则存在 $N \in \mathbb{N}$, 当 $n > N$ 时, $x_n > p$ ($\text{或}\,x_n < q$).

证明   我们先证明 $\lim\limits_{n\to\infty} x_n = A < q$ 的情形, 取 $\varepsilon_0 = q - A > 0$, $\exists N \in \mathbb{N}$, 当 $n > N$ 时, 有 $|x_n - A| < \varepsilon_0$, 即 $x_n < A + \varepsilon_0 = A + q - A = q$.

关于另一种情形可类似证之, 在此不赘述, 留作练习.   □

推论 1.2.4   设 $\lim\limits_{n\to\infty} x_n = A > 0 \,(\text{或}\,A < 0)$, 则存在 $N \in \mathbb{N}$, 当 $n > N$ 时, $x_n > 0$ ($\text{或}\,x_n < 0$).

证明   事实上, 只要在定理 1.2.3 中, 取 $p = q = 0$ 即可.   □

推论 1.2.5   设 $\lim\limits_{n\to\infty} x_n = A \neq 0$, 则对任一个正数 $d < |A|$, 存在 $N \in \mathbb{N}$, 当 $n > N$ 时, $|x_n| > d$.

证明   注意到 $\lim\limits_{n\to\infty} x_n = A \implies \lim\limits_{n\to\infty} |x_n| = |A|$, 且 $\forall d : |A| > d > 0$, 再由定理 1.2.3 立即得证.   □

定义 1.2.5(子数列)　设有数列 $\{x_n\}$, 从 $\{x_n\}$ 中抽出无穷多项, 按其在原数列中的先后次序排成的新数列, 称为 $\{x_n\}$ 的**子数列**或**部分数列**, 记为 $\{x_{n_k}\}$. 其中 x_{n_k} 是数列 $\{x_n\}$ 中的第 n_k 项.

例如数列 $\{x_n\}=\{(-1)^{n-1}\}$, 而 $\{x_{2n-1}\}$: $1,1,1,\cdots$; $\{x_{2n}\}$: $-1,-1,-1,\cdots$ 就是它的两个子数列. 很显然, 一个数列可以有无穷多的子数列, 那么它们在极限的存在性方面有何关系呢? 下面的定理回答了这一问题.

定理 1.2.6　设 $\lim\limits_{n\to\infty}x_n=A(A$ 为有限数$)$, $\{x_{n_k}\}$ 为 $\{x_n\}$ 的任意一个子数列, 则

$$\lim_{k\to\infty}x_{n_k}=A.$$

证明　由于 $\lim\limits_{n\to\infty}x_n=A$, 则 $\forall\varepsilon>0$, $\exists N\in\mathbb{N}$, 当 $n>N$ 时, 有 $|x_n-A|<\varepsilon$. 于是对于 $\{x_n\}$ 的任意一个子数列 $\{x_{n_k}\}$, 当 $k>N$ 时, 总有 $n_k\geqslant k>N$, 所以有 $|x_{n_k}-A|<\varepsilon$, 即 $\lim\limits_{k\to\infty}x_{n_k}=A$. $\quad\square$

注　由于 $\{x_n\}$ 本身就是 $\{x_n\}$ 的一个子数列, 故此定理反之也成立.

由此定理, 立即可得

推论 1.2.7　若某数列有两个取不同有限极限的子数列, 那么该数列必发散.

前面我们在定义 1.2.4 中已经给出了发散数列的定义. 下面我们用 $\varepsilon-N$ 语言给出数列 $\{x_n\}$ 不以 A 为极限的定义.

定义 1.2.6 $(x_n\nrightarrow A\,(n\to\infty))$　设数列为 $\{x_n\}$, $A\in\mathbb{R}$, 若存在 $\varepsilon_0>0$, 对于任意的 $N\in\mathbb{N}$, 存在 $n_0>N$, 使得 $|x_{n_0}-A|\geqslant\varepsilon_0$, 则称数列 $\{x_n\}$ 不以 A 为极限. 记为 $x_n\nrightarrow A\,(n\to\infty)$.

在发散数列中有这样的情况: 发散数列 $\{x_n\}$ 从某项之后其值可以大于任意大的正数(或小于任意小的负数), 这时我们称 $\{x_n\}$ 为正无穷大量(或负无穷大量), 下面引入"G-N 语言"定义如下:

定义 1.2.7(数列极限的"$G-N$ 语言")　设有数列 $\{x_n\}$, 若对于任意的 $G>0$, 存在 $N\in\mathbb{N}$, 当 $n>N$ 时有 $x_n>G$(或 $x_n<-G$, $|x_n|>G$)成立, 则称 $n\to\infty$ 时 $\{x_n\}$ 是一个**正无穷大量**(或**负无穷大量, 无穷大量**). 习惯上也说, $\{x_n\}$ 以 $+\infty$(或 $-\infty,\infty$)为极限. 记为

$$\lim_{n\to\infty}x_n=+\infty,\quad(\text{或 }\lim_{n\to\infty}x_n=-\infty,\quad\lim_{n\to\infty}x_n=\infty).$$

例 1.2.4　证明: $\lim\limits_{n\to\infty}q^n=\infty\,(|q|>1)$.

证明　$\forall G>0$(不妨设 $G>1$), 要 $|q^n|=|q|^n>G\Longleftrightarrow n>\ln G/\ln|q|$, 取 $N=[\ln G/\ln|q|]+1$, 当 $n>N$ 时, 有 $|q^n|=|q|^n>G$, 故 $\lim\limits_{n\to\infty}q^n=\infty\,(|q|>1)$. $\quad\square$

1.2.2　函数的极限

在上一节中, 我们主要讨论了数列的极限, 如果令 $x_n=f(n)$, 那么可以把数列看作是自然数集合上的一个函数, 但其自变量 n 的变化是离散的, 即其定义域没有形成一个区域. 在本节中我们将讨论函数 $y=f(x),x\in D$ 的极限, 此时自变量 x 的变化过程是连续的, 而自变量 x 的变化过程有:

(1) x 从一点 x_0 的两侧趋向于 x_0, 可以记为 $x\to x_0$;

(2) x 从一点 x_0 的左侧 (或右侧) 趋向于 x_0, 可以记为 $x \to x_0 - 0$ (或 $x \to x_0 + 0$), 也可记为 $x \to x_0^-$ (或 $x \to x_0^+$);

(3) x 的绝对值无限增大, 即 x 沿 x 轴的正向与负向无限远离原点, 记为 $x \to \infty$;

(4) x 无限增大, 记为 $x \to +\infty$; x 无限减少, 记为 $x \to -\infty$.

由此可见, 函数的变化趋势比之数列的变化趋势复杂, 原因在于 x 的变化有上述多种变化情形.

例如, 函数 $f_1(x) = x^3$, $x_0 = 3$, 当 $x \to 3$ 时, $f_1(x)$ 将越来越趋于 27;

$f_2(x) = [x]$, $x_0 = 0$, 当 $x \to 0^-$, $f_2(x)$ 总是等于 -1, 当 $x \to 0^+$, $f_2(x)$ 将总是等于 0;

$f_3(x) = \dfrac{1}{x}$, $x_0 = 0$, 当 $x \to 0^-$, $f_3(x)$ 将趋于 $-\infty$, 当 $x \to 0^+$, $f_3(x)$ 将趋于 $+\infty$, 若 $x \to +\infty$, 或 $x \to -\infty$ 或 $x \to \infty$, $f_3(x)$ 均将趋于 0;

$f_4(x) = \sin \dfrac{1}{x}$, $x_0 = 0$, 当 x 越来越趋于 0 时, 函数在原点的附近无限振荡, 函数值在 ± 1 之间变化, 它不趋于任何实数.

我们关注的是: 当自变量趋于某一常数 x_0 (或 x 趋于无穷大) 时, 对应的函数值也趋于一个常数 A 的情形. 简单地讲就是, 若存在常数 A, 只要 $|x - x_0|$ 充分小 (或 $|x|$ 充分大), 就有 $|f(x) - A|$ 充分小, 则就说当 x 趋于 x_0 (或 x 趋于无穷大) 时, 函数 $f(x)$ 以 A 为极限. 为精确地描述这种现象, 我们引入对应于数列极限的严谨的数学语言.

一、函数极限的定义

定义 1.2.8 (" ε-δ " 语言)   设函数 $f(x)$ 在 x_0 的某个去心邻域 $\mathring{N}(x_0)$ 内有定义, A 为一给定的常数. 若对于任意的 $\varepsilon > 0$, 存在 $\delta > 0$, 使得当 $0 < |x - x_0| < \delta$ 时, 都有

$$|f(x) - A| < \varepsilon,$$

则称 $f(x)$ 当 x 趋于 x_0 时的极限为 A, 记作

$$\lim_{x \to x_0} f(x) = A, \quad \text{或} \quad f(x) \to A \ (x \to x_0).$$

注   上述定义中的 ε 是一个给定的任意正数, 它描述了函数 $f(x)$ 与常数 A 的任意接近程度, 而 δ 则描述了 x 接近于 x_0 的程度, 且 δ 是依赖于 ε 的, 一般来讲, ε 越小, δ 也越小. 我们只需要找到一个使得 $|f(x) - A| < \varepsilon$ 成立的一个 δ, 那么任何小于它的正数都可以作为 δ, 因此 δ 与 ε 之间并不一定是函数关系, 但有时仍会记 $\delta = \delta(\varepsilon)$. 用定义 1.2.8 证明函数的极限时, 重要的是指明 δ 的存在性.

此外, 在定义 1.2.8 中, $f(x)$ 在 $x \to x_0$ 时的极限, 与 $f(x)$ 在 x_0 是否有定义无关.

例 1.2.5   用定义证明 $\lim\limits_{x \to 3} x^3 = 27$.

证   为了证明 $\forall \varepsilon > 0$, 有 $|x^3 - 27| < \varepsilon$, 我们必须去寻找一个正数 δ, 使得当 $0 < |x - 3| < \delta$ 时, 上述不等式成立. 注意到, 我们先限定 $|x - 3| < 1$, 即 $2 < x < 4$, 而 $|x^3 - 27| = |x - 3||x^2 + 3x + 9| < 37|x - 3|$. 此时只要取 δ 为 1 和 $\dfrac{\varepsilon}{37}$ 中的较小者, 就能满足要求. 因此总结上述的讨论, 我们有下列比较简洁的表述:

$\forall \varepsilon > 0$, 取 $\delta = \min\left\{1, \dfrac{\varepsilon}{37}\right\}$, 则当 $0 < |x - 3| < \delta$ 时, 就有 $2 < x < 4$ 以及 $|x^2 + 3x + 9| < 37$, 于是

$$|x^3 - 27| = |x - 3| \, |x^2 + 3x + 9| < 37 \, |x - 3| < 37 \delta \leqslant 37 \cdot \frac{\varepsilon}{37} = \varepsilon.$$

所以

$$\lim_{x \to 3} x^3 = 27. \qquad \square$$

例 1.2.6　证明 $\lim\limits_{x \to 0} a^x = 1 \ (a > 0)$.

证明　我们先证 $a > 1$ 的情形, $\forall \varepsilon > 0$ (不妨设 $\varepsilon < 1$), 要 $|a^x - 1| < \varepsilon$, 只要 $1 - \varepsilon < a^x < 1 + \varepsilon$, 即只要 $\log_a(1 - \varepsilon) < x < \log_a(1 + \varepsilon)$, 取

$$\delta = \min\{\log_a(1 + \varepsilon), -\log_a(1 - \varepsilon)\} = \log_a(1 + \varepsilon),$$

$\left(因 1 + \varepsilon < \dfrac{1}{1 - \varepsilon}\right)$, 则当 $0 < |x - 0| < \delta$ 时, 就有 $|a^x - 1| < \varepsilon$, 故当 $a > 1$ 时, 有 $\lim\limits_{x \to 0} a^x = 1$.

当 $0 < a < 1$ 时, 令 $a = \dfrac{1}{b}$, 则 $b > 1$, 由上面的证明知道: $\forall \varepsilon > 0 \left(不妨设 \varepsilon < \dfrac{1}{2}\right)$, $\exists \delta > 0$, 当 $0 < |x - 0| < \delta$ 时, 就有 $|b^x - 1| < \varepsilon$ 及 $b^x > \dfrac{1}{2}$, 因此

$$|a^x - 1| = \left| \frac{1}{b^x} - 1 \right| = \frac{|b^x - 1|}{b^x} < 2\varepsilon.$$

所以, 当 $0 < a < 1$ 时, 结论成立. 若 $a = 1$ 时, 结论显然成立.

综上所述, 有 $\lim\limits_{x \to 0} a^x = 1 \quad (a > 0)$. $\qquad \square$

下面我们根据取整函数 $y = [x]$ 在整数点处的变化情况, 引入函数的单侧极限的定义.

定义 1.2.9(单侧极限)　设 $x_0 \in \mathbb{R}$, $A \in \mathbb{R}$, 记 $N^+(x_0)$ (或 $N^-(x_0)$) 为点 x_0 的某右邻域 (或左邻域). $f(x)$ 在 $N^+(x_0)$ (或 $N^-(x_0)$) 上有定义, 若对于任意的 $\varepsilon > 0$, 存在 $\delta > 0$, 当 $0 < x - x_0 < \delta$ (或 $0 < x_0 - x < \delta$) 时, 恒有

$$|f(x) - A| < \varepsilon,$$

则称函数 $f(x)$ 在 $x \to x_0^+$ (或 $x \to x_0^-$) 时的**右极限 (或左极限)** 为 A, 记作

　　$\lim\limits_{x \to x_0^+} f(x) = A$, 也用 $f(x_0^+)$ 表示, 即 $f(x_0^+) = \lim\limits_{x \to x_0^+} f(x)$.

　　(或 $\lim\limits_{x \to x_0^-} f(x) = A$, 也用 $f(x_0^-)$ 表示, 即 $f(x_0^-) = \lim\limits_{x \to x_0^-} f(x)$)

右极限和左极限统称为**单侧极限**.

定理 1.2.8　$\lim\limits_{x \to x_0} f(x) = A \Longleftrightarrow f(x_0^+) = f(x_0^-) = A$.

证明留给读者作为练习.

例如, $\lim\limits_{x \to 0^-} [x] = -1$, $\lim\limits_{x \to 0^+} [x] = 0$, 所以 $\lim\limits_{x \to 0} [x]$ 不存在. 同理可以证明 $[x]$ 在所有整数点处极限均不存在.

关于函数 $f(x)$ 在 x 趋于正无穷大 (或负无穷大、无穷大) 时的极限有下列的定义.

定义 1.2.10("ε-K"语言)　设 $f(x)$ 在 $(b, +\infty)$ (或 $(-\infty, a), (-\infty, +\infty)$) 上有定义, A 为一给定的常数, 若对于任意的 $\varepsilon > 0$, 存在 $K \in \mathbb{R}^+$, 当 $x > K$ (或 $x < -K, |x| > K$), 有

$$|f(x) - A| < \varepsilon.$$

则称函数 $f(x)$ 在 $x \to +\infty$ (或 $x \to -\infty, x \to \infty$) 时以 A 为极限, 记作

$$\lim_{x \to +\infty} f(x) = A, \quad 或 f(x) \to A(x \to +\infty),$$

$$(或 \lim_{x \to -\infty} f(x) = A, \quad 或 f(x) \to A(x \to -\infty)),$$

$$(以及 \lim_{x \to \infty} f(x) = A, \quad 或 f(x) \to A(x \to \infty)).$$

定义 1.2.11("G-δ"语言) 设 $f(x)$ 在 x_0 的某个去心邻域 $\mathring{N}(x_0)$ 内有定义, 若对于任意的 $G > 0$, 存在 $\delta > 0$, 使得当 $0 < |x - x_0| < \delta$ 时, 都有 $f(x) > G$, 则称当 x 趋于 x_0 时 $f(x)$ 发散到 $+\infty$, 记作

$$\lim_{x \to x_0} f(x) = +\infty, \quad 或 f(x) \to +\infty \ (x \to x_0).$$

注 关于函数的其他极限情形, 读者可以自己归纳, 写出相关的定义.

例 1.2.7 证明 $\lim_{x \to 0^+} \dfrac{1}{x} = +\infty$.

证明 $\forall G > 0$, 要使 $\dfrac{1}{x} > G(x > 0)$, 只要 $0 < x < \dfrac{1}{G}$, 因此取 $\delta = \dfrac{1}{G}$, 则当 $0 < x < \delta$ 时, 恒有 $\dfrac{1}{x} > G$, 故 $\lim_{x \to 0^+} \dfrac{1}{x} = +\infty$. □

二、函数极限的性质

与收敛数列类似, 存在极限的函数有下列常用而重要的性质. 而且论证的方法与数列的情形也是完全类同的. 此外以下的性质只要 $\lim f(x) = A$, A 为给定的常数都是对的, 其中极限过程可以是 $x \to x_0$, $x \to x_0^-$, $x \to x_0^+$, $x \to +\infty$, $x \to -\infty$, $x \to \infty$ 中的任何一种. 为了叙述简单起见, 我们仅就 $\lim_{x \to x_0} f(x) = A$ 的情形进行讨论, 其他情形下的相关性质的叙述和论证, 在此不赘述, 读者可以作为练习.

定理 1.2.9 (有界性) 若 $\lim_{x \to x_0} f(x) = A$, 则存在点 x_0 的某去心邻域 $\mathring{N}_{\delta_0}(x_0)$ 使得 $f(x)$ 在该邻域内有界.

证明 对 $\varepsilon_0 = 1$, $\exists \delta_0 > 0$, 当 $0 < |x - x_0| < \delta_0$ 时, 有 $|f(x) - A| < 1$, 所以有

$$|f(x)| = |f(x) - A + A| \leqslant |f(x) - A| + |A| < 1 + |A|, \forall x \in \mathring{N}_{\delta_0}(x_0). □$$

定理 1.2.10 (唯一性) 若 $\lim_{x \to x_0} f(x) = A$, $\lim_{x \to x_0} f(x) = B$, 则 $A = B$.

证明 用反证法. 若 $A \neq B$, 取 $\varepsilon = \dfrac{|B - A|}{2} > 0$, 由 $\lim_{x \to x_0} f(x) = A$ 以及 $\lim_{x \to x_0} f(x) = B$ 可得, $\exists \delta > 0$, 当 $0 < |x - x_0| < \delta$ 时, 有 $|f(x) - A| < \varepsilon$, $|f(x) - B| < \varepsilon$, 但是 $2\varepsilon = |B - A| = |B - f(x) + f(x) - A| \leqslant |f(x) - B| + |f(x) - A| < 2\varepsilon$, 矛盾. □

定理 1.2.11 若 $\lim_{x \to x_0} f(x) = A > p$ (或 $A < q$), 则存在点 x_0 的某去心邻域 $\mathring{N}_\delta(x_0)$, 使得 $f(x)$ 在该邻域内有 $f(x) > p$ (或 $f(x) < q$).

证明 我们只证 $A > p$ 的情形, $A < q$ 的情形留给读者练习. 取 $\varepsilon = A - p > 0$, $\exists \delta > 0$, 当 $0 < |x - x_0| < \delta$ 时, 有 $f(x) > A - \varepsilon = A - (A - p) = p$, $\forall x \in \mathring{N}_\delta(x_0)$. □

推论 1.2.12　若 $\lim\limits_{x \to x_0} f(x) = A > 0$（或 $A < 0$）, 则存在点 x_0 的某去心邻域 $\overset{\circ}{N}_\delta(x_0)$, 使得 $f(x)$ 在该邻域内有 $f(x) > 0$（或 $f(x) < 0$）.

推论 1.2.13　若 $\lim\limits_{x \to x_0} f(x) = A \neq 0$, 则对任一个正数 $d < |A|$, 存在点 x_0 的某去心邻域 $\overset{\circ}{N}_\delta(x_0)$, 使得 $f(x)$ 在该邻域内有 $|f(x)| > d$.

这两个推论证明较易, 在此不赘述, 读者可以作为练习.

下面我们来讨论函数极限与数列极限之间的关系, 归结为下列定理.

定理 1.2.14　$\lim\limits_{x \to x_0} f(x) = A$ 的充分必要条件是: 对任何数列 $\{x_n\}$, 且 x_n 在 x_0 的某去心邻域 $\overset{\circ}{N}(x_0)$ 内, $x_n \to x_0$（$n \to \infty$）, 均有 $\lim\limits_{n \to \infty} f(x_n) = A$.

证明　(必要性) 设 $f(x) \to A$ $(x \to x_0)$, 则 $\forall \varepsilon > 0, \exists \delta > 0$, 当 $0 < |x - x_0| < \delta$ 时恒有 $|f(x) - A| < \varepsilon$. 因 $x_n \to x_0$, 故对上述 $\delta > 0, \exists N \in \mathbb{N}$, 当 $n > N$ 时有 $0 < |x_n - x_0| < \delta$, 于是 $n > N$ 时, $|f(x_n) - A| < \varepsilon$, 由数列极限的定义知, 数列 $\{f(x_n)\}$ 的极限为 A. 必要性得证.

(充分性) 用反证法证明. 设 $f(x) \nrightarrow A (x \to x_0)$, 则 $\exists \varepsilon_0 > 0, \forall \delta = \frac{1}{n}, \exists \bar{x}_n \in \overset{\circ}{N}_\delta(x_0)$, 使得 $|f(\bar{x}_n) - A| \geqslant \varepsilon_0$. 因为 $0 < |\bar{x}_n - x_0| < \frac{1}{n}$, 显然 $\bar{x}_n \to x_0$, 但由定义 1.2.6 知数列 $\{f(\bar{x}_n)\}$ 不以 A 为极限. 此与条件矛盾. 充分性得证. □

该定理给出了函数极限和数列极限之间的一种关系, 常用于判定某些函数的极限的不存在性. 也可由已知的函数极限得到数列的极限, 例如, 前面我们已经证明了 $\lim\limits_{x \to 0} a^x = 1 \, (a > 0)$, 则我们根据定理 1.2.14 直接可得 $\lim\limits_{n \to \infty} \sqrt[n]{a} = 1 \, (a > 0)$.

推论 1.2.15　设 $x_0 \in \mathbb{R}, \overset{\circ}{N}(x_0)$ 为点 x_0 的某去心邻域. 若存在 $x_n, y_n \in \overset{\circ}{N}(x_0), x_n \to x_0, y_n \to x_0$, 使得 $f(x_n) \to A, f(y_n) \to B \, (n \to \infty)$, 但 $A \neq B$, 则函数 $f(x)$ 在 $x \to x_0$ 时的极限不存在.

例 1.2.8　证明极限 $\lim\limits_{x \to 0} \cos\dfrac{1}{x}$ 不存在.

证明　取 $x_n = \dfrac{1}{2n\pi}, y_n = \dfrac{1}{2n\pi + \pi/2}$, $x_n \to 0, y_n \to 0, f(x_n) \to 1, f(y_n) \to 0 \, (n \to \infty)$, 所以 $\lim\limits_{x \to 0} \cos\dfrac{1}{x}$ 不存在. □

1.2.3　无穷小量与无穷大量

在某个极限过程中, 以零为极限的变量具有非常重要的作用, 为此我们在本小节内专门加以讨论. 为了进行统一处理, 我们用一些大写英文字母 X, Y, Z 等代表 $f(x)$ 或 x_n, 而用希腊字母 α, β, γ 等表示某极限过程下的这种以零为极限的变量. 极限过程可以是 $n \to \infty, x \to x_0, x \to x_0^-, x \to x_0^+, x \to \infty, x \to -\infty, x \to +\infty$ 中的任何一种, 但必须注意的是在一个极限式中指的一定是同一极限过程.

一、无穷小量

定义 1.2.12(无穷小量)　若 $\lim \alpha = 0$, 则称 α 是这一极限过程中的一个**无穷小量**, 简称**无穷小**.

例如, $\lim\limits_{x\to\infty}\dfrac{1}{x}=0$, 则我们称 $\dfrac{1}{x}$ 是 $x\to\infty$ 时的一个无穷小. $\lim\limits_{n\to\infty}\dfrac{4n+9}{n^2-7}=0$, 则称 $\dfrac{4n+9}{n^2-7}$ 是 $n\to\infty$ 时的一个无穷小.

注　一个很小很小的数不是无穷小, 例如 $\mathrm{e}^{-10^{10}}$.

下面我们来讨论无穷小的性质.

定理 1.2.16　有限个无穷小之和仍为无穷小.

证明　我们就 $\alpha_i=f_i(x)(i=1,2,\cdots,k)$, $x\to x_0$ 的情形进行讨论. 因为 $\lim\limits_{x\to x_0}f_i(x)=0$ $(i=1,2,\cdots,k)$, 即 $\forall\,\varepsilon>0$, $\exists\,\delta>0$, 当 $0<|x-x_0|<\delta$ 时, 我们有 $|f_i(x)|<\dfrac{\varepsilon}{k}$, 所以 $\left|\sum\limits_{i=1}^{k}f_i(x)\right|\leqslant\sum\limits_{i=1}^{k}|f_i(x)|<\sum\limits_{i=1}^{k}\dfrac{\varepsilon}{k}=\varepsilon$, 即 $\lim\limits_{x\to x_0}\sum\limits_{i=1}^{k}f_i(x)=0$. $\qquad\square$

注　无穷多个无穷小之和不一定是无穷小.

定理 1.2.17　无穷小与有界变量之积仍为无穷小.

证明　设 $\alpha=x_n$, $\beta=y_n$, y_n 为有界变量, 即存在一个 $M>0$, 有 $|y_n|\leqslant M,\forall\,n\in\mathbb{N}$, x_n 为无穷小, 即 $\forall\,\varepsilon>0$, $\exists\,N\in\mathbb{N}$, 当 $n>N$ 时, 有 $|x_n|<\dfrac{\varepsilon}{M}$, 则 $|x_ny_n|=|x_n|\cdot|y_n|\leqslant\dfrac{\varepsilon}{M}\cdot M=\varepsilon$, 则 $\lim\limits_{n\to\infty}x_ny_n=0$. $\qquad\square$

例如, $\lim\limits_{x\to 0}x\sin\dfrac{1}{x}=0$; $\quad\lim\limits_{x\to\infty}\dfrac{\sin x}{x}=0$.

注意到常量和无穷小均为有界变量, 由此我们得到如下推论:

推论 1.2.18　常量与无穷小之积为无穷小.

推论 1.2.19　两个无穷小之积为无穷小.

推论 1.2.20　有限个无穷小之积仍为无穷小.

定理 1.2.21(极限存在的变量与无穷小之间的关系)　$\lim X=A$ 的充分必要条件是 $X=A+\alpha$, 其中 $\lim\alpha=0$.

证明　设 $X=f(x)$, $x\to x_0$.

必要性: 若 $\lim\limits_{x\to x_0}f(x)=A$, 则 $\forall\,\varepsilon>0$, $\exists\,\delta>0$, 当 $0<|x-x_0|<\delta$ 时, 有 $|f(x)-A|<\varepsilon$, 令 $\alpha(x)=f(x)-A$, 便有 $f(x)=A+\alpha(x)$, 且当 $0<|x-x_0|<\delta$ 时, 有 $|\alpha(x)|<\varepsilon$, 即有 $\lim\limits_{x\to x_0}\alpha(x)=0$.

充分性: 若 $f(x)=A+\alpha(x)$, $\lim\limits_{x\to x_0}\alpha(x)=0$, 则 $\forall\,\varepsilon>0$, $\exists\,\delta>0$, 当 $0<|x-x_0|<\delta$ 时, 有 $|\alpha(x)|<\varepsilon$, 但 $\alpha(x)=f(x)-A$, 从而当 $0<|x-x_0|<\delta$ 时, 有 $|f(x)-A|<\varepsilon$, 即 $\lim\limits_{x\to x_0}f(x)=A$. $\qquad\square$

注　这个定理在后面一些定理、推论的证明中有着非常重要的作用. 该定理说明, $\lim X=A$ 与 $X=A+\alpha$, $\lim\alpha=0$ 等价. 因此, 为了证明 $\lim X=A$, 只需证明 $X=A+\alpha$, $\lim\alpha=0$. 反之, 若已知 $\lim X=A$, 那么我们可以把 X 表成 $X=A+\alpha$, $\lim\alpha=0$.

二、无穷大量

定义 1.2.13(无穷大量)　若 $\lim\dfrac{1}{X}=0\ (X\neq 0)$, 则称 X 是这一极限过程中的一个**无穷大量**, 简称**无穷大**.

例如, $\lim\limits_{x\to\infty}\dfrac{1}{x^2}=0$, 则称 x^2 是 $x\to\infty$ 时的一个无穷大. $\lim\limits_{n\to\infty}\dfrac{1}{n^4}=0$, 则称 n^4 是 $n\to\infty$ 时的一个无穷大. 反之, 设 X 是一个无穷大, 则 $Y=\dfrac{1}{X}$ 是一个无穷小.

1.2.4　极限的四则运算法则

前面我们要求数列或函数的极限都只能通过极限的定义, 但如果什么形式的数列、函数的极限都要这样做那是非常困难的一件事情, 也是没有必要的. 本小节我们来建立极限的四则运算法则, 从而使得我们所能求的极限范围大大扩大.

定理 1.2.22(极限的四则运算)　设 $\lim X=A,\lim Y=B$, 则

$$\lim(X\pm Y)=\lim X\pm\lim Y=A\pm B,$$

$$\lim(X\cdot Y)=\lim X\cdot\lim Y=A\cdot B,$$

$$\lim\frac{X}{Y}=\frac{\lim X}{\lim Y}=\frac{A}{B}\ (B\neq 0).$$

证明　由定理 1.2.21, $\lim X=A$, $\lim Y=B$ 等价于 $X=A+\alpha$, $\lim\alpha=0$, $Y=B+\beta$, $\lim\beta=0$, 则 $X\pm Y=(A\pm B)+(\alpha\pm\beta)$, 且 $\lim(\alpha\pm\beta)=0$, 所以由定理 1.2.21 得证 $\lim(X\pm Y)=\lim X\pm\lim Y=A\pm B$.

$X\cdot Y=(A+\alpha)\cdot(B+\beta)=A\cdot B+(B\cdot\alpha+A\cdot\beta+\alpha\cdot\beta)$, 且 $\lim(B\cdot\alpha+A\cdot\beta+\alpha\cdot\beta)=0$, 所以由定理 1.2.21 得证 $\lim(X\cdot Y)=\lim X\cdot\lim Y=A\cdot B$.

因为 $\lim Y=B,B\neq 0$, 由极限的相关性质知, 极限过程某时刻之后 $|Y|\geqslant d>0$, 因此变量 $\dfrac{1}{Y}$ 是有意义的, 且 $\left|\dfrac{1}{BY}\right|\leqslant\dfrac{1}{d\cdot|B|}$, $\dfrac{X}{Y}-\dfrac{A}{B}=\dfrac{B\alpha-A\beta}{BY}$, 即 $\dfrac{X}{Y}=\dfrac{A}{B}+\dfrac{B\alpha-A\beta}{BY}$, 而 $\lim\dfrac{B\alpha-A\beta}{BY}=0$, 所以由定理 1.2.21 得证 $\lim\dfrac{X}{Y}=\dfrac{\lim X}{\lim Y}=\dfrac{A}{B}$.　□

注　极限的加减法法则和乘法法则可以推广到有限个有极限的变量情形. 在极限表达式中有常数因子, 则可把常数因子提到极限号外去. 若定理中等式的左端极限存在, 一般不能保证右端各项(或各因子)的极限存在, 例如 $x_n=(-1)^n$, $y_n=1-(-1)^n$ 极限均不存在, 但 x_n+y_n 的极限是存在的, 其极限为 1.

下面的例子要求读者能够理解每一步成立的理由.

例 1.2.9　(1) $\lim\limits_{x\to 2}\left(x^3+\dfrac{1}{x}\right)$;　(2) $\lim\limits_{x\to 1}\dfrac{x^3-1}{x-1}$;　(3) $\lim\limits_{x\to 2}\dfrac{x^2+8}{x-1}$;　(4) $\lim\limits_{x\to 1^+}\dfrac{x^2+8}{x-1}$.

解　(1) $\lim\limits_{x\to 2}\left(x^3+\dfrac{1}{x}\right)=\lim\limits_{x\to 2}x^3+\dfrac{1}{\lim\limits_{x\to 2}x}=8+\dfrac{1}{2}=\dfrac{17}{2}$;

(2) $\lim\limits_{x\to 1}\dfrac{x^3-1}{x-1}=\lim\limits_{x\to 1}(x^2+x+1)=\lim\limits_{x\to 1}x^2+\lim\limits_{x\to 1}x+\lim\limits_{x\to 1}1=3$;

(3) $\lim\limits_{x\to 2}\dfrac{x^2+8}{x-1}=\dfrac{\lim\limits_{x\to 2}x^2+\lim\limits_{x\to 2}8}{\lim\limits_{x\to 2}x-\lim\limits_{x\to 2}1}=12$;

(4) $\lim\limits_{x\to 1^+}\dfrac{x^2+8}{x-1}$,　因为 $\lim\limits_{x\to 1^+}\dfrac{x-1}{x^2+8}=0$, 所以 $\lim\limits_{x\to 1^+}\dfrac{x^2+8}{x-1}=+\infty$.　□

例 1.2.10 求 $\lim\limits_{x\to\infty} \dfrac{a_0x^m + a_1x^{m-1} + \cdots + a_{m-1}x + a_m}{b_0x^n + b_1x^{n-1} + \cdots + b_{n-1}x + b_n}$, 其中 $a_0b_0 \neq 0, m, n \in \mathbb{N}$.

解

$$\lim_{x\to\infty} \frac{a_0x^m + a_1x^{m-1} + \cdots + a_{m-1}x + a_m}{b_0x^n + b_1x^{n-1} + \cdots + b_{n-1}x + b_n} = \lim_{x\to\infty} x^{m-n} \frac{a_0 + \dfrac{a_1}{x} + \cdots + \dfrac{a_{m-1}}{x^{m-1}} + \dfrac{a_m}{x^m}}{b_0 + \dfrac{b_1}{x} + \cdots + \dfrac{b_{n-1}}{x^{n-1}} + \dfrac{b_n}{x^n}}$$

$$= \begin{cases} \infty, & m > n, \\ \dfrac{a_0}{b_0}, & m = n, \\ 0, & m < n. \end{cases}$$

此极限随 m, n 的不同情况而异.

变量的极限一般来说刚开始时总是不确定型的, 称为**不定型**. 它们是: $\dfrac{0}{0}$, $\dfrac{\infty}{\infty}$, $\infty-\infty$, $0\cdot\infty$, 1^∞, 0^0, ∞^0. 对于不同的极限类型, 它的求解方法是不一样的, 读者要适当地做一些题并加以归类总结出自己的方法.

1.2.5 极限的存在准则

定理 1.2.23 (夹逼准则) 设在某极限过程中 $X \leqslant Y \leqslant Z$, 且

$$\lim X = \lim Z = A, \ \text{则} \ \lim Y = A.$$

证明 我们就 $X = f(x), Y = v(x), Z = u(x), x \to x_0$ 来讨论, 由题设,

$$\lim_{x\to x_0} f(x) = \lim_{x\to x_0} u(x) = A,$$

即 $\forall \varepsilon > 0, \exists \delta > 0$, 当 $0 < |x - x_0| < \delta$ 时, 有

$$f(x) > A - \varepsilon, \ u(x) < A + \varepsilon,$$

从而有

$$A - \varepsilon < f(x) \leqslant v(x) \leqslant u(x) < A + \varepsilon,$$

即 $|v(x) - A| < \varepsilon$, 所以 $\lim\limits_{x\to x_0} v(x) = A$.

注 $X \leqslant Y \leqslant Z$ 只要在某一时刻之后成立就行. 例如数列的情形, 只要 n 适当大时成立即可.

例 1.2.11 求 $\lim\limits_{n\to\infty} \left(\dfrac{1}{n^2+n+1} + \dfrac{2}{n^2+n+2} + \cdots + \dfrac{n}{n^2+n+n} \right)$.

解 设 $x_n = \dfrac{1}{n^2+n+1} + \dfrac{2}{n^2+n+2} + \cdots + \dfrac{n}{n^2+n+n}$,

$$x_n > \frac{1}{n^2+n+n} + \frac{2}{n^2+n+n} + \cdots + \frac{n}{n^2+n+n} = \frac{n(n+1)}{2(n^2+n+n)} = y_n,$$

$$x_n < \frac{1}{n^2+n+1} + \frac{2}{n^2+n+1} + \cdots + \frac{n}{n^2+n+1} = \frac{n(n+1)}{2(n^2+n+1)} = z_n,$$

且 $\lim\limits_{n\to\infty} y_n = \lim\limits_{n\to\infty}\dfrac{n(n+1)}{2(n^2+2n)} = \dfrac{1}{2}$; $\lim\limits_{n\to\infty} z_n = \lim\limits_{n\to\infty}\dfrac{n(n+1)}{2(n^2+n+1)} = \dfrac{1}{2}$; 所以

$$\lim_{n\to\infty}\left(\frac{1}{n^2+n+1} + \frac{2}{n^2+n+2} + \cdots + \frac{n}{n^2+n+n}\right) = \frac{1}{2}. \qquad \square$$

例 1.2.12　证明

$$\lim_{x\to 0}\frac{\sin x}{x} = 1. \tag{1.2.1}$$

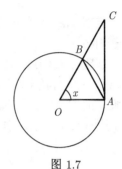

图 1.7

证明　因 $\dfrac{\sin x}{x}$ 是偶函数, 故只要讨论 $x \to 0^+$ 就足够了, 这时可限制 $0 < x < \dfrac{\pi}{2}$, 在图 1.7 中 $\angle AOB = x$ 为单位圆的圆心角, AC 与圆 O 相切于 A, OC 与圆 O 相交于 B, 于是 $\overset{\frown}{AB} = x$, $AC = \tan x$, 易知, $\triangle AOB$ 的面积 $<$ 扇形 AOB 的面积 $< \triangle AOC$ 的面积, 即

$$\frac{1}{2}\sin x < \frac{x}{2} < \frac{1}{2}\tan x,$$

可以推得

$$\cos x < \frac{\sin x}{x} < 1,$$

由上面的推导可知, 在 $x > 0$ 时, 有 $\sin x < x$, $\sin\dfrac{x}{2} < \dfrac{x}{2}$, 所以

$$0 < 1 - \frac{\sin x}{x} < 1 - \cos x = 2\sin^2\frac{x}{2} < 2\left(\frac{x}{2}\right)^2 = \frac{x^2}{2},$$

因为在 $x \to 0^+$ 时, 上式两端均以 0 为极限, 所以由定理 1.2.23 知道

$$\lim_{x\to 0^+}\frac{\sin x}{x} = 1.$$

同理, 可以推得

$$\lim_{x\to 0^-}\frac{\sin x}{x} = 1.$$

综上所述, 有

$$\lim_{x\to 0}\frac{\sin x}{x} = 1. \qquad \square$$

这个极限非常有用, 我们把它称为极限部分的**第一个基本极限**.

由上面的推导还可得到, 当 $x \to 0$ 时, $\cos x \to 1$, $\sin x \to 0$.

例 1.2.13　利用第一个基本极限, 求极限

$$\lim_{x\to 0}\frac{1-\cos x}{x^2}; \quad \lim_{x\to 0}\frac{\tan x}{x}; \quad \lim_{x\to 0}\frac{\arcsin x}{x}; \quad \lim_{x\to 0}\frac{\arctan x}{x}.$$

解　$\lim\limits_{x\to 0}\dfrac{1-\cos x}{x^2}=\lim\limits_{x\to 0}\dfrac{2\sin^2\dfrac{x}{2}}{x^2}=\dfrac{1}{2}\lim\limits_{x\to 0}\left(\dfrac{\sin\dfrac{x}{2}}{\dfrac{x}{2}}\right)^2=\dfrac{1}{2};$

$\lim\limits_{x\to 0}\dfrac{\tan x}{x}=\lim\limits_{x\to 0}\dfrac{\sin x}{x}\cdot\dfrac{1}{\cos x}=1;$

$\lim\limits_{x\to 0}\dfrac{\arcsin x}{x},$ 令 $\arcsin x=t, x=\sin t,$ 则 $\lim\limits_{x\to 0}\dfrac{\arcsin x}{x}=\lim\limits_{t\to 0}\dfrac{t}{\sin t}=1.$

同理可以得到 $\lim\limits_{x\to 0}\dfrac{\arctan x}{x}=1.$　　　　　　　　　　　　　　□

定理 1.2.24(单调有界准则)　上有界的增加数列与下有界的减少数列均收敛 (即单调有界数列必收敛).

证明　我们只对下有界的减少数列给出证明, 上有界的增加数列的证明读者可以仿此证之. 设 $\{x_n\}$ 为减少数列, 若将 $\{x_n\}$ 看成实数集合, 则其为下有界集合, 由定理 1.1.1 知它必有唯一的下确界 A, 下面我们将证明 $x_n\to A$. 由确界定义 1.1.2 我们知道, (1) $x_n\geqslant A,\ \forall\,n\in\mathbb{N}$; (2) $\forall\varepsilon>0,\ \exists N,$ 使得 $x_N<A+\varepsilon,$ 当 $n>N$ 时, 必有 $x_n\leqslant x_N<A+\varepsilon,$　所以合并 (1), (2) 有 $|x_n-A|<\varepsilon,$ 因此就有 $\lim\limits_{n\to\infty}x_n=A.$　　　　　□

注　我们知道 $\{x_n\}$ 为收敛的增加数列 (或减少数列), 则 $\{x_n\}$ 必为有界数列, 由定理 1.2.24 的证明知它的上确界 (或下确界) 就是 $\{x_n\}$ 的极限, 故对所有的 n 有 $x_n\leqslant A$ (或 $x_n\geqslant A$).

例 1.2.14　求证数列 $x_n=\left(1+\dfrac{1}{n}\right)^n$ 在 $n\to\infty$ 时的极限存在.

证明　数列 $\{x_n\}$ 是一个正数列, 由式 (1.1.6), 有

$$\sqrt[n+1]{1\cdot\left(1+\dfrac{1}{n}\right)^n}\leqslant\dfrac{1+n\cdot\left(1+\frac{1}{n}\right)}{n+1}=1+\dfrac{1}{n+1},$$

也即

$$x_n=\left(1+\dfrac{1}{n}\right)^n\leqslant\left(1+\dfrac{1}{n+1}\right)^{n+1}=x_{n+1},$$

所以数列 $\{x_n\}$ 是一个单调增加数列; 另一方面,

$$x_n=\left(1+\dfrac{1}{n}\right)^n$$

$$=1+n\cdot\dfrac{1}{n}+\dfrac{n(n-1)}{2}\left(\dfrac{1}{n}\right)^2+\cdots+\dfrac{n(n-1)\cdots(n-k+1)}{k!}\left(\dfrac{1}{n}\right)^k$$

$$+\cdots+\dfrac{n(n-1)\cdots 2\cdot 1}{n!}\left(\dfrac{1}{n}\right)^n$$

$$=1+1+\dfrac{1}{2}\left(1-\dfrac{1}{n}\right)+\cdots+\dfrac{1}{k!}\left(1-\dfrac{1}{n}\right)\left(1-\dfrac{2}{n}\right)\cdots\left(1-\dfrac{k-1}{n}\right)$$

$$+\cdots+\dfrac{1}{n!}\left(1-\dfrac{1}{n}\right)\left(1-\dfrac{2}{n}\right)\cdots\left(1-\dfrac{n-1}{n}\right)$$

$$< 1 + 1 + \frac{1}{2} + \cdots + \frac{1}{k!} + \cdots + \frac{1}{n!}$$

$$< 2 + \frac{1}{1 \cdot 2} + \cdots + \frac{1}{(k-1)k} + \cdots + \frac{1}{(n-1) \cdot n}$$

$$= 2 + \frac{1}{1} - \frac{1}{2} + \frac{1}{2} - \frac{1}{3} + \cdots + \frac{1}{n-1} - \frac{1}{n} = 3 - \frac{1}{n} < 3.$$

故数列 $\{x_n\}$ 又是一个上有界数列, 由定理 1.2.24, 数列 $\{x_n\}$ 收敛. 我们把这个极限记为 e, 也即

$$\lim_{n \to \infty} \left(1 + \frac{1}{n} \right)^n = \mathrm{e}. \tag{1.2.2}$$

$\square$

由式 (1.2.2) 我们还可以证明:

$$\lim_{x \to \infty} \left(1 + \frac{1}{x} \right)^x = \mathrm{e}.$$

首先我们证明: $\displaystyle\lim_{x \to +\infty} \left(1 + \frac{1}{x} \right)^x = \mathrm{e}, \quad x \in \mathbb{R}^+.$

对于任意的 $x > 1, [x] \leqslant x < [x] + 1$, 有

$$\left(1 + \frac{1}{[x]+1} \right)^{[x]} < \left(1 + \frac{1}{x} \right)^x < \left(1 + \frac{1}{[x]} \right)^{[x]+1}.$$

记 $n = [x]$, 则有

$$\lim_{n \to \infty} \left(1 + \frac{1}{n+1} \right)^n = \lim_{n \to \infty} \left(1 + \frac{1}{n+1} \right)^{n+1} \cdot \left(1 + \frac{1}{n+1} \right)^{-1} = \mathrm{e}.$$

$$\lim_{n \to \infty} \left(1 + \frac{1}{n} \right)^{n+1} = \lim_{n \to \infty} \left(1 + \frac{1}{n} \right)^n \cdot \left(1 + \frac{1}{n} \right) = \mathrm{e}.$$

也就是说, 任给 $\varepsilon > 0$, 存在 N_1, 当 $n \geqslant N_1$ 时, 有

$$\mathrm{e} - \varepsilon < \left(1 + \frac{1}{n+1} \right)^n;$$

又存在 N_2, 当 $n \geqslant N_2$ 时, 有

$$\left(1 + \frac{1}{n} \right)^{n+1} < \mathrm{e} + \varepsilon.$$

我们取 $K = \max(N_1, N_2)$, 当 $x > K$ 时 (这时有 $x > 1$, 及 $[x] \geqslant N_1, N_2$), 从而有

$$\mathrm{e} - \varepsilon < \left(1 + \frac{1}{[x]+1} \right)^{[x]} < \left(1 + \frac{1}{x} \right)^x < \left(1 + \frac{1}{[x]} \right)^{[x]+1} < \mathrm{e} + \varepsilon.$$

这就得到

$$\lim_{x\to+\infty}\left(1+\frac{1}{x}\right)^{x}=\mathrm{e},\ x\in\mathbb{R}^{+}.$$

其次证明: $\lim\limits_{x\to-\infty}\left(1+\dfrac{1}{x}\right)^{x}=\mathrm{e},\ \ x\in\mathbb{R}^{-}.$

设 $x=-(t+1)$, 则 $x\to-\infty$ 时, $t\to+\infty$, 因此

$$\lim_{x\to-\infty}\left(1+\frac{1}{x}\right)^{x}=\lim_{t\to+\infty}\left(1-\frac{1}{t+1}\right)^{-t-1}=\lim_{t\to+\infty}\left(1+\frac{1}{t}\right)^{t+1}$$

$$=\lim_{t\to+\infty}\left(1+\frac{1}{t}\right)^{t}\cdot\left(1+\frac{1}{t}\right)=\mathrm{e}.$$

综上所述, 我们证明了**第二个基本极限**

$$\lim_{x\to\infty}\left(1+\frac{1}{x}\right)^{x}=\mathrm{e}. \tag{1.2.3}$$

如果令 $\dfrac{1}{x}=t$, 则 $x\to\infty\Longleftrightarrow t\to0$, 那么第二个基本极限还有另一个表达形式:

$$\lim_{x\to0}(1+x)^{\frac{1}{x}}=\mathrm{e}. \tag{1.2.4}$$

例 1.2.15　求极限 $\lim\limits_{x\to\infty}\left(\dfrac{2x+3}{2x}\right)^{2x}$.

解　$\lim\limits_{x\to\infty}\left(\dfrac{2x+3}{2x}\right)^{2x}=\lim\limits_{x\to\infty}\left[\left(1+\dfrac{3}{2x}\right)^{\frac{2x}{3}}\right]^{3}=\mathrm{e}^{3}.$　□

例 1.2.16　复利问题.

解　资金的价值是有时间性的, 银行存款、借贷资金都要付利息. 如果计算利息时, 利息又产生利息, 称为**复利**. 在复利问题中, 设本金为 A_0, 年利率为 r, 每年年末结算一次, 则逐年的本利总额为

$$A_0(1+r),A_0(1+r)^2,\cdots,A_0(1+r)^n,\cdots.$$

这是一个以 $(1+r)$ 为公比的等比数列.

如果每半年结算一次, 即每年结算两次, 则半年末的本利总额为 $A_0\left(1+\dfrac{r}{2}\right)$, 一年末的本利总额为 $A_0\left(1+\dfrac{r}{2}\right)^2$, t 年末的本利总额为 $A_0\left(1+\dfrac{r}{2}\right)^{2t}$. 如果每年结算 n 次, t 年末的本利总额为 $A_0\left(1+\dfrac{r}{n}\right)^{nt}$. 进而, 如果每时每刻都计算利息, 就是立即产生, 立即结算 (称为**连续复利**, 国外有些银行实行连续复利), 相当于 $n\to\infty$, 这就涉及极限

$$\lim_{n\to\infty}A_0\left(1+\frac{r}{n}\right)^{nt},$$

据函数 e^x 的连续性 (见下节) 易知, $\lim\limits_{n\to\infty}A_0\left(1+\dfrac{r}{n}\right)^{nt}=A_0\mathrm{e}^{rt}$, 因此, 对连续复利问题, t 年末的本利总额为 $A_0\cdot\mathrm{e}^{rt}$.　□

此外, 生物学的细菌繁殖、社会学中人口的增长、物理学中的物体冷却、放射性物质的衰变、经济学中固定资产的折旧等都要用到式 (1.2.3) 或式 (1.2.4) 的极限. 因此, 式 (1.2.3) 或式 (1.2.4) 不仅有重要的理论价值, 而且有广泛的应用.

例 1.2.17　设 $x_1 = \sqrt{2}$, $x_{n+1} = \sqrt{2 + x_n}$, $n = 1, 2, \cdots$, 求证: $\lim\limits_{n \to \infty} x_n$ 存在, 并求之.

解　显然, $x_1 = \sqrt{2} < \sqrt{2 + \sqrt{2}} = x_2$, 设 $x_{n-1} < x_n$, 则

$$x_n = \sqrt{2 + x_{n-1}} < \sqrt{2 + x_n} = x_{n+1},$$

这样归纳得证

$$x_n < x_{n+1}, \forall n \in \mathbb{N},$$

即 $\{x_n\}$ 是单调增加数列.

另一方面, 显然有, $x_1 = \sqrt{2} < 2$, 假设 $x_{n-1} < 2$, 则

$$x_n = \sqrt{2 + x_{n-1}} < \sqrt{2 + 2} = 2.$$

这样归纳证明了

$$x_n < 2, \forall n \in \mathbb{N},$$

即 $\{x_n\}$ 是有界数列.

由定理 1.2.24 知, $\lim\limits_{n \to \infty} x_n$ 存在, 设 $\lim\limits_{n \to \infty} x_n = A$, 在

$$x_{n+1}^2 = 2 + x_n$$

两边取 $n \to \infty$ 的极限, 得

$$A^2 = 2 + A,$$

解得 $A = 2, A = -1$. 因为 $x_n > 0$, 故 $A \geqslant 0$, 最后得

$$\lim\limits_{n \to \infty} x_n = 2. \qquad \square$$

注　在该例中, 我们必须先证明极限的存在性, 才能在 $x_{n+1}^2 = 2 + x_n$ 两边取极限, 否则有时会得出错误的结论. 例如, 设 $x_n = (-1)^n$, 因为 $x_{n+1} = -x_n$, 若不先论证其极限的存在性, 就直接在等式两边取极限, 将得错误的结论为: $\lim\limits_{n \to \infty} x_n = 0$. 这显然是错误的, 因为前面已经讨论过该数列的极限不存在. 从此可以看出先讨论数列极限的存在性是多么重要啊!

定理 1.2.25(关于数列极限的柯西准则)　数列 $\{x_n\}$ 收敛的充分必要条件是: 对于任意的 $\varepsilon > 0$, 存在 $N \in \mathbb{N}$, 当 $m, n > N$ 时有

$$|x_m - x_n| < \varepsilon.$$

证明　必要性: 设 $\lim\limits_{n \to \infty} x_n = A$, 则 $\forall \varepsilon > 0$, $\exists N \in \mathbb{N}$, 当 $n > N, m > N$ 时, 有 $|x_n - A| < \dfrac{\varepsilon}{2}$, $|x_m - A| < \dfrac{\varepsilon}{2}$, 所以 $|x_n - x_m| \leqslant |x_n - A| + |x_m - A| < \varepsilon$.

充分性: 因为要用到实数的一些定理, 已超出本课程的大纲范围, 证明略去.　　　$\square$

定理 1.2.26(关于函数极限的柯西准则)　设函数 $f(x)$ 在 x_0 的某去心邻域 $\overset{\circ}{N}_\delta(x_0)$ 内有定义, $\lim\limits_{x \to x_0} f(x)$ 存在的充分必要条件是: 对于任意的 $\varepsilon > 0$, 存在 $\delta_1\,(<\delta) > 0$, 使得对于任意的 $x_1, x_2 \in \overset{\circ}{N}_{\delta_1}(x_0)$, 恒有

$$|f(x_1) - f(x_2)| < \varepsilon.$$

必要性的证明与定理 1.2.25 类似, 留给读者作为练习.

注　对函数极限的其他 5 个极限过程 ($x \to x_0^+$, $x \to x_0^-$, $x \to +\infty$, $x \to -\infty$, $x \to \infty$) 的柯西准则证明留给读者, 它们是很好的练习.

例 1.2.18　求证 (1) 数列 $\{S_n\}$, $S_n = \sum\limits_{i=1}^{n} \dfrac{1}{i^2}$ 收敛; (2) 数列 $\{y_n\}$, $y_n = \sum\limits_{k=1}^{n} \dfrac{1}{k}$ 发散.

证明　(1) 考察

$$
\begin{aligned}
|S_{n+p} - S_n| &= \frac{1}{(n+1)^2} + \frac{1}{(n+2)^2} + \cdots + \frac{1}{(n+p)^2} \\
&< \frac{1}{n(n+1)} + \frac{1}{(n+1)(n+2)} + \cdots + \frac{1}{(n+p-1)(n+p)} \\
&= \frac{1}{n} - \frac{1}{n+1} + \frac{1}{n+1} - \frac{1}{n+2} + \cdots + \frac{1}{n+p-1} - \frac{1}{n+p} \\
&= \frac{1}{n} - \frac{1}{n+p} < \frac{1}{n}, \ \forall p \geqslant 1.
\end{aligned}
$$

所以, $\forall \varepsilon > 0$, 取 $N = \left[\dfrac{1}{\varepsilon}\right] + 1$, 当 $n > N$ 时, 恒有 $|S_{n+p} - S_n| < \varepsilon, \forall p \geqslant 1$, 由定理 1.2.25, 数列 $\{S_n\}$ 收敛.

(2) 因为不论 N 取得多么大, 对于 $n = N, m = 2N$, 有

$$|y_m - y_n| = \frac{1}{N+1} + \frac{1}{N+2} + \cdots + \frac{1}{N+N} > N \cdot \frac{1}{N+N} = \frac{1}{2}.$$

故 $\{y_n\}$ 没有有限极限. 又易知 $y_{n+1} > y_n$, 所以 $\lim\limits_{n \to \infty} y_n = +\infty$. 即数列 $\{y_n\}$ 发散到正无穷.

$\square$

1.2.6　无穷小量阶的比较

本小节总假设 α 与 β 为同一极限过程中的两个无穷小量, 即 $\lim \alpha = 0$, $\lim \beta = 0$. 它们趋近于零的 "速度" 常常是不一样的. 在实际应用中, 我们希望知道它们中哪些趋近于零较快, 哪些较慢. 例如 $\alpha_1 = x$, $\alpha_2 = x^2$, $\alpha_3 = x^3$, $\alpha_4 = x^4$ 都是 $x \to 0$ 这个极限过程中的无穷小, 若以 $\alpha_1 = x$ 作标准来进行比较, $\alpha_2 \to 0$ 较快, $\alpha_4 \to 0$ 最快. 无穷小比较通常是两两进行的, 所以我们只需讨论两个无穷小之比即可.

定义 1.2.14(无穷小量的阶)　假设 α 与 β 为同一极限过程中的两个无穷小量,

(1) 若 $\lim \dfrac{\alpha}{\beta} = 0$, 则称 α 是 β 的**高阶无穷小**, 记为 $\alpha = o(\beta)$;

(2) 若 $\lim \dfrac{\alpha}{\beta} = \infty$, 则称 α 是 β 的**低阶无穷小**;

(3) 若 $\lim \dfrac{\alpha}{\beta^k} = c$ $(c \neq 0, k > 0)$, 则称 α 是 β 的 k **阶无穷小**; 如果 $k = 1$, 则称 α 与 β 为**同阶无穷小**; 如果 $k = 1$, $c = 1$, 则称 α **与 β 为等价无穷小**, 记为 $\alpha \sim \beta$.

例如, 因为 $\lim\limits_{x \to 0} \dfrac{1 - \cos x}{x} = 0$, $\lim\limits_{x \to 0} \dfrac{\sqrt{x^2 + 1} - 1}{x} = 0$, 所以当 $x \to 0$ 时, $1 - \cos x$, $\sqrt{x^2 + 1} - 1$ 是 x 的高阶无穷小.

又 $\lim\limits_{x \to 0} \dfrac{\arcsin x}{x} = 1$, $\lim\limits_{x \to 0} \dfrac{\tan x}{x} = 1$, $\lim\limits_{x \to 0} \dfrac{\sqrt{x + 1} - 1}{x} = 1/2$, 所以当 $x \to 0$ 时, $\arcsin x$, $\tan x$, $\sqrt{x + 1} - 1$ 是与 x 同阶的无穷小, $\arcsin x$, $\tan x$ 是 x 的等价无穷小.

因为 $\lim\limits_{x \to 0} \dfrac{1 - \cos x}{x^2} = \dfrac{1}{2}$, 所以当 $x \to 0$ 时, $1 - \cos x$ 是关于 x 的 2 阶无穷小.

$\lim\limits_{x \to 0} \dfrac{\tan x - \sin x}{x^3} = \dfrac{1}{2}$, 所以当 $x \to 0$ 时, $\tan x - \sin x$ 是关于 x 的 3 阶无穷小.

等价无穷小在计算极限时非常有用, 因此我们下面着重讨论等价无穷小.

定理 1.2.27(等价无穷小的性质)　假设 α、β 以及 γ 为同一极限过程中的无穷小量, 则有

(1) 自反性: 即 $\alpha \sim \alpha$;

(2) 对称性: 如果 $\alpha \sim \beta$, 则 $\beta \sim \alpha$;

(3) 传递性: 若 $\alpha \sim \beta$, $\beta \sim \gamma$, 则 $\alpha \sim \gamma$.

这 3 个性质的证明是比较简单的, 留给读者作为练习.

定理 1.2.28　$\lim \dfrac{\alpha}{\beta} = 1$ 的充分必要条件是: $\alpha - \beta = o(\beta)$.

证明　由 $\lim \dfrac{\alpha - \beta}{\beta} = \lim \dfrac{\alpha}{\beta} - 1 = 0$ 便立即得证.　　　　　　　□

定理 1.2.29(等价无穷小因子替换定理)　设在某极限过程中, $\alpha, \beta, \alpha_1, \beta_1$ 均为恒不为零的无穷小量, 且 $\alpha \sim \alpha_1$, $\beta \sim \beta_1$, u, v 为已知变量, 则

$$\lim(\alpha \cdot u) = \lim(\alpha_1 \cdot u); \quad \lim \frac{\alpha \cdot u}{\beta \cdot v} = \lim \frac{\alpha_1 \cdot u}{\beta_1 \cdot v}.$$

特别地有: $\lim \dfrac{\alpha}{\beta} = \lim \dfrac{\alpha_1}{\beta_1}$.

只要上面等式的一端极限存在, 则另一端一定存在.

证明　$\lim(\alpha \cdot u) = \lim \left(\dfrac{\alpha}{\alpha_1} \cdot \alpha_1 \cdot u \right) = \lim \dfrac{\alpha}{\alpha_1} \cdot \lim(\alpha_1 \cdot u) = \lim(\alpha_1 \cdot u)$;

$\lim \dfrac{\alpha \cdot u}{\beta \cdot v} = \lim \left(\dfrac{\alpha}{\alpha_1} \cdot \dfrac{\beta_1}{\beta} \cdot \dfrac{\alpha_1 \cdot u}{\beta_1 \cdot v} \right) = \lim \dfrac{\alpha_1 \cdot u}{\beta_1 \cdot v}$.　　　　　□

该定理用于求极限时将使得计算更加简洁. 为了以后计算的方便, 我们把前面的有关例子加以总结. 得到当 $x \to 0$ 时, 有下列等价无穷小的情形.

$\sin x \sim x$, $\tan x \sim x$, $\arcsin x \sim x$, $\arctan x \sim x$, $1 - \cos x \sim \dfrac{x^2}{2}$.

这些 $x \to 0$ 时的等价无穷小在后面的极限计算中有着非常重要的应用.

例 1.2.19   求极限：$\lim\limits_{x\to 0}\dfrac{\arcsin 5x}{\sin 3x}$.

解 $\lim\limits_{x\to 0}\dfrac{\arcsin 5x}{\sin 3x}=\lim\limits_{x\to 0}\dfrac{5x}{3x}=\dfrac{5}{3}$.   □

例 1.2.20 $\lim\limits_{x\to 0}\dfrac{\tan x-\sin x}{x^3}$.

解 $\lim\limits_{x\to 0}\dfrac{\tan x-\sin x}{x^3}=\lim\limits_{x\to 0}\dfrac{\tan x(1-\cos x)}{x^3}=\lim\limits_{x\to 0}\dfrac{x\cdot\frac{x^2}{2}}{x^3}=\dfrac{1}{2}$.   □

定义 1.2.15(无穷小的主部)   在某极限过程中, 选定 β 为基准无穷小, 若 $\alpha\sim c\beta^k$, $c,\,k\in$ $\mathbb{R}$, $k>0$, $c\neq 0$, 则称 $c\beta^k$ 为无穷小 α **的主要部分**, 简称 α **的主部**.

例 1.2.21   设 $x\to 0$ 时, $\sqrt{1+\tan^2 x}-\sqrt{1+\sin^2 x}$ 与 x^k 为同阶无穷小, 求 k . 若取 x 为基准无穷小, 求 $\sqrt{1+\tan^2 x}-\sqrt{1+\sin^2 x}$ 的主部 .

解 $\lim\limits_{x\to 0}\dfrac{\sqrt{1+\tan^2 x}-\sqrt{1+\sin^2 x}}{x^k}=\lim\limits_{x\to 0}\dfrac{\tan^2 x-\sin^2 x}{x^k(\sqrt{1+\tan^2 x}+\sqrt{1+\sin^2 x})}$

$=\lim\limits_{x\to 0}\dfrac{\tan^2 x\cdot\sin^2 x}{2x^k}=\lim\limits_{x\to 0}\dfrac{x^4}{2x^k}=\dfrac{1}{2}\ (k=4)$.

所以, $\sqrt{1+\tan^2 x}-\sqrt{1+\sin^2 x}$ 与 x^4 为同阶无穷小, $\sqrt{1+\tan^2 x}-\sqrt{1+\sin^2 x}$ 的主部为 $\dfrac{x^4}{2}$.   □

习题 1.2

1. 下列关于数列极限的叙述是否正确? 为什么?

   (1) 如果 $\lim\limits_{n\to\infty}x_n=A$, 则存在 N, 当 $n>N$ 时恒有 $|x_{n+1}-A|<|x_n-A|$;

   (2) 对于任意的 $\varepsilon>0$, 存在无穷多个 x_n, 使得 $|x_n-A|<\varepsilon$, 则 $\lim\limits_{n\to\infty}x_n=A$;

   (3) 如果 $x_1<x_2<\cdots<x_n<x_{n+1}<\cdots<A$, 则 $\lim\limits_{n\to\infty}x_n=A$;

   (4) 对无穷多个 $\varepsilon>0$, 存在 N, 当 $n>N$ 时, $|x_n-A|<\varepsilon$, 则 $\lim\limits_{n\to\infty}x_n=A$.

2. 下列论断是否正确? 为什么?

   (1) $\lim\limits_{n\to\infty}x_n=0$ 的充分必要条件是 $\lim\limits_{n\to\infty}|x_n|=0$;

   (2) $\lim\limits_{n\to\infty}x_n=A$ 的充分必要条件是 $\lim\limits_{n\to\infty}|x_n|=|A|$;

   (3) $\lim\limits_{n\to\infty}x_n=A$ 的充分必要条件是 $\lim\limits_{n\to\infty}|x_n-A|=0$.

3. 用数列极限的定义证明:

   (1) $\lim\limits_{n\to\infty}\dfrac{\sin n}{\sqrt[3]{n^2}}=0$;   (2) $\lim\limits_{n\to\infty}\dfrac{n^2+n+1}{2n^2+1}=\dfrac{1}{2}$;

   (3) $\lim\limits_{n\to\infty}\dfrac{\sqrt[3]{n^7}\arctan n}{n^3+1}=0$;   (4) $\lim\limits_{n\to\infty}\dfrac{n^2}{2^n}=0$;

   (5) $\lim\limits_{n\to\infty}\dfrac{1}{(1+\frac{1}{\sqrt{n}})^n}=0$;   (6) $\lim\limits_{n\to\infty}n^2q^n=0\ (|q|<1)$;

(7) $\lim\limits_{n\to\infty}\left(\dfrac{1}{1\cdot 4}+\dfrac{1}{4\cdot 7}+\cdots+\dfrac{1}{(3n-2)\cdot(3n+1)}\right)=\dfrac{1}{3}$;

(8) $\lim\limits_{n\to\infty}\left(\dfrac{1}{(n+1)^{4/3}}+\dfrac{1}{(n+2)^{4/3}}+\cdots+\dfrac{1}{(n+n)^{4/3}}\right)=0$.

4. 证明 $\lim\limits_{n\to\infty} x_n = A$ 的充分必要条件是 $\lim\limits_{n\to\infty} x_{2n} = \lim\limits_{n\to\infty} x_{2n-1} = A$.

5. 设 $\lim\limits_{n\to\infty} x_n = A$ (有限或 $\pm\infty$), 证明:

$$\lim_{n\to\infty}\frac{1}{n}(x_1+x_2+\cdots+x_n)=A.$$

6. 设 $x_n > 0$, $\lim\limits_{n\to\infty} x_n = A$. 证明: $\lim\limits_{n\to\infty}\sqrt[n]{x_1\cdot x_2\cdot\cdots\cdot x_n}=A$.

7. 设 $x_n > 0$, 且 $\lim\limits_{n\to\infty}\dfrac{x_{n+1}}{x_n}=A$, 证明: $\lim\limits_{n\to\infty}\sqrt[n]{x_n}=A$.

8. 设 $x_n=\dfrac{(-1)^n}{n}$, 写出 $\{x_n\}$ 的子数列:$\{x_{2k}\}$, $\{x_{2k-1}\}$, $\{x_{5k}\}$, $\{x_{2^k}\}(k=1,2,3,\cdots)$. 它们的极限是什么?

9. 用函数极限的定义证明:

(1) $\lim\limits_{x\to 0} x\sin\dfrac{1}{x}=0$;

(2) $\lim\limits_{x\to 3} x^2=9$;

(3) $\lim\limits_{x\to 8}\sqrt{1+x}=3$;

(4) $\lim\limits_{x\to 1}\dfrac{x-1}{\sqrt{x}-1}=2$;

(5) $\lim\limits_{x\to 2}(x^3-2x)=4$;

(6) $\lim\limits_{x\to 8}\sqrt[3]{x}=2$;

(7) $\lim\limits_{x\to +\infty}\dfrac{1+2x^2}{2-x^2}=-2$;

(8) $\lim\limits_{x\to 2}\dfrac{1}{x^2}=\dfrac{1}{4}$;

(9) $\lim\limits_{x\to\infty}\dfrac{2x+1}{x-1}=2$;

(10) $\lim\limits_{x\to +\infty}\dfrac{x+1}{3x-1}=\dfrac{1}{3}$;

(11) $\lim\limits_{x\to 0^+}\ln x=-\infty$;

(12) $\lim\limits_{x\to +\infty}a^x=+\infty\,(a>1)$.

10. 下列变量中, 哪些是无穷小量? 哪些是无穷大量? 哪些两者都不是?

(1) $x_n=n^{(-1)^n}$, $n\to\infty$;

(2) $y_n=q^n$, $n\to\infty$, q 为常数;

(3) $f_1(x)=x^\alpha\sin\dfrac{1}{x}$, $x\to 0\,(\alpha>0)$;

(4) $f_2(x)=\cos x\sin\dfrac{1}{x}$, $x\to\infty$;

(5) $f_3(x)=\mathrm{e}^x\sin x$, $x\to 0$;

(6) $f_4(x)=x\sin x$, $x\to +\infty$;

(7) $f_5(x)=\mathrm{e}^x\sin x$, $x\to -\infty$;

(8) $f_6(x)=x(1.5+\sin x)$, $x\to\infty$.

11. 求下列极限:

(1) $\lim\limits_{n\to\infty}(\sqrt{n+2}-\sqrt{n+1})\sqrt{n}$;

(2) $\lim\limits_{n\to\infty}\dfrac{\sin n-3n}{5n+\cos n}$;

(3) $\lim\limits_{n\to\infty}\dfrac{7n^2-(-1)^n n}{9n^2+(-1)^n n}$;

(4) $\lim\limits_{n\to\infty}\dfrac{a^n}{1+a^n}\,(a\neq -1)$;

(5) $\lim\limits_{n\to\infty}\dfrac{n^4+10^{10}}{(3n-2)^4}$;

(6) $\lim\limits_{n\to\infty}\left(\dfrac{1}{n^2}+\dfrac{2}{n^2}+\cdots+\dfrac{n}{n^2}\right)$;

(7) $\lim\limits_{n\to\infty}\left(\dfrac{2}{2\cdot 3\cdot 4}+\dfrac{2}{3\cdot 4\cdot 5}+\cdots\dfrac{2}{(n+1)(n+2)(n+3)}\right)$;

(8) $\lim\limits_{n\to\infty}[(1+r)(1+r^2)(1+r^4)\cdots(1+r^{2^n})]$, $(|r|<1)$;

(9) $\lim\limits_{n\to\infty}\dfrac{1+q+q^2+\cdots+q^{n-1}}{1+p+p^2+\cdots+p^{n-1}},\ (|p|<1,\ |q|<1)$;

(10) $\lim\limits_{n\to\infty}\left(1-\dfrac{1}{2^2}\right)\left(1-\dfrac{1}{3^2}\right)\cdots\left(1-\dfrac{1}{n^2}\right)$;

(11) $\lim\limits_{n\to\infty}n^3\left(\dfrac{k}{n^2}-\sum\limits_{i=1}^{k}\dfrac{1}{(n+i)^2}\right),\ (k$ 为一确定的正整数$)$.

12. 利用极限存在准则, 求下列极限:

(1) $\lim\limits_{n\to\infty}\dfrac{a^n}{n!}\ (a>0)$;   (2) $\lim\limits_{n\to\infty}\sqrt[n]{n^5+4^n}$;

(3) $\lim\limits_{n\to\infty}\left(\dfrac{1}{\sqrt{n^2+1}}+\dfrac{1}{\sqrt{n^2+2}}+\cdots+\dfrac{1}{\sqrt{n^2+n}}\right)$;

(4) $\lim\limits_{n\to\infty}\sqrt[n]{1+\dfrac{1}{2}+\dfrac{1}{3}+\cdots+\dfrac{1}{n}}$;

(5) $\lim\limits_{n\to\infty}x_n$, 其中 $x_1>0$, $x_{n+1}=\dfrac{2+3x_n}{1+x_n}$, $n=1,2,\cdots$.

13. 设 $a_i\geqslant 0$, $i=1,2,\cdots,k$, 求证:

$$\lim\limits_{n\to\infty}\sqrt[n]{a_1^n+a_2^n+\cdots+a_k^n}=\max\{a_1,a_2,\cdots,a_k\}.$$

14. 求 $\lim\limits_{n\to\infty}x_n$, 设

(1) $x_n=\sum\limits_{k=1}^{n}\dfrac{1}{1+2+\cdots+k}$;   (2) $x_n=\dfrac{n^2}{n+1}-\left[\dfrac{n^2}{n+1}\right]$.

15. 设 x_1, a 均为正数, $x_{n+1}=\dfrac{1}{2}\left(x_n+\dfrac{a}{x_n}\right)$, $n=1,2,\cdots$, 求证数列 $\{x_n\}$ 收敛, 并求其极限.

16. 设 $a_1=a_2=1$, $a_{n+1}=a_n+a_{n-1}$, $n=2,3,\cdots$. 令 $x_n=\dfrac{a_{n+1}}{a_n}$, 证明数列 $\{x_n\}$ 收敛于 $\dfrac{1}{2}\cdot(\sqrt{5}+1)$.

17. 设数列 $\{x_n\}$ 是一个单调增加的数列, 且以 A 为上确界. 求证: $\lim\limits_{n\to\infty}x_n=A$.

18. 求下列函数的极限:

(1) $\lim\limits_{x\to 1}\dfrac{\sqrt{2-x}-x}{\sqrt[3]{x}-x}$;   (2) $\lim\limits_{x\to 1}\dfrac{x^m-1}{x^n-1},\ (m,n\in\mathbb{N})$;

(3) $\lim\limits_{x\to 1}\left(\dfrac{2}{x^2-1}-\dfrac{1}{x-1}\right)$;   (4) $\lim\limits_{x\to 1}\dfrac{(1-\sqrt{x})(1-\sqrt[3]{x})(1-\sqrt[4]{x})}{(1-x)^3}$;

(5) $\lim\limits_{x\to 0}\dfrac{(1+x)(1+2x)(1+3x)-1}{x}$;   (6) $\lim\limits_{x\to 1}\dfrac{x^{n+1}-(n+1)x+n}{(x-1)^2}\ (n\in\mathbb{N})$;

(7) $\lim\limits_{x\to 2}\dfrac{(x^2-x-2)^{20}}{(x^3-12x+16)^{10}}$;   (8) $\lim\limits_{x\to\infty}\dfrac{(2x-5)^{20}(3x+17)^{30}}{(2x+10)^{50}}$;

(9) $\lim\limits_{x\to 0^+}\dfrac{\ln x+\sin\dfrac{1}{x}}{\ln x+\cos\dfrac{1}{x}}$;   (10) $\lim\limits_{x\to 0}\left(\dfrac{2+\mathrm{e}^{\frac{1}{x}}}{1+\mathrm{e}^{\frac{4}{x}}}+\dfrac{\sin x}{|x|}\right)$;

(11) $\lim\limits_{x\to\pi}\dfrac{\sin mx}{\sin nx},\ (m,n\in\mathbb{N},m\neq n);$ 　　　　(12) $\lim\limits_{x\to a}\dfrac{\cos x-\cos a}{x-a};$

(13) $\lim\limits_{x\to 0}\dfrac{x^2}{\sqrt{x\tan x+1}-\sqrt{\cos x}};$ 　　　　(14) $\lim\limits_{x\to 0}\dfrac{1-\cos(1-\cos x)}{x^2(\arcsin x)^2};$

(15) $\lim\limits_{x\to 0}\dfrac{1-\cos x\cos 2x\cos 3x}{1-\cos x};$ 　　　　(16) $\lim\limits_{x\to 0}\dfrac{\sqrt{1+\tan x}-\sqrt{1+\sin x}}{x(1-\cos^2 x)};$

(17) $\lim\limits_{x\to\pi}\dfrac{\sin x}{1-x^2/\pi^2};$ 　　　　(18) $\lim\limits_{x\to\pi/4}\tan 2x\tan\left(\dfrac{\pi}{4}-x\right);$

(19) $\lim\limits_{x\to 0}\dfrac{\cos mx-\cos nx}{x^2},\ (m,n\in\mathbb{N});$ 　　　　(20) $\lim\limits_{x\to 0}\dfrac{x^4\cos\dfrac{1}{x^4}}{\sin x(1-\cos x)};$

(21) $\lim\limits_{x\to\infty}\dfrac{5x^2-3}{3x+1}\sin\dfrac{2}{x};$ 　　　　(22) $\lim\limits_{x\to\infty}\left(\dfrac{x+1}{x+5}\right)^{x+3};$

(23) $\lim\limits_{x\to 0}(1+7x)^{\frac{1}{x}}.$

19. 设 $\lim\limits_{x\to\infty}\dfrac{(a+1)x^3+bx^2+2}{2x^2+x+1}=-2$, 求 a,b 的值.

20. 设 $\lim\limits_{x\to 3}\dfrac{x^2+ax+b}{x-3}=2$, 求 a,b 的值.

21. 设 $x\to 0$, 求下列无穷小关于 x 的阶:

(1) $(3x+x^5)^4;$ 　　　　(2) $\sqrt{x+\sqrt{x+\sqrt{x}}};$

(3) $\sqrt{1+\tan x}-\sqrt{1+\sin x};$ 　　　　(4) $\sqrt[n]{1+x^3}-1;$

(5) $\sqrt{1+3x^3}-\sqrt{1-3x^3};$ 　　　　(6) $\cos mx-\cos nx\ (m,n\in\mathbb{N},m\neq n).$

22. 设 x 为基准无穷小, 试求出下列无穷小的主部:

(1) $1-\sqrt{\cos x};$ 　　　　(2) $\sin\left(x+\dfrac{\pi}{6}\right)-\dfrac{1}{2};$

(3) $1-\cos^3 x;$ 　　　　(4) $\pi-3\arccos\left(x+\dfrac{1}{2}\right);$

(5) $(x+\sin x^2)^3;$ 　　　　(6) $1-\cos x\cos 2x\cos 3x.$

1.3　连 续 函 数

自然现象在不断的变化过程中, 既有"渐变", 又有"突变", 它们反映到数学上来就出现了函数连续和间断的概念. 本节讨论函数的连续和间断的概念以及连续函数的运算和性质.

1.3.1　连续函数的定义

定义 1.3.1(点连续)　设函数 $f(x)$ 在点 x_0 的某一邻域 $N(x_0)$ 上有定义, 若

$$\lim_{x\to x_0}f(x)=f(x_0),$$

也即对于任意的 $\varepsilon>0$, 存在 $\delta>0$, 当 $|x-x_0|<\delta$ 时, 恒有

$$|f(x)-f(x_0)|<\varepsilon.$$

则我们就称函数 $f(x)$ 在点 x_0 处**连续**.

注 在这个定义中包含了三个要点:

(1) 函数 $f(x)$ 必须在点 x_0 处有定义;

(2) $\lim\limits_{x \to x_0} f(x)$ 必须存在;

(3) $\lim\limits_{x \to x_0} f(x) = f(x_0)$.

三者必须同时成立才称函数 $f(x)$ 在点 x_0 处连续. 如果三者至少有一个不成立, 那么函数 $f(x)$ 在点 x_0 处**间断**, 关于间断问题留待 1.3.3 中讨论.

除了定义 1.3.1 给出的函数连续性的定义外, 还有一些等价定义, 它们在后面的讨论中是有用的. 我们列举如下:

对任何的 $x \in N(x_0)$, 令 $\Delta x = x - x_0$, 称 Δx 为**自变量的增量**, 于是 $x = x_0 + \Delta x$, 称 $f(x) - f(x_0)$ 为**函数的增量**, 用 Δy 表示:

$$\Delta y = f(x) - f(x_0) = f(x_0 + \Delta x) - f(x_0),$$

显然, $x \to x_0$ 等价于 $\Delta x \to 0$. 这样用增量的说法, 若

$$\lim_{\Delta x \to 0} \Delta y = \lim_{\Delta x \to 0} [f(x_0 + \Delta x) - f(x_0)] = 0,$$

则称函数 $f(x)$ 在点 x_0 处连续.

此外, 以函数极限的数列语言定义还可以这样来描述. 若对任意选取的数列 $\{x_n\}$, $x_n \in N(x_0)$, 且 $x_n \to x_0$, 均有 $\lim\limits_{n \to \infty} f(x_n) = f(x_0)$, 则我们称函数 $f(x)$ 在点 x_0 处连续.

定义 1.3.2(左、右连续) 设 $x_0 \in \mathbb{R}$, $\delta > 0$, $U = [x_0, x_0 + \delta)$ (或 $(x_0 - \delta, x_0]$), 函数 $f(x)$ 在 U 中有定义, 若 $\lim\limits_{x \to x_0^+} f(x) = f(x_0)$ (或 $\lim\limits_{x \to x_0^-} f(x) = f(x_0)$). 则我们称函数 $f(x)$ 在点 x_0 **右连续 (或左连续)**.

函数在一点处的左连续和右连续统称为**单侧连续**. 由于函数的连续性是用极限来定义的, 因此由定理 1.2.8 立即就有函数 $f(x)$ 在点 x_0 处连续与它在该点的单侧连续之间的关系.

定理 1.3.1 函数 $f(x)$ 在点 x_0 处连续的充分必要条件是 $f(x)$ 在点 x_0 处既左连续又右连续.

定义 1.3.3(连续函数) 设函数 $f(x)$ 在一个开区间 I 上有定义, 且函数 $f(x)$ 在该区间上每一点都连续, 则称函数 $f(x)$ 为区间 I 上的**连续函数**.

注 当区间 I 包含端点时, 函数 $f(x)$ 在 I 内连续, 在左端点处右连续, 在右端点处左连续, 则称函数 $f(x)$ 在此闭区间 I 上连续.

例 1.3.1 证明 $y = a^x \, (a > 0, a \neq 1)$ 在 $\mathbb{R}$ 上连续.

证明 $\forall x_0 \in \mathbb{R}, a^x - a^{x_0} = a^{x_0}(a^{x - x_0} - 1)$, 由于 $\lim\limits_{\Delta x \to 0} a^{\Delta x} = 1, (a > 0), \Delta x = x - x_0$, 所以 $\lim\limits_{x \to x_0}(a^x - a^{x_0}) = \lim\limits_{x \to x_0} a^{x_0}(a^{x - x_0} - 1) = 0$, 所以 $y = a^x \, (a > 0)$ 在 x_0 处连续, 由于 x_0 的任意性, 知 $y = a^x \, (a > 0, a \neq 1)$ 在 $\mathbb{R}$ 上连续. 特别的是, $y = \mathrm{e}^x$ 在 $\mathbb{R}$ 上连续. $\square$

例 1.3.2 证明 $y = \sin x$ 和 $y = \cos x$ 在 $\mathbb{R}$ 上都连续.

证明 $\forall x_0 \in \mathbb{R}, |\sin x - \sin x_0| = \left| 2\cos\dfrac{x + x_0}{2} \sin\dfrac{x - x_0}{2} \right| \leqslant 2 \cdot \dfrac{|x - x_0|}{2} = |x - x_0|,$

因此 $\forall \varepsilon > 0$, 取 $\delta = \varepsilon$, 当 $|x - x_0| < \delta$ 时, 有 $|\sin x - \sin x_0| \leqslant \varepsilon$. 所以 $\sin x$ 在 x_0 处连续, 由于 x_0 的任意性, 知 $\sin x$ 在 $\mathbb{R}$ 上连续. 同理可证 $\cos x$ 在 $\mathbb{R}$ 上连续. □

根据极限的相关性质, 我们立即可知在点 x_0 处连续的函数 $f(x)$, 在点 x_0 的某个邻域 $N_\delta(x_0)$ 内有下列性质.

定理 1.3.2　若 $\lim\limits_{x \to x_0} f(x) = f(x_0)$, 则 $\exists \delta > 0$, 使得 $f(x)$ 在 $N_\delta(x_0)$ 内有界.

定理 1.3.3　若 $\lim\limits_{x \to x_0} f(x) = f(x_0) > p$ (或 $f(x_0) < q$), 则 $\exists \delta > 0$, 使得在 $N_\delta(x_0)$ 内, $f(x) > p$ (或 $f(x) < q$).

注　当 $p = q = 0$ 时, 这就是连续函数的**局部保号性**.

推论 1.3.4　若 $\lim\limits_{x \to x_0} f(x) = f(x_0) \neq 0$, 则对任一个正数 $d < |f(x_0)|$, $\exists \delta > 0$, 使得在 $N_\delta(x_0)$ 内, $|f(x)| > d$.

1.3.2　连续函数的运算法则

根据极限的四则运算法则定理 1.2.22, 可得连续函数的四则运算法则.

定理 1.3.5(连续函数的四则运算法则)　设函数 $f(x), g(x)$ 在区间 I 内连续, 则两个连续函数的和 $f(x) + g(x)$、差 $f(x) - g(x)$、积 $f(x) \cdot g(x)$、商 $f(x)/g(x)$ (分母不为零) 区间 I 内仍为连续函数.

推论 1.3.6　设 $f_i(x), (i = 1, 2, \cdots, k, \ k$ 为一有限正整数) 在区间 I 内连续, 则

$$f_1(x) + f_2(x) + \cdots + f_k(x); \qquad f_1(x) \cdot f_2(x) \cdots f_k(x)$$

在区间 I 内连续, 特别地, $[f_1(x)]^k$ 在区间 I 内连续.

例 1.3.3　证明: 多项式 $P_n(x) = a_0 x^n + a_1 x^{n-1} + \cdots + a_{n-1} x + a_n$ 在 $\mathbb{R}$ 内连续.

有理分式 $R(x) = \dfrac{P_n(x)}{Q_m(x)} = \dfrac{a_0 x^n + a_1 x^{n-1} + \cdots + a_{n-1} x + a_n}{b_0 x^m + b_1 x^{m-1} + \cdots + b_{m-1} x + b_m}$ 在 $\mathbb{R} \setminus \{Q_m(x)$ 的零点$\}$ 内连续.

证明　由定理 1.3.5 和推论 1.3.6 立得. □

例 1.3.4　证明: $\tan x$ 在 $\left(\left(k - \dfrac{1}{2} \right) \pi, \left(k + \dfrac{1}{2} \right) \pi \right)$ $(k \in \mathbb{Z})$ 内连续.

证明　事实上, 由例 1.3.2 知道 $\sin x, \cos x$ 在 $\left(\left(k - \dfrac{1}{2} \right) \pi, \left(k + \dfrac{1}{2} \right) \pi \right)$ $(k \in \mathbb{Z})$ 内连续, 且 $\cos x \neq 0$, 由定理 1.3.5 知结论正确. □

定理 1.3.7(反函数的连续性)　设 $f : (a, b) \to (c, d)$ 是一一映射, 并且作为函数是严格单调的, 则 f 是 (a, b) 上的连续函数, 且其反函数 f^{-1} 是 (c, d) 上的连续函数.

证明　由图 1.8 可见, 设 $\forall x_0 \in (a, b)$, $y_0 = f(x_0)$. 又设 $\forall \varepsilon > 0$, 有

$$c < y_0 - \varepsilon < y_0 < y_0 + \varepsilon < d.$$

不失一般性, 假设 f 是严格增加的 (见图 1.8). 令

$$x_1 = f^{-1}(y_0 - \varepsilon), \quad x_2 = f^{-1}(y_0 + \varepsilon),$$

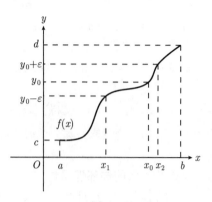

图 1.8

因为当 $f(x)$ 严格增加时, 不难证明 $f^{-1}(y)$ 也严格增加, 则 $x_1 < x_0 < x_2$. 显然, 此时由 f 的严格递增性有

$$y_0 - \varepsilon < f(x) < y_0 + \varepsilon, \quad \forall x \in (x_1, x_2).$$

取 $\delta = \min(x_2 - x_0, x_0 - x_1)$, 则 $N_\delta(x_0) \subset (x_1, x_2)$, 从而有

$$|f(x) - f(x_0)| < \varepsilon, \quad \forall x \in N_\delta(x_0),$$

这表明 f 在 x_0 点是连续的. 由于 x_0 的任意性, 故 f 在 (a, b) 上连续.

又因为当 f 严格单调时, 不难证明 f^{-1} 也严格单调, 因而上述证明也完全适用于 f^{-1}, 故 f^{-1} 在 (c, d) 上也是连续的. □

注   从证明中可以看出, 定理中的区间 (a, b) 与 (c, d) 同时改为闭区间或半开区间, 结论仍然成立.

例 1.3.5   证明: $y = \log_a x\, (a > 0, a \neq 1)$ 在 $(0, +\infty)$ 内连续. 特别地, $y = \ln x$ 在 $(0, +\infty)$ 内连续.

证明   由例 1.3.1 知 $y = a^x\, (a > 0, a \neq 1)$ 在 $\mathbb{R}$ 上连续, 再由定理 1.3.7 结论得证. □

类似地, 由例 1.3.2 以及定理 1.3.7 知 $\arcsin x, \arccos x$ 是 $[-1, 1]$ 上的连续函数.

定理 1.3.8   设 $f(u)$ 在点 b 连续, 若 $\lim\limits_{x \to x_0} g(x) = b\, (x_0$ 为有限或 $\pm \infty)$, 则

$$\lim_{x \to x_0} f(g(x)) = f(\lim_{x \to x_0} g(x)) = f(b).$$

证明   我们仅对 x_0 为有限数给出证明. 因 $f(u)$ 在点 b 连续, 于是 $\forall \varepsilon > 0$, $\exists \delta > 0$, 当 $|u - b| < \delta$ 时, 恒有 $|f(u) - f(b)| < \varepsilon$.

令 $u = g(x)$, 对上述的 $\delta > 0$, 因为 $\lim\limits_{x \to x_0} g(x) = b$, 故 $\exists \eta > 0$, 当 $0 < |x - x_0| < \eta$ 时, 恒有 $|g(x) - b| < \delta$, 即 $|u - b| < \delta$, 所以当 $0 < |x - x_0| < \eta$ 时, 有 $|f(g(x)) - f(b)| < \varepsilon$. 即有 $\lim\limits_{x \to x_0} f(g(x)) = f(b) = f(\lim\limits_{x \to x_0} g(x))$. □

注   此定理表明: 在函数 $f(x)$ 连续的情况下, 极限号与函数记号可以交换次序, 也即极限号可以移到函数符号里. 这对以后求函数的极限非常有用.

推论 1.3.9(复合函数的连续性)   设函数 $g(x)$ 在点 x_0 连续, 函数 $f(u)$ 在点 $b = g(x_0)$ 连续, 则复合函数 $f(g(x))$ 在点 x_0 连续.

我们已经证明了 $\sin x, \mathrm{e}^x$ 这两个初等函数的 "生成" 函数是连续函数. 由初等函数的构成和定理 1.3.5, 定理 1.3.7 和推论 1.3.9 可得.

定理 1.3.10(初等函数的连续性定理)　初等函数在其定义域内的每一点处都是连续的.

例 1.3.6　求证下列各等式:

(1) $\lim\limits_{x \to 0} \dfrac{\log_a(1+x)}{x} = \log_a \mathrm{e}\ (a > 0, a \neq 1)$, 特别地, $\lim\limits_{x \to 0} \dfrac{\ln(1+x)}{x} = 1$;

(2) $\lim\limits_{x \to 0} \dfrac{a^x - 1}{x} = \ln a\ (a > 0, a \neq 1)$, 特别地, $\lim\limits_{x \to 0} \dfrac{\mathrm{e}^x - 1}{x} = 1$;

(3) $\lim\limits_{x \to 0} \dfrac{(1+x)^\mu - 1}{x} = \mu\ (\mu \in \mathbb{R})$;

(4) 设 $f(x) = u(x)^{v(x)}, u(x) > 0$, 且 $\lim\limits_{x \to c} u(x) = a\,(a > 0), \lim\limits_{x \to c} v(x) = b$ 均为有限值, 则 $\lim\limits_{x \to c} u(x)^{v(x)} = a^b$ (其中 c 可以是 $x_0, x_0^+, x_0^-, +\infty, -\infty, \infty$ 中任一种);

(5) $\lim\limits_{x \to \infty} \left(1 + \dfrac{\alpha}{x}\right)^x = \mathrm{e}^\alpha\ (\alpha \in \mathbb{R})$.

证明

(1) 原式 $= \lim\limits_{x \to 0} \log_a(1+x)^{\frac{1}{x}} = \log_a \lim\limits_{x \to 0} (1+x)^{\frac{1}{x}} = \log_a \mathrm{e}$;

(2) 令 $a^x - 1 = y$, 则 $x = \log_a(1+y), x \to 0 \Longleftrightarrow y \to 0$, 从而

原式 $= \lim\limits_{y \to 0} \dfrac{y}{\log_a(1+y)} = \dfrac{1}{\log_a \mathrm{e}} = \ln a$;

(3) 原式 $= \lim\limits_{x \to 0} \dfrac{\mathrm{e}^{\mu\ln(1+x)} - 1}{x} = \lim\limits_{x \to 0} \dfrac{(\mathrm{e}^{\mu\ln(1+x)} - 1) \cdot \mu\ln(1+x)}{\mu\ln(1+x) \cdot x} = \mu$;

(4) 原式 $= \lim\limits_{x \to c} \mathrm{e}^{v(x)\ln u(x)} = \mathrm{e}^{\lim\limits_{x \to c} v(x)\ln u(x)} = \mathrm{e}^{b\ln a} = a^b$;

(5) 原式 $= \lim\limits_{x \to \infty} \exp\left(x\ln\left(1 + \dfrac{\alpha}{x}\right)\right) = \exp\left(\lim\limits_{x \to \infty} x\ln\left(1 + \dfrac{\alpha}{x}\right)\right)$

$= \exp\left(\ln \lim\limits_{x \to \infty} \left(1 + \dfrac{\alpha}{x}\right)^x\right) = \exp(\ln \mathrm{e}^\alpha) = \mathrm{e}^\alpha$.

其中 $\exp(x)$ 表示自然指数函数 e^x. □

注　由上例以及 1.2.6 的有关内容, 当 $x \to 0$ 时, 我们有下列非常有用的等价无穷小, 它们在计算不定型的极限时将起到非常重要的作用.

$$\sin x \sim x, \qquad\qquad \tan x \sim x,$$
$$\arcsin x \sim x, \qquad\qquad \arctan x \sim x,$$
$$\ln(1+x) \sim x, \qquad\qquad \mathrm{e}^x - 1 \sim x,$$
$$1 - \cos x \sim \frac{x^2}{2}, \qquad\qquad (1+x)^\mu - 1 \sim \mu x \quad (\mu \in \mathbb{R}).$$

例 1.3.7　求 $\lim\limits_{x \to 0} (\cos x)^{\cot^2 x}$.

解　原式 $= \lim\limits_{x \to 0} \exp\left(\dfrac{\ln\cos x}{\tan^2 x}\right) = \exp\left(\lim\limits_{x \to 0} \dfrac{\ln\cos x}{\tan^2 x}\right) = \exp\left(\lim\limits_{x \to 0} \dfrac{\cos x - 1}{x^2}\right)$

$= \exp\left(\lim\limits_{x \to 0} \dfrac{-x^2/2}{x^2}\right) = \exp\left(-\dfrac{1}{2}\right) = \dfrac{1}{\sqrt{\mathrm{e}}}$. □

1.3.3　函数的间断

在 1.3.1 中我们已经给出了函数间断的定义, 即

定义 1.3.4(间断点)　若下列条件:

(1) $f(x)$ 在点 x_0 有定义;

(2) $\lim\limits_{x \to x_0} f(x)$ 存在;

(3) $\lim\limits_{x \to x_0} f(x) = f(x_0)$

至少有一个不成立, 则称 x_0 为函数 $f(x)$ 的**间断点**.

假设 x_0 为函数 $f(x)$ 的一个间断点, 那么它有下列两种可能性.

(1) 若 $f(x_0^-), f(x_0^+)$ 均存在, 则称此类间断点为**第一类间断点**.

(1°) 若 $f(x_0^-) \neq f(x_0^+)$, 则称此类间断点为**跳跃间断点**. 例如取整函数 $y = [x]$ 在整数点处间断, 且两个单侧极限存在但不相等, 所以这些整数点全为跳跃间断点.

(2°) 若 $f(x_0^-) = f(x_0^+)$, 则称此类间断点为**可去间断点**. 例如 $y = \dfrac{\sin x}{x}$, 此函数在 $x = 0$ 处的单侧极限存在且相等, 所以 $x = 0$ 是 $y = \dfrac{\sin x}{x}$ 的可去间断点.

(2) 若 $f(x_0^-), f(x_0^+)$ 至少有一个不存在, 则称此类间断点为**第二类间断点**.

例如 $y = \dfrac{1}{x}$ 在 $x = 0$ 处两个单侧极限均不存在, 故 $x = 0$ 是 $y = \dfrac{1}{x}$ 的第二类间断点. 由于 $\lim\limits_{x \to 0} \dfrac{1}{x} = \infty$, 我们又称 $x = 0$ 为 $y = \dfrac{1}{x}$ 的**无穷间断点**.

$x = 0$ 也是 $y = \sin\dfrac{1}{x}$ 的第二类间断点, 但由于 $\sin\dfrac{1}{x}$ 在 $x \to 0$ 时其值在 $[-1, 1]$ 上不断变化, 因此我们又称 $x = 0$ 为 $y = \sin\dfrac{1}{x}$ 的**振荡间断点**.

1.3.4　闭区间上连续函数的性质

在闭区间上连续的函数具有一些整体性质, 这些性质是今后进一步深入学习的理论基础, 因此本小节来介绍闭区间上连续函数的性质.

定理 1.3.11(零点定理)　设 $f(x)$ 在 $[a, b]$ 上连续, 且 $f(a) \cdot f(b) < 0$, 则至少存在一个 $\xi \in (a, b)$, 使得 $f(\xi) = 0$.

证明　不妨假设 $f(a) < 0, f(b) > 0$. 用反证法, 设 $\forall x \in (a, b), f(x) \neq 0$. 取 $[a, b]$ 的中点 $c = \dfrac{a+b}{2}$, 若 $f(c) > 0$, 取 $a_1 = a, b_1 = c$; 若 $f(c) < 0$, 取 $a_1 = c, b_1 = b$, 此时仍有 $f(a_1) < 0, f(b_1) > 0$, 得一个新的区间 $[a_1, b_1] \subset [a, b]$. 对于这个新区间仍取其中点 $c_1 = \dfrac{a_1 + b_1}{2}$, 若 $f(c_1) > 0$, 取 $a_2 = a_1, b_2 = c_1$; 若 $f(c_1) < 0$, 取 $a_2 = c_1, b_2 = b_1$, 此时仍有 $f(a_2) < 0, f(b_2) > 0$, 又得一个新的区间 $[a_2, b_2] \subset [a_1, b_1] \subset [a, b]$, 如此下去, 我们将得到一个闭区间套 $[a, b] \supset [a_1, b_1] \supset [a_2, b_2] \supset \cdots \supset [a_n, b_n] \supset \cdots$, 满足 $f(a_n) < 0, f(b_n) > 0$, 且 $b_n - a_n = \dfrac{b-a}{2^n} \to 0 (n \to \infty)$, 由闭区间套定理(这个定理将作为习题)得, $\exists \xi \in [a_n, b_n], \forall n \in \mathbb{N}$, 且有 $\lim\limits_{n \to \infty} a_n = \lim\limits_{n \to \infty} b_n = \xi$, 再由函数 $f(x)$ 的连续性有 $\lim\limits_{n \to \infty} f(a_n) = \lim\limits_{n \to \infty} f(b_n) = f(\xi)$. 另一方面, 由 $f(a_n) < 0$ 可得 $f(\xi) \leqslant 0$, 由 $f(b_n) > 0$ 可得 $f(\xi) \geqslant 0$, 即得 $f(\xi) = 0$, 此与假设矛盾. 故

定理得证. □

定理 1.3.12(介值定理)　设 $f(x)$ 在 $[a,b]$ 上连续, $f(a) \neq f(b)$. μ 为满足不等式 $f(a) < \mu < f(b)$ 或 $f(a) > \mu > f(b)$ 的任何实数, 则存在 $\xi \in (a,b)$, 使得 $f(\xi) = \mu$.

证明　不妨设 $f(a) > \mu > f(b)$, 令

$$F(x) = f(x) - \mu,$$

则 $F(x)$ 在 $[a,b]$ 上连续, $F(a) > 0, F(b) < 0$. 由零点定理知, 存在一个 $\xi \in (a,b)$, 使得 $F(\xi) = 0$, 即 $f(\xi) = \mu$. □

定理 1.3.13(有界性定理)　设 $f(x)$ 在 $[a,b]$ 上连续, 则 $f(x)$ 在 $[a,b]$ 上有界.

定理 1.3.14(最值定理)　设 $f(x)$ 在 $[a,b]$ 上连续, 则 $f(x)$ 在 $[a,b]$ 上取得最大值和最小值.

注　这两个定理的证明已经超出本教材的大纲范围, 故略去.

例 1.3.8　设 a,b 均为正数, 证明方程 $x = a\sin x + b$ 至少有一个不超过 $a+b$ 的正根.

证明　构造函数 $f(x) = x - a\sin x - b$, 则 $f(x)$ 在 $[0, a+b]$ 上连续, 且 $f(0) = -b < 0, f(a+b) = a[1 - \sin(a+b)] \geqslant 0$. 如果 $f(a+b) = 0$, 则 $a+b$ 就是方程 $x = a\sin x + b$ 的正根. 如果 $f(a+b) > 0$, 由零点定理, 至少存在一个 $\xi \in (0, a+b)$, 使得 $f(\xi) = 0$, 即方程 $x = a\sin x + b$ 至少有一个不超过 $a+b$ 的正根. □

例 1.3.9　设函数 $f(x)$ 在开区间 (a,b) 内连续, 且 $x_1, x_2, \cdots, x_n \in (a,b)$, 又 $t_i > 0 (i = 1, 2, \cdots, n)$, 且 $\sum\limits_{i=1}^{n} t_i = 1$, 试证 $\exists \xi \in (a,b)$, 使 $f(\xi) = \sum\limits_{i=1}^{n} t_i f(x_i)$.

证明　不妨设 $x_1 \leqslant x_2 \leqslant \cdots \leqslant x_n$, 且 $x_1 < x_n$. 由题意知, $f(x)$ 在闭区间 $[x_1, x_n]$ 上连续, 由最值定理得 $f(x)$ 在闭区间 $[x_1, x_n]$ 上取得最大值 M 和最小值 m, 即有

$$m \leqslant f(x) \leqslant M, \quad \forall x \in [x_1, x_n],$$

于是有

$$m \leqslant f(x_i) \leqslant M, \, i = 1, 2, \cdots, n,$$

将上述的 n 个不等式先分别乘以 t_i, 然后对 i 从 1 到 n 求和, 并注意到 $\sum\limits_{i=1}^{n} t_i = 1$, 得

$$m \leqslant t_1 \cdot f(x_1) + t_2 \cdot f(x_2) + \cdots + t_n \cdot f(x_n) \leqslant M,$$

再由介值定理, $\exists \xi \in [x_1, x_n] \subset (a,b)$, 使得

$$f(\xi) = t_1 \cdot f(x_1) + t_2 \cdot f(x_2) + \cdots + t_n \cdot f(x_n) = \sum_{i=1}^{n} t_i f(x_i).$$

□

习题 1.3

1. 试确定 a, b, c 的值, 使得函数

$$f(x) = \begin{cases} \cos x + a, & x > 0, \\ 0, & x = 0, \\ bx^2 + c, & x < 0 \end{cases}$$

是 $\mathbb{R}$ 上的连续函数.

2. 在下列函数中, 补充定义 $f(0)$ 为何值时, 函数 $f(x)$ 在原点连续?

(1) $f(x) = \dfrac{\sqrt{1+2x} - \sqrt{1-2x}}{x}$;　　　　(2) $f(x) = \sin x \cos \dfrac{1}{x}$;

(3) $f(x) = (1 + ax)^{\frac{1}{x}}$ $(a \in \mathbb{R})$;　　　　(4) $f(x) = \mathrm{e}^{-\frac{1}{x^2}}$.

3. 求下列函数的间断点, 并说明是哪种类型的间断点.

(1) $f(x) = \dfrac{1}{x^2 - x - 6}$;　　　　(2) $f(x) = \dfrac{x}{\sin x}$;

(3) $f(x) = \arctan \dfrac{1}{x}$;　　　　(4) $f(x) = \dfrac{x}{|x|}$;

(5) $f(x) = \dfrac{1}{\mathrm{e} - \mathrm{e}^{\frac{1}{x}}}$;　　　　(6) $f(x) = \dfrac{1}{\ln |x|}$;

(7) $f(x) = \dfrac{\ln |x|}{x^2 + x - 2}$;　　　　(8) $f(x) = \dfrac{|x| \sin(x-2)}{x(x^2 - 3x + 2)}$.

4. 求下列极限:

(1) $\lim\limits_{x \to 0} \dfrac{\cos x - \cos x^2}{x^2}$;　　　　(2) $\lim\limits_{x \to 0} \dfrac{\mathrm{e}^x - \mathrm{e}^{\tan x}}{x - \tan x}$;

(3) $\lim\limits_{x \to +\infty} x \left(\ln(x+1) - \ln x \right)$;　　　　(4) $\lim\limits_{x \to -\infty} \dfrac{\ln(1 + 3^x)}{\ln(1 + 2^x)}$;

(5) $\lim\limits_{x \to +\infty} \dfrac{\ln(1 + 3^x)}{\ln(1 + 2^x)}$;　　　　(6) $\lim\limits_{x \to +\infty} \dfrac{\sqrt{x + \sqrt{x + \sqrt{x}}}}{\sqrt{x+1}}$;

(7) $\lim\limits_{x \to 0} \dfrac{\ln(1 + 2x + 3x^2)}{\mathrm{e}^{\tan 5x} - 1}$;　　　　(8) $\lim\limits_{x \to 0} \dfrac{\tan 3x}{\ln(1 + x^5) - \sin 7x}$;

(9) $\lim\limits_{x \to 0} \dfrac{1}{x^3} \left[\left(\dfrac{2 + \cos x}{3} \right)^x - 1 \right]$;　　　　(10) $\lim\limits_{x \to a} \dfrac{\ln x - \ln a}{x - a}$ $(a > 0)$;

(11) $\lim\limits_{x \to 0} \dfrac{\ln(\sin^2 x + \mathrm{e}^x) - x}{\ln(x^2 + \mathrm{e}^{2x}) - 2x}$;　　　　(12) $\lim\limits_{x \to 0} \dfrac{3 \sin x + x^2 \cos \dfrac{1}{x^5}}{(1 + \cos x) \ln(1 - 3x)}$;

(13) $\lim\limits_{x \to \frac{\pi}{2}} (\sin x)^{\tan x}$;　　　　(14) $\lim\limits_{x \to 0} (x + \mathrm{e}^x)^{\frac{1}{x}}$;

(15) $\lim\limits_{x \to 0} \left(\dfrac{1 + \tan x}{1 + \sin x} \right)^{\frac{1}{\sin x}}$;　　　　(16) $\lim\limits_{n \to \infty} \cos^n \dfrac{x}{\sqrt{n}}$;

(17) $\lim\limits_{n \to \infty} \tan^n \left(\dfrac{\pi}{4} + \dfrac{1004}{n} \right)$;　　　　(18) $\lim\limits_{n \to \infty} n^2 \left(\sqrt[n]{a} - \sqrt[n+1]{a} \right)$ $(a > 0)$.

5. 确立下列各题中的参数 a, b:

(1) $\lim\limits_{x \to 0} \dfrac{\sqrt[3]{1 + ax^2} - 1}{\cos x - 1} = 1$;   (2) $\lim\limits_{x \to \infty} \left(\dfrac{x + 2a}{x - a} \right)^x = 8$;

(3) $\lim\limits_{x \to +\infty} (\sqrt[5]{x^5 + ax^4 + x} - x) = 1$;   (4) $\lim\limits_{x \to \infty} (\sqrt[3]{1 - x^3} - ax - b) = 0$.

6. 若 $f(x) = \lim\limits_{n \to \infty} \dfrac{x^{2n-1} + ax^2 + bx}{x^{2n} + 1}$ 是连续函数, 试求参数 a, b 的值.

7. 讨论 $f(x)$ 的连续性, 并指出间断点的类型:

(1) $f(x) = \lim\limits_{n \to \infty} \left(\dfrac{nx - 1}{nx + 1} \right)^n$;   (2) $f(x) = \lim\limits_{n \to \infty} \dfrac{x^{n+2} - x^{-n}}{x^n - x^{-n-1}}$.

8. 试证:

(1) 在 $\left(0, \dfrac{\pi}{2} \right)$ 内有一点 ξ, 使得 $\cos \xi = \xi$;

(2) 在 $(0, 1)$ 内有一点 ξ, 使得 $\xi \cdot 2^\xi = 1$;

(3) 在方程 $3x^3 - 8x^2 + x + 3 = 0$ 中有三个实根, 并指出包含每个实根的长度为 1 的区间.

9. 设函数 $f(x), g(x)$ 在 $[a, b]$ 上连续, 且 $f(a) \geqslant g(a)$, $f(b) \leqslant g(b)$. 证明存在 $\xi \in [a, b]$, 使得 $f(\xi) = g(\xi)$.

10. 设 $f(x)$ 在 $[0, 2a]$ 上连续, $f(0) = f(2a)$. 求证: 存在 $\xi \in [0, a]$, 使得 $f(\xi) = f(\xi + a)$.

11. 设 a_1, a_2, a_3 为正数, $\lambda_1, \lambda_2, \lambda_3$ 为实数, 满足 $\lambda_1 < \lambda_2 < \lambda_3$. 证明方程

$$\frac{a_1}{x - \lambda_1} + \frac{a_2}{x - \lambda_2} + \frac{a_3}{x - \lambda_3} = 0$$

在区间 $(\lambda_1, \lambda_2), (\lambda_2, \lambda_3)$ 内各有一个根.

12. 设函数 $f(x)$ 满足条件: 1) $a \leqslant f(x) \leqslant b$, 对于任意的 $x \in [a, b]$; 2) 存在常数 k, 使得对于任意的 $x, y \in [a, b]$ 有 $|f(x) - f(y)| \leqslant k \cdot |x - y|$, 证明:

(1) $f(x)$ 在 $[a, b]$ 上连续;

(2) 存在 $\xi \in [a, b]$, 使得 $f(\xi) = \xi$;

(3) 若 $0 \leqslant k < 1$, 定义数列 $\{x_n\}$: $x_1 \in [a, b]$, $x_{n+1} = f(x_n), n = 1, 2, 3, \cdots$, 则
$\lim\limits_{n \to \infty} x_n = \xi$.

13. 证明**闭区间套定理**: 假设有一个闭区间套

$$[a, b] \supset [a_1, b_1] \supset [a_2, b_2] \supset \cdots \supset [a_n, b_n] \supset \cdots,$$

且 $b_n - a_n = \dfrac{b - a}{2^n} \to 0 (n \to \infty)$, 则存在 $\xi \in [a_n, b_n]$, 对于任意的 $n \in \mathbb{N}$, 且有 $\lim\limits_{n \to \infty} a_n = \lim\limits_{n \to \infty} b_n = \xi$.

第 2 章　导数与微分

2.1　导　数

2.1.1　切线斜率与速度问题

一、曲线切线的斜率

考虑 xOy 平面上的连续曲线 $C : y = f(x)$，如图 2.1 所示．如何求曲线上的任一点 $M(x, f(x))$ 处的切线方程？

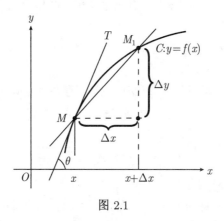

图 2.1

我们可以在曲线 C 上 M 点附近另取一点 $M_1(x + \Delta x, f(x + \Delta x))$，作割线 MM_1，当 M_1 沿着曲线 C 趋于点 M 时，割线随之转动，如果割线 MM_1 有极限位置 MT，则 MT 称为曲线 C 在点 M 的**切线**．

由于 MT 通过点 M，为求切线的方程，只需确定其斜率即可．既然切线 MT 是割线 MM_1 当 $M_1 \to M$ 时的极限位置，那么 MT 的斜率 k 就是 MM_1 的斜率当 $\Delta x \to 0$ 时极限．又割线 MM_1 的斜率为

$$\frac{\Delta y}{\Delta x} = \frac{f(x + \Delta x) - f(x)}{\Delta x}.$$

所以切线 MT 的斜率为

$$k = \tan \theta = \lim_{\Delta x \to 0} \frac{\Delta y}{\Delta x} = \lim_{\Delta x \to 0} \frac{f(x + \Delta x) - f(x)}{\Delta x}. \tag{2.1.1}$$

二、直线运动的速度

考察从 O 点出发沿直线 OP 运动的一个质点 M，它与点 O 的距离是时间 t 的函数 $s = s(t)$（见图 2.2）．如果在时刻 t 它到达 A，则 A 与 O 相距为 $s(t)$．设想自变量 t 获得增量 Δt，动点于时刻 $t + \Delta t$ 到达 B，则 B 与 O 相距为 $s(t + \Delta t)$．于是

在 t 到 $t + \Delta t$ 这段时间间隔内, 质点所经过的路程为 $\Delta s = s(t + \Delta t) - s(t)$, 因而这段时间内的平均速度为

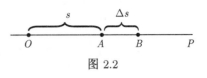

图 2.2

$$\bar{v} = \frac{\Delta s}{\Delta t} = \frac{s(t + \Delta t) - s(t)}{\Delta t}.$$

如果质点是作匀速直线运动, 则平均速度 $\bar{v}$ 的大小实际上就反映了动点在每一瞬时的快慢, 特别地, 也反映了动点在时刻 t (即经过点 A 的那一瞬时) 的运动快慢. 可是如果质点作的是变速运动, 在各个瞬时运动快慢不同, 则平均速度 $\bar{v}$ 就只能近似地表示 t 这一瞬时的快慢状况, 而 $|\Delta t|$ 越小, 这种近似就越精确. 因此, 当 $\Delta t \to 0$ 时, 平均速度 $\bar{v}$ 的极限便是质点 M 在时刻 t 的**瞬时速度**, 即有

$$v(t) = \lim_{\Delta t \to 0} \frac{\Delta s}{\Delta t} = \lim_{\Delta t \to 0} \frac{s(t + \Delta t) - s(t)}{\Delta t}.$$

上述两个例子分别属于几何学和物理学问题, 类似的问题大量存在于力学、工程以及其他自然科学和社会科学的研究和应用中, 但不管哪种情形, 我们都可将它们转化为如下形式的极限: 由自变量的增量 Δx 所引起的因变量的增量 Δy 与 Δx 的比值 $\dfrac{\Delta y}{\Delta x}$ 当 $\Delta x \to 0$ 时的极限. 这种极限的研究引导出一个新的数学概念 ——**导数**.

2.1.2　导数的概念

一、导数的定义

定义 2.1.1 (导数)　设函数 $y = f(x)$ 在 x_0 的某一邻域 $N_\delta(x_0)$ 内有定义, 给自变量 x 在 x_0 处以增量 $\Delta x(x_0 + \Delta x \in N_\delta(x_0))$, 函数值有相应的增量 $\Delta y = f(x_0 + \Delta x) - f(x_0)$, 如果比值 $\dfrac{\Delta y}{\Delta x}$ 当 $\Delta x \to 0$ 时的极限

$$\lim_{\Delta x \to 0} \frac{\Delta y}{\Delta x} = \lim_{\Delta x \to 0} \frac{f(x_0 + \Delta x) - f(x_0)}{\Delta x} \tag{2.1.2}$$

存在, 则称**函数 $f(x)$ 在点 x_0 处可导** (或说在 x_0 处存在导数), 并称此极限值为 $f(x)$ 在点 x_0 处的**导数**, 记为

$$f'(x_0), \quad y'(x_0), \quad \frac{\mathrm{d}f}{\mathrm{d}x}\bigg|_{x=x_0} \quad 或 \quad \frac{\mathrm{d}y}{\mathrm{d}x}\bigg|_{x=x_0}.$$

如果定义 2.1.1 中所说的极限不存在, 则说函数 $f(x)$ 在点 x_0 处不可导. 假如这个极限为正负无穷大时, 导数是不存在的. 但有时, 为了方便, 也说在点 x_0 处的导数为正负无穷大.

若令 $x = x_0 + \Delta x$, 当 $\Delta x \to 0$ 时, $x \to x_0$. 反之亦然. 故式 (2.1.2) 可写成

$$f'(x_0) = \lim_{x \to x_0} \frac{f(x) - f(x_0)}{x - x_0}. \tag{2.1.3}$$

根据导数的定义, 函数 $f(x)$ 在点 x_0 处的导数是一个极限. 而极限又可分为左右极限, 由此引入如下左右导数的定义.

定义 2.1.2(左、右导数)   一般地, 若左极限

$$\lim_{\Delta x \to 0^-} \frac{f(x_0 + \Delta x) - f(x_0)}{\Delta x}$$

存在, 则称 $f(x)$ **在 x_0 处左可导**, 其极限值称为**左导数**, 记作 $f'_-(x_0)$; 若右极限

$$\lim_{\Delta x \to 0^+} \frac{f(x_0 + \Delta x) - f(x_0)}{\Delta x}$$

存在, 则称 $f(x)$ **在 x_0 处右可导**, 其极限值称为**右导数**, 记为 $f'_+(x_0)$.

由于极限存在的充分必要条件是左右极限存在且相等, 由上面的定义立刻可得

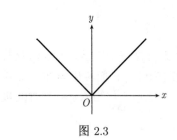

图 2.3

定理 2.1.1   函数 $f(x)$ 在 x_0 处可导的充分必要条件是 $f'_-(x_0) = f'_+(x_0)$.

例 2.1.1   讨论 $y = |x|$ 在 $x = 0$ 处的可导性.

解   如图 2.3 所示, 易证

$$y = |x| = \begin{cases} x, & x \geqslant 0, \\ -x, & x < 0 \end{cases}$$

在 $x = 0$ 处连续, 但

$$f'_-(0) = \lim_{\Delta x \to 0^-} \frac{f(0 + \Delta x) - f(0)}{\Delta x} = \lim_{\Delta x \to 0^-} \frac{-\Delta x}{\Delta x} = -1,$$

$$f'_+(0) = \lim_{\Delta x \to 0^+} \frac{f(0 + \Delta x) - f(0)}{\Delta x} = \lim_{\Delta x \to 0^+} \frac{\Delta x}{\Delta x} = 1.$$

即 $f'_-(0) \neq f'_+(0)$, 故它在 $x = 0$ 处不可导.   □

定义 2.1.3(导函数)   设函数 $f(x)$ 定义在 $[a,b]$ 上, 如果在区间 (a,b) 内的每一点, $f(x)$ 都有导数, 则称 $f(x)$ 在区间 (a,b) 内**可导**. 又若函数在左端点 a 处右可导, 在右端点 b 处左可导. 则称 $f(x)$ 在区间 $[a,b]$ 上可导. 显然导数本身也是区间 $[a,b]$ 上的函数, 称为 $f(x)$ 的**导函数**, 简称**导数**, 记为

$$f'(x), \quad y', \quad \frac{\mathrm{d}f}{\mathrm{d}x} \quad 或 \quad \frac{\mathrm{d}y}{\mathrm{d}x}.$$

如果函数 $f(x)$ 在区间 I 内有连续的导函数, 则称**函数在 I 内连续可导**.

由定义可知, 函数 f 在点 x_0 处的导数 $f'(x_0)$ 就是导函数 $f'(x)$ 在点 x_0 处的函数值, 即

$$f'(x_0) = f'(x)\Big|_{x=x_0}.$$

下面从导数的定义出发, 给出一些基本初等函数的导数.

例 2.1.2   求常数函数 $y = C$ (C 为常数) 的导数.

解   因为 $\Delta y = C - C = 0$, 所以 $\dfrac{\Delta y}{\Delta x} \equiv 0$. 因此 $\lim\limits_{\Delta x \to 0} \dfrac{\Delta y}{\Delta x} = 0$, 即 $y' = 0$.   □

例 2.1.3　求正弦函数 $\sin x$ 和余弦函数 $\cos x$ 的导数.

解　简单计算得

$$\frac{\Delta y}{\Delta x} = \frac{\sin(x+\Delta x) - \sin x}{\Delta x} = \frac{2\sin\dfrac{\Delta x}{2}\cos\left(x+\dfrac{\Delta x}{2}\right)}{\Delta x}$$

$$= \frac{\sin\dfrac{\Delta x}{2}}{\dfrac{\Delta x}{2}} \cdot \cos\left(x+\frac{\Delta x}{2}\right).$$

令 $\Delta x \to 0$, 由于

$$\lim_{\Delta x \to 0}\frac{\sin\dfrac{\Delta x}{2}}{\dfrac{\Delta x}{2}} = 1, \qquad \lim_{\Delta x \to 0}\cos\left(x+\frac{\Delta x}{2}\right) = \cos x,$$

所以

$$(\sin x)' = \cos x.$$

同理

$$(\cos x)' = -\sin x. \qquad \qquad \square$$

由上面的例子可以看出利用导数的定义求导数, 我们必须计算与自变量的增量 Δx 相应的函数增量 $\Delta y = f(x+\Delta x) - f(x)$, 然后, 令 $\Delta x \to 0$, 求增量比 $\dfrac{\Delta y}{\Delta x}$ 的极限.

例 2.1.4　求幂函数 $y = x^\mu\,(\mu \in \mathbb{R})$ 的导数.

解　分别就 $x \neq 0$ 与 $x = 0$ 两种情况讨论.

1) 当 $x \neq 0$ 时,

$$\lim_{\Delta x \to 0}\frac{\Delta y}{\Delta x} = \lim_{\Delta x \to 0}\frac{(x+\Delta x)^\mu - x^\mu}{\Delta x}$$

$$= \lim_{\Delta x \to 0}x^{\mu-1}\frac{\left(1+\dfrac{\Delta x}{x}\right)^\mu - 1}{\dfrac{\Delta x}{x}} = \mu x^{\mu-1},$$

即

$$\frac{\mathrm{d}y}{\mathrm{d}x} = \frac{\mathrm{d}}{\mathrm{d}x}x^\mu = \mu x^{\mu-1}. \tag{2.1.4}$$

2) 当 $x = 0$ 时, 我们证明式 (2.1.4) 当 $\mu \geqslant 1$ 时仍然成立. 事实上, 我们有

$$\frac{\Delta y}{\Delta x} = \frac{(\Delta x)^\mu - 0}{\Delta x} = (\Delta x)^{\mu-1},$$

于是

$$\lim_{\Delta x \to 0^+}\frac{\Delta y}{\Delta x} = \lim_{\Delta x \to 0^+}(\Delta x)^{\mu-1} = \begin{cases} 0, & \mu > 1, \\ 1, & \mu = 1. \end{cases}$$

若当 $\Delta x < 0$ 时, $(\Delta x)^{\mu-1}$ 有意义, 仍有

$$\lim_{\Delta x \to 0^-} \frac{\Delta y}{\Delta x} = \lim_{\Delta x \to 0^-} (\Delta x)^{\mu-1} = \begin{cases} 0, & \mu > 1, \\ 1, & \mu = 1. \end{cases}$$

综上所述, 式 (2.1.4) 对使得 $x^{\mu-1}$ 有意义的 x 值均成立. □

特别有

$$\left(\frac{1}{x}\right)' = -\frac{1}{x^2} \, (x \neq 0), \qquad \left(\sqrt{x}\right)' = \frac{1}{2\sqrt{x}} \, (x > 0).$$

例 2.1.5　求对数函数 $y = \log_a x \, (a > 0, \, a \neq 1)$ 的导数.

解　因为

$$\lim_{\Delta x \to 0} \frac{\Delta y}{\Delta x} = \lim_{\Delta x \to 0} \frac{\log_a(x + \Delta x) - \log_a x}{\Delta x}$$

$$= \lim_{\Delta x \to 0} \frac{\ln\left(1 + \dfrac{\Delta x}{x}\right)}{\Delta x \cdot \ln a} = \lim_{\Delta x \to 0} \frac{\dfrac{\Delta x}{x}}{\Delta x \cdot \ln a} = \frac{1}{x \ln a},$$

所以

$$(\log_a x)' = \frac{1}{x \ln a}.$$ □

特别地,

$$(\ln x)' = \frac{1}{x}.$$

例 2.1.6　求指数函数 $y = a^x \, (a > 0, \, a \neq 1)$ 的导数.

解　因为

$$\lim_{\Delta x \to 0} \frac{\Delta y}{\Delta x} = \lim_{\Delta x \to 0} \frac{a^{x+\Delta x} - a^x}{\Delta x} = \lim_{\Delta x \to 0} \frac{a^x(a^{\Delta x} - 1)}{\Delta x}$$

$$= a^x \ln a \cdot \lim_{\Delta x \to 0} \frac{e^{\Delta x \ln a} - 1}{\Delta x \cdot \ln a} = a^x \ln a,$$

所以

$$(a^x)' = a^x \ln a.$$ □

特别地,

$$(e^x)' = e^x.$$

二、导数的几何意义

从定义 2.1.1 可见, 平面曲线 $y = f(x)$ 上点 $(x_0, f(x_0))$ 处切线的斜率等于 $f(x)$ 在 x_0 点处对 x 的导数, 即 $k = f'(x_0)$, 根据平面解析几何中直线的点斜式方程, 立即可写出曲线的切线方程为

$$y - f(x_0) = f'(x_0)(x - x_0),$$

法线方程为

$$y - f(x_0) = -\frac{1}{f'(x_0)}(x - x_0)\ (f'(x_0) \neq 0).$$

例 2.1.7　求曲线 $y = \dfrac{1}{x}$ 过点 $\left(\dfrac{1}{2}, 2\right)$ 的切线和法线方程.

解　首先需要求出切线的斜率 k, 亦即函数 $\dfrac{1}{x}$ 在 $x = \dfrac{1}{2}$ 处的导数. 由例 2.1.4, 得 $k = -4$.
故过点 $\left(\dfrac{1}{2}, 2\right)$ 的切线方程为

$$y - 2 = -4\left(x - \frac{1}{2}\right),$$

即

$$4x + y - 4 = 0.$$

过点 $\left(\dfrac{1}{2}, 2\right)$ 的法线方程为

$$y - 2 = \frac{1}{4}\left(x - \frac{1}{2}\right),$$

即

$$2x - 8y + 15 = 0. \qquad\qquad \square$$

三、导数的物理意义: 直线运动的速度等于路程对时间的导数

例 2.1.8　求自由落体在每一时刻 t 的速度.

解　物体以零初速度自由下落, 不计空气阻力, 则所经过的路程 s 与时间 t 满足 $s = \dfrac{1}{2}gt^2$, 这里 g 是重力加速度, 于是

$$s(t) = \frac{1}{2}gt^2, \quad s(t + \Delta t) = \frac{1}{2}g(t + \Delta t)^2,$$

据式 (2.1.2), 所求速度为

$$\begin{aligned}
v = \frac{\mathrm{d}s}{\mathrm{d}t} &= \lim_{\Delta t \to 0} \frac{\frac{1}{2}g(t + \Delta t)^2 - \frac{1}{2}gt^2}{\Delta t} \\
&= \lim_{\Delta t \to 0} \frac{gt\Delta t + \frac{1}{2}g\Delta t^2}{\Delta t} \\
&= \lim_{\Delta t \to 0}\left(gt + \frac{1}{2}g\Delta t\right) = gt.
\end{aligned} \qquad \square$$

四、函数的可导性与连续性的关系

利用导数的定义, 有如下增量公式

定理 2.1.2(增量公式)　如果函数 $f(x)$ 在点 x_0 可导, 则

$$f(x_0 + \Delta x) - f(x_0) = f'(x_0)\Delta x + o(\Delta x). \tag{2.1.5}$$

证明   由于 $\Delta x \to 0$ 时, 有

$$\frac{f(x_0 + \Delta x) - f(x_0)}{\Delta x} \to f'(x_0),$$

即

$$\frac{f(x_0 + \Delta x) - f(x_0) - f'(x_0)\Delta x}{\Delta x} \to 0,$$

因此有

$$f(x_0 + \Delta x) - f(x_0) - f'(x_0)\Delta x = o(\Delta x),$$

移项即得式 (2.1.5).   □

由定理 2.1.2 可得如下推论

推论 2.1.3(可导与连续的关系）   如果函数 $f(x)$ 在点 x_0 处可导, 则 $f(x)$ 在点 x_0 处连续.

推论 2.1.3 说明, 函数在它的不连续点必定不可导. 但推论 2.1.3 的逆定理不成立, 即: 函数在它的连续点不一定可导. 在例 2.1.1 中, 函数 $|x|$ 在 $x = 0$ 处连续, 但不可导.

例 2.1.9   讨论函数

$$f(x) = \begin{cases} x \sin \dfrac{1}{x}, & x \neq 0, \\ 0, & x = 0 \end{cases}$$

在点 $x = 0$ 处的可导性.

解   由于 $\lim\limits_{x \to 0} x \sin \dfrac{1}{x} = 0 = f(0)$, 故它显然在 $x = 0$ 点是连续的. 但该函数在 $x = 0$ 点是不可导的. 事实上, 在 $x = 0$ 处,

$$\frac{\Delta y}{\Delta x} = \frac{f(\Delta x) - f(0)}{\Delta x} = \sin \frac{1}{\Delta x},$$

在 $\Delta x \to 0$ 的极限过程中没有极限.   □

例 2.1.10   确定常数 a 和 b, 使函数

$$f(x) = \begin{cases} \mathrm{e}^x, & x \geqslant 2, \\ ax^2 + b, & x < 2 \end{cases}$$

在 $x = 2$ 处可导.

解   由函数 $f(x)$ 在 $x = 2$ 处可导, 知其在 $x = 2$ 处连续, 于是有

$$4a + b = \mathrm{e}^2. \tag{2.1.6}$$

进一步, 由函数 $f(x)$ 在 $x = 2$ 处可导, 知其左、右导数 $f'_-(2)$ 与 $f'_+(2)$ 存在且相等. 由于

$$f'_-(2) = \lim_{\Delta x \to 0^-} \frac{a(2 + \Delta x)^2 + b - \mathrm{e}^2}{\Delta x} = \lim_{\Delta x \to 0^-} \frac{a(4 + 4\Delta x + \Delta x^2) + b - \mathrm{e}^2}{\Delta x}.$$

利用式 (2.1.6) 可得 $f'_-(2) = 4a$, 结合

$$f'_+(2) = \lim_{\Delta x \to 0^+} \frac{e^{2+\Delta x} - e^2}{\Delta x} = e^2$$

得 $a = \dfrac{e^2}{4}$. 代入式 (2.1.6) 得 $b = 0$.　　　　　　　　　　　　　　　　□

2.1.3　导数的运算法则

一、导数的四则运算法则

定理 2.1.4(导数的四则运算)　如果函数 $u(x)$ 和 $v(x)$ 在点 x 处都可导, 则

(1) $u(x) \pm v(x)$ 在点 x 处也可导, 且

$$(u \pm v)' = u' \pm v'.$$

(2) $u(x)v(x)$ 在点 x 处也可导, 且

$$(uv)' = u'v + uv'.$$

特别地,

$$(cu)' = cu', \quad c\text{为常数}.$$

(3) $\dfrac{u(x)}{v(x)}$ ($v(x) \neq 0$) 在点 x 处也可导, 且

$$\left(\frac{u}{v}\right)' = \frac{u'v - uv'}{v^2},$$

特别地,

$$\left(\frac{1}{v}\right)' = -\frac{v'}{v^2}.$$

证明　(1) 记 $f(x) = u(x) + v(x)$, 则

$$\begin{aligned}
f'(x) &= \lim_{\Delta x \to 0} \frac{f(x + \Delta x) - f(x)}{\Delta x} \\
&= \lim_{\Delta x \to 0} \frac{(u(x + \Delta x) + v(x + \Delta x)) - (u(x) + v(x))}{\Delta x} \\
&= \lim_{\Delta x \to 0} \frac{u(x + \Delta x) - u(x)}{\Delta x} + \lim_{\Delta x \to 0} \frac{v(x + \Delta x) - v(x)}{\Delta x} \\
&= u'(x) + v'(x),
\end{aligned}$$

即 $(u(x) + v(x))' = u'(x) + v'(x)$. 类似地可证

$$(u(x) - v(x))' = u'(x) - v'(x).$$

(2) 由定义有

$$(u(x)v(x))' = \lim_{\Delta x \to 0} \frac{u(x+\Delta x)v(x+\Delta x) - u(x)v(x)}{\Delta x}$$
$$= \lim_{\Delta x \to 0} \frac{u(x+\Delta x) - u(x)}{\Delta x}v(x+\Delta x) + \lim_{\Delta x \to 0} u(x)\frac{v(x+\Delta x) - v(x)}{\Delta x}$$
$$= u'(x)v(x) + u(x)v'(x).$$

(3) 由定义有

$$\left(\frac{u(x)}{v(x)}\right)' = \lim_{\Delta x \to 0} \frac{1}{\Delta x}\left(\frac{u(x+\Delta x)}{v(x+\Delta x)} - \frac{u(x)}{v(x)}\right)$$
$$= \lim_{\Delta x \to 0} \frac{u(x+\Delta x)v(x) - u(x)v(x+\Delta x)}{\Delta x v(x+\Delta x)v(x)}$$
$$= \lim_{\Delta x \to 0} \frac{1}{v(x+\Delta x)v(x)}\left(\frac{u(x+\Delta x) - u(x)}{\Delta x}v(x) - u(x)\frac{v(x+\Delta x) - v(x)}{\Delta x}\right)$$
$$= \frac{u'(x)v(x) - u(x)v'(x)}{v^2(x)}. \qquad \square$$

注 (1) 和 (2) 可以推广到有限个函数的情形. 例如, 对于三个可导函数 u, v, w, 有

$$(u \pm v \pm w)' = u' \pm v' \pm w',$$
$$(uvw)' = u'vw + uv'w + uvw'.$$

对于多于三个可导函数的情形, 结果是类似的, 读者不妨自行写出.

例 2.1.11 求函数 $y = (2x^2+1)e^x \sin x$ 的导数.

解 由定理 2.1.4 得

$$y' = (2x^2+1)'e^x \sin x + (2x^2+1)(e^x)' \sin x + (2x^2+1)e^x(\sin x)'$$
$$= 4xe^x \sin x + (2x^2+1)e^x \sin x + (2x^2+1)e^x \cos x$$
$$= (2x^2+4x+1)e^x \sin x + (2x^2+1)e^x \cos x. \qquad \square$$

例 2.1.12 求正切函数 $\tan x$ 和余切函数 $\cot x$ 的导数.

解 由定理 2.1.4 得

$$(\tan x)' = \left(\frac{\sin x}{\cos x}\right)' = \frac{(\sin x)' \cos x - \sin x(\cos x)'}{\cos^2 x}$$
$$= \frac{\cos^2 x + \sin^2 x}{\cos^2 x} = \frac{1}{\cos^2 x} = \sec^2 x,$$
$$(\cot x)' = \left(\frac{\cos x}{\sin x}\right)' = \frac{(\cos x)' \sin x - \cos x(\sin x)'}{\sin^2 x}$$
$$= \frac{-\sin^2 x - \cos^2 x}{\sin^2 x} = -\frac{1}{\sin^2 x} = -\csc^2 x. \qquad \square$$

例 2.1.13 求正割函数 $\sec x$ 和余割函数 $\csc x$ 的导数.

解 由定理 2.1.4 得

$$(\sec x)' = \left(\frac{1}{\cos x} \right)' = \frac{-(\cos x)'}{\cos^2 x}$$

$$= \frac{\sin x}{\cos^2 x} = \sec x \tan x,$$

$$(\csc x)' = \left(\frac{1}{\sin x} \right)' = \frac{-(\sin x)'}{\sin^2 x}$$

$$= \frac{-\cos x}{\sin^2 x} = -\csc x \cot x. \qquad \square$$

二、反函数的求导法则

定理 2.1.5(反函数的导数)　设函数 $x = \varphi(y)$ 在某一区间 I 内严格单调, 又在区间 I 内一点 y 处导数 $\varphi'(y)$ 存在且不为零, 则反函数 $y = f(x)$ 在对应点 $x(= \varphi(y))$ 处也是可导的, 且

$$f'(x) = \frac{1}{\varphi'(y)} \quad \left(\text{即} \frac{\mathrm{d}y}{\mathrm{d}x} = \frac{1}{\dfrac{\mathrm{d}x}{\mathrm{d}y}} \right).$$

证明　由于 $\varphi(y)$ 在区间 I 内严格单调, 其反函数 $y = f(x)$ 也在相应区间内严格单调, 于是 $\Delta x \neq 0$ 时, $\Delta y \neq 0$, 故有

$$\frac{\Delta y}{\Delta x} = \frac{1}{\dfrac{\Delta x}{\Delta y}},$$

又因为 $\varphi(y)$ 是可导的, 因而是连续的, 严格单调的连续函数的反函数也是连续函数, 因此 $\Delta x \to 0$ 时 $\Delta y \to 0$. 在上述等式两端令 $\Delta x \to 0$, 由 $\dfrac{\Delta x}{\Delta y} \to \varphi'(y)$, 得

$$\lim_{\Delta x \to 0} \frac{\Delta y}{\Delta x} = \lim_{\Delta y \to 0} \frac{1}{\dfrac{\Delta x}{\Delta y}} = \frac{1}{\varphi'(y)}.$$

即函数 $f(x)$ 是可导的, 且

$$f'(x) = \frac{1}{\varphi'(y)}. \qquad \square$$

例 2.1.14　求反正弦函数 $\arcsin x$ 和反余弦函数 $\arccos x$ 的导数.

解　函数 $x = \sin y$ 在区间 $-\dfrac{\pi}{2} < y < \dfrac{\pi}{2}$ 内是严格单调可导的, 据定理 2.1.5, 其反函数 $y = \arcsin x$ 在对应区间 $-1 < x < 1$ 内可导, 且有

$$(\arcsin x)' = \frac{1}{(\sin y)'} = \frac{1}{\cos y}.$$

而在 $-\dfrac{\pi}{2} < y < \dfrac{\pi}{2}$ 时

$$\cos y = \sqrt{1 - \sin^2 y} = \sqrt{1 - x^2},$$

故
$$(\arcsin x)' = \frac{1}{\sqrt{1-x^2}}.$$

同理可得
$$(\arccos x)' = -\frac{1}{\sqrt{1-x^2}}. \qquad \square$$

例 2.1.15   求反正切函数 $\arctan x$ 和反余切函数 $\operatorname{arccot} x$ 的导数.

解   函数 $x = \tan y$ 在区间 $-\frac{\pi}{2} < y < \frac{\pi}{2}$ 内是严格单调可导的, 据定理 2.1.5, 其反函数 $y = \arctan x$ 在对应区间 $-\infty < x < +\infty$ 内可导, 且有

$$(\arctan x)' = \frac{1}{(\tan y)'} = \frac{1}{\sec^2 y} = \frac{1}{1+\tan^2 y},$$

而 $\tan y = x$, 故

$$(\arctan x)' = \frac{1}{1+x^2}.$$

同理可得

$$(\operatorname{arccot} x)' = -\frac{1}{1+x^2}. \qquad \square$$

例 2.1.16   从指数函数的导数 $(a^x)' = a^x \ln a$ 出发, 利用反函数的导数公式, 求对数函数 $\log_a x$ 的导数.

解   函数 $x = a^y \ (a > 0, a \neq 1)$ 是区间 $-\infty < y < +\infty$ 内的严格单调的可导函数, 据定理 2.1.5, 其反函数 $y = \log_a x$ 在对应区间 $0 < x < +\infty$ 内可导, 且有

$$(\log_a x)' = \frac{1}{(a^y)'} = \frac{1}{a^y \ln a},$$

但 $a^y = x$, 故

$$(\log_a x)' = \frac{1}{x \ln a}. \qquad \square$$

特别地,

$$(\ln x)' = \frac{1}{x}.$$

三、复合函数的求导法则

设函数 $y = f(\varphi(x))$ 通过中间变量 u 成为 x 的复合函数, 即: $y = f(u), u = \varphi(x)$. 现在来讨论这个函数关于 x 求导数的问题.

定理 2.1.6(复合函数的导数)   若函数 $u = \varphi(x)$ 在点 x_0 处可导, 函数 $y = f(u)$ 在对应点 $u_0 = \varphi(x_0)$ 处可导, 则复合函数 $y = f(\varphi(x))$ 在点 x_0 处也可导, 且

$$y'\Big|_{x=x_0} = (f(\varphi(x)))'\Big|_{x=x_0} = f'(u_0) \cdot \varphi'(x_0).$$

证明　给 x_0 以增量 $\Delta x \neq 0$, 相应得到 u 在 u_0 处的增量 Δu(可能不等于 0, 也可能等于 0). 又设由 Δu 引起的函数 $y = f(u)$ 的增量为 Δy. 因此 Δy 也可看作是由 Δx 引起的函数 $y = f(\varphi(x))$ 的增量.

因 $\lim\limits_{\Delta u \to 0} \dfrac{\Delta y}{\Delta u} = f'(u_0)$, 利用极限与无穷小的关系有

$$\frac{\Delta y}{\Delta u} = f'(u_0) + \alpha,$$

这里当 $\Delta u \to 0$ 时, $\alpha \to 0$. 在上式两端乘 Δu 得

$$\Delta y = f'(u_0)\Delta u + \alpha \Delta u,$$

上式当 $\Delta u = 0$ 时显然也成立. 以 Δx 除上式两端得

$$\frac{\Delta y}{\Delta x} = f'(u_0)\frac{\Delta u}{\Delta x} + \alpha \frac{\Delta u}{\Delta x},$$

令 $\Delta x \to 0$, 取极限得

$$\lim_{\Delta x \to 0} \frac{\Delta y}{\Delta x} = f'(u_0) \cdot \varphi'(x_0).$$

这就证明了函数 $y = f(\varphi(x))$ 在 x_0 点关于 x 可导, 且

$$\left. (f(\varphi(x)))' \right|_{x=x_0} = f'(u_0)\varphi'(x_0). \qquad \square$$

这个公式也可以写成另外的形式

$$\left. \frac{\mathrm{d}y}{\mathrm{d}x} \right|_{x=x_0} = \left. \frac{\mathrm{d}y}{\mathrm{d}u} \right|_{u=u_0} \cdot \left. \frac{\mathrm{d}u}{\mathrm{d}x} \right|_{x=x_0}.$$

进一步, 对可导函数 $u = \varphi(x)$, $f(u)$, 复合函数 $f(\varphi(x))$ 是 x 的可导函数, 则

$$\frac{\mathrm{d}f(\varphi(x))}{\mathrm{d}x} = \frac{\mathrm{d}f}{\mathrm{d}u} \cdot \frac{\mathrm{d}u}{\mathrm{d}x} = f'(\varphi(x))\varphi'(x).$$

逐次利用这个公式, 可以得到由三个或三个以上的函数复合起来的复合函数的导数公式. 例如在三个函数的情形, 设

$$y = f(u), \quad u = \varphi(v), \quad v = \psi(x),$$

则

$$\frac{\mathrm{d}y}{\mathrm{d}x} = \frac{\mathrm{d}y}{\mathrm{d}u}\frac{\mathrm{d}u}{\mathrm{d}x} = \frac{\mathrm{d}y}{\mathrm{d}u} \cdot \left(\frac{\mathrm{d}u}{\mathrm{d}v} \cdot \frac{\mathrm{d}v}{\mathrm{d}x} \right) = \frac{\mathrm{d}y}{\mathrm{d}u} \cdot \frac{\mathrm{d}u}{\mathrm{d}v} \cdot \frac{\mathrm{d}v}{\mathrm{d}x}.$$

复合函数的导数公式称为**链式法则**.

例 2.1.17   求 $y = \sqrt[3]{1 - x^2}$ 的导数.

解   令 $y = \sqrt[3]{u}$, $u = 1 - x^2$, 则由链式法则,

$$\frac{\mathrm{d}y}{\mathrm{d}x} = \frac{\mathrm{d}y}{\mathrm{d}u} \cdot \frac{\mathrm{d}u}{\mathrm{d}x} = \frac{1}{3} u^{-\frac{2}{3}} \cdot (-2x),$$

即

$$(\sqrt[3]{1 - x^2})' = -\frac{2x}{3}(1 - x^2)^{-\frac{2}{3}}. \qquad \square$$

例 2.1.18   求 $y = \tan^n(2x + \theta)$ 的导数, 其中 θ 为常数.

解   令 $y = u^n$, $u = \tan v$, $v = 2x + \theta$, 则

$$\begin{aligned}
\frac{\mathrm{d}y}{\mathrm{d}x} &= \frac{\mathrm{d}y}{\mathrm{d}u} \cdot \frac{\mathrm{d}u}{\mathrm{d}v} \cdot \frac{\mathrm{d}v}{\mathrm{d}x} = nu^{n-1} \cdot \sec^2 v \cdot 2 \\
&= 2n \tan^{n-1}(2x + \theta) \sec^2(2x + \theta).
\end{aligned} \qquad \square$$

在计算熟练以后, u, v 等中间变量可不必写出.

例 2.1.19   设 $y = \mathrm{e}^{\cos \frac{1}{x}}$, 求 y'.

解 $y' = \mathrm{e}^{\cos \frac{1}{x}} \cdot \left(\cos \frac{1}{x} \right)' = \mathrm{e}^{\cos \frac{1}{x}} \cdot \left(-\sin \frac{1}{x} \right) \cdot \left(\frac{1}{x} \right)' = \frac{1}{x^2} \mathrm{e}^{\cos \frac{1}{x}} \sin \frac{1}{x}. \quad \square$

例 2.1.20   设 $y = \ln(x + \sqrt{x^2 + c})$, c 为常数, 求 y'.

解

$$\begin{aligned}
y' &= \frac{(x + \sqrt{x^2 + c})'}{(x + \sqrt{x^2 + c})} \\
&= \frac{1}{(x + \sqrt{x^2 + c})} \left(1 + \frac{x}{\sqrt{x^2 + c}} \right) = \frac{1}{\sqrt{x^2 + c}}. \qquad \square
\end{aligned}$$

例 2.1.21   如果 $f(x)$ 当 $f(x) \neq 0$ 时是可导函数, 求证 $(\ln|f(x)|)' = \dfrac{f'(x)}{f(x)}$.

证明   当 $f(x) > 0$ 时, $\ln|f(x)| = \ln f(x)$, 故

$$(\ln|f(x)|)' = (\ln f(x))' = \frac{f'(x)}{f(x)};$$

当 $f(x) < 0$ 时, $\ln|f(x)| = \ln(-f(x))$, 故

$$(\ln|f(x)|)' = [\ln(-f(x))]' = \frac{-f'(x)}{-f(x)} = \frac{f'(x)}{f(x)}.$$

于是, 原结论成立. $\square$

例 2.1.22   设 $u(x)$, $v(x)$ 都是可导函数, 且 $u(x) > 0$, 试求幂指函数 $y = u^v$ 的导数.

解 $y = u^v = \mathrm{e}^{v \ln u}$, 令 $w = v \ln u$ 及 $y = \mathrm{e}^w$, 利用链式法则求得:

$$\begin{aligned}
y' &= (\mathrm{e}^w)'_w (v \ln u)'_x = \mathrm{e}^w \left(v' \ln u + \frac{v u'}{u} \right) \\
&= u^v v' \ln u + v u^{v-1} u'.
\end{aligned}$$

有些复合函数, 在求导数时先取对数然后再求导数, 会使运算过程简化. 这种方法称为**对数求导法**.

我们也可以用这种 "对数求导法" 去计算例 2.1.22 的这个导数: 在 $y = u^v$ 的两端取对数, 得

$$\ln y = v\ln u,$$

因为 y、u、v 都是 x 的函数, 我们可以把此式两端都单独作为 x 的函数, 而 y 是左端函数的中间变量; u 与 v 是右端函数的中间变量. 对此式两边求导数得

$$\frac{y'}{y} = v'\ln u + v \cdot \frac{u'}{u},$$

于是

$$y' = y\left(v'\ln u + v \cdot \frac{u'}{u}\right) = u^v\left(v'\ln u + \frac{vu'}{u}\right)$$
$$= u^v v' \ln u + vu^{v-1}u'.$$

例 2.1.23　设 $y = \sqrt{\dfrac{(x-1)(x-2)}{(x-3)(x-4)}}\,(x \neq 3,\,4)$, 求 y'.

解　对 y 取对数得

$$\ln y = \frac{1}{2}\Big[\ln|x-1| + \ln|x-2| - \ln|x-3| - \ln|x-4|\Big].$$

两边对 x 求导数, 利用例 2.1.21 得

$$\frac{y'}{y} = \frac{1}{2}\Big[\frac{1}{x-1} + \frac{1}{x-2} - \frac{1}{x-3} - \frac{1}{x-4}\Big],$$

所以

$$y' = \frac{y}{2}\Big[\frac{1}{x-1} + \frac{1}{x-2} - \frac{1}{x-3} - \frac{1}{x-4}\Big]$$
$$= \frac{1}{2} \cdot \sqrt{\frac{(x-1)(x-2)}{(x-3)(x-4)}}\Big[\frac{1}{x-1} + \frac{1}{x-2} - \frac{1}{x-3} - \frac{1}{x-4}\Big].　\square$$

例 2.1.24　设 $y = x^{x^x}, x > 0$, 求 y'.

解　先对 $u = x^x$ 求导数. 取对数 $\ln u = x\ln x$, 两边求导数得

$$\frac{u'}{u} = \ln x + 1,$$

即

$$(x^x)' = x^x(\ln x + 1).$$

对 $y = x^{x^x}$ 取对数得 $\ln y = x^x \ln x$, 两边对 x 求导数,

$$\frac{y'}{y} = (x^x)' \ln x + x^x(\ln x)' = x^x(\ln x + 1)\ln x + x^{x-1},$$

所以

$$y' = x^{x^x} \cdot x^x\Big(\ln^2 x + \ln x + \frac{1}{x}\Big).　\square$$

四、隐函数及参数式函数的求导法则

1. 隐函数的导数

我们知道当动点 $M(x, y)$ 沿着平面曲线运动时, 横坐标 x 和纵坐标 y 始终满足曲线的方程. 例如, 椭圆曲线方程

$$\frac{x^2}{a^2} + \frac{y^2}{b^2} = 1, \quad a > 0, b > 0. \tag{2.1.7}$$

如果这个方程能确定 y 为 x 的函数, 则称这个函数为由方程 (2.1.7) 所确定的**隐函数**. 以区别于迄今为止我们所见到的用只含有自变量 x 的解析式 $y = f(x)$ 所表示的**显函数**.

关于在什么条件下联系两个变量的方程能确定一个变量为另一个变量的函数的问题, 即隐函数的存在性问题, 将在第 5 章中讨论, 目前, 我们只在隐函数存在而且它还有导数的假设下, 叙述导数的求法. 对于方程 (2.1.7), 实际上可以将隐函数 $y(x)$ 显式地表示出来:

$$y_1 = b\sqrt{1 - \frac{x^2}{a^2}}, \qquad y_2 = -b\sqrt{1 - \frac{x^2}{a^2}},$$

然后再求导数. 可是, 在绝大多数情形, 尽管知道隐函数 $y(x)$ 是存在的, 但却得不到它的显式表示, 例如

$$xy - \mathrm{e}^x + \mathrm{e}^y = 0 \tag{2.1.8}$$

就是如此. 我们将利用例子来说明这种情形下, 如何求隐函数的导数 $y'(x)$.

例 2.1.25 设函数 $y = y(x)$ 由方程 (2.1.8) 所确定, 求 $y'(x)$.

解 对方程两边关于 x 求导, 注意, 方程左端把 y 视为 x 的函数 (中间变量), e^y 看成复合函数, 方程右端作为常数函数, 于是有

$$y + xy' - \mathrm{e}^x + \mathrm{e}^y y' = 0,$$

由此解得

$$y' = \frac{\mathrm{e}^x - y}{\mathrm{e}^y + x}. \qquad\qquad \square$$

注意, 在最后的结果中还显含变量 y, 这是由于没有得到隐函数 $y(x)$ 的解析表示式, 因而无法消去变量 y.

例 2.1.26 求曲线

$$x^3 + 3y^5 - 2xy = 7 \tag{2.1.9}$$

过点 $M(2, 1)$ 的切线和法线的方程.

解 视 y 为 x 的函数 (中间变量), 在式 (2.1.9) 两端关于 x 求导数, 得

$$3x^2 + 15y^4 y' - 2y - 2xy' = 0.$$

以 $x = 2, y = 1$ 代入得

$$10 + 11y'(2) = 0,$$

所以

$$y'(2) = -\frac{10}{11}.$$

于是, 过 $M(2,1)$ 的切线方程为

$$y - 1 = -\frac{10}{11}(x - 2), \quad 即\ 10x + 11y - 31 = 0;$$

而法线方程为

$$y - 1 = \frac{11}{10}(x - 2), \quad 即\ 11x - 10y - 12 = 0. \qquad \square$$

注意, 由于本题只用到 $y'(x)$ 在 $x = 2$ 时的值, 因此, 没有必要解出 y' 的一般表示式.

2. 参数方程所确定的函数的导数

平面上曲线的参数方程为

$$\begin{cases} x = \varphi(t), \\ y = \psi(t). \end{cases} \tag{2.1.10}$$

其中 t 为参数, x 和 y 为 t 的函数. 由参数方程消去 t 可确定的参数式函数为 $y(x)$, 下面的定理告诉我们如何求它的导数 $y'(x)$.

定理 2.1.7(参数方程所确定的函数的导数)　设函数 $x = \varphi(t)$ 和 $y = \psi(t)$ 皆在区间 I 上可导, 且 $\varphi'(t) \neq 0$, 又若 $\varphi(t)$ 是严格单调的, 则由参数方程 (2.1.10) 确定的参数式函数 $y(x)$ 在 $X = \varphi(I)$ 上可导, 且有

$$\frac{\mathrm{d}y}{\mathrm{d}x} = \psi'(t) \cdot (\varphi^{-1})'(x) = \frac{\psi'(t)}{\varphi'(t)}. \tag{2.1.11}$$

证明　由 $\varphi(t)$ 是严格单调的知 $x = \varphi(t)$ 有反函数 $t = \varphi^{-1}(x)$, 于是, 由 $y = \psi(t)$ 得

$$y = \psi(\varphi^{-1}(x)),$$

以 t 为中间变量成为 x 的复合函数. 当 $\varphi'(t) \neq 0$ 时, 由定理 2.1.5,

$$(\varphi^{-1})'(x) = \frac{1}{\varphi'(t)},$$

再由复合函数求导数的链式法则得

$$\frac{\mathrm{d}y}{\mathrm{d}x} = \psi'(t) \cdot (\varphi^{-1})'(x) = \frac{\psi'(t)}{\varphi'(t)}. \qquad \square$$

这就是由参数方程 (2.1.10) 所确定的函数 $y = y(x)$ 的导数公式. 这个公式表示, y 对 x 的**导数等于 y 对参数 t 的导数除以 x 对参数 t 的导数**.

例 2.1.27 椭圆的参数方程为

$$x = a\cos t, \quad y = b\sin t.$$

试求由这个参数式所确定的函数 $y = y(x)$ 的导数 $\dfrac{\mathrm{d}y}{\mathrm{d}x}$, 并求该椭圆在 $t = \dfrac{\pi}{6}$ 点处的切线与法线的方程.

解 在区间 $(k\pi, (k+1)\pi)\,(k \in \mathbb{Z})$ 上利用定理 2.1.7 得

$$\frac{\mathrm{d}y}{\mathrm{d}x} = \frac{\dfrac{\mathrm{d}y}{\mathrm{d}t}}{\dfrac{\mathrm{d}x}{\mathrm{d}t}} = \frac{b\cos t}{-a\sin t} = -\frac{b}{a}\cot t \ \ (t \neq k\pi, \ k \in \mathbb{Z}).$$

当 $t = \dfrac{\pi}{6}$ 时,

$$\left.\frac{\mathrm{d}y}{\mathrm{d}x}\right|_{t=\frac{\pi}{6}} = \frac{-b}{a}\sqrt{3}.$$

记

$$x_0 = x\left(\frac{\pi}{6}\right) = \frac{\sqrt{3}}{2}a, \quad y_0 = y\left(\frac{\pi}{6}\right) = \frac{1}{2}b,$$

于是, 过 (x_0, y_0) 的切线方程为

$$y - \frac{b}{2} = -\frac{b}{a}\sqrt{3}\left(x - \frac{\sqrt{3}}{2}a\right),$$

即

$$\sqrt{3}bx + ay - 2ab = 0.$$

而过 (x_0, y_0) 的法线方程为

$$y - \frac{b}{2} = \frac{a}{\sqrt{3}b}\left(x - \frac{\sqrt{3}}{2}a\right),$$

即

$$2ax - 2\sqrt{3}by + \sqrt{3}(b^2 - a^2) = 0. \qquad\qquad \square$$

如果曲线的方程表示为极坐标的形式 $\rho = \rho(\theta)$, 利用极坐标和直角坐标的关系, 可以将直角坐标 y 和 x 表示为极角 θ 的函数:

$$x = \rho(\theta)\cos\theta, \qquad y = \rho(\theta)\sin\theta,$$

于是, 极角 θ 起了式 (2.1.10) 中参数 t 的作用, 据式 (2.1.11)

$$\frac{\mathrm{d}y}{\mathrm{d}x} = \frac{\dfrac{\mathrm{d}y}{\mathrm{d}\theta}}{\dfrac{\mathrm{d}x}{\mathrm{d}\theta}} = \frac{\rho'(\theta)\sin\theta + \rho(\theta)\cos\theta}{\rho'(\theta)\cos\theta - \rho(\theta)\sin\theta}. \tag{2.1.12}$$

例 2.1.28　求对数螺线 $\rho = \mathrm{e}^{a\theta}$ 对应于任意极角 θ 的切线的斜率.

解　以 θ 为参数, 对数螺线的参数方程为

$$x = \mathrm{e}^{a\theta}\cos\theta, \qquad y = \mathrm{e}^{a\theta}\sin\theta.$$

据式 (2.1.12)

$$\frac{\mathrm{d}y}{\mathrm{d}x} = \frac{a\mathrm{e}^{a\theta}\sin\theta + \mathrm{e}^{a\theta}\cos\theta}{a\mathrm{e}^{a\theta}\cos\theta - \mathrm{e}^{a\theta}\sin\theta} = \frac{a\sin\theta + \cos\theta}{a\cos\theta - \sin\theta}.$$

这就是所要求的斜率. □

五、导数基本公式表

为便于查阅, 我们将前面得到的导数基本公式列表如下:

(1) $(C)' = 0\,(C \in \mathbb{R})$.

(2) $(x^\mu)' = \mu x^{\mu-1}\,(\mu \in \mathbb{R})$.

(3) $(a^x)' = a^x \ln a\,(a > 0,\, a \neq 1)$, $(\mathrm{e}^x)' = \mathrm{e}^x$.

(4) $(\log_a x)' = \dfrac{1}{x\ln a}\,(a > 0, a \neq 1)$, $(\ln x)' = \dfrac{1}{x}$.

(5) $(\sin x)' = \cos x$.

(6) $(\cos x)' = -\sin x$.

(7) $(\tan x)' = \sec^2 x = \dfrac{1}{\cos^2 x}$.

(8) $(\cot x)' = -\csc^2 x = -\dfrac{1}{\sin^2 x}$.

(9) $(\sec x)' = \sec x \tan x$.

(10) $(\csc x)' = -\csc x \cot x$.

(11) $(\arcsin x)' = \dfrac{1}{\sqrt{1-x^2}}$.

(12) $(\arccos x)' = -\dfrac{1}{\sqrt{1-x^2}}$.

(13) $(\arctan x)' = \dfrac{1}{1+x^2}$.

(14) $(\operatorname{arccot} x)' = -\dfrac{1}{1+x^2}$.

下面几个是关于双曲函数的导数公式:

(15) $(\operatorname{sh} x)' = \operatorname{ch} x$.　(16) $(\operatorname{ch} x)' = \operatorname{sh} x$.　(17) $(\operatorname{th} x)' = \dfrac{1}{\operatorname{ch}^2 x}$.

(18) $(\operatorname{arsh} x)' = \dfrac{1}{\sqrt{x^2+1}}$.　(19) $(\operatorname{arch} x)' = \dfrac{1}{\sqrt{x^2-1}}$.　(20) $(\operatorname{arth} x)' = \dfrac{1}{1-x^2}$.

导数公式 (15)~(17) 推导如下.

$$(\operatorname{sh} x)' = \left(\frac{\mathrm{e}^x - \mathrm{e}^{-x}}{2}\right)' = \frac{(\mathrm{e}^x)' - (\mathrm{e}^{-x})'}{2} = \frac{\mathrm{e}^x + \mathrm{e}^{-x}}{2} = \operatorname{ch} x,$$

$$(\operatorname{ch} x)' = \left(\frac{\mathrm{e}^x + \mathrm{e}^{-x}}{2}\right)' = \frac{(\mathrm{e}^x)' + (\mathrm{e}^{-x})'}{2} = \frac{\mathrm{e}^x - \mathrm{e}^{-x}}{2} = \operatorname{sh} x,$$

$$(\operatorname{th} x)' = \left(\frac{\operatorname{sh} x}{\operatorname{ch} x}\right)' = \frac{(\operatorname{sh} x)'\operatorname{ch} x - (\operatorname{ch} x)'\operatorname{sh} x}{\operatorname{ch}^2 x} = \frac{\operatorname{ch}^2 x - \operatorname{sh}^2 x}{\operatorname{ch}^2 x} = \frac{1}{\operatorname{ch}^2 x}.$$

导数公式 (18)~(20) 利用反函数的求导公式进行计算, 我们仅推导 (18), 其余类似.

设 $y = \operatorname{arsh} x$, 则 $x = \operatorname{sh} y$, 它在区间 $-\infty < y < +\infty$ 上显然单调可导, 且有导数 $(\operatorname{sh} y)' = \operatorname{ch} y > 0$, 根据反函数求导法则, 其反函数 $y = \operatorname{arsh} x$ 在对应区间 $-\infty < x < +\infty$ 上有导数

$$(\operatorname{arsh} x)' = \frac{1}{(\operatorname{sh} y)'} = \frac{1}{\operatorname{ch} y},$$

而 $\operatorname{ch} y = \sqrt{\operatorname{sh}^2 y + 1} = \sqrt{x^2 + 1}$, 所以

$$(\operatorname{arsh} x)' = \frac{1}{\sqrt{x^2 + 1}}.$$

2.1.4 高阶导数

一、高阶导数的定义

定义 2.1.4(高阶导数) 设函数 $f(x)$ 在区间 I 上可导, 称 $f'(x)$ 为 $f(x)$ 的一阶导数. 若函数 $f'(x)$ 在区间 I 上仍有导数, 则称 $\dfrac{\mathrm{d}}{\mathrm{d}x}f'(x)$ 为函数 $f(x)$ 在区间 I 上的**二阶导数**, 记为

$$f'', \quad y''(x), \quad \frac{\mathrm{d}^2 f}{\mathrm{d}x^2} \quad \text{或} \quad \frac{\mathrm{d}^2 y}{\mathrm{d}x^2}.$$

一般地, 如果函数 $y = f(x)$ 的 $n-1$ 阶导数是可导的, 则称它的导数为 $f(x)$ 的 n **阶导数**, 记为

$$f^{(n)}, \quad y^{(n)}(x), \quad \frac{\mathrm{d}^n f}{\mathrm{d}x^n} \quad \text{或} \quad \frac{\mathrm{d}^n y}{\mathrm{d}x^n}.$$

由定义可见, 求高阶导数实际上是逐次求一阶导数. 例如, 给定了路程 $s(t)$, 求一次导数得到速度 $v(t)$, 再求一次导数得到加速度 $a(t)$, 即

$$v(t) = \frac{\mathrm{d}s}{\mathrm{d}t}, \quad a = \frac{\mathrm{d}v}{\mathrm{d}t} = \frac{\mathrm{d}}{\mathrm{d}t}\left(\frac{\mathrm{d}s}{\mathrm{d}t}\right) = \frac{\mathrm{d}^2 s}{\mathrm{d}t^2}.$$

可见, 路程函数对于时间的二阶导数即为加速度.

例 2.1.29 已知函数

$$y = (2x^3 + 1)\cos 3x,$$

求 y', y'', y''' 以及 $y''\left(\dfrac{\pi}{6}\right)$, $y'''(0)$.

解 利用乘积以及复合函数的求导法则, 得

$$y' = 6x^2 \cos 3x - 3(2x^3 + 1)\sin 3x.$$

对右端的函数再求导数, 得

$$y'' = 12x\cos 3x - 18x^2\sin 3x - 18x^2\sin 3x - 9(2x^3 + 1)\cos 3x$$
$$= -3(6x^3 - 4x + 3)\cos 3x - 36x^2\sin 3x.$$

再一次对右端的函数求导数得

$$y''' = -6(9x^2 - 2)\cos 3x + 9(6x^3 - 4x + 3)\sin 3x - 72x\sin 3x - 108x^2\cos 3x$$
$$= -6(27x^2 - 2)\cos 3x + 27(2x^3 - 4x + 1)\sin 3x.$$

在 y'' 及 y''' 中分别令 $x = \dfrac{\pi}{6}$ 及 $x = 0$ 得

$$y''\left(\frac{\pi}{6}\right) = -\pi^2, \qquad y'''(0) = 12. \qquad\qquad \Box$$

求 n 阶导数时, 我们往往采用数学归纳法加以求解. 对于一些简单的函数, 在写出最初几个导数以后, 就可直接写出 n 阶导数的公式; 对一些较复杂的函数, 我们需用数学归纳法加以证明.

例 2.1.30　设 $y = x^\mu$ (μ 为实常数), 求 $y^{(n)}$.

解　$y' = \mu x^{\mu-1}, y'' = \mu(\mu-1)x^{\mu-2}, y''' = \mu(\mu-1)(\mu-2)x^{\mu-3}$, 利用数学归纳法易证

$$y^{(n)} = \mu(\mu-1)(\mu-2)\cdots(\mu-n+1)x^{\mu-n},$$

特别地, 当 $\mu = n$ (正整数) 时, 有

$$\left(x^n\right)^{(n)} = n!, \quad \left(x^n\right)^{(n+k)} = 0\,(k = 1, 2, \cdots).$$

当 $\mu = -1$ 时, 有

$$\left(\frac{1}{x}\right)^{(n)} = (-1)(-2)\cdots(-1-n+1)x^{-1-n}$$
$$= (-1)^n \frac{n!}{x^{n+1}}.$$

例 2.1.31　求函数 $y = \mathrm{e}^{ax}$ (a 为常数) 的 n 阶导数.

解　$y' = a\mathrm{e}^{ax}, y'' = a^2\mathrm{e}^{ax}$, 利用数学归纳法易证

$$y^{(n)} = a^n\mathrm{e}^{ax}. \qquad\qquad \Box$$

特别地, 若 $a = 1$, 则

$$(\mathrm{e}^x)^{(n)} = \mathrm{e}^x.$$

例 2.1.32　求函数 $\sin x$ 和 $\cos x$ 的 n 阶导数.

解 $(\sin x)' = \cos x = \sin\left(x + \dfrac{\pi}{2}\right),$

$(\sin x)'' = \left(\sin\left(x + \dfrac{\pi}{2}\right)\right)' = \sin\left(x + \dfrac{\pi}{2} + \dfrac{\pi}{2}\right) = \sin\left(x + 2 \cdot \dfrac{\pi}{2}\right),$

利用数学归纳法易证

$$(\sin x)^{(n)} = \sin\left(x + n \cdot \dfrac{\pi}{2}\right).$$

类似地,

$$(\cos x)^{(n)} = \cos\left(x + n \cdot \dfrac{\pi}{2}\right).$$ □

例 2.1.33   设 $y = \ln(1 + x)$, 求 $y^{(n)}$ 及 $y^{(n)}(0)$.

解   由例 2.1.30 知

$$\left(\dfrac{1}{1+x}\right)^{(n)} = (-1)^n \dfrac{n!}{(1+x)^{n+1}}.$$

于是, 由 $y' = \dfrac{1}{1+x}$, 得

$$y^{(n)} = \left(\dfrac{1}{1+x}\right)^{(n-1)} = \dfrac{(-1)^{n-1}(n-1)!}{(1+x)^n}.$$

以 $x = 0$ 代入得

$$y^n(0) = (-1)^{n-1}(n-1)!.$$ □

二、莱布尼兹公式

定理 2.1.8(n 阶导数的莱布尼兹公式)   若函数 $u(x)$, $v(x)$ 都有 n 阶导数, 则它们的乘积 $u(x)v(x)$ 也有 n 阶导数, 且下面的公式成立,

$$\begin{aligned}
(uv)^{(n)} &= \sum_{k=0}^{n} C_n^k u^{(n-k)} v^{(k)} \\
&= u^{(n)}v + C_n^1 u^{(n-1)}v' + C_n^2 u^{(n-2)}v'' + \cdots \\
&\quad + C_n^k u^{(n-k)}v^{(k)} + \cdots + uv^{(n)}.
\end{aligned}$$

其中 $C_n^k = \dfrac{n(n-1)\cdots(n-k+1)}{k!}, u^{(0)} = u, v^{(0)} = v$.

这个公式称为**莱布尼兹公式**.

证明   当 $n = 1$ 时, 莱布尼兹公式就是熟知的公式 $(uv)' = u'v + uv'$. 假设 n 时莱布尼兹公式成立, 则当 $n + 1$ 时,

$$\begin{aligned}
(uv)^{(n+1)} &= u^{(n+1)}v + u^{(n)}v' + C_n^1(u^{(n)}v' + u^{(n-1)}v'') \\
&\quad + \cdots + C_n^{k-1}(u^{(n-k+2)}v^{(k-1)} + u^{(n-k+1)}v^{(k)}) \\
&\quad + C_n^k(u^{(n-k+1)}v^{(k)} + u^{(n-k)}v^{(k+1)}) \\
&\quad + \cdots + u'v^{(n)} + uv^{(n+1)},
\end{aligned}$$

合并同类项, 并利用 $C_n^{k-1} + C_n^k = C_{n+1}^k$, 可知和式的一般项为

$$(C_n^{k-1} + C_n^k)u^{(n-k+1)}v^{(k)} = C_{n+1}^k u^{(n-k+1)}v^{(k)},$$

故有

$$\begin{aligned}
(uv)^{(n+1)} &= u^{(n+1)}v + C_{n+1}^1 u^{(n)}v' + \cdots \\
&\quad + C_{n+1}^k u^{(n+1-k)}v^{(k)} + \cdots + uv^{(n+1)} \\
&= \sum_{k=0}^{n+1} C_{n+1}^k u^{(n+1-k)}v^{(k)},
\end{aligned}$$

据数学归纳法知莱布尼兹公式成立. □

例 2.1.34　设 $y = (x^2 + 3x + 1)\mathrm{e}^{-x}$, 求 $y^{(99)}$.

解　注意二次多项式高于 2 阶的一切导数都等于 0, 由莱布尼兹公式, 得

$$\begin{aligned}
y^{(99)} &= (\mathrm{e}^{-x})^{(99)}(x^2 + 3x + 1) + C_{99}^1 (\mathrm{e}^{-x})^{(98)}(x^2 + 3x + 1)' \\
&\quad + C_{99}^2 (\mathrm{e}^{-x})^{(97)}(x^2 + 3x + 1)'' \\
&= (-1)^{99}\mathrm{e}^{-x}(x^2 + 3x + 1) + 99 \cdot (-1)^{98}\mathrm{e}^{-x}(2x + 3) + \frac{99 \cdot 98}{2}(-1)^{97}\mathrm{e}^{-x} \cdot 2 \\
&= \mathrm{e}^{-x}(-x^2 + 195x - 9406).
\end{aligned}$$ □

在 2.1.3 中, 介绍了对隐函数 $y(x)$ 求导数的方法. 通常, 求得的导数是一个含有自变量 x 与因变量 y 的表达式. 为了继续求 $y(x)$ 的二阶导数, 只需将所得的表达式再对 x 求导数即可. 注意到, 式中的 y 仍是 x 的函数, 因此, y' 的表达式实际上是自变量 x 的复合函数.

例 2.1.35　求由

$$xy - \mathrm{e}^x + \mathrm{e}^y = 0$$

所确定的隐函数 $y(x)$ 的二阶导数 y''.

解　在例 2.1.25 已经求得

$$y' = \frac{\mathrm{e}^x - y}{\mathrm{e}^y + x}. \tag{2.1.13}$$

注意到上式右端的 y 是 x 的函数, 依商的求导法则及复合函数求导的链式法则将上式右端关于 x 求导, 得

$$y'' = \frac{(\mathrm{e}^x - y')(\mathrm{e}^y + x) - (\mathrm{e}^x - y)(\mathrm{e}^y y' + 1)}{(\mathrm{e}^y + x)^2},$$

右端的 y' 以式 (2.1.13) 代入, 即得

$$y'' = \frac{\mathrm{e}^{x+2y} + 2(x + y - 1)\mathrm{e}^{x+y} + (x^2 - 2x)\mathrm{e}^x + (2y - y^2)\mathrm{e}^y - \mathrm{e}^{2x+y} + 2xy}{(\mathrm{e}^y + x)^3}. $$ □

此题也可以按如下方法解决, 由式 (2.1.13) 有

$$y'(\mathrm{e}^y + x) = \mathrm{e}^x - y,$$

然后, 对上式两边关于 x 求导得

$$y''(\mathrm{e}^y + x) + y'(\mathrm{e}^y y' + 1) = \mathrm{e}^x - y',$$

整理上式有

$$y'' = \frac{\mathrm{e}^x - 2y' - \mathrm{e}^y(y')^2}{\mathrm{e}^y + x}.$$

最后将式 (2.1.13) 代入上式即得结论.

例 2.1.36 设 $y = \arcsin x$, 求 $y^{(n)}(0)$.

解 $y' = \dfrac{1}{\sqrt{1 - x^2}}$, 即有

$$(1 - x^2)\left(y'\right)^2 = 1,$$

再对上式两端关于 x 求导得

$$(1 - x^2)2y'y'' - 2x\left(y'\right)^2 = 0,$$

显然 $y' \neq 0$, 于是有

$$(1 - x^2)y'' = xy'.$$

利用莱布尼兹公式, 对上式两端求 $n - 2$ 阶导数, 得到

$$(1 - x^2)y^{(n)} + (n-2)(-2x)y^{(n-1)} + \frac{(n-2)(n-3)}{2}(-2)y^{(n-2)} = xy^{(n-1)} + (n-2)y^{(n-2)},$$

将 $x = 0$ 代入上式整理得

$$y^{(n)}(0) = (n-2)^2 y^{(n-2)}(0).$$

注意到 $y'(0) = 1$, $y''(0) = 0$, 利用上式, 我们有

$$y^{(n)}(0) = \begin{cases} ((n-2)!!)^2, & n \text{ 为奇数}, \\ 0, & n \text{ 为偶数}. \end{cases}$$

□

三、参数式函数的二阶导数

由式 (2.1.11) 知参数式方程

$$x = \varphi(t), \quad y = \psi(t)$$

所确定的函数 $y(x)$ 对 x 的导数为

$$\frac{\mathrm{d}y}{\mathrm{d}x} = \frac{\dfrac{\mathrm{d}y}{\mathrm{d}t}}{\dfrac{\mathrm{d}x}{\mathrm{d}t}} = \frac{\psi'(t)}{\varphi'(t)}.$$

为了继续求 $y(x)$ 对 x 的二阶导数, 我们只需利用同样的方法对如下参数式方程

$$\begin{cases} x = \varphi(t), \\ \dfrac{\mathrm{d}y}{\mathrm{d}x} = \dfrac{\psi'(t)}{\varphi'(t)}, \end{cases}$$

求导即可. 也就是说,

$$\frac{\mathrm{d}^2 y}{\mathrm{d}x^2} = \frac{\dfrac{\mathrm{d}}{\mathrm{d}t}\left(\dfrac{\psi'(t)}{\varphi'(t)}\right)}{\dfrac{\mathrm{d}x}{\mathrm{d}t}}.$$

进一步, 由函数求导的四则运算法则以及反函数的导数公式得

$$\begin{aligned} \frac{\mathrm{d}^2 y}{\mathrm{d}x^2} &= \frac{\psi''(t)\varphi'(t) - \varphi''(t)\psi'(t)}{\varphi'^2(t)} \cdot \frac{1}{\varphi'(t)} \\ &= \frac{\psi''(t)\varphi'(t) - \varphi''(t)\psi'(t)}{\varphi'^3(t)}. \end{aligned}$$

在实际解题时, 并不需要硬记这个公式, 而只需按照所指出的方法进行计算即可.

例 2.1.37　设函数 $y(x)$ 由

$$\begin{cases} x = \ln(1 + t^2), \\ y = t - \arctan t \end{cases}$$

确定, 试求 $\dfrac{\mathrm{d}^2 y}{\mathrm{d}x^2}$.

解　由 $\dfrac{\mathrm{d}x}{\mathrm{d}t} = \dfrac{2t}{1+t^2}$, $\dfrac{\mathrm{d}y}{\mathrm{d}t} = 1 - \dfrac{1}{1+t^2} = \dfrac{t^2}{1+t^2}$, 得

$$\frac{\mathrm{d}y}{\mathrm{d}x} = \frac{\dfrac{t^2}{1+t^2}}{\dfrac{2t}{1+t^2}} = \frac{t}{2},$$

$$\frac{\mathrm{d}^2 y}{\mathrm{d}x^2} = \frac{\dfrac{\mathrm{d}}{\mathrm{d}t}\left(\dfrac{t}{2}\right)}{\dfrac{\mathrm{d}x}{\mathrm{d}t}} = \frac{1}{2} \cdot \frac{1+t^2}{2t} = \frac{1+t^2}{4t}. \qquad \Box$$

习题 2.1

1. 设函数 $f(x)$ 在点 x_0 可导, 试利用导数的定义确定下列各题中的极限:

(1) $\displaystyle\lim_{n \to \infty} n\left[f\left(x_0 + \frac{1}{n}\right) - f(x_0) \right]$;

(2) $\displaystyle\lim_{x \to x_0} \frac{f(3x_0 - 2x) - f(x_0)}{x - x_0}$;

(3) $\lim\limits_{\Delta x \to 0} \dfrac{f(x_0 + 2\Delta x) - f(x_0)}{\Delta x}$;

(4) $\lim\limits_{h \to 0} \dfrac{f(x_0 + \alpha h) - f(x_0 - \beta h)}{h}$ ($\alpha, \beta \neq 0$ 为常数).

2. 已知 $f'(2) = 3$, 求 $\lim\limits_{x \to 1} \dfrac{f(5 - 3x) - f(2)}{x - 1}$.

3. 设函数 $f(x)$ 在 $x = a$ 处可导, 且 $f(a) \neq 0$, 求 $\lim\limits_{n \to \infty} \left(\dfrac{f(a + \frac{1}{n})}{f(a)} \right)^n$.

4. 设 $f(x) = \dfrac{1}{x^2}$, 试利用导数的定义求 $f'(x)$ 及 $f'(2)$.

5. 根据定义, 求下列函数的导函数:

(1) $y = \sin(2x + 3)$;   (2) $y = \cos 3x$;

(3) $y = \sqrt{2px}$, $p > 0$.

6. 离地球中心 r 处的重力加速度 g 是 r 的函数, 其表达式为

$$g(r) = \begin{cases} \dfrac{GMr}{R^3}, & r < R, \\ \dfrac{GM}{r^2}, & r \geqslant R, \end{cases}$$

其中 R 是地球的半径, M 是地球的质量, G 为引力系数.
(1) 问 $g(r)$ 是否是 r 的连续函数?

(2) 作 $g(r)$ 的草图;

(3) $g(r)$ 是否是 r 的可导函数?

7. 设 $F(x) = \max\{ f_1(x), f_2(x) \}$, 定义域为 $(0, 2)$, 其中 $f_1(x) = x$, $f_2(x) = x^2$, 求 $F'(x)$.

8. 证明函数 $f(x) = \begin{cases} \dfrac{x}{1 - e^{\frac{1}{x}}}, & x \neq 0, \\ 0, & x = 0 \end{cases}$ 在 $x = 0$ 处不可导.

9. 垂直上抛一个物体, 其离地面的高度 h 是时间 t 的函数, $h(t) = 10t - \dfrac{1}{2}gt^2$ (米), 试求:

(1)速度函数 $v(t)$;   (2) 物体达到最高点的时刻 $\bar{t}$;   (3) $h(t)$ 的定义域.

10. 求曲线 $y = \dfrac{1}{\sqrt{x}}$ 在点 $\left(4, \dfrac{1}{2}\right)$ 处的切线和法线方程.

11. a 为何值时, $y = ax^2$ 与 $y = \ln x$ 相切? 在何处相切? 并写出切线的方程.

12. 证明: 可导的奇 (偶) 函数的导函数是偶 (奇) 函数, 并说明几何意义.

13. 讨论下列函数在 $x = 0$ 处的连续性与可导性:

(1) $y = |\sin x|$;

(2) $f(x) = \begin{cases} x^2 \cos \dfrac{1}{x}, & x \neq 0, \\ 0, & x = 0. \end{cases}$

14. 设函数 $f(x) = \begin{cases} \cos x, & x \leqslant 1, \\ ax + b, & x > 1 \end{cases}$ 在 $x = 1$ 处可导, 求 a 与 b.

15. 设 α 为实数, 在什么条件下, 分段函数

$$f(x) = \begin{cases} x^\alpha \sin \dfrac{1}{x}, & x \neq 0, \\ 0, & x = 0 \end{cases}$$

(1) 在点 $x = 0$ 处连续;

(2) 在点 $x = 0$ 处可导;

(3) 在点 $x = 0$ 处导函数连续.

16. 设 $f(x) = \begin{cases} \dfrac{\ln(1+x)}{x}, & x > 0, \\ A, & x = 0, \\ x^2 \sin \dfrac{1}{x} - \dfrac{1}{2}x + 1, & x < 0. \end{cases}$

(1) A 为何值时, $f(x)$ 在 $x = 0$ 连续;

(2) 求 $f'(x)$;

(3) 讨论 $f'(x)$ 在 $x = 0$ 的连续性.

17. 设 $f(x) = \begin{cases} x \arctan \dfrac{1}{x^2}, & x \neq 0, \\ 0, & x = 0, \end{cases}$

(1) 求 $f'(x)$;

(2) 讨论 $f'(x)$ 在 $x = 0$ 处的连续性.

18. 设 $f(x) = \begin{cases} x^2 + \ln(1+x^2), & x > 0, \\ 2x \sin x, & x \leqslant 0, \end{cases}$

(1) 求 $f'(x)$, 并讨论 $f'(x)$ 在 $x = 0$ 的连续性;

(2) 求 $f''(0)$.

19. 设 $f(x) = (\mathrm{e}^x - 1)(\mathrm{e}^{2x} - 2)(\mathrm{e}^{3x} - 3) \cdots (\mathrm{e}^{nx} - n)$, 求 $f'(0)$.

20. 求下列函数的导数:

(1) $y = x^4 - \dfrac{3}{x^2} + \dfrac{2}{x}$;　　　　　　　(2) $y = x^2 \mathrm{e}^x$;

(3) $y = \sqrt[3]{2x^4} + \dfrac{1}{\sqrt[3]{x^2}}$;　　　　　　(4) $y = \mathrm{e}^x(\cos x + \arccos x)$;

(5) $y = a^x x^a \ (a > 0, a \neq 1)$;　　　　(6) $y = 2 \sec x + \cot x \csc x$;

(7) $y = x^2 \ln x \sin x$;　　　　　　　(8) $y = \sqrt{x\sqrt{x\sqrt{x}}}$;

(9) $y = \dfrac{1 - \sin x}{1 - \cos x}$;　　　　　　　(10) $y = \dfrac{x}{\arctan x}$;

(11) $y = \dfrac{ax^3 + bx^2 + c}{(a+b)x} \ (a + b \neq 0,$ 且 a, b, c 是常数$)$;

(12) $y = x \tan x - \arctan x$.

21. 求下列函数的导数:

(1) $y = \ln |\sin 3x|$;　　　　　　　　(2) $y = \mathrm{e}^{x^2} \arccos \dfrac{1}{x}$;

(3) $y = \mathrm{e}^{\arctan \sqrt[3]{x}}$;　　　　　　　　(4) $y = \arcsin \dfrac{1}{\sqrt{1+x^2}}$;

(5) $y = \ln(x + \sqrt{x^2 + 1})$;

(6) $y = \ln \ln \ln \dfrac{1}{x}$;

(7) $y = (\arcsin x)^2$;

(8) $y = \dfrac{\ln x}{x^n} \, (n \in \mathbb{N})$;

(9) $y = \mathrm{e}^{\arccos \sqrt{x}}$;

(10) $y = (\ln x)^{x^x}$;

(11) $y = \dfrac{x^2}{1 - x} \sqrt[3]{\dfrac{2 - x}{(2 + x)^2}}$;

(12) $y = x^{\frac{1}{x}} \, (x > 0)$;

(13) $y = x^{a^x} + a^{x^x} + x^{x^a} \, (a > 0, \, a \neq 1, \, x > 0)$.

22. 设 $f(x)$ 可导, 求下列函数关于 x 的导数:

(1) $y = f(x^\alpha) \, (\alpha \in \mathbb{R})$;

(2) $y = f(f(f(x)))$;

(3) $y = f(\mathrm{e}^x) \mathrm{e}^{f(x)}$;

(4) $y = f^n(\ln x) \, (n \in \mathbb{N})$.

23. 求下列隐函数的导数:

(1) $x^2 + \sqrt{xy} = y$;

(2) $x^y = y^x$;

(3) $\mathrm{e}^x + \sin y = xy^2$;

(4) $y \sin x = \cos(x - y)$.

24. 求下列函数的导数 $\dfrac{\mathrm{d}y}{\mathrm{d}x}$:

(1) $\begin{cases} x = \arccos \dfrac{1}{\sqrt{1 + t^2}}, \\ y = \arcsin \dfrac{t}{\sqrt{1 + t^2}}; \end{cases}$

(2) $\begin{cases} x = a(t - \sin t), \\ y = a(1 - \cos t); \end{cases}$

(3) $\begin{cases} x = \arctan t, \\ 2y - ty^2 + \mathrm{e}^t = 5; \end{cases}$

(4) $\begin{cases} x = \ln(1 + t^2), \\ y = t - \arctan t; \end{cases}$

(5) $\begin{cases} x = t \ln t, \\ y = \dfrac{\ln t}{t}; \end{cases}$

(6) $\rho = a \cos \theta$.

25. 求下列曲线在指定点处的切线和法线方程:

(1) $xy + \ln y = 1$, 在点 $(1, 1)$;

(2) $\mathrm{e}^y = xy$, 在点 $\left(\dfrac{\mathrm{e}^2}{2}, 2 \right)$;

(3) $\begin{cases} x = t\mathrm{e}^{-t} + 1, \\ y = (2t - t^2)\mathrm{e}^{-t}, \end{cases}$ 在 $t = 0$ 处;

(4) $\rho = a\mathrm{e}^\theta$, 在 $\theta = \dfrac{\pi}{2}$ 处.

26. 求由下列方程确定的函数 $y = y(x)$ 的导数 $\dfrac{\mathrm{d}y}{\mathrm{d}x}$ 和二阶导数 $\dfrac{\mathrm{d}^2 y}{\mathrm{d}x^2}$:

(1) $y = x^2 \ln x$;

(2) $y = \mathrm{e}^{x^2} \sin x$;

(3) $\sqrt{x^2 + y^2} = \mathrm{e}^{\arctan \frac{y}{x}}$;

(4) $y = \cos(x + y)$;

(5) $xy = \mathrm{e}^{x+y}$;

(6) $\begin{cases} x = \sqrt{1 + t}, \\ y = \sqrt{1 - t}; \end{cases}$

(7) $\begin{cases} x = \mathrm{e}^t \cos t, \\ y = \mathrm{e}^t \sin t; \end{cases}$

(8) $\begin{cases} x = t - \ln(1 + t), \\ y = t^2 + \frac{2}{3}t^3. \end{cases}$

27. 设函数 $y = y(x)$ 由方程 $\mathrm{e}^y + x(y - x) = 1 + x$ 确定, 试求 $y''(0)$.

28. 设函数 $y = y(x)$ 由方程 $y = f(x + y)$ 所确定, 其中 f 具有二阶导数, 且其一阶导数不等于 1, 求 $\dfrac{\mathrm{d}^2 y}{\mathrm{d}x^2}$.

29. 求下列函数的 n 阶导数 $y^{(n)}$:

    (1) $y = x\ln x$;

    (2) $y = \mathrm{e}^{3x}$;

    (3) $y = x\mathrm{e}^x$;

    (4) $y = \dfrac{1+x}{1-x}$;

    (5) $y = \dfrac{x}{a + bx}$ (a, b 为非零常数);

    (6) $y = \dfrac{1}{x(x+1)}$;

    (7) $y = \sin^2 x$;

    (8) $y = \cos^4 x - \sin^4 x$;

    (9) $y = \dfrac{1}{x^2 + 8x + 7}$.

30. 求下列函数的指定阶的导数:

    (1) $y = x^2 \mathrm{e}^{2x}$, 求 $y^{(50)}$;

    (2) $y = \mathrm{e}^x \sin x$, 求 $y^{(4)}$;

    (3) $y = \dfrac{x^2}{1-x}$, 求 $y^{(10)}$;

    (4) $f(x) = x^2 \cos x$, 求 $f^{(10)}(0)$;

    (5) $y = (3x+5)^2(2x^2+3)(x+7)^2$, 求 $y^{(6)}$;

    (6) $f(x) = x(x-1)(x-2)\cdots(x-n)$, 求 $f^{(n)}(0)$.

31. 验证函数 $y = \sqrt{2x - x^2}$ 满足关系 $y^3 y'' + 1 = 0$.

32. 已知 $y \ln y = x + y$, 求证 $(x+y)^2 y'' + yy' = 0$.

2.2　微　　分

2.2.1　微分的概念

对函数 $y = f(x)$, 给自变量 x 以增量 Δx, 相应地函数值有增量 $\Delta y = f(x + \Delta x) - f(x)$, 将 x 固定, 则 Δy 是 Δx 的函数. 例如, 立方体的体积 V 是它的棱长 x 的函数: $V = x^3$. 由于测量棱长 x 时不可避免会有误差 (增量) Δx, 从而引起体积有误差 (增量)

$$\Delta V = (x + \Delta x)^3 - x^3 = 3x^2 \cdot \Delta x + 3x \cdot \Delta x^2 + \Delta x^3.$$

该增量为 Δx 的非线性函数, 依赖关系较为复杂. 如果 Δx 充分小, 那么可忽略较 Δx 高阶的无穷小, 则 ΔV 的近似值为 $3x^2 \cdot \Delta x$. 显然后者仅线性地依赖于 Δx, 结构简单, 易于计算. 对于一般的函数 $y = f(x)$, 为计算函数的增量 Δy, 能否找到如此简单的近似公式呢? 这一问题的解决与函数的可微性质及微分有关.

一、微分的定义

定义 2.2.1(微分)　相应于自变量在点 x 的增量 Δx, 函数 $y = f(x)$ 的增量 $\Delta y = f(x + \Delta x) - f(x)$, 若能表示为

$$\Delta y = A(x)\Delta x + o(\Delta x), \tag{2.2.1}$$

其中 $A(x)$ 与 Δx 无关, 而 $o(\Delta x)$ 是 Δx 的高阶无穷小, 则称函数 $y = f(x)$ 在点 x **可微**, 并称 $A(x)\Delta x$ 是 $f(x)$ 在点 x 的**微分**, 记为 $\mathrm{d}y$ 或 $\mathrm{d}f(x)$, 即

$$\mathrm{d}f(x) = A(x)\Delta x.$$

从定义 2.2.1 我们知道, 若 $A(x)$ 在点 x 处不为零, 则

$$\lim_{\Delta x \to 0} \frac{\Delta y}{\mathrm{d}y} = \lim_{\Delta x \to 0} \frac{A(x)\Delta x + o(\Delta x)}{A(x)\Delta x} = 1,$$

可见, 取 Δx 为基本无穷小时, $\mathrm{d}y$ 是 Δy 的主部. 又 $\mathrm{d}y$ 关于 Δx 是一次的, 故称 $\mathrm{d}y$ 是 Δy 的**线性主部**.

回顾本段一开始提到的函数 $V = x^3$, 由定义 2.2.1 可见, 在其定义域内的每一点 x 都是可微的, 并且 $3x^2\Delta x$ 恰恰是这个函数的微分, 即

$$\mathrm{d}V = 3x^2\Delta x.$$

微分和导数是两个不同的概念, 但它们是紧密联系的, 下面的定理给出了它们之间的关系.

定理 2.2.1(函数可微的充要条件)　函数 $y = f(x)$ 在点 x 处可微的充分必要条件是在点 x 处存在导数 $f'(x)$. 当这一条件满足时, 成立公式

$$\mathrm{d}f(x) = f'(x)\Delta x. \tag{2.2.2}$$

证明　必要性. 设 $f(x)$ 在点 x 处可微, 则式 (2.2.1) 成立, 以 Δx 除式 (2.2.1) 两端得

$$\frac{\Delta y}{\Delta x} = A(x) + \frac{o(\Delta x)}{\Delta x},$$

由假设, $A(x)$ 与 Δx 无关, $o(\Delta x)$ 是 Δx 的高阶无穷小, 令 $\Delta x \to 0$, 在上式取极限得

$$\lim_{\Delta x \to 0} \frac{\Delta y}{\Delta x} = A(x).$$

这说明 $f'(x)$ 是存在的且 $f'(x) = A(x)$.

充分性.　若函数 $f(x)$ 在点 x 处有导数 $f'(x)$, 则由定理 2.1.2, 有导数的增量公式

$$\Delta y = f'(x)\Delta x + o(\Delta x).$$

即 $f(x)$ 在点 x 处可微, 且 $A(x) = f'(x)$, 于是有式 (2.2.2) 成立.　　　　　□

如果函数 $f(x)$ 在某区间内的每一点都是可微的, 则称 $f(x)$ 为该区间内的**可微函数**. 由定理 2.2.1 可知, 无论就一点而言还是就一个区间而言, 一元函数的可微性和可导性都是等价的.

设 $y = \varphi(x) = x$, 则 $\varphi'(x) = 1$, 因此

$$\mathrm{d}y = \mathrm{d}x = \varphi'(x)\Delta x = \Delta x,$$

即自变量 x 的微分 $\mathrm{d}x$ 就是其增量 Δx, 于是函数的微分公式又可写为

$$\mathrm{d}f(x) = f'(x)\mathrm{d}x. \tag{2.2.3}$$

若以 $\mathrm{d}x$ 除上式两端得 $\dfrac{\mathrm{d}f(x)}{\mathrm{d}x} = f'(x)$. 因此函数的导数等于函数的微分与自变量的微分之比. 这也是导数被称为**微商**的缘故. 在建立导数概念时所使用的整体记号 $\dfrac{\mathrm{d}y}{\mathrm{d}x}$ 的分子分母现在都有了各自的具体含义.

例 2.2.1　设 $f(x) = \arctan \dfrac{1+x}{1-x}$, 试求 $\mathrm{d}f(x)$ 以及这个微分在 $x = \dfrac{\pi}{4}$ 处的值.

解　由式 (2.2.3)

$$\mathrm{d}f(x) = f'(x)\mathrm{d}x = \frac{1}{1 + \left(\dfrac{1+x}{1-x}\right)^2} \frac{2}{(1-x)^2}\mathrm{d}x = \frac{1}{1+x^2}\mathrm{d}x.$$

以 $x = \dfrac{\pi}{4}$ 代入得

$$\mathrm{d}f\left(\frac{\pi}{4}\right) = \frac{1}{1 + \left(\dfrac{\pi}{4}\right)^2}\mathrm{d}x = \frac{16}{16 + \pi^2}\mathrm{d}x.$$

二、微分的几何意义

设 $y = f(x)$ 是某区间内的可微函数, 那么, 它的图形是一段处处有切线的曲线弧. 在这个弧段上任取两点 $M(x, y)$ 和 $Q(x + \Delta x, y + \Delta y)$, 过 M、Q 作 MM'、QQ' 垂直于 Ox 轴, 过 M 作 Ox 轴的平行线与 QQ' 交于 N, 再过 M 作 $\widehat{MQ}$ 的切线与 QQ' 交于 P (见图 2.4), 则

$$NM = \Delta x, \ QN = \Delta y,$$
$$PN = f'(x)\Delta x = \mathrm{d}y.$$

这表示, 当点在曲线上移动, **横坐标取得增量 Δx、纵坐标取得增量 Δy 时, 切线上点的纵坐标相应地就取得增量 $\mathrm{d}y$.**

当 $\Delta x \to 0$ 时, Δy 和 $\mathrm{d}y$ 都将趋于 0, $\Delta y - \mathrm{d}y$ 即 QP 当然也趋于 0, 并且比 Δx 减小得更快.

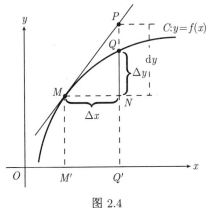

图 2.4

三、微分运算法则

公式 (2.2.3) 表示, 函数 $y = f(x)$ 的导数 $f'(x)$ 与自变量的微分 dx 相乘即得函数的微分 dy. 于是, 由前面的导数基本公式表立刻可得微分基本公式表, 建议读者自己去完成. 进一步, 由函数的和、差、积、商的求导法则立刻可得和、差、积、商的微分法则.

定理 2.2.2(微分的四则运算) 若 u, v 是 x 的可微函数, 则

(1) $d(u \pm v) = du \pm dv$;

(2) $d(uv) = udv + vdu$, $d(cu) = cdu$(c 为常数);

(3) $d\left(\dfrac{u}{v}\right) = \dfrac{vdu - udv}{v^2}$, $d\left(\dfrac{1}{v}\right) = -\dfrac{1}{v^2}dv$ $(v \neq 0)$.

四、一阶微分形式的不变性

设可导函数 $y = f(u)$ 及 $u = \varphi(x)$ 在相应的定义域内构成复合函数 $y = f(\varphi(x))$, 由复合函数的求导公式有

$$dy = [f(\varphi(x))]'dx = f'(\varphi(x))\varphi'(x)dx,$$

另一方面

$$u = \varphi(x), \qquad du = \varphi'(x)dx.$$

因此 dy 仍然可以写为

$$dy = f'(u)du.$$

从而我们得到如下结论

定理 2.2.3(一阶微分形式的不变性) 设 $y = f(u)$, 则无论 u 是自变量还是中间变量 $u = \varphi(x)$, 其微分公式都保持同一形式:

$$dy = f'(u)du. \tag{2.2.4}$$

即, 函数的微分等于该函数对某变量的导数乘以该变量的微分. 这一性质称为**一阶微分形式的不变性**.

由于这个性质, 将导数看成两个微分之商时不必考虑哪个变量是自变量的问题, 这给求函数的导数或微分带来方便.

例 2.2.2 设函数 $y(x)$ 由

$$\arctan \frac{y}{x} = \ln \sqrt{x^2 + y^2} \tag{2.2.5}$$

确定, 求 dy.

解 利用一阶微分形式的不变性, 对式 (2.2.5) 两边求微分得

$$\frac{1}{1 + \left(\frac{y}{x}\right)^2}d\left(\frac{y}{x}\right) = \frac{1}{\sqrt{x^2 + y^2}}d\left(\sqrt{x^2 + y^2}\right),$$

即

$$\frac{1}{1+\left(\dfrac{y}{x}\right)^2}\frac{x\mathrm{d}y-y\mathrm{d}x}{x^2}=\frac{x\mathrm{d}x+y\mathrm{d}y}{x^2+y^2},$$

整理得

$$\mathrm{d}y=\frac{x+y}{x-y}\mathrm{d}x. \qquad\qquad\square$$

2.2.2　微分的应用

本节我们介绍微分在近似计算与误差估计中的应用.

一、微分用于近似计算

我们已经知道, 对于已知函数 $y=f(x)$, 增量 Δy 与微分 $\mathrm{d}y$ 之间满足关系: $\Delta y=\mathrm{d}y+o(\Delta x)$, 在 Δx 是无穷小时, 二者的差是更高阶的无穷小, 略去后有

$$\Delta y\approx\mathrm{d}y=f'(x)\Delta x. \qquad\qquad (2.2.6)$$

在这个公式中以 $\Delta y=f(x+\Delta x)-f(x)$ 代入, 也可写成

$$f(x+\Delta x)\approx f(x)+f'(x)\Delta x. \qquad\qquad (2.2.7)$$

上述两个公式在近似计算和误差估计中有很多应用. 例如有些问题需要计算函数 $f(x)$ 在点 x 处的值, 直接计算比较困难, 但能够较简单地求出 x 点附近某个点 x_0 处的函数及其导数值, 则利用式 (2.2.7), 当两点相差足够小时, 我们可计算得到函数在 x 处的一个较好的近似值.

例 2.2.3　求 $\sqrt[3]{8.003}$ 的近似值.

解　取函数 $f(x)=\sqrt[3]{x}$, $x_0=8$, $\Delta x=8.003-8=0.003$, 则

$$f'(x_0)=\frac{1}{3}x^{-\frac{2}{3}}\Big|_{x=8}=\frac{1}{12},$$

于是

$$\sqrt[3]{8.003}\approx\sqrt[3]{8}+\frac{1}{12}\times0.003=2.000\,25. \qquad\qquad\square$$

例 2.2.4　单摆的运动周期 $T=2\pi\sqrt{\dfrac{l}{g}}$ $(g=980\,\text{厘米}/\text{秒}^2)$, 若摆长 l 由 20 厘米减少到 19.9 厘米, 周期大约变化多少?

解　记 $l_0=20$, $\Delta l=19.9-20=-0.1$, 则

$$\Delta T\approx\frac{\mathrm{d}T}{\mathrm{d}l}\Big|_{l=l_0}\cdot\Delta l=\pi\cdot\sqrt{\frac{1}{gl_0}}\Delta l=\frac{\pi}{140}\times(-0.1)\approx-0.002\,244.$$

即周期大约减少 0.002 244 秒. $\qquad\qquad\square$

二、微分用于误差估计

实际生活中, 测量一个数据, 往往得不到它的准确值, 而只能得到一个具有一定误差的近似值. 又如, 由于计算机的字长有限, 在计算机计算数据时往往得到的也不是准确值. 假设精确值为 x, 近似值为 x^*, 在误差理论中, 称 $|x - x^*|$ 为近似值 x^* 的**绝对误差**, 简称为误差. 准确值往往是未知的, 故无法给出所得近似值的绝对误差. 通常只能根据估算或测量给出其绝对误差的一个界限. 如果存在尽可能小的正数 δ, 使 $|x - x^*| \leqslant \delta$, 则称 δ 为近似值 x^* 的**绝对误差界**.

有时, 除考虑误差大小之外, 还应考虑准确值本身的大小. 我们称 $\left| \dfrac{x - x^*}{x} \right|$ 为近似值 x^* 的**相对误差**(实际应用中常用 x^* 代替分母中的 x). 而称 $\dfrac{\delta}{|x^*|}$ 为近似值 x^* 的**相对误差界**.

微分的另一用途, 就是对于函数的计算提供误差估计. 设数量 y 的值依赖于量 x 并由公式 $y = f(x)$ 计算. 若 x 的绝对误差界为 $|\Delta x|$, 则量 y 的绝对误差界和相对误差界分别为

$$|\Delta y| \approx |f'(x)\Delta x|,$$

$$\left| \frac{\Delta y}{f(x)} \right| \approx \left| \frac{f'(x)}{f(x)}\Delta x \right|.$$

例 2.2.5　若测得球的直径 D 时产生误差 ΔD, 试求以公式 $V = \dfrac{\pi}{6}D^3$ 计算体积时的绝对误差界和相对误差界.

解　由题意 D 的绝对误差界为 $|\Delta D|$, 故体积 V 的绝对误差界为

$$|\Delta V| = \left| \frac{\mathrm{d}V}{\mathrm{d}D} \cdot \Delta D \right| = \frac{\pi}{2}D^2|\Delta D|,$$

相对误差界为

$$\left| \frac{\Delta V}{V} \right| = 3\frac{|\Delta D|}{D}. \qquad \Box$$

例 2.2.6　求球的表面积 A, 欲使其相对误差不超过 1%, 测量半径所允许的相对误差是多少?

解　设球的半径为 R, 测量误差为 δ, 则球的表面积的相对误差为

$$\left| \frac{A'}{A} \right|\delta = \frac{8\pi R}{4\pi R^2} \cdot \delta = 2 \cdot \frac{\delta}{R},$$

由 $2 \cdot \dfrac{\delta}{R} \leqslant 1\%$, 可知 $\dfrac{\delta}{R} \leqslant 0.5\%$, 即测量半径的相对误差不超过 0.5%. $\qquad \Box$

2.2.3　高阶微分

和高阶导数一样, 我们有如下高阶微分的定义.

定义 2.2.2(高阶微分)　设函数 $y = f(x)$ 的微分 $\mathrm{d}y = f'(x)\mathrm{d}x$ 在点 x 处可微, 称它的微分为 $f(x)$ 的**二阶微分**, 记为

$$\mathrm{d}^2y = \mathrm{d}(\mathrm{d}y), \ \text{或} \ \mathrm{d}^2f(x) = \mathrm{d}(\mathrm{d}f(x)).$$

一般地, 如果函数 $y = f(x)$ 的 $n - 1$ 阶微分 $\mathrm{d}^{n-1}y$ 可微, 则称它的微分为函数 $f(x)$ 的 n **阶微分**, 记为

$$\mathrm{d}^n y = \mathrm{d}(\mathrm{d}^{n-1}y), \text{ 或 } \mathrm{d}^n f(x) = \mathrm{d}(\mathrm{d}^{n-1}f(x)).$$

对函数 $y = f(x)$, 当 x 是自变量时, $\mathrm{d}x$ 与 x 无关, 故

$$\mathrm{d}^2 y = \mathrm{d}(f'(x)\mathrm{d}x) = \mathrm{d}(f'(x))\mathrm{d}x = f''(x)(\mathrm{d}x)^2.$$

为书写方便, $(\mathrm{d}x)^2$ 习惯上记作 $\mathrm{d}x^2$ (注意 $(\mathrm{d}x)^2 = \mathrm{d}x^2 \neq \mathrm{d}(x^2)$), 于是

$$\mathrm{d}^2 y = f''(x)\mathrm{d}x^2.$$

同理可得

$$\mathrm{d}^3 y = f'''(x)\mathrm{d}x^3,$$
$$\cdots\cdots$$
$$\mathrm{d}^n y = f^{(n)}(x)\mathrm{d}x^n. \tag{2.2.8}$$

由以上讨论易得 n 阶微分的运算法则:

$$\mathrm{d}^n(u \pm v) = \mathrm{d}^n u \pm \mathrm{d}^n v,$$

及

$$\mathrm{d}^n(uv) = (uv)^{(n)}\mathrm{d}x^n = \Big(\sum_{k=0}^{n} C_n^k u^{(n-k)} v^{(k)} \Big) \mathrm{d}x^n$$
$$= \sum_{k=0}^{n} C_n^k \mathrm{d}^{n-k}u\mathrm{d}^k v. \tag{2.2.9}$$

公式 (2.2.9) 也称为**莱布尼兹公式**.

例 2.2.7　若 $y = x^\mu\,(\mu \in R)$ 求 $\mathrm{d}^3 y$.

解　由定义得

$$\mathrm{d}^3 y = \mu(\mu - 1)(\mu - 2)x^{\mu-3}\mathrm{d}x^3. \qquad\qquad \square$$

设 $y = f(u) = \mathrm{e}^u$, 当 u 是自变量时有

$$\mathrm{d}^2 y = \mathrm{e}^u \mathrm{d}u^2.$$

又若 $u = x^2$, 则复合函数为 $y = \mathrm{e}^{x^2}$, 故

$$\mathrm{d}^2 y = \left(\mathrm{e}^{x^2} \right)'' \mathrm{d}x^2 = \left(2\mathrm{e}^{x^2} + 4x^2\mathrm{e}^{x^2} \right)\mathrm{d}x^2.$$

但是

$$\mathrm{e}^u \mathrm{d}u^2 = \mathrm{e}^{x^2}(\mathrm{d}(x^2))^2 = \mathrm{e}^{x^2}(2x\mathrm{d}x)^2 = 4x^2\mathrm{e}^{x^2}\mathrm{d}x^2.$$

可见当 u 是中间变量时, $\mathrm{d}^2 y = \mathrm{e}^u \mathrm{d} u^2$ 不再成立, 它少了一项 $2\mathrm{e}^{x^2} \mathrm{d} x^2$. 这说明二阶微分不具有微分形式的不变性.

为什么呢? 由于这时 u 是中间变量, 故 $\mathrm{d} u$ 和 u 不再相互独立, 它们都是自变量 x 的函数, 在求二阶微分时应该用乘积的微分法则, 有

$$\mathrm{d}^2 y = f''(u)\mathrm{d} u^2 + f'(u)\mathrm{d}^2 u.$$

与 u 是自变量情形比较, 它多了第二项, 这就说明了高阶微分不具有微分形式的不变性.

因此, 在带有高阶微分的等式中, 不能随便使用变量代入. 这是高阶微分与一阶微分的重要差别.

习题 2.2

1. 设 $y = x^3 - 3x + 1$, 在 $x = 1$ 时计算 Δx 分别为 0.1 和 0.01 时的 Δy 和 $\mathrm{d} y$.

2. 求下列函数的微分:

    (1) $y = \ln(\sqrt{x^2 + a^2} - x)\,(a \in R)$;　　　　(2) $y = \mathrm{e}^{ax} \cos^2 bx\,(a, b\ \text{为非零常数})$;

    (3) $y = \dfrac{\sin x}{x - x^2}$;　　　　　　　　　　　　(4) $y = \arctan \dfrac{1-x}{1+x}$;

    (5) $y = \mathrm{e}^{-\frac{1}{\cos x}}$;　　　　　　　　　　　　(6) $y = \arctan \sqrt{1 - \ln x}$.

3. 利用一阶微分形式的不变性求下列函数的微分:

    (1) $y = \ln(\cos \sqrt{x})$;　　　　　　　　　　(2) $y = f(\arctan \dfrac{1}{x})\,(f\ \text{为可微函数})$;

    (3) $\mathrm{e}^{x+y} - xy = 1$;　　　　　　　　　　　(4) $y = 2^{\cos^2 \sqrt{x}}$.

4. 求函数 $\begin{cases} x = \ln(1 + t^2), \\ y = \arctan t \end{cases}$ 在 $t = 1$ 处的微分.

5. 以微分代替增量, 作近似计算:

    (1) $\sqrt[3]{28}$;　　　　　　　　　　　　　　(2) $\sin 30°18'$;

    (3) $\arcsin 0.5001$;　　　　　　　　　　　(4) $(1.01)^9$.

6. 设 $|x|$ 很小, 证明近似公式:

    (1) $\tan x \approx x$;　　　　　　　　　　　　(2) $\sqrt[n]{1+x} \approx 1 + \dfrac{1}{n}x\,(n \in \mathbb{N})$;

    (3) $(\sin x + \cos x)^n \approx 1 + nx\,(n \in \mathbb{N})$;　　(4) $\ln(1+x) \approx x$.

7. 测得圆柱的高的精确值为 $25\,\mathrm{cm}$, 而半径为 $20\,\mathrm{cm}$, 其误差不超过 $0.05\,\mathrm{cm}$. 按照测得的数据计算该圆柱的体积及侧面积. 问相对误差各为多少?

8. 欲在半径为 $1\mathrm{cm}$ 的钢球表面均匀镀上 $0.01\mathrm{cm}$ 厚的铜, 若铜的密度为 $8.9\mathrm{g/cm}^3$, 大约需要铜多少克?

9. 求下列指定阶微分, 其中 x 是自变量, u, v 是 x 的足够次可微函数.

    (1) $y = \sqrt{x}$, 求 $\mathrm{d}^3 y$;　　　　　　　　　　(2) $y = \arctan \dfrac{u}{v}$, 求 $\mathrm{d}^2 y$;

    (3) $y = u^v$, 求 $\mathrm{d}^2 y$.

2.3　微分学中值定理

2.3.1　中值定理

本小节主要介绍三个微分中值定理, 这些定理将函数值与区间内某点的导数值联系起来, 应用于函数性态的研究中.

一、洛尔定理

我们首先证明一个引理, 该引理不但在证明洛尔定理时要被用到, 而且以后在讨论函数的极值时还会用到它.

定理 2.3.1(费马 (Fermat*)引理)　设函数 $f(x)$ 在点 x_0 某个邻域 $U = N_\delta(x_0)$ 内有定义, 且在 x_0 可导, 如果对任意的 $x \in U$, 有

$$f(x) \leqslant f(x_0) \quad (\text{或} f(x) \geqslant f(x_0)),$$

则 $f'(x_0) = 0$.

证明　由假设 $f'(x_0)$ 存在, 故 $f'(x_0) = f'_+(x_0) = f'_-(x_0)$. 不妨设, 对任意的 $x \in U$, 有 $f(x) \leqslant f(x_0)$. 于是, 当 $\Delta x > 0$ 时,

$$\frac{f(x_0 + \Delta x) - f(x_0)}{\Delta x} \leqslant 0;$$

当 $\Delta x < 0$ 时,

$$\frac{f(x_0 + \Delta x) - f(x_0)}{\Delta x} \geqslant 0,$$

在此两式中分别令 $\Delta x \to 0^+$ 与 $\Delta x \to 0^-$, 利用极限的保号性得 $f'_+(x_0) \leqslant 0$, $f'_-(x_0) \geqslant 0$, 即 $f'(x_0) = 0$.

类似地可证明另一种情形结论同样成立.　　　　　　　　　　　　　　　□

从几何图形上看, 费马引理表示, 对一条在点 $(x_0, f(x_0))$ 处有切线的连续曲线来说, 如果在 U 内该点是最高点(或最低点), 则在该点的切线是水平的(见图 2.5).

注意, 费马引理要求取得最值的点在区间内部, 并且函数在该点可导. 如果这些条件不满足, 定理是不成立的. 例如, 在区间 $[-1, 1]$ 考察函数 $f(x) = |x|$, 它有最小值 $f(0) = 0$ 及最大值 $f(1) = f(-1) = 1$. 但是, 函数 $|x|$ 在 $x = 0$ 处不可导, 因此对于最小值不能引用费马引理; 又 $x = 1$ 和 $x = -1$ 都是区间 $[-1, 1]$ 的端点, 因而对于最大值也不能引用费马引理.

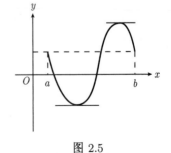

图 2.5

定理 2.3.2(洛尔 (Rolle[†]) 定理)　设函数 $f(x)$ 满足条件:

---

* 费马 (Fermat P de, 1601~1665), 法国数学家.
† 洛尔 (Rolle M, 1652~1719), 法国数学家.

1) 在闭区间 $[a,b]$ 上连续;

2) 在开区间 (a,b) 内可导;

3) $f(a) = f(b)$,

则在 (a,b) 内至少有一点 ξ, 使得 $f'(\xi) = 0$.

证明　由条件 1), $f(x)$ 必在 $[a,b]$ 上取到最大值 M 和最小值 m, 有两种可能, 分别考察如下:

(1) $M = m$, 由于对于 $[a,b]$ 上的每个 x 都成立 $m \leqslant f(x) \leqslant M$, 因而 $f(x) \equiv M = m$, 即 $f(x)$ 在 $[a,b]$ 上恒等于常数, 所以 $f'(x) \equiv 0$, 即 ξ 可取 (a,b) 内任一点.

(2) $m < M$, 由条件 $f(a) = f(b)$ 知, m 和 M 至少有一个不在区间的端点达到. 不妨设 $M \neq f(a)$, 于是至少有一点 $\xi \in (a,b)$ 使得 $f(\xi) = M$, 于是由条件 2) 及费马引理知 $f'(\xi) = 0$. □

洛尔定理的几何意义是: 对于一条处处 (最多除去两个端点) 有不垂直于 Ox 轴的切线的连续曲线来说, 如果两端在同一水平线上, 那么, 在该曲线弧上至少有一点, 曲线在这一点的切线平行于 Ox 轴 (见图 2.5).

洛尔定理的三个条件是充分条件, 如果缺少某个条件, 结论不一定成立. 有兴趣的读者不妨去构造函数验证这一点.

二、拉格朗日中值定理

如图 2.6 所示, 考察一函数 $y = f(x)$ 的曲线, 区间端点处函数值不等, 即 $f(a) \neq f(b)$. 连接曲线两端点 $A(a, f(a))$ 和 $B(b, f(b))$ 得连线 AB, 由图可见, 在曲线上至少存在一点 $(\xi, f(\xi))$, 该点处的切线平行于连线 AB. 而直线 AB 的斜率为 $\dfrac{f(b) - f(a)}{b - a}$, 则

$$f'(\xi) = \frac{f(b) - f(a)}{b - a}.$$

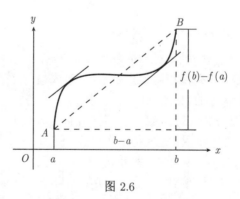

图 2.6

于是我们有如下定理.

定理 2.3.3 (拉格朗日 (Lagrange[‡]) 中值定理)　若函数 $f(x)$ 满足条件:

1) 在闭区间 $[a,b]$ 上连续;

---

‡ 拉格朗日 (Lagrange J L, 1736~1813), 法国数学家.

2) 在开区间 (a,b) 内可导,

则在开区间 (a,b) 内至少存在一点 ξ, 使得

$$f'(\xi) = \frac{f(b) - f(a)}{b - a}. \tag{2.3.1}$$

特别地, 当 $f(a) = f(b)$ 时, 拉格朗日中值定理就成为洛尔定理.

证明　作辅助函数

$$\varphi(x) = f(x) - f(a) - \frac{f(b) - f(a)}{b - a}(x - a),$$

则由条件 1)、2) 可知 $\varphi(x)$ 在 $[a,b]$ 上连续, 在 (a,b) 内可导, 且 $\varphi(a) = \varphi(b) = 0$. 于是 $\varphi(x)$ 满足洛尔定理的一切条件, 因而至少存在一点 $\xi \in (a,b)$, 使得 $\varphi'(\xi) = 0$, 即

$$\varphi'(\xi) = f'(\xi) - \frac{f(b) - f(a)}{b - a} = 0,$$

此即为式 (2.3.1). □

式 (2.3.1) 可改写为

$$f(b) - f(a) = f'(\xi)(b - a), \quad \xi \in (a,b). \tag{2.3.2}$$

如果 $b < a$, 上式仍成立. 公式 (2.3.2) 称为**拉格朗日中值公式**, 定理 2.3.3 也称为**拉格朗日定理**.

记 $x_0 = a$, $x_0 + \Delta x = b$, 于是在 $b > a$ 时 $\Delta x > 0$, 在 $b < a$ 时 $\Delta x < 0$. 而 ξ 在 a 和 b 之间, 因而存在 θ $(0 < \theta < 1)$, 使 $\xi = a + \theta \Delta x$, 由此拉格朗日中值公式可写成另一常用的形式

$$f(x_0 + \Delta x) = f(x_0) + f'(x_0 + \theta \Delta x)\Delta x \quad (0 < \theta < 1). \tag{2.3.3}$$

该形式常称为拉格朗日中值公式的**有限增量形式**. 拉格朗日中值定理也因此被称为**有限增量定理**.

推论 2.3.4　设函数 $f(x)$ 在区间 (a,b) 内可导, 则在区间 (a,b) 内 $f(x)$ 恒等于常数的充分必要条件是 $f'(x) \equiv 0$.

证明　必要性显然.

充分性. 对 (a,b) 内任意两点 x_1 和 x_2, 不妨设 $x_1 < x_2$, 据定理 2.3.3,

$$f(x_2) - f(x_1) = f'(\xi)(x_2 - x_1) = 0 \, (x_1 < \xi < x_2),$$

所以 $f(x_1) = f(x_2)$. 这表示 (a,b) 内任意两点的函数值都相同, 因而恒等于常数. □

显然, 若 $f(x)$ 除在开区间 (a,b) 导数为 0 外, 还在 $[a,b]$ 上连续, 则 $f(x)$ 在闭区间 $[a,b]$ 上恒等于常数.

例 2.3.1　证明 $\arcsin x + \arccos x = \dfrac{\pi}{2}$, $|x| \leqslant 1$.

证明 $\arcsin x + \arccos x$ 在闭区间 $[-1,1]$ 连续, 且在 $(-1,1)$ 内 $(\arcsin x + \arccos x)' = \dfrac{1}{\sqrt{1-x^2}} - \dfrac{1}{\sqrt{1-x^2}} = 0$, 由推论 2.3.4 可知, $\arcsin x + \arccos x$ 在 $[-1,1]$ 上恒等于常数. 又

$$\arcsin 1 + \arccos 1 = \frac{\pi}{2},$$

所以

$$\arcsin x + \arccos x = \frac{\pi}{2} \quad (-1 \leqslant x \leqslant 1). \qquad \square$$

利用拉格朗日中值公式的有限增量形式, 我们有如下推论.

推论 2.3.5 设 $\delta > 0$, $f(x)$ 在 $\overset{\circ}{N}_\delta(x_0)$ 内可导, 在点 x_0 连续. 如果 $\lim\limits_{x \to x_0^\pm} f'(x)$ 存在或为无穷大, 则 $f'_\pm(x_0) = \lim\limits_{x \to x_0^\pm} f'(x)$.

证明 对 $x \in \overset{\circ}{N}_\delta(x_0)$, $f(x)$ 显然在以 x_0 和 x 为端点的闭区间上满足拉格朗日定理的条件, 从而有

$$\frac{f(x) - f(x_0)}{x - x_0} = f'(x_0 + \theta(x - x_0)), \quad 0 < \theta < 1.$$

于是,

$$f'_\pm(x_0) = \lim_{x \to x_0^\pm} \frac{f(x) - f(x_0)}{x - x_0} = \lim_{x \to x_0^\pm} f'(x_0 + \theta(x - x_0)) = \lim_{x \to x_0^\pm} f'(x). \qquad \square$$

例 2.3.2 设 $f(x) = \begin{cases} \dfrac{1}{1+x}, & x \geqslant 0, \\ \mathrm{e}^{-x}, & x < 0. \end{cases}$ 试求 $f'(0)$.

解 因为 $\lim\limits_{x \to 0^-} f(x) = \lim\limits_{x \to 0^+} f(x) = 1 = f(0)$. 所以 $f(x)$ 在 $x = 0$ 连续. $x > 0$ 时, $f'(x) = -\dfrac{1}{(1+x)^2}$; $x < 0$ 时, $f'(x) = -\mathrm{e}^{-x}$. 利用推论 2.3.5 得

$$f'_-(0) = \lim_{x \to 0^-} (-\mathrm{e}^{-x}) = -1; \quad f'_+(0) = \lim_{x \to 0^+} \frac{-1}{(1+x)^2} = -1.$$

再利用定理 2.1.1 得

$$f'(0) = f'_-(0) = f'_+(0) = -1. \qquad \square$$

例 2.3.3 设 $0 < a < b$, 证明

$$1 - \frac{a}{b} < \ln \frac{b}{a} < \frac{b}{a} - 1.$$

证明 $\ln \dfrac{b}{a} = \ln b - \ln a$, 对函数 $\ln x$ 在区间 $[a, b]$ 上应用拉格朗日中值定理得

$$\ln b - \ln a = (\ln x)' \Big|_{x=\xi} (b-a) = \frac{1}{\xi}(b-a).$$

注意到 $a < \xi < b$, $\dfrac{1}{b} < \dfrac{1}{\xi} < \dfrac{1}{a}$, 由此得

$$\frac{b-a}{b} < \frac{1}{\xi}(b-a) < \frac{b-a}{a},$$

从而

$$1 - \frac{a}{b} < \ln \frac{b}{a} < \frac{b}{a} - 1. \qquad \square$$

拉格朗日定理的证明中构造辅助函数的技巧在一些命题的证明中经常被用到.

例 2.3.4　设函数 $f(x)$ 在区间 I 上可微, 试证明在 $f(x)$ 的任意两个零点之间必有 $f(x) + f'(x)$ 的零点.

证明　记 x_1, x_2 (不妨设 $x_1 < x_2$) 为 $f(x)$ 在区间 I 上两个零点, 因为 $f(x) + f'(x)$ 的零点即是 $(e^x f(x))'$ 的零点, 构造辅助函数为

$$F(x) = e^x f(x).$$

由假设 $f(x)$ 可微, 知 $F(x)$ 也可微, $F(x)$ 必在 $[x_1, x_2]$ 上连续, 又 $F(x_1) = F(x_2) = 0$, 因此, 据洛尔定理, 在 (x_1, x_2) 内至少存在一点 ξ, 使得 $F'(\xi) = 0$, 即 $f(\xi) + f'(\xi) = 0$. $\qquad \square$

三、柯西中值定理

拉格朗日中值定理可以推广为

定理 2.3.6(柯西 (Cauchy) 中值定理)　若函数 $f(x)$ 和 $g(x)$ 满足条件:

1) 在闭区间 $[a,b]$ 上连续;

2) 在开区间 (a,b) 内可导;

3) 在区间 (a,b) 内 $g'(x)$ 处处不为零,

则在 (a,b) 内至少有一点 ξ 使得

$$\frac{f(b) - f(a)}{g(b) - g(a)} = \frac{f'(\xi)}{g'(\xi)}. \tag{2.3.4}$$

证明　对函数 $g(x)$ 应用拉格朗日定理, 由条件 3) 可知 $g(b) - g(a) = g'(\eta)(b-a) \neq 0$. 作辅助函数

$$\varphi(x) = f(x) - \frac{f(b) - f(a)}{g(b) - g(a)}(g(x) - g(a)),$$

由条件 1)、2) 易见 $\varphi(x)$ 在 $[a,b]$ 上连续, 在 (a,b) 内可导, 又易于验证 $\varphi(a) = \varphi(b) = f(a)$. 于是对 $\varphi(x)$ 应用洛尔定理, 知在 (a,b) 内存在 ξ 使得 $\varphi'(\xi) = 0$, 即

$$f'(\xi) - \frac{f(b) - f(a)}{g(b) - g(a)}g'(\xi) = 0,$$

亦即

$$\frac{f(b) - f(a)}{g(b) - g(a)} = \frac{f'(\xi)}{g'(\xi)}. \qquad \square$$

柯西中值定理通常简称为**柯西定理**, 若在柯西定理中取 $g(x) = x$, 则 $g(b) - g(a) = b - a$, $g'(\xi) = 1$, 于是柯西定理可写为

$$f(b) - f(a) = f'(\xi)(b - a).$$

这就是拉格朗日中值公式, 可见拉格朗日定理是柯西定理的特例.

2.3.2   洛必达法则

在求两个函数 $f(x)$ 和 $g(x)$ 的商的极限时, 常会遇到 $f(x)$ 和 $g(x)$ 同时趋于零或同时趋于无穷大的情形. 这时, 不能应用商的极限法则, 通常称之为 $\dfrac{0}{0}$ 的不定型或 $\dfrac{\infty}{\infty}$ 的不定型. 例如, 重要极限 $\lim\limits_{x \to 0} \dfrac{\sin x}{x}$ 就是 $\dfrac{0}{0}$ 的不定型, 为了求出这个极限, 人们曾花过一番工夫. 现在, 我们借助于柯西定理建立求这两种不定型极限的非常有效的方法 —— 洛必达 (L′Hospital[§]) 法则. 然后再介绍其他不定型的极限的求法.

一、$\dfrac{0}{0}$ 的不定型

定理 2.3.7   设函数 $f(x)$ 与 $g(x)$ 满足下列条件:

1) $x \to a$ 时 $f(x) \to 0$, $g(x) \to 0$;

2) 在点 a 的某去心邻域内可导, 即 $f'(x)$, $g'(x)$ 存在, 且 $g'(x) \neq 0$;

3) $\lim\limits_{x \to a} \dfrac{f'(x)}{g'(x)} = K$ (有限或 ∞).

则

$$\lim_{x \to a} \frac{f(x)}{g(x)} = \lim_{x \to a} \frac{f'(x)}{g'(x)} = K.$$

证明   由条件 1) 可知, 点 a 或者是 $f(x)$, $g(x)$ 的连续点或者是可去间断点. 若 a 是连续点, 则 $f(a) = g(a) = 0$. 若 a 是可去间断点, 则可补充或修改 $f(x)$, $g(x)$ 在 $x = a$ 处的定义, 使它们在该点连续, 从而亦有 $f(a) = g(a) = 0$.

对右半邻域内的任一 x, $f(x), g(x)$ 在 $[a, x]$ 上连续, 在 (a, x) 内可导, 且 $g'(x) \neq 0$, 利用柯西定理, 得到

$$\frac{f(x)}{g(x)} = \frac{f(x) - f(a)}{g(x) - g(a)} = \frac{f'(\xi)}{g'(\xi)} \quad (a < \xi < x),$$

于此式中令 $x \to a^+$ 取极限, 由于此时必定 $\xi \to a^+$, 故

$$\lim_{x \to a^+} \frac{f(x)}{g(x)} = \lim_{\xi \to a^+} \frac{f'(\xi)}{g'(\xi)}.$$

对左半邻域内的 x, 同样有

$$\lim_{x \to a^-} \frac{f(x)}{g(x)} = \lim_{\xi \to a^-} \frac{f'(\xi)}{g'(\xi)}.$$

---

§ 洛必达 (L′Hospital G F, 1661~1704), 法国数学家.

综合得

$$\lim_{x \to a} \frac{f(x)}{g(x)} = \lim_{x \to a} \frac{f'(x)}{g'(x)}. \qquad \square$$

注　(1) 由证明可知, 对单侧极限定理仍成立.

(2) 如果当 $x \to a$ 时 $\dfrac{f'(x)}{g'(x)}$ 还是 $\dfrac{0}{0}$ 的不定型, 并且 $f'(x)$, $g'(x)$ 仍然满足定理 2.3.7 的条件, 则可再次利用这一定理将问题归结为求 $\dfrac{f''(x)}{g''(x)}$ 的极限, 且可依此类推, 有限次地使用洛必达法则, 直到求出所需的极限为止.

(3) 定理的条件是充分的, 并非必要. 当条件 3) 不满足, 即极限 $\lim\limits_{x \to a} \dfrac{f'(x)}{g'(x)}$ 不存在时, 不能断定极限 $\lim\limits_{x \to a} \dfrac{f(x)}{g(x)}$ 一定不存在, 而只能说不能用洛必达法则求解. 例如,

$$\lim_{x \to 0} \frac{x + x^2 \cos \dfrac{1}{x}}{x} \neq \lim_{x \to 0} \frac{1 + 2x \cos \dfrac{1}{x} + \sin \dfrac{1}{x}}{1}.$$

等式右边导数商的极限不存在, 并不能说明原来函数商的极限不存在. 事实上, 正确的求法是

$$\lim_{x \to 0} \frac{x + x^2 \cos \dfrac{1}{x}}{x} = \lim_{x \to 0} \left(1 + x \cos \frac{1}{x} \right) = 1.$$

例 2.3.5　求 $\lim\limits_{x \to 0} \dfrac{a^x - b^x}{x}$ $(a, b > 0)$.

解　这是 $\dfrac{0}{0}$ 的不定型, 据定理 2.3.7,

$$\lim_{x \to 0} \frac{a^x - b^x}{x} \overset{\frac{0}{0}}{=\!=} \lim_{x \to 0} \frac{a^x \ln a - b^x \ln b}{1} = \ln a - \ln b. \qquad \square$$

例 2.3.6　求 $\lim\limits_{x \to 1} \dfrac{x^x - x}{\ln x - x + 1}$.

解　由洛必达法则和极限的运算法则, 有

$$
\begin{aligned}
原式 &= \lim_{x \to 1} \frac{x^x (\ln x + 1) - 1}{\dfrac{1}{x} - 1} \\
&= \lim_{x \to 1} x \cdot \lim_{x \to 1} \frac{x^x (\ln x + 1) - 1}{1 - x} \\
&= 1 \cdot \lim_{x \to 1} \frac{x^x (\ln x + 1)^2 + x^{x-1}}{-1} \\
&= -2.
\end{aligned}
$$

例 2.3.7   计算 $\lim\limits_{x \to 0} \dfrac{x - \sin x}{\tan(x^3)}$.

解   因为 $x \to 0$ 时 $\tan(x^3) \sim x^3$, 采用等价无穷小因子代换:

$$\lim_{x \to 0} \frac{x - \sin x}{\tan(x^3)} = \lim_{x \to 0} \frac{x - \sin x}{x^3} \overset{\frac{0}{0}}{=\!=} \lim_{x \to 0} \frac{1 - \cos x}{3x^2} \overset{\frac{0}{0}}{=\!=} \lim_{x \to 0} \frac{\sin x}{6x} = \frac{1}{6}. \qquad \square$$

例 2.3.6 和例 2.3.7 告诉我们, 在利用定理 2.3.7 求不定型的极限过程中, 应充分运用已有的种种手段例如极限的运算法则、已知的极限、等价无穷小的代换等, 以期简化运算过程.

推论 2.3.8   设函数 $f(x)$ 与 $g(x)$ 满足下列条件:

1) $x \to \infty$ 时 $f(x) \to 0$, $g(x) \to 0$;

2) 存在正数 L, 当 $|x| > L$ 时 $f'(x)$, $g'(x)$ 存在, 且 $g'(x) \neq 0$;

3) $\lim\limits_{x \to \infty} \dfrac{f'(x)}{g'(x)} = K$ (有限或 ∞).

则

$$\lim_{x \to \infty} \frac{f(x)}{g(x)} = \lim_{x \to \infty} \frac{f'(x)}{g'(x)} = K.$$

证明   作变换 $x = \dfrac{1}{t}$, 当 $x \to \infty$ 时, $t \to 0$, 应用定理 2.3.7 即可得

$$\lim_{x \to \infty} \frac{f(x)}{g(x)} = \lim_{t \to 0} \frac{f\left(\dfrac{1}{t}\right)}{g\left(\dfrac{1}{t}\right)} = \lim_{t \to 0} \frac{f'\left(\dfrac{1}{t}\right)\left(-\dfrac{1}{t^2}\right)}{g'\left(\dfrac{1}{t}\right)\left(-\dfrac{1}{t^2}\right)}$$

$$= \lim_{x \to \infty} \frac{f'(x)}{g'(x)}. \qquad \square$$

例 2.3.8   求 $\lim\limits_{x \to +\infty} \dfrac{\ln\left(1 + \dfrac{1}{x}\right)}{\dfrac{\pi}{2} - \arctan x}$.

解   这是 $\dfrac{0}{0}$ 的不定型, 利用推论 2.3.8,

$$\lim_{x \to +\infty} \frac{\ln\left(1 + \dfrac{1}{x}\right)}{\dfrac{\pi}{2} - \arctan x} \overset{\frac{0}{0}}{=\!=} \lim_{x \to +\infty} \frac{\dfrac{1}{1 + \dfrac{1}{x}} \cdot -\dfrac{1}{x^2}}{-\dfrac{1}{1 + x^2}} = \lim_{x \to +\infty} \frac{1 + x^2}{(1 + x)x} = 1. \qquad \square$$

二、$\dfrac{\infty}{\infty}$ 的不定型

定理 2.3.9   设函数 $f(x)$ 与 $g(x)$ 满足下列条件:

1) $x \to a$ 时 $f(x) \to \infty$, $g(x) \to \infty$;

2) 在点 a 的某去心邻域内 $f'(x)$, $g'(x)$ 都存在, 且 $g'(x) \neq 0$;

3) $\lim\limits_{x \to a} \dfrac{f'(x)}{g'(x)} = K$ (有限或 ∞).

则

$$\lim_{x \to a} \frac{f(x)}{g(x)} = \lim_{x \to a} \frac{f'(x)}{g'(x)} = K.$$

推论 2.3.10 设函数 $f(x)$ 与 $g(x)$ 满足下列条件:

1) $x \to \infty$ 时 $f(x) \to \infty$, $g(x) \to \infty$;

2) *存在正数 L, 当 $|x| > L$ 时 $f'(x)$, $g'(x)$ 都存在且 $g'(x) \neq 0$;*

3) $\lim\limits_{x \to \infty} \dfrac{f'(x)}{g'(x)} = K$ (有限或 ∞).

则

$$\lim_{x \to \infty} \frac{f(x)}{g(x)} = \lim_{x \to \infty} \frac{f'(x)}{g'(x)} = K.$$

定理 2.3.9 及其推论的证明从略.

例 2.3.9 求 $\lim\limits_{x \to +\infty} \dfrac{\ln x}{x^\alpha}$ $(\alpha > 0)$.

解 $\lim\limits_{x \to +\infty} \dfrac{\ln x}{x^\alpha} \overset{\frac{\infty}{\infty}}{=\!=} \lim\limits_{x \to +\infty} \dfrac{\dfrac{1}{x}}{\alpha x^{\alpha-1}} = \lim\limits_{x \to +\infty} \dfrac{1}{\alpha x^\alpha} = 0.$ □

例 2.3.10 求 $\lim\limits_{x \to +\infty} \dfrac{x^\alpha}{\mathrm{e}^{\lambda x}}$ $(\lambda > 0, \alpha > 0)$.

解 因为 $\dfrac{x^\alpha}{\mathrm{e}^{\lambda x}} = \left(\dfrac{x}{\mathrm{e}^{\frac{\lambda}{\alpha} x}} \right)^\alpha$, 而

$$\lim_{x \to +\infty} \frac{x}{\mathrm{e}^{\frac{\lambda}{\alpha} x}} \overset{\frac{\infty}{\infty}}{=\!=} \lim_{x \to +\infty} \frac{1}{\frac{\lambda}{\alpha} \mathrm{e}^{\frac{\lambda}{\alpha} x}} = 0,$$

所以

$$\lim_{x \to +\infty} \frac{x^\alpha}{\mathrm{e}^{\lambda x}} = 0.$$ □

例 2.3.9 和例 2.3.10 表明: 当 $x \to +\infty$ 时, 对数函数、幂函数、指数函数这三个无穷大量中, 幂函数趋于无穷的速度比对数函数快得多, 而指数函数又比幂函数快得多.

定理 2.3.7 和定理 2.3.9 以及它们的推论, 统称为**洛必达** (L′ Hospital) **法则**.

三、其他的不定型 $(0 \cdot \infty、\infty - \infty、0^0、\infty^0、1^\infty)$

当 $x \to a$(或 $x \to \infty$)时, 如果 $f(x) \to 0$, $g(x) \to \infty$, 则 $f(x) \cdot g(x)$ 成为不定型, 记为 $0 \cdot \infty$; 如果 $f(x) \to +\infty$, $g(x) \to +\infty$, 或 $f(x) \to -\infty$, $g(x) \to -\infty$, 则 $f(x) - g(x)$ 也都是不定型, 记为 $\infty - \infty$.

对于不定型 $0 \cdot \infty$, 可以写

$$f(x) \cdot g(x) = \frac{f(x)}{\dfrac{1}{g(x)}} = \frac{g(x)}{\dfrac{1}{f(x)}},$$

化成 $\dfrac{0}{0}$ 或 $\dfrac{\infty}{\infty}$ 的不定型, 从而可以利用洛必达法则.

对于 $\infty - \infty$ 的不定型, 可以写

$$f(x) - g(x) = \dfrac{\dfrac{1}{g(x)} - \dfrac{1}{f(x)}}{\dfrac{1}{g(x)} \cdot \dfrac{1}{f(x)}},$$

化为 $\dfrac{0}{0}$ 的不定型, 但在实际做题时, 往往不必如此麻烦, 可以从题目本身发现较简单的解法.

对于不定型呈 0^0 、∞^0 或 1^∞ 的函数 $f(x)^{g(x)}$, 可设

$$y = f(x)^{g(x)},$$

则 $\ln y = g(x) \ln f(x)$ 为 $0 \cdot \infty$ 的不定型, 它的极限的求法刚才已经指明, 如果其极限已经求得为

$$\lim \ln y = l, +\infty \text{ 或 } -\infty,$$

则

$$\lim f(x)^{g(x)} = \lim y = \lim \mathrm{e}^{\ln y} = \mathrm{e}^l, +\infty \text{ 或 } 0.$$

其中 $\lim$ 没有给出具体的极限过程, 此处表明对前面提到的数列、函数的 7 种极限过程均对.

例 2.3.11 求 $\lim\limits_{x \to 1}(1 - x)\tan\left(\dfrac{\pi x}{2}\right)$.

解 这是一个 $0 \cdot \infty$ 不定型.

$$\lim_{x \to 1}(1 - x)\tan\frac{\pi x}{2} = \lim_{x \to 1}\frac{(1-x)\sin\frac{\pi x}{2}}{\cos\frac{\pi x}{2}} = \lim_{x \to 1}\frac{1-x}{\cos\frac{\pi x}{2}} \overset{\frac{0}{0}}{=\!=\!=} \lim_{x \to 1}\frac{-1}{-\frac{\pi}{2}\sin\frac{\pi x}{2}} = \frac{2}{\pi}. \qquad \square$$

这里, 我们将 $0 \cdot \infty$ 型化成 $\dfrac{0}{0}$ 型求得了结果, 如果化为 $\dfrac{\infty}{\infty}$ 型, 则问题就会变得复杂起来.

例 2.3.12 求 $\lim\limits_{x \to +\infty}\left(x - x^2\ln\left(1 + \dfrac{1}{x}\right)\right)$.

解 这是 $\infty - \infty$ 的不定型, 令 $x = \dfrac{1}{t}$, 则

$$\text{原式} = \lim_{t \to 0^+}\frac{t - \ln(1+t)}{t^2} \overset{\frac{0}{0}}{=\!=\!=} \lim_{t \to 0^+}\frac{1 - \dfrac{1}{1+t}}{2t} = \lim_{t \to 0^+}\frac{1}{2(1+t)} = \frac{1}{2}. \qquad \square$$

例 2.3.13 求 $\lim\limits_{x \to 0^+} x^x$.

解 这是 0^0 型. 设 $y = x^x$, 则 $\ln y = x\ln x$, 成为 $0 \cdot \infty$ 型.

$$\lim_{x \to 0^+}\ln y = \lim_{x \to 0^+}x\ln x = \lim_{x \to 0^+}\frac{\ln x}{\dfrac{1}{x}} \overset{\frac{\infty}{\infty}}{=\!=\!=} \lim_{x \to 0^+}\frac{\dfrac{1}{x}}{-\dfrac{1}{x^2}} = -\lim_{x \to 0^+}x = 0,$$

所以

$$\lim_{x \to 0^+} x^x = \lim_{x \to 0^+} y = \lim_{x \to 0^+} \mathrm{e}^{\ln y} = \mathrm{e}^0 = 1. \qquad \square$$

2.3.3　泰勒公式

对任一函数, 若要计算它在点 x_0 附近的函数值往往比较困难, 前面曾介绍利用微分

$$f(x) \approx f(x_0) + f'(x_0)(x - x_0)$$

来近似计算函数的值. 这是用 $x - x_0$ 的一次多项式把 $f(x)$ 近似地表示出来, 而误差是 $x - x_0$ 的高阶无穷小:

$$f(x) - [f(x_0) + f'(x_0)(x - x_0)] = o(x - x_0).$$

从图形上看, 在 $(x_0, f(x_0))$ 附近, 用曲线 $y = f(x)$ 的切线去近似代替曲线, 其精度一般较差, 但实际应用中有时还希望有更高的精确度, 即要求误差是较 $(x - x_0)^n$ $(n > 1)$ 更高阶的无穷小. 多项式是最简单的函数之一, 因此, 我们希望能找出一个 $(x - x_0)$ 的 n 次多项式

$$P_n(x) = a_0 + a_1(x - x_0) + a_2(x - x_0)^2 + \cdots + a_n(x - x_0)^n$$

来近似 $f(x)$, 使得当 $x \to x_0$ 时,

$$f(x) - P_n(x) = o\left((x - x_0)^n\right),$$

同时还希望能将误差用一个明确的公式表示出来, 这就是下面要介绍的泰勒公式.

首先, 我们看看按照怎样的规则去确定这样一个多项式 $P_n(x)$, 使得当 $x \to x_0$ 时, $P_n(x)$ 能够较好地逼近函数 $f(x)$. 该规则可从如下两个方面去考虑: ① 如果函数 $f(x)$ 本身就是 n 次多项式, 那么按照该规则定义的多项式就是函数 $f(x)$, 即 $P_n(x) = f(x)$; ②如果函数 $f(x)$ 在 x_0 点具有直到 n 阶的导数, 我们希望该 n 次多项式在 x_0 点与函数 $f(x)$ 具有同样的函数值和直到 n 阶的导数值, 即

$$f(x_0) = P_n(x_0), f'(x_0) = P_n'(x_0), \cdots, f^{(n)}(x_0) = P_n^{(n)}(x_0). \tag{2.3.5}$$

简单地计算表明, 如果取

$$a_0 = f(x_0), \ a_1 = \frac{f'(x_0)}{1!}, \ a_2 = \frac{f''(x_0)}{2!}, \ \cdots, \ a_n = \frac{f^{(n)}(x_0)}{n!},$$

由此定义的 n 次多项式就能满足上述两个要求. 记误差为

$$R_n(x) = f(x) - P_n(x),$$

这里我们也称其为**余项**. 进一步, 由第二个要求式 (2.3.5) 得

$$R_n(x_0) = R_n'(x_0) = R_n''(x_0) = \cdots = R_n^{(n)}(x_0) = 0. \tag{2.3.6}$$

现在证明, 如果 $f(x)$ 在含有 x_0 的开区间 (a, b) 内有直到 n 阶的导数, 则 $R_n(x)$ 是 $(x - x_0)^n$ 的高阶无穷小. 事实上, 由 $R_n(x)$ 定义易见, $R_n(x)$ 在开区间 (a, b) 内有直到 n 阶的导数, 结合式 (2.3.6), 依次利用洛必达法则可得:

$$\lim_{x \to x_0} \frac{R_n(x)}{(x - x_0)^n} = \lim_{x \to x_0} \frac{R_n'(x)}{n(x - x_0)^{n-1}} = \lim_{x \to x_0} \frac{R_n''(x)}{n(n-1)(x - x_0)^{n-2}} = \cdots$$

$$= \lim_{x \to x_0} \frac{R_n^{(n-1)}(x)}{n(n-1)\cdots 2(x - x_0)} = \frac{1}{n!} \lim_{x \to x_0} \frac{R_n^{(n-1)}(x) - R_n^{(n-1)}(x_0)}{x - x_0}$$

$$= \frac{1}{n!} R_n^{(n)}(x_0) = 0.$$

这就证明了当 $x \to x_0$ 时, $R_n(x) = o((x - x_0)^n)$. 于是我们有如下定理

定理 2.3.11(泰勒 (Taylor[¶]) 公式I)   设函数 $f(x)$ 在含有 x_0 的邻域 U 内有直到 n 阶导数, 则当 $x \to x_0$ 时,

$$f(x) = \sum_{k=0}^{n} \frac{f^{(k)}(x_0)}{k!}(x - x_0)^k + o((x - x_0)^n). \tag{2.3.7}$$

我们称式 (2.3.7) 为函数 $f(x)$ 在点 x_0 的带皮亚诺 (Peano[∥]) 余项的 n **阶泰勒公式**或**泰勒展式**., 称 $R_n(x) = o((x - x_0)^n)$ 为**皮亚诺余项**. 其中 $f^{(0)}(x_0) = f(x_0)$, 在本段下面的叙述中该说明仍然有效. 下面的定理给出了余项 $R_n(x)$ 的一个具体表达式.

定理 2.3.12(泰勒 (Taylor) 公式II)   设函数 $f(x)$ 在含有 x_0 的邻域 U 内有直到 $(n+1)$ 阶导数, 则 f 在 U 内的任意点 x 成立

$$f(x) = \sum_{k=0}^{n} \frac{f^{(k)}(x_0)}{k!}(x - x_0)^k + R_n(x), \tag{2.3.8}$$

其中

$$R_n(x) = \frac{f^{(n+1)}(\xi)}{(n+1)!}(x - x_0)^{n+1}, \tag{2.3.9}$$

而 ξ 在 x 和 x_0 之间.

证明   容易验证, 在以 x 和 x_0 为端点的区间上函数 $(x - x_0)^{n+1}$ 以及 $R_n(x) = f(x) - P_n(x)$ 满足柯西定理的条件. 结合式 (2.3.6), 由柯西定理得

$$\frac{R_n(x)}{(x - x_0)^{n+1}} = \frac{R_n(x) - R_n(x_0)}{(x - x_0)^{n+1} - 0} = \frac{R_n'(\xi_1)}{(n+1)(\xi_1 - x_0)^n},$$

其中 ξ_1 在 x 和 x_0 之间. 类似地, 对函数 $R_n'(x)$ 及 $(x - x_0)^n$ 在以 ξ_1 和 x_0 为端点的区间上应用柯西定理, 上式右端又化为

[¶] 泰勒 (Taylor B, 1685~1731), 英国数学家.
[∥] 皮亚诺 (Peano G, 1858~1932), 意大利数学家.

$$\frac{R_n'(\xi_1)}{(n+1)(\xi_1-x_0)^n} = \frac{R_n'(\xi_1)-R_n'(x_0)}{(n+1)[(\xi_1-x_0)^n-0]} = \frac{R_n''(\xi_2)}{(n+1)n(\xi_2-x_0)^{n-1}},$$

其中 ξ_2 在 ξ_1 和 x_0 之间, 以此类推, $(n+1)$ 次应用柯西定理后, 得到

$$\frac{R_n(x)}{(x-x_0)^{n+1}} = \frac{R_n^{(n+1)}(\xi)}{(n+1)!}, \quad R_n(x) = \frac{R_n^{(n+1)}(\xi)}{(n+1)!}(x-x_0)^{n+1},$$

其中 ξ 在 x 和 x_0 之间. 而 $R_n^{(n+1)}(x) = f^{(n+1)}(x)$, 于是

$$R_n(x) = \frac{f^{(n+1)}(\xi)}{(n+1)!}(x-x_0)^{n+1}.$$

定理得证. □

我们称式 (2.3.8) 为函数 $f(x)$ 在点 x_0 的带拉格朗日余项的 n **阶泰勒公式**, 称式 (2.3.9) 所示的 $R_n(x)$ 为**拉格朗日余项**.

在泰勒公式中, 如果 $x_0 = 0$, 则 ξ 在 0 和 x 之间, 于是存在 θ, $0 < \theta < 1$ 使 $\xi = \theta x$, 此时, 泰勒公式的形式为

$$f(x) = \sum_{k=0}^{n} \frac{f^{(k)}(0)}{k!}x^k + \frac{f^{(n+1)}(\theta x)}{(n+1)!}x^{n+1} \quad (0 < \theta < 1) \tag{2.3.10}$$

或

$$f(x) = \sum_{k=0}^{n} \frac{f^{(k)}(0)}{k!}x^k + o\,(x^n). \tag{2.3.11}$$

这两个公式分别称为带拉格朗日余项与皮亚诺余项的 n **阶麦克劳林**(Maclaurin)** 公式. 式 (2.3.11) 亦称为 $f(x)$ 关于 x 的 n **阶有限展开式**.

下面我们利用式 (2.3.10) 给出几个常用初等函数带拉格朗日余项的麦克劳林公式 ($0 < \theta < 1$), 带皮亚诺余项的展式可类似给出.

1) $\mathrm{e}^x = 1 + x + \dfrac{1}{2!}x^2 + \cdots + \dfrac{1}{n!}x^n + \dfrac{\mathrm{e}^{\theta x}}{(n+1)!}x^{n+1}.$

2) $\sin x = x - \dfrac{1}{3!}x^3 + \dfrac{1}{5!}x^5 - \cdots + (-1)^{m-1}\dfrac{1}{(2m-1)!}x^{2m-1} + \dfrac{\sin\left(\theta x + \dfrac{2m+1}{2}\pi\right)}{(2m+1)!}x^{2m+1}.$

3) $\cos x = 1 - \dfrac{1}{2!}x^2 + \dfrac{1}{4!}x^4 - \dfrac{1}{6!}x^6 + \cdots + (-1)^m\dfrac{1}{(2m)!}x^{2m} + \dfrac{\cos(\theta x + (m+1)\pi)}{[2(m+1)]!}x^{2(m+1)}.$

4) $\ln(1+x) = x - \dfrac{1}{2}x^2 + \cdots + \dfrac{(-1)^{n-1}}{n}x^n + \dfrac{(-1)^n x^{n+1}}{(n+1)(1+\theta x)^{n+1}}.$

5) $(1+x)^\alpha = 1 + \alpha x + \dfrac{\alpha(\alpha-1)}{2!}x^2 + \cdots + \dfrac{\alpha(\alpha-1)\cdots(\alpha-n+1)}{n!}x^n$
$\qquad + \dfrac{\alpha(\alpha-1)\cdots(\alpha-n)}{(n+1)!}(1+\theta x)^{\alpha-n-1}x^{n+1}.$

** 麦克劳林 (Maclaurin C, 1698~1746), 英国数学家.

证明   1) 由 $f^{(k)}(x) = \mathrm{e}^x$, $(k = 1, 2, \cdots)$, 得 $f^{(k)}(0) = 1$. 又 $f(0) = 1$, $f^{(n+1)}(\theta x) = \mathrm{e}^{\theta x}$, 代入公式 (2.3.10) 即得.

2) 由 $f^{(k)}(x) = \sin\left(x + \dfrac{k\pi}{2}\right)$ $(k = 1, 2, \cdots)$, 得 $f^{(k)}(0) = \sin\dfrac{k\pi}{2}$, 即

$$f^{(2m-1)}(0) = (-1)^{m-1}, \quad f^{(2m)}(0) = 0 \ (m = 1, 2, \cdots).$$

又 $f(0) = 0$, $f^{(2m+1)}(\theta x) = \sin\left(\theta x + \dfrac{2m+1}{2}\pi\right)$ 代入公式 (2.3.10) 即得.

3) 同 2), 留给读者证明.

4) 由 $f^{(k)}(x) = \dfrac{(-1)^{k-1}(k-1)!}{(1+x)^k}$, 得 $f^{(k)}(0) = (-1)^{k-1}(k-1)!$, $f^{(n+1)}(\theta x) = \dfrac{(-1)^n n!}{(1+\theta x)^{n+1}}$, 又 $f(0) = 0$, 代入公式 (2.3.10) 即得.

5) 由 $f^{(k)}(x) = \alpha(\alpha-1)\cdots(\alpha-k+1)(1+x)^{\alpha-k}$, 得 $f^{(k)}(0) = \alpha(\alpha-1)\cdots(\alpha-k+1)$, $f^{(n+1)}(\theta x) = \alpha(\alpha-1)\cdots(\alpha-n)(1+\theta x)^{\alpha-n-1}$, 又 $f(0) = 1$, 代入公式 (2.3.10) 即得. $\square$

例 2.3.14   利用 $\sin x$ 的麦克劳林公式来求 $\sin 1$ 的值, 为使公式误差小于 10^{-3}, 应在麦克劳林公式中取到第几项? 又若用

$$\sin x \approx x - \frac{x^3}{3!},$$

则 $|x|$ 在什么范围内, 公式误差小于 10^{-3}?

解 $\sin x$ 的麦克劳林公式的拉格朗日余项为

$$\frac{\sin\left(\theta x + \dfrac{2m+1}{2}\pi\right)}{(2m+1)!} x^{2m+1}.$$

由于 $\left| \sin\left(\theta x + \dfrac{2m+1}{2}\pi\right) \right| \leqslant 1$, 所以误差满足

$$|R_{2m+1}(x)| \leqslant \frac{1}{(2m+1)!} 1^{2m+1},$$

欲使 $|R_{2m+1}(x)| < 10^{-3}$, 只需

$$\frac{1}{(2m+1)!} \leqslant 10^{-3},$$

从而可算得 $m \geqslant 3$. 因此, 在误差小于 10^{-3} 的要求下, 应在 $\sin x$ 的麦克劳林公式中取到 x^5 项.

若用 $\sin x \approx x - \dfrac{x^3}{3!}$, 其误差为

$$|R_5| \leqslant \frac{|x|^5}{5!} < 10^{-3},$$

所以, $|x| < 0.6544$. $\square$

注意到, 我们刚才在证明基本初等函数的麦克劳林公式时, 主要利用函数的 n 阶导数将展开式写出. 对于一般的函数, 如果其 n 阶导数不易写出, 我们该如何处理? 下面的定理给出了新的解决方法.

定理 2.3.13　设函数 $f(x)$ 在含有 x_0 的邻域 U 内有直到 n 阶导数. 假如有 $n+1$ 个常数 $a_0, a_1, \cdots, a_n$ 使得下式成立

$$f(x) = a_0 + a_1(x - x_0) + a_2(x - x_0)^2 + \cdots + a_n(x - x_0)^n + o((x - x_0)^n) \quad (x \to x_0),$$

则有

$$a_0 = f(x_0), \ a_k = \frac{1}{k!}f^{(k)}(x_0), \ k = 1, 2, \cdots, n.$$

该定理表明, $f(x)$ 的泰勒公式是唯一的. 不管用怎样的方法证明了 $f(x)$ 可以用 $(x - x_0)$ 的某个 n 次多项式逼近, 其误差当 $x \to x_0$ 时是 $(x - x_0)^n$ 的高阶无穷小量, 那么这个 $(x - x_0)$ 的 n 次多项式再加上 $o((x - x_0)^n)$ 就一定是 $f(x)$ 在 x_0 的泰勒展式.

有了这一结论, 在求某个函数的泰勒公式时, 我们就不一定通过求函数在展开点的各阶导数值来求, 而可以通过其他途径如四则运算、变量代换等方法来获得有限展开式.

例 2.3.15　求 $\mathrm{sh}x, \mathrm{ch}x$ 关于 x 的 $2n$ 阶有限展开式.

解　利用 e^x 的有限展开式有

$$\mathrm{e}^x = 1 + x + \frac{x^2}{2!} + \frac{x^3}{3!} + \cdots + \frac{x^{2n}}{(2n)!} + o\left(x^{2n}\right),$$

$$\mathrm{e}^{-x} = 1 - x + \frac{x^2}{2!} - \frac{x^3}{3!} + \cdots + \frac{x^{2n}}{(2n)!} + o\left(x^{2n}\right).$$

所以, 当 $x \to 0$ 时

$$\mathrm{sh}\,x = \frac{1}{2}(\mathrm{e}^x - \mathrm{e}^{-x}) = x + \frac{x^3}{3!} + \cdots + \frac{x^{2n-1}}{(2n-1)!} + o\left(x^{2n}\right),$$

$$\mathrm{ch}\,x = \frac{1}{2}(\mathrm{e}^x + \mathrm{e}^{-x}) = 1 + \frac{x^2}{2!} + \cdots + \frac{x^{2n}}{(2n)!} + o\left(x^{2n}\right).$$

例 2.3.16　求 $\mathrm{e}^{x^3}\cos x^2$ 关于 x 的 6 阶有限展开式.

解　由 e^x 和 $\cos x$ 的有限展开式有

$$\mathrm{e}^{x^3} = 1 + x^3 + \frac{x^6}{2!} + o\left(x^6\right) \ (x \to 0),$$

$$\cos x^2 = 1 - \frac{x^4}{2!} + o\left(x^6\right) \ (x \to 0),$$

所以

$$\mathrm{e}^{x^3}\cos x^2 = \left(1 + x^3 + \frac{x^6}{2!} + o\left(x^6\right)\right)\left(1 - \frac{x^4}{2!} + o\left(x^6\right)\right)$$

$$= 1 + x^3 - \frac{x^4}{2!} + \frac{x^6}{2!} + o\left(x^6\right) \ (x \to 0). \qquad \square$$

函数的有限展开式为求 $\dfrac{0}{0}$ 不定型的极限提供了方便, 使我们无需使用洛必达法则而求得不定型的极限.

例 2.3.17   求极限
$$\lim_{x\to 0}\frac{\mathrm{e}^{x^2}+2\cos x-3}{x\sin x-x^2\cos x}.$$

解   用泰勒公式将分子展到 x^4 项, 由于
$$\mathrm{e}^{x^2}=1+x^2+\frac{1}{2!}x^4+o\left(x^4\right),$$

以及
$$\cos x=1-\frac{x^2}{2!}+\frac{x^4}{4!}+o\left(x^5\right),$$

于是
$$\mathrm{e}^{x^2}+2\cos x-3=\frac{7}{12}x^4+o\left(x^4\right).$$

又
$$x\sin x-x^2\cos x=x\left(x-\frac{1}{6}x^3+o\left(x^4\right)\right)-x^2\left(1-\frac{1}{2}x^2+o(x^3)\right)$$
$$=\frac{1}{3}x^4+o\left(x^4\right),$$

所以
$$原式=\lim_{x\to 0}\frac{\dfrac{7}{12}x^4+o\left(x^4\right)}{\dfrac{1}{3}x^4+o\left(x^4\right)}=\frac{7}{4}. \qquad\qquad \square$$

例 2.3.18   设 $m>1$, 求极限
$$\lim_{x\to\infty}\left[(x^m+x^{m-1})^{\frac{1}{m}}-(x^m-x^{m-1})^{\frac{1}{m}}\right].$$

解   将 $(x^m+x^{m-1})^{\frac{1}{m}}$ 写成 $x\left(1+\dfrac{1}{x}\right)^{1/m}$, 并注意到 $x\to\infty$ 时, $\dfrac{1}{x}\to 0$. 由 $(1+x)^\alpha$ 的泰勒公式有
$$\left(1+\frac{1}{x}\right)^{\frac{1}{m}}=1+\frac{1}{m}\cdot\frac{1}{x}+o\left(\frac{1}{x}\right)\quad(x\to\infty).$$

因此 $x\left(1+\dfrac{1}{x}\right)^{\frac{1}{m}}=x+\dfrac{1}{m}+o(1)\quad(x\to\infty)$, 其中 $o(1)$ 代表一个无穷小量 $(x\to\infty)$.

类似地, 我们有
$$(x^m-x^{m-1})^{\frac{1}{m}}=x\left(1-\frac{1}{x}\right)^{\frac{1}{m}}=x-\frac{1}{m}+o(1)\quad(x\to\infty).$$

这样最后得到
$$\lim_{x\to\infty}\left[(x^m+x^{m-1})^{\frac{1}{m}}-(x^m-x^{m-1})^{\frac{1}{m}}\right]=\frac{2}{m}. \qquad\qquad \square$$

习题 2.3

1. 单项选择题:

(1) 若函数 $f(x)$ 在 (a,b) 内可导, 且 $f(a)=f(b)$, 则在 (a,b) 内使 $f'(\xi)=0$ 的点 ξ＿＿;

(A) 存在而且唯一;　　　　(B) 不一定存在;

(C) 至少存在一个;　　　　(D) 肯定不存在.

(2) 若 $f(x)$ 在 $[a,b]$ 上连续, 在 (a,b) 内除个别点外 $f'(x)$ 都存在, 则在 (a,b) 内使 $f'(\xi)=$ $\dfrac{f(b)-f(a)}{b-a}$ 的点 ξ ＿＿＿＿;

(A) 肯定不存在;　　　　(B) 至少存在一个;

(C) 不一定存在;　　　　(D) 存在而且唯一.

(3) 若函数 $f(x)$ 在 (a,b) 内可导, 且 $a<x_1<x_2<b$, 则至少存在一点 ξ 使 ＿＿＿＿ 成立.

(A) $f(b)-f(x_1)=f'(\xi)(b-x_1),\quad x_1<\xi<b$;

(B) $f(b)-f(a)=f'(\xi)(b-a),\quad a<\xi<b$;

(C) $f(x_2)-f(x_1)=f'(\xi)(x_2-x_1),\quad x_1<\xi<x_2$;

(D) $f(x_2)-f(a)=f'(\xi)(x_2-a),\quad a<\xi<x_2$.

2. 函数 $y=\ln\sin x$ 在区间 $\left[\dfrac{\pi}{6},\dfrac{5\pi}{6}\right]$ 上是否满足洛尔定理的所有条件, 若满足, 试求出定理中的 ξ.

3. 对函数 $y=x^3-6x^2+11x-6$ 在区间 $[0,3]$ 上验证拉格朗日定理, 并求出定理中的 ξ.

4. 对函数 $f(x)=\sin x,\ g(x)=\cos x$ 在区间 $\left[0,\dfrac{\pi}{2}\right]$ 上验证柯西中值定理, 并求出定理中的 ξ.

5. 设函数 $f(x)=(x-1)(x-2)(x-3)(x-4)$, 试利用洛尔定理说明 $f'(x)=0$ 有几个实根, 并指出它们各自所在的区间.

6. 求证: $4ax^3+3bx^2+2cx=a+b+c\,(a,b,c\in\mathbb{R})$ 在 $(0,1)$ 内至少有一个根.

7. 设函数 $f(x)$ 在 $[0,1]$ 上连续, 在 $(0,1)$ 内可导, 且 $0<f(x)<1,f'(x)\neq 1$, 求证方程 $f(x)-x=0$ 在 $(0,1)$ 内恰有一个解.

8. 若函数 $f(x)$ 和 $g(x)$ 在 $[a,b]$ 上连续, 在 (a,b) 内可导, 且 $f'(x)\leqslant g'(x)$. 试证 $f(b)-f(a)\leqslant g(b)-g(a)$.

9. 证明恒等式:

(1) $\arctan x=\arcsin\dfrac{x}{\sqrt{1+x^2}}\ (-\infty<x<+\infty)$;

(2) $\arctan x+\dfrac{1}{2}\arcsin\dfrac{2x}{1+x^2}=\dfrac{\pi}{2}\ (x\geqslant 1)$.

10. 设函数 f 在 $[0,a]$ 上连续, 在 $(0,a)$ 内可导, 且 $f(a)=0$, 试证存在 $\xi\in(0,a)$, 使 $nf(\xi)+\xi f'(\xi)=0\,(n\in\mathbb{N})$.

11. 证明在 $(0,\pi/2)$ 内存在 ξ, 使 $\cos\xi=\xi\sin\xi$.

12. 证明下列不等式:

    (1) $|\cos x - \cos y| \leqslant |x - y|$;

    (2) $na^{n-1}(b-a) < b^n - a^n < nb^{n-1}(b-a)$ ($0 < a < b, n > 1$ 为自然数);

    (3) $\dfrac{x}{1+x} < \ln(1+x) < x$ ($x > 0$);

    (4) $(1+a)\ln(1+a) + (1+b)\ln(1+b) < (1+a+b)\ln(1+a+b)(0 < a < b)$.

13. 设函数 $f(x)$ 在 $[a,b]$ 上连续, 在 (a,b) 内可导, 证明在 (a,b) 内至少有一点 ξ, 使

$$\frac{bf(b) - af(a)}{b - a} = f(\xi) + \xi f'(\xi).$$

14. 设 $0 < a < b$, $f(x)$ 在 $[a,b]$ 上连续, 在 (a,b) 内可导, 试证在 (a,b) 内至少存在一点 ξ, 使下式成立: $f(b) - f(a) = \xi f'(\xi) \ln\left(\dfrac{b}{a}\right)$.

15. 设 $f(x)$ 在 $[0,\pi]$ 上连续，且在 $(0,\pi)$ 内可导，证明至少存在一点 $\xi \in (0,\pi)$, 使得

$$f'(\xi) = -f(\xi)\cot\xi.$$

16. 设 $f(x)$ 在 $[a,b]$ 上连续，在 (a,b) 内可导，$a > 0$. 证明: 存在 $\xi \in (a,b)$, 使得

$$ab(f(b) - f(a)) = \xi^2 f'(\xi)(b - a).$$

17. 设 $f(x)$ 在 $[a,b]$ 上可导 $(a > 0)$, 证明: 存在 $\xi, \eta \in (a,b)$, 使得

$$f'(\xi) = \frac{a^2 + ab + b^2}{3\eta^2} f'(\eta).$$

18. 设 $f(x)$ 在 $[0,1]$ 上连续，在 $(0,1)$ 内可导，$f(0) = 0, f(1) = 0, \max\limits_{x \in [0,1]} f(x) = 1$.

    (1) 证明: 存在 $\xi \in (0,1)$, 使得 $f(\xi) = \xi$;

    (2) 证明: 存在 $\eta \in (0,1)$ $(\eta \neq \xi)$, 使得 $f'(\eta) = f(\eta) - \eta + 1$.

19. 设 $f(x)$ 在 $[0,1]$ 上可导，$f(0) = 1, f(1) = 0$.

    (1) 证明: $\exists c \in (0,1)$, 使得 $f(c) = c$;

    (2) 证明: $\exists \xi, \eta \in (0,1), (\xi \neq \eta)$, 使得 $f'(\xi)f'(\eta) = 1$.

20. 设 $f(x)$ 在 $[0,1]$ 上连续，在 $(0,1)$ 内可导，且 $f(0) = 1, f(1) = 0$. 设常数 $a > 0, b > 0$.

    (1) 证明: 存在 $\xi \in (0,1)$, 使得 $f(\xi) = \dfrac{a}{a+b}$;

    (2) 证明: 存在 $\eta, \zeta \in (0,1), \eta \neq \zeta$, 使得 $a\left(\dfrac{1}{f'(\eta)} + 1\right) + b\left(\dfrac{1}{f'(\zeta)} + 1\right) = 0$.

21. 如果 $f(x)$ 在 $(a, +\infty)$ 上可导，且 $\lim\limits_{x \to +\infty} f(x) = k$ (k 为常数), $\lim\limits_{x \to +\infty} f'(x)$ 存在, 试证

$$\lim_{x \to +\infty} f'(x) = 0.$$

22. 求下列极限:

    (1) $\lim\limits_{x \to a} \dfrac{x^m - a^m}{x^n - a^n}$ ($a \neq 0, m, n \in \mathbb{N}, m \neq n$);

(2) $\lim\limits_{x\to 0}\dfrac{\mathrm{e}^x-\mathrm{e}^{-x}}{\sin x}$;

(3) $\lim\limits_{x\to 0}\dfrac{x-\arcsin x}{\tan^3 x}$;

(4) $\lim\limits_{x\to 1}\dfrac{\ln\cos(x-1)}{1-\sin(\pi x/2)}$;

(5) $\lim\limits_{x\to 0}\dfrac{x^2}{\sqrt{1+x\sin x}-\sqrt{\cos x}}$;

(6) $\lim\limits_{x\to 0}\dfrac{x-\sin x}{x^2(\mathrm{e}^x-1)}$;

(7) $\lim\limits_{x\to 0}\dfrac{\ln(\cos ax)}{\ln(\cos bx)}$ $(a,b$为常数$)$;

(8) $\lim\limits_{x\to +\infty}\dfrac{\ln x}{\sqrt[3]{x}}$;

(9) $\lim\limits_{x\to +\infty}\dfrac{x}{(\ln x)^x}$;

(10) $\lim\limits_{x\to +\infty}\left(\dfrac{\pi}{2}-\arctan x\right)^{\frac{1}{x}}$;

(11) $\lim\limits_{x\to\infty}\left(\sin\dfrac{1}{x}+\cos\dfrac{1}{x}\right)^x$;

(12) $\lim\limits_{x\to 1^-}\ln x\ln(1-x)$;

(13) $\lim\limits_{x\to\infty}x(\mathrm{e}^{\frac{1}{x}}-1)$;

(14) $\lim\limits_{x\to +\infty}\sqrt{x}(x^{\frac{1}{x}}-1)$;

(15) $\lim\limits_{x\to a}\cot(x-a)\arcsin(x-a)$;

(16) $\lim\limits_{x\to 1}\left(\dfrac{x}{x-1}-\dfrac{1}{\ln x}\right)$;

(17) $\lim\limits_{x\to 1}x^{\tan\frac{\pi}{2}x}$;

(18) $\lim\limits_{x\to\frac{\pi}{2}}\tan^2 x\ln\sin x$;

(19) $\lim\limits_{x\to\frac{\pi}{2}^-}(\cos x)^{\frac{\pi}{2}-x}$;

(20) $\lim\limits_{x\to 0^+}(\cot x)^{\frac{1}{\ln x}}$;

(21) $\lim\limits_{x\to 0^+}(\sin x)^{\sin x}$;

(22) $\lim\limits_{x\to\infty}\left(1+\dfrac{1}{x^2}\right)^x$;

(23) $\lim\limits_{x\to\infty}[(2+x)\mathrm{e}^{\frac{3}{x}}-x]$;

(24) $\lim\limits_{x\to +\infty}x^{\frac{4}{3}}\cdot\dfrac{3^{\frac{1}{x}}-1}{x^{\frac{1}{3}}-1}$;

(25) $\lim\limits_{x\to 0}\dfrac{(1+x)^x-1}{(\mathrm{e}^x-1)\ln(1+2x)}$;

(26) $\lim\limits_{x\to 0}\dfrac{\cos(\sin x)-\cos x}{(\mathrm{e}^{x^3}-1)(5^x-1)}$;

(27) $\lim\limits_{x\to 0}\dfrac{\sin 2x-2\sin x}{\arctan 2x-2\arctan x}$;

(28) $\lim\limits_{x\to 0}(x+\sqrt{1+x^2})^{\frac{1}{x}}$;

(29) $\lim\limits_{x\to 0^+}(\arctan x)^{\frac{1}{\ln x}}$;

(30) $\lim\limits_{x\to +\infty}(x+\sqrt{1+x^2})^{\frac{1}{\sqrt{x}}}$;

(31) $\lim\limits_{x\to\frac{\pi}{4}}(\tan x)^{\frac{1}{\cos x-\sin x}}$;

(32) $\lim\limits_{x\to 0}\dfrac{\cos(x\mathrm{e}^{-3x})-\cos(x\mathrm{e}^{3x})}{x^3}$;

(33) $\lim\limits_{x\to\infty}\left(x^3\ln\dfrac{x+1}{x-1}-2x^2\right)$;

(34) $\lim\limits_{x\to 0}\left(\dfrac{a_1^x+a_2^x+\cdots+a_n^x}{n}\right)^{\frac{n}{x}}$ $(a_i>0,i=1,2,\cdots,n)$.

23. 求下列极限, 并讨论洛必达法则是否可直接应用:

(1) $\lim\limits_{x\to\infty}\dfrac{x+\sin x}{2x+\cos x}$;

(2) $\lim\limits_{x\to 0}\dfrac{x^2\sin\dfrac{1}{x}}{\sin x}$.

24. 设 $f(x)$ 在 $x=a$ 的某邻域内二阶连续可导, $f'(a)=2,f''(a)=3$, 试求

$$\lim\limits_{x\to a}\left(\dfrac{1}{f(x)-f(a)}-\dfrac{1}{(x-a)f'(x)}\right).$$

25. 设函数 $f(x)$ 在 $x=0$ 的某个邻域内可导, 且 $f(0)=1,f'(0)=-1$, 求极限

$$\lim\limits_{n\to\infty}\left[n(\mathrm{e}^{\frac{1}{n}}-1)\right]^{\frac{1}{1-f(\frac{1}{n})}}.$$

26. 设 $f(x)$ 有二阶连续导数, 且 $f(0) = 0$, 试证函数

$$g(x) = \begin{cases} \dfrac{f(x)}{x}, & \text{当 } x \neq 0, \\ f'(0), & \text{当 } x = 0 \end{cases}$$

可导, 且 $g'(x)$ 连续.

27. 设函数 $f(x) = \begin{cases} \dfrac{g(x) - \mathrm{e}^{-x}}{x}, & x \neq 0, \\ a, & x = 0, \end{cases}$ 其中 $g(x)$ 具有二阶连续导数, 且
$g(0) = 1, g'(0) = -1$.
    (1) 欲使 $f(x)$ 在 $x = 0$ 处连续, 求 a 的值;
    (2) 在 (1) 的条件下, 求 $f'(x)$, 并讨论 $f'(x)$ 在 $x = 0$ 处的连续性.

28. 将下列函数按指定方式展开:
    (1) $f(x) = 1 + 3x + 5x^2 - 2x^3$ 按 $(x + 1)$ 的幂次展开;
    (2) $f(x) = \tan x$ 按 x 的幂次展开, 到含 x^2 为止, 并带拉格朗日型余项;
    (3) $f(x) = \ln x$ 按 $(x - 1)$ 的幂次展开, 到含 $(x - 1)^2$ 为止, 并带拉格朗日型余项;
    (4) $f(x) = \sqrt{1 + x}\cos x$ 按 x 的幂次展开, 到含 x^4 为止, 并带皮亚诺型余项;
    (5) $f(x) = \sqrt{1 - 2x + x^3} - \sqrt[3]{1 - 3x + x^2}$ 按 x 的幂次展开, 到含 x^3 为止, 并带皮亚诺
        型余项.

29. 求下列函数带皮亚诺型余项的麦克劳林公式:
    (1) $f(x) = x\ln(1 - x^2)$;   (2) $f(x) = \sin^3 x$;
    (3) $f(x) = x\mathrm{e}^{-x^2}$;   (4) $f(x) = \dfrac{1}{2}\ln\dfrac{1 - x}{1 + x}$.

30. 设 $f(x) = x^{80} - x^{40} + x^{20}$. 试求按 $(x - 1)$ 的幂次展开 $f(x)$ 的前三项, 并计算 $f(1.005)$ 的
近似值.

31. 设 $0 < x \leqslant \dfrac{1}{2}$. 验证由公式

$$\mathrm{e}^x \approx 1 + x + \frac{x^2}{2} + \frac{x^3}{6}$$

计算 e^x 的近似值时, 误差小于 0.01. 并求 $\sqrt{\mathrm{e}}$ 的近似值, 使误差小于 0.01.

32. 利用泰勒公式求下列极限:
    (1) $\lim\limits_{x \to 0} \dfrac{\mathrm{e}^x - x - 1 - \dfrac{1}{2}x\sin x}{x\sin^2 2x}$;   (2) $\lim\limits_{x \to 0}\left(\dfrac{1}{x} - \dfrac{1}{\sin x}\right)$;

    (3) $\lim\limits_{x \to +\infty}(\sqrt[3]{x^3 + 3x^2} - \sqrt[4]{x^4 - 2x^3})$;   (4) $\lim\limits_{x \to 0} \dfrac{1 + \dfrac{1}{2}x^2 - \sqrt{1 + x^2}}{\cos x - \mathrm{e}^{-\frac{x^2}{2}}}$.

33. 设 $x \to 0$ 时, $f(x) = \dfrac{\mathrm{e}^x}{1 + x} + x\ln(1 - x) + \cos x + a + bx + cx^2$ 为 x 的 3 阶无穷小, 求
a, b, c, 并求 $\lim\limits_{x \to 0} \dfrac{f(x)}{x^3}$.

34. 设函数 $f(x)$ 在区间 $[0, 1]$ 上具有二阶的连续导数, 并且 $f(0) = f(1) = 0$. 当 $x \in [0, 1]$ 时,
$|f''(x)| \leqslant M$. 证明: 当 $x \in [0, 1]$ 时, 有 $|f'(x)| \leqslant \dfrac{M}{2}$.

2.4　导数的应用

2.4.1　函数的单调性与极值

一、函数的单调性

设函数 $f(x)$ 定义在某个区间 I(开的、闭的或半开的, 有限的或无穷的)上, 观察函数 $y = f(x)$ 的图形, 我们可知, 当每一点处的切线都有正的斜率时, 曲线上升, 可见函数是单调增加的; 反之, 如果每一点处的切线都有负的斜率时, 曲线下降, 可见函数是单调减少的. 这个几何事实表示, 函数单调性与导数的符号有关, 现在我们就来阐明它们之间的联系.

定理 2.4.1(函数严格单调的充分条件)　设函数 $f(x)$ 在区间 I 上可导. 如果在区间 I 内的每一点成立 $f'(x) > 0$ (或 < 0), 则 $f(x)$ 在 I 上严格单调增加 (或减少).

证明　对区间 I 内的任何两点 x_1, x_2 $(x_2 > x_1)$, 由可导一定连续知, 函数 $f(x)$ 在区间 $[x_1, x_2]$ 上连续可导, 利用拉格朗日中值定理, 得到

$$f(x_2) - f(x_1) = f'(\xi)(x_2 - x_1),$$

其中 $x_1 < \xi < x_2$. 所以, 当在 I 上 $f'(x) > 0$, 由上式可知 $f(x_2) > f(x_1)$, 这表示 $f(x)$ 在 I 上严格单调增加. 同样可证, 若在 I 上 $f'(x) < 0$, 则 $f(x)$ 严格单调减少.　　　　□

注　(1) 当所论区间 I 包含它的一个或两个端点时, 即使在这些端点 $f'(x)$ 不存在, 但只要 $f(x)$ 在这些端点连续, 且除端点外 $f'(x) > 0$ (或 < 0), 则 $f(x)$ 在 I 上还是严格单调增加(或减少) 的.

(2) 如果 $f'(x)$ 除在有限个点等于 0 以外, 在 I 上处处为正(或负), 则在这个区间上 $f(x)$ 仍然是严格增加(或减少) 的. 例如 $f(x) = x^3$, 其导数 $f'(x) = 3x^2 \geqslant 0$, 而仅仅在 $x = 0$ 时 $f'(x) = 0$. 因此可以断定 x^3 是在 $(-\infty, +\infty)$ 上严格增加的函数. 又如 $g(x) = -\dfrac{1}{5}x^5 + \dfrac{2}{3}x^3 - x$, $g'(x) = -x^4 + 2x^2 - 1 = -(x^2 - 1)^2 \leqslant 0$, 且仅在 $x = \pm 1$ 时 $g'(x) = 0$, 因而 $g(x)$ 在 $(-\infty, +\infty)$ 上是严格减少的.

上述注也说明 $f'(x) > 0$ (或 < 0) 仅是 $f(x)$ 严格单调增加 (或减少) 的充分条件, 而非必要条件. 因此, 我们给出以下函数单调的充分必要条件.

定理 2.4.2(函数单调的充分必要条件)　设函数 $f(x)$ 在区间 I 上可导, 则 $f(x)$ 在 I 上单调增加 (或减少) 的充分必要条件是在该区间上 $f'(x) \geqslant 0$ (或 $\leqslant 0$).

该定理的证明读者可以仿定理 2.4.1 的证明作为练习.

通常, 函数在其定义域内并不单调而是分段单调的, 我们可以求出 $f'(x)$ 的零点, 以及 $f'(x)$ 不存在的点, 这些点将函数定义域分成几个区间, 按照 $f'(x)$ 在每个区间上的符号判断函数在每个区间上的单调性.

例 2.4.1　确定函数 $f(x) = (x - 5)x^{\frac{2}{3}}$ 的单调区间.

解　$f(x)$ 的定义域为 $(-\infty, +\infty)$.

$$f'(x) = x^{\frac{2}{3}} + \frac{2}{3}(x - 5)x^{-\frac{1}{3}} = \frac{5x - 10}{3x^{\frac{1}{3}}},$$

令 $f'(x) = 0$ 得 $x = 2$. 又当 $x = 0$ 时 $f'(x)$ 不存在. 于是 $(-\infty, +\infty)$ 被分为三个区间 $(-\infty, 0)$, $(0, 2)$, $(2, +\infty)$.

$-\infty < x < 0$ 时, $f'(x) > 0$, $f(x)$ 严格增加;

$0 < x < 2$ 时, $f'(x) < 0$, $f(x)$ 严格减少;

$2 < x < +\infty$ 时, $f'(x) > 0$, $f(x)$ 严格增加. □

构造适当的辅助函数并研究其单调性, 可以证明某些不等式. 且看下例:

例 2.4.2 设 $x > 0$, 求证 $\dfrac{x}{1+x} < \ln(1+x) < x$.

证明 令 $f(x) = \ln(1+x) - \dfrac{x}{1+x}$, 则 $f(0) = 0$.

$$f'(x) = \frac{1}{1+x} - \frac{1}{(1+x)^2} = \frac{x}{(1+x)^2},$$

在区间 $[0, +\infty)$, 除 $f'(0) = 0$ 外, 处处成立 $f'(x) > 0$, 因而 $f(x)$ 在 $[0, +\infty)$ 上严格增加, 于是 $x > 0$ 时 $f(x) > f(0) = 0$, 所以

$$\ln(1+x) > \frac{x}{1+x}.$$

完全类似地, 令 $g(x) = x - \ln(1+x)$, 可以证明 $g(x)$ 在 $[0, +\infty)$ 上也是单调增加的且 $g(0) = 0$, 因而

$$x > \ln(1+x).$$

综上可得

$$\frac{x}{1+x} < \ln(1+x) < x \quad (x > 0). \qquad \square$$

二、函数的极值

下面我们讨论与函数单调性有着密切联系的极值问题, 首先我们给出函数的极值及极值点的定义.

定义 2.4.1(函数极值与极值点) 设存在 x_0 的一个邻域, 函数 $f(x)$ 在此邻域内有定义. 若对此邻域内所有异于 x_0 的 x 成立 $f(x) \leqslant f(x_0)$, 则称 $f(x_0)$ 为函数 $f(x)$ 的**极大值**, 称 x_0 为**极大值点**; 若对此邻域内所有异于 x_0 的 x 成立 $f(x) \geqslant f(x_0)$, 则称 $f(x_0)$ 为函数 $f(x)$ 的**极小值**, 称 x_0 为**极小值点**. 极大值和极小值统称为**极值**, 极大值点和极小值点统称为**极值点**.

定义 2.4.1 中所述的邻域可以很小, 但只要存在就行, 因此极值所刻画的是函数在点 x_0 的局部性质, 与刻画在给定区间上的整体性质的最大值与最小值是不相同的. 在给定区间上, 最大值和最小值如果存在只能各自有一个, 但极大值和极小值却可能会有多个, 而且极小值还可以比极大值大, 如图 2.7 所示. 此外, 我们规定在定义域的端点处不考虑极值问题.

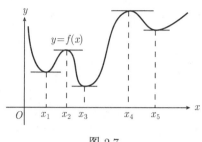

图 2.7

定理 2.4.3(函数极值的必要条件)　若 $f(x)$ 在 x_0 取得极值, 且在 x_0 处可导, 则 $f'(x_0)=0$. 此定理只是费马引理 (定理 2.3.1) 换一种形式叙述而已.

通常, 我们把满足 $f'(x)=0$ 的点称为函数 $f(x)$ 的**驻点**. 由定理 2.4.3 可知, 可微函数的极值点必定是驻点. 但是, 有这种可能: $f(x)$ 在 x_0 取得极值, 但 $f'(x_0)$ 却不存在, 当然就不可能满足 $f'(x_0)=0$ 了. 例如函数 $f(x)=|x|$, 就是这样的例子, $f(0)=0$ 是极小值, 但 $f'(0)$ 不存在.

由此可见, 对于给定函数 $f(x)$, 其极值点应该在 $f'(x)=0$ 的点以及 $f'(x)$ 不存在的点中去寻找, 这两种点称为**可疑极值点**. 但是, 可疑点未必是极值点. 例如 $f(x)=x^3$, $f'(x)=3x^2$, $x=0$ 时 $f'(x)=0$. 但是在 $x=0$ 的无论多小的邻域内, 都有正的 x 使 $f(x)>f(0)$, 也有负的 x 使 $f(x)<f(0)$, 因而 $f(0)$ 并非极值.

因此, 为了在可疑点中寻找极值点, 还需研究函数取极值的充分条件, 这样的条件有两种: 一种是考察一阶导数 $f'(x)$ 在驻点或导数不存在的点的两侧的符号, 另一种是考察二阶导数 $f''(x)$ 在驻点 x_0 的符号.

定理 2.4.4(极值判别法 I)　设函数 $f(x)$ 在 x_0 的某个邻域 U 内连续, 在 $\overset{\circ}{N}_\delta(x_0)$ 内可导, 则在 x_0 的左、右邻域上, 当导数符号不改变时, x_0 不是极值点; 当导数符号改变时, x_0 是极值点, 特别有

(1) 若 $(x-x_0)f'(x)>0, \forall x \in \overset{\circ}{N}_\delta(x_0)$, 则 $f(x_0)$ 为 $f(x)$ 的极小值;

(2) 若 $(x-x_0)f'(x)<0, \forall x \in \overset{\circ}{N}_\delta(x_0)$, 则 $f(x_0)$ 为 $f(x)$ 的极大值.

证明　首先考虑 $f'(x)$ 在 x_0 两侧均为正的情形, 均为负的情形亦可类似地证明. 设 $x \in \overset{\circ}{N}_\delta(x_0)$, 据拉格朗日定理, 在 x 和 x_0 之间存在 ξ 使

$$f(x) = f(x_0) + f'(\xi)(x-x_0) \tag{2.4.1}$$

因为 $x<x_0$ 及 $x>x_0$ 时都成立 $f'(x)>0$, 所以式 (2.4.1) 中的 $f'(\xi)$ 都是正的, 因此 $x<x_0$ 时 $f(x)<f(x_0)$; $x>x_0$ 时 $f(x)>f(x_0)$. 所以 $f(x_0)$ 不是极值.

当导函数在 x_0 点的左右附近异号时, 我们可按定理中描述的两种情形讨论.

(1) 当 $x<x_0 (x \in \overset{\circ}{N}_\delta(x_0))$ 时, $f'(x)<0$, 由定理 2.4.1 知函数 $f(x)$ 严格减少, 故 $f(x)>f(x_0)$; 当 $x>x_0 (x \in \overset{\circ}{N}_\delta(x_0))$ 时, $f'(x)>0$, 由定理 2.4.1 知函数 $f(x)$ 严格增加, 故 $f(x)>f(x_0)$; 因此 $\forall x \in \overset{\circ}{N}_\delta(x_0)$ 有 $f(x)>f(x_0)$, 由定义 2.4.1, 这就证明了 $f(x_0)$ 是极小值.

同样的方法可证 (2). □

定理 2.4.5(极值判别法II) 设 $f(x)$ 在点 x_0 二阶可导, 且 $f'(x_0) = 0$, $f''(x_0) \neq 0$, 则当 $f''(x_0) < 0$ 时 $f(x_0)$ 是极大值, $f''(x_0) > 0$ 时 $f(x_0)$ 是极小值.

证明 由二阶导数的定义, 若 $f''(x_0) < 0$,则

$$f''(x_0) = \lim_{x \to x_0} \frac{f'(x) - f'(x_0)}{x - x_0} = \lim_{x \to x_0} \frac{f'(x)}{x - x_0} < 0,$$

于是 x 在 x_0 的充分小邻域内且 $x \neq x_0$ 时

$$\frac{f'(x)}{x - x_0} < 0 \Longleftrightarrow (x - x_0)f'(x) < 0.$$

由定理 2.4.4 可得 $f(x_0)$ 为 $f(x)$ 的极大值.

$f''(x_0) > 0$ 的情形同样可证.   □

在举例说明定理 2.4.4 和定理 2.4.5 的应用以前, 我们将解极值问题的一般步骤归纳如下:

(1) 求出导数 $f'(x)$ 等于 0 的点以及 $f'(x)$ 不存在的点, 即全部的可疑极值点.

(2) 对于使得 $f'(x_0)$ 不存在或 $f'(x_0) = 0$ 的可疑点 x_0,考察 $f'(x)$ 在 x_0 的两侧的符号, 据定理 2.4.4 判断 x_0 是否极值点, 是极大值点还是极小值点;

对于使得 $f'(x_0) = 0$, $f''(x_0) \neq 0$ 的点, 考察 $f'(x)$ 在 x_0 两侧的符号, 或 $f''(x_0)$ 的符号, 根据定理 2.4.4 或定理 2.4.5 判断 x_0 是极大值点还是极小值点.

(3) 计算每个极值点处的函数值, 从而得到一切极值.

具体操作时, 我们可将上述步骤中的所有信息列表给出, 然后由定理得出结论.

例 2.4.3 讨论函数 $f(x) = (x - 5)x^{\frac{2}{3}}$ 的极值.

解 $f(x)$ 的定义域为 $(-\infty, +\infty)$. 在例 2.4.1 已经得知 $x = 0$ 时 $f'(x)$ 不存在; 对 $x \neq 0$,

$$f'(x) = \frac{5}{3} \cdot \frac{x - 2}{x^{\frac{1}{3}}},$$

$f'(2) = 0$. 可疑极值点有两个: $x_1 = 0$ 和 $x_2 = 2$. 用这些点分割定义域 $(-\infty, +\infty)$ 为几个小区间, 并确定各小区间上 $f'(x)$ 的正、负号, 填下表:

x	$(-\infty, 0)$	0	$(0, 2)$	2	$(2, +\infty)$
$f'(x)$	+	不存在	−	0	+
$f(x)$	↗	0	↘	$-3\sqrt[3]{4}$	↗

在表中, 第一行是用可疑极值点分割定义域所得的小区间; 第二行是导数 $f'(x)$ 在各区间的正、负号; 第三行是函数 $f(x)$ 在各区间的增减记号及由此判定得到的极值. 其中,"↗" 表示严格增加, "↘" 表示严格减少.

由表立即可知在点 $x = 0, f(x)$ 取极大值 $f(0) = 0$.在点 $x = 2, f(x)$ 取极小值 $f(2) = -3\sqrt[3]{4}$.   □

例 2.4.4　求函数 $f(x) = x^3 - 6x^2 - 15x + 4$ 的极值.

解　由 $f'(x) = 3x^2 - 12x - 15 = 0$, 得驻点 $x_1 = -1$, $x_2 = 5$. 又

$$f''(x) = 6x - 12,$$

故 $f''(-1) = -18 < 0$, $f''(5) = 18 > 0$. 因此, 在点 $x = -1$, $f(x)$ 取极大值 $f(-1) = 12$; 在点 $x = 5$, $f(x)$ 取极小值 $f(5) = -96$.　　□

2.4.2　最大值与最小值

根据连续函数的性质, 闭区间 $[a, b]$ 上的连续函数必存在最大值和最小值. 如果这个最大值或最小值在开区间 (a, b) 内达到, 则最大值也是一个极大值, 最小值也是一个极小值. 因而, 最大值点及最小值点都应满足极值的必要条件. 但是最大值或最小值也可能在区间的端点 a 或 b 达到. 由此可见, 为了求最大值和最小值, 只需算出 $f(a)$, $f(b)$ 以及 $f(x)$ 在所有可疑极值点的函数值, 将所有这些数值进行比较. 这些数中最大者就是最大值, 最小者就是最小值, 即

$$\max_{a \leqslant x \leqslant b} f(x) = \max\{f(a), f(b), f(x_1), f(x_2), \cdots, f(x_n)\},$$

$$\min_{a \leqslant x \leqslant b} f(x) = \min\{f(a), f(b), f(x_1), f(x_2), \cdots, f(x_n)\},$$

其中 $x_1, x_2, \cdots, x_n$ 为函数 $f(x)$ 的可疑极值点.

例 2.4.5　求函数 $f(x) = \sqrt[3]{x^2} - \sqrt[3]{x^2 - 1}$ 在区间 $[-2, 2]$ 上的最大值和最小值.

解　$f'(x) = \dfrac{2}{3} x^{-\frac{1}{3}} - \dfrac{2x}{3}(x^2 - 1)^{-\frac{2}{3}} = \dfrac{2}{3} \cdot \dfrac{\sqrt[3]{(x^2 - 1)^2} - \sqrt[3]{x^4}}{\sqrt[3]{x(x^2 - 1)^2}}$　$(x \neq 0, \pm 1)$

由 $f'(x) = 0$ 得 $x = \pm \dfrac{1}{\sqrt{2}}$.

在 $x = 0$ 及 $x = \pm 1$ 时 $f'(x)$ 不存在, 于是全部可疑极值点为 -1, $-\dfrac{1}{\sqrt{2}}$, 0, $\dfrac{1}{\sqrt{2}}$, 1. 注意 $f(x)$ 是偶函数,

$$f(0) = 1, \ f(-1) = f(1) = 1, \ f\left(-\frac{1}{\sqrt{2}}\right) = f\left(\frac{1}{\sqrt{2}}\right) = \sqrt[3]{4},$$

$$f(-2) = f(2) = \sqrt[3]{4} - \sqrt[3]{3}.$$

比较所有这些数值, 可知函数的最大值为 $\sqrt[3]{4}$, 最小值为 $\sqrt[3]{4} - \sqrt[3]{3}$.　　□

若函数 $f(x)$ 在区间 I (开的, 闭的, 半开的, 有限的或无穷的) 上有连续导数, x_0 为 $f(x)$ 在 I 内的唯一驻点, 如果 x_0 为唯一极大 (小) 值点, 则 x_0 一定是 $f(x)$ 在区间 I 上的最大 (小) 值点.

例 2.4.6　求 $f(x) = x - \ln(1 + x)$ 的最小值.

解　$f(x)$ 的定义域为 $(-1, +\infty)$.

$$f'(x) = 1 - \frac{1}{1 + x} = \frac{x}{1 + x},$$

唯一的驻点 $x_0 = 0$. 而

$$f''(x) = \frac{1}{(1+x)^2}, \quad f''(0) = 1 > 0.$$

于是 $f(x)$ 在 $(-1, +\infty)$ 有唯一的极值点 0, 且 $f(0) = 0$ 为极小值. 由此断定, $f(x)$ 的最小值为 $f(0) = 0$. □

在解决应用问题时, 如果能由问题本身断定最大值与最小值两者确有一个且仅有一个存在, 而在所论区间内 $f(x)$ 仅有一个驻点 x_0, 则 $f(x_0)$ 就是存在的那个最大值或最小值.

例 2.4.7 在面积为 a 的一切矩形中, 求周长最小者.

解 问题归结为分解 a 为两个正数 x 和 $\frac{a}{x}$ 的乘积, 使 $2(x + \frac{a}{x})$ 最小. 显然 $x + \frac{a}{x}$ 有最小值但无最大值. 由

$$\left(x + \frac{a}{x}\right)' = 1 - \frac{a}{x^2} = \frac{x^2 - a}{x^2} = 0,$$

得

$$x = \sqrt{a}, \quad \text{从而} \ \frac{a}{x} = \sqrt{a}.$$

由此可见, 面积为定值 a 的所有矩形中, 周长最小者为正方形, 边长为 $\sqrt{a}$. □

例 2.4.8 制作容积为 V 的密封的圆柱形罐头, 问高 y 与底半径 x 之比为多少时表面积最小?

解 圆柱的容积 $V = \pi x^2 y$. 设表面积为 S, 则 $S = 2\pi x^2 + 2\pi x y$, 但 $y = \frac{V}{\pi x^2}$, 于是

$$S = 2\pi x^2 + \frac{2\pi x V}{\pi x^2} = 2\pi x^2 + \frac{2V}{x}, \ (x > 0)$$

由

$$S' = 4\pi x - \frac{2V}{x^2} = 0,$$

得唯一的可疑极值点

$$x_0 = \sqrt[3]{\frac{V}{2\pi}}.$$

由问题的实际意义易知当 V 为常数时, 表面积有最小值而无最大值, 由此可知, 当 $x = x_0 = \sqrt[3]{\frac{V}{2\pi}}$ 时表面积 S 最小. 此时

$$\frac{y}{x} = \frac{\frac{V}{\pi x^2}}{x} = \frac{V}{\pi x^3} = \frac{V}{\pi} \cdot \frac{2\pi}{V} = 2.$$

即当高为底半径的两倍时, 表面积最小. □

2.4.3 函数图形的凹向与拐点

一、函数图形的凹向

设函数 $f(x)$ 在区间 I 上有定义, 为了直观地表示函数的特性, 有时需要作出函数图形, 也就是在 xOy 平面上描绘出曲线 $y = f(x)$. 我们已经知道, 曲线是否不间断与函数 $f(x)$ 的连续

性有关, 曲线的上升与下降与 $f(x)$ 的单调性有关. 但即使同是上升或同是下降的曲线, 也还会有" 上凹" 和 "下凹" 之分 (见图 2.8).

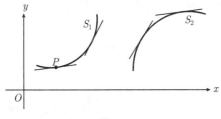

图 2.8

设 P 为某曲线段上任意一点, 若该曲线段除 P 点外均位于过 P 点切线的上方 (或下方), 则称该曲线为**上凹的** (或**下凹的**). **有时把上凹称为凹的, 下凹称为凸的**. 例如图 2.8 中曲线段 S_1 为上凹的, S_2 为下凹的.

设某曲线的方程为 $y = f(x)$. 从曲线凹向的定义可知, 若该曲线是上凹的 (或下凹的), 则曲线上每一点都有非铅直的切线. 也就是说 $y = f(x)$ 是关于 x 的可导函数. 当 $f(x)$ 有二阶导数时, 我们有如下定理成立.

定理 2.4.6 (凹向性的判别)　设函数 $f(x)$ 在区间 I　内有二阶导数 $f''(x)$. 若在 I 内 $f''(x) > 0$ (或 $f''(x) < 0$), 则曲线在 I 上是上凹的 (或下凹的).

证明　不妨设 $f''(x) > 0$, 另一种情况同样可证.

设 x_1, x_2 为 I 上任意不同的两点. 由拉格朗日中值定理有

$$f(x_2) = f(x_1) + f'(\xi)(x_2 - x_1), \qquad (2.4.2)$$

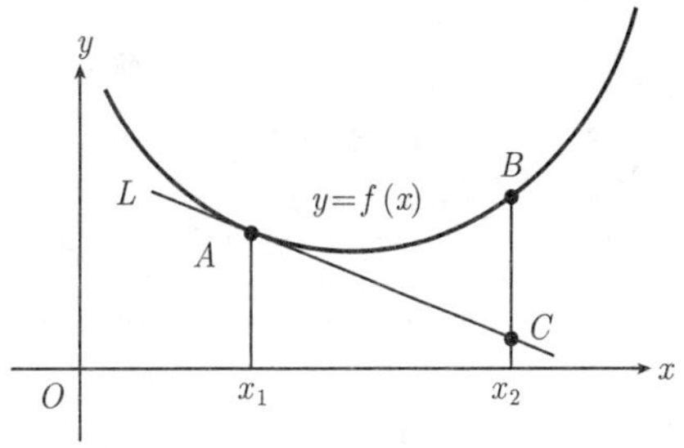

这里 ξ 在 x_1 与 x_2 之间. 过点 $A(x_1, f(x_1))$ 的切线方程为 (见图 2.9)

$$y = f(x_1) + f'(x_1)(x - x_1).$$

设 $C(x_2, y_2)$ 为该切线上的点, 我们有

$$y_2 = f(x_1) + f'(x_1)(x_2 - x_1).$$

将式 (2.4.2) 减去上式得

$$f(x_2) - y_2 = (f'(\xi) - f'(x_1))(x_2 - x_1).$$

因 $f''(x) > 0$, 由定理 2.4.1 知 $f'(x)$ 严格增加, 于是上式右端恒正, 故

$$f(x_2) > y_2,$$

即曲线是上凹的.　　　　　　　　　　　　　　　　　　　　　　　　　　　　　□

图 2.9

利用上述结论我们可以寻求函数曲线的凹(即上凹)、凸(即下凹)区间.

例 2.4.9 讨论曲线 $y = \ln x$ 的凹向性.

解 函数 $\ln x$ 的定义域为 $(0, +\infty)$, 且 $(\ln x)' = \dfrac{1}{x}$, $(\ln x)'' = -\dfrac{1}{x^2} < 0$, 故曲线 $y = \ln x$ 是下凹的. □

例 2.4.10 讨论曲线 $f(x) = x^n$ $(n \geqslant 2, n \in \mathbb{N})$ 的凹向性.

解 函数 x^n 的定义域为 $(-\infty, +\infty)$, $(x^n)' = nx^{n-1}$, $(x^n)'' = n(n-1)x^{n-2}$.

设 n 为奇数. 当 $x < 0$ 时 $f''(x) < 0$, 曲线是下凹的; $x > 0$ 时 $f''(x) > 0$, 曲线是上凹的.

设 n 为偶数. 当 $x \neq 0$ 时 $f''(x) > 0$, 且 $f''(0) = 0$, 利用函数单调性的判别定理知 $f'(x)$ 在 $(-\infty, +\infty)$ 上单调增加, 所以函数 x^n 在 $(-\infty, +\infty)$ 是上凹的. □

上面的例题说明:定理 2.4.6 可略加推广, 允许在个别点处 $f''(x) = 0$. 即: 若在区间内除个别点 $f''(x) = 0$ 外, 处处 $f''(x) > 0$ (或 < 0), 则曲线 $y = f(x)$ 在此区间上是上凹 (或下凹)的.

二、曲线的拐点

定义 2.4.2(拐点) 设函数 $f(x)$ 在点 x_0 连续, 若存在 $\delta > 0$ 使得 $f(x)$ 在区间 $(x_0 - \delta, x_0)$ 与 $(x_0, x_0 + \delta)$ 上的凹向性相反, 则称点 $(x_0, f(x_0))$ 为函数曲线的**拐点**.

若 P 点为拐点, 且过 P 点的切线存在, 则该切线必穿过曲线 (见图 2.10).

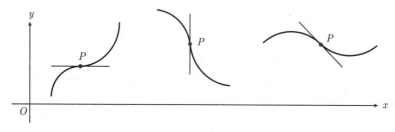

图 2.10

例 2.4.10 所讨论的曲线 x^n, n 为奇数时, 在点 $(0,0)$ 两侧有不同的凹向性. 因此 $(0,0)$ 是该曲线的拐点, 而当 n 为偶数时, 曲线 $y = x^n$ 没有拐点.

注意, 拐点是曲线上的点, 它有两个坐标: 横坐标和纵坐标, 与只用横坐标 (自变量) 的值表示极值点不同.

如果 $f''(x)$ 在 (a,b) 内连续, 在 (a,b) 内的点 x_0 处的值为正 (或负): $f''(x_0) > 0$(或 < 0), 则在 x_0 的充分小邻域内, $f''(x) > 0$ (或 < 0), 因而在这个邻域 $N_\delta(x_0)$ 内曲线 $y = f(x)$ 是上凹 (或下凹) 的, 也就是说, 在点 $M(x_0,, f(x_0))$ 两侧邻近曲线同为上凹或同为下凹, 故点 M 不可能是拐点. 由此可见, 拐点的横坐标 x_0 必须使 $f''(x_0) = 0$. 不过, 拐点的横坐标 x_0 也可能使 $f''(x_0)$ 不存在. 例如, 函数 $y(x) = x^{\frac{1}{3}}$, $(0,0)$ 是拐点, 但 $y'' = -\dfrac{2}{9}x^{-\frac{5}{3}}$, 在 $x = 0$ 处不存在. 因此, 点 $M(x_0, f(x_0))$ 是拐点的必要条件是 $f''(x_0) = 0$ 或 $f''(x_0)$ 不存在. 但是在这两个条件之一满足时, M 未必是拐点. 现在证明

定理 2.4.7(拐点的判定) 设 $f''(x_0) = 0$ 或 $f''(x_0)$ 不存在. 则当 $f''(x)$ 在 x_0 左、右邻域内异号时, 点 $(x_0, f(x_0))$ 是曲线 $y = f(x)$ 的拐点; 当 $f''(x)$ 在 x_0 左、右邻域内同号时, 点 $(x_0,$

$f(x_0))$ 不是曲线 $y = f(x)$ 的拐点.

证明　记 $(x_0, f(x_0))$ 为点 M, 据定理 2.4.6, 若 $f''(x)$ 在 x_0 左、右邻域内异号, 则曲线 $y = f(x)$ 在点 M 左侧附近及右侧附近凹向性相反, 故 M 是拐点. 若 $f''(x)$ 在 x_0 左、右邻域内同号, 则曲线 $y = f(x)$ 在 M 两侧凹向性相同, 故 M 不是拐点.　　□

例 2.4.11　求曲线 $f(x) = x^{\frac{2}{3}}(3 - x)^{\frac{1}{3}}$ 的凹凸区间与拐点.

解　由 $f(x) = x^{\frac{2}{3}}(3 - x)^{\frac{1}{3}}$ 得 $f'(x) = x^{-\frac{1}{3}}(3 - x)^{-\frac{2}{3}}(2 - x),$

$$f''(x) = -2x^{-\frac{4}{3}}(3 - x)^{-\frac{5}{3}}.$$

$x = 0$ 和 $x = 3$ 时 $f''(x)$ 不存在, 故拐点可疑点的横坐标为 $x = 0$ 和 $x = 3$. 利用这两个值将原函数的定义域 $(-\infty, +\infty)$ 分成三个小区间, 并确定各个小区间内 $f''(x)$ 的符号, 如下表

x	$(-\infty, 0)$	0	$(0, 3)$	3	$(3, +\infty)$
$f''(x)$	$-$	不存在	$-$	不存在	$+$
$f(x)$	$\frown$	0	$\frown$	拐点 $(3, 0)$	$\smile$

在表中, 第一行是用拐点可疑点分割定义域所得的小区间; 第二行是 $f''(x)$ 在各区间的正负号; 第三行是曲线 $y = f(x)$ 在各区间的凹凸记号及由此判定的拐点, 上凹用记号 "$\smile$", 下凹用记号 "$\frown$".

由表立即可知, 函数的下凹区间为 $(-\infty, 0)$ 和 $(0, 3)$, 上凹区间为 $(3, +\infty)$, 点 $(3, 0)$ 是拐点.　　□

例 2.4.12　求正弦曲线 $y = \sin x$ 的凹凸区间与拐点.

解　由 $f(x) = \sin x$ 得 $f'(x) = \cos x$, $f''(x) = -\sin x$. 对于 $k = 0, \pm 1, \pm 2, \cdots$,

当 $2k\pi < x < (2k+1)\pi$ 时, $f''(x) < 0$, 曲线是下凹的;

当 $(2k+1)\pi < x < (2k+2)\pi$ 时, $f''(x) > 0$ 时, 曲线是上凹的.

由于 x 经过 $k\pi$ 时 $f''(x)$ 变号, 可见曲线 $y = \sin x$ 有无穷多个拐点 $(k\pi, 0)$, 其中 $k = 0, \pm 1, \pm 2, \cdots$.

2.4.4　曲线的渐近线

当曲线 $C : y = f(x)$ 上的动点 M 沿着 C 无限远离原点时, 如果 M 与直线 L 的距离 d 趋于 0, 则称直线 L 为曲线 C 的**渐近线**. 我们通常将 Ox 轴取水平方向, 把渐近线分为铅直渐近线, 水平渐近线和斜渐近线三类来讨论.

(1) 铅直渐近线　当 x 从单侧趋于 x_0 时, $y = f(x) \to +\infty$, 或 $-\infty$, 则直线 $x = x_0$ 是曲线 C 的渐近线. 由于这条直线与 Ox 轴垂直, 故称为铅直渐近线 (见图 2.11).

(2) 水平渐近线　当 $x \to +\infty$ 或 $x \to -\infty$ 时 $f(x) \to c$, 则直线 $y = c$ 是曲线 C 的渐近线. 由于这条直线平行于 Ox 轴, 故称为水平渐近线 (见图 2.12).

(3) 斜渐近线　曲线 C 有渐近线 $y = ax + b$. 若 $a \neq 0$, 称之为斜渐近线 (图 2.13).

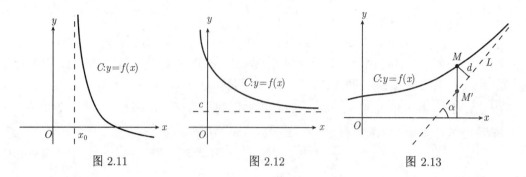

图 2.11   图 2.12   图 2.13

关于渐近线的求法, 铅直和水平渐近线是十分显然的. 斜渐近线的求法可推导如下:

为确定起见考虑 $x \to +\infty$ 的情形, 设非铅直的渐近线 L 的方程为 $y = ax + b$, 它与 Ox 轴的夹角为 α (见图 2.13). 过曲线 C 上的点 M 作 Ox 轴的垂线交 L 于 M', 则 $d = |MM'| \cos \alpha$, 而 $\cos \alpha \neq 0$ 为常数, 可见 $d \to 0$ 与 $|MM'| \to 0$ 是等价的. 而 $|MM'| \to 0$ 即 M 与 M' 的纵坐标之差趋于 0, 即:

$$\lim_{x \to +\infty} [f(x) - (ax + b)] = 0, \tag{2.4.3}$$

由此得

$$\lim_{x \to +\infty} \frac{f(x) - ax - b}{x} = 0,$$

所以

$$\lim_{x \to +\infty} \frac{f(x)}{x} = a. \tag{2.4.4}$$

由式 (2.4.4) 求得 a 后, 再由式 (2.4.3) 又得

$$b = \lim_{x \to +\infty} (f(x) - ax). \tag{2.4.5}$$

可见, 若渐近线 L 存在, 则 a, b 应由公式 (2.4.4),(2.4.5) 确定. 反之, 若 a, b 由公式 (2.4.4), (2.4.5) 确定, 则显然式 (2.4.3) 成立, 因而 $y = ax + b$ 为曲线 $y = f(x)$ 的斜渐近线.

由此可得斜渐近线的求法: 仅当下述两个极限

$$a = \lim_{x \to +\infty} \frac{f(x)}{x}, \quad b = \lim_{x \to +\infty} [f(x) - ax] \tag{2.4.6}$$

都存在时, 曲线有斜渐近线 $y = ax + b$. 另外指出, 当 $a = 0$ 时, 它成为水平渐近线 $y = b$.

对 $x \to -\infty$ 的情形, 可类似讨论, 在此不赘述.

如果能将 $f(x)$ 写成形式

$$f(x) = ax + b + \varphi(x), \text{ 其中 } x \to \pm\infty \text{ 时}, \varphi(x) \to 0,$$

则不仅知道曲线有斜渐近线 $y = ax + b$, 而且可由 $x \to \pm\infty$ 时 $\varphi(x)$ 的符号确定曲线与渐近线的上下位置.

例 2.4.13 求曲线 $y = \dfrac{(x-3)^2}{4(x-1)}$ 的所有渐近线.

解 当且仅当 $x \to 1$ 时, $y \to \infty$, 即 $\lim\limits_{x \to 1} \dfrac{(x-3)^2}{4(x-1)} = \infty$. 可见有且仅有一条铅直渐近线 $x = 1$.

因为 $x \to \infty$ 时 y 没有有限极限, 故无水平渐近线. 又据 (2.4.6) 式

$$\lim_{x \to \infty} \frac{y}{x} = \lim_{x \to \infty} \frac{(x-3)^2}{4x(x-1)} = \frac{1}{4},$$
$$\lim_{x \to \infty} \left[\frac{(x-3)^2}{4(x-1)} - \frac{1}{4}x \right] = \lim_{x \to \infty} \frac{-5x+9}{4(x-1)} = -\frac{5}{4}.$$

故曲线还有斜渐近线 $y = \dfrac{1}{4}x - \dfrac{5}{4}$, 无论是 $x \to +\infty$ 还是 $x \to -\infty$, 它都是曲线的斜渐近线.

当 $x \to \infty$ 时, 可将 y 表达为

$$\begin{aligned} y &= \frac{(x-3)^2}{4(x-1)} = \frac{(x-1)^2 - 4(x-1) + 4}{4(x-1)} \\ &= \frac{x-1}{4} - 1 + \frac{1}{x-1} \\ &= \frac{1}{4}x - \frac{5}{4} + \frac{1}{x-1}, \end{aligned}$$

故 $y = \dfrac{1}{4}x - \dfrac{5}{4}$ 是曲线的斜渐近线. 且当 $x \to +\infty$ 时 $\dfrac{1}{x-1} > 0$, 曲线在渐近线的上方; 当 $x \to -\infty$ 时 $\dfrac{1}{x-1} < 0$, 曲线在渐近线的下方. □

例 2.4.14 求曲线 $y = \ln(1 + e^x)$ 的所有渐近线.

解 函数的定义域为 $(-\infty, +\infty)$, 且为连续函数, 故无铅直渐近线.

又因为 $x \to +\infty$ 时 y 没有有限极限, $x \to -\infty$ 时 $y \to 0$, 故有水平渐近线 $y = 0$.

又据式 (2.4.6)

$$\lim_{x \to +\infty} \frac{y}{x} = \lim_{x \to +\infty} \frac{\ln(1+e^x)}{x} = \lim_{x \to +\infty} \frac{e^x}{1+e^x} = 1,$$
$$\lim_{x \to +\infty} [\ln(1+e^x) - x] = \lim_{x \to +\infty} \ln \frac{1+e^x}{e^x} = \ln 1 = 0.$$

故曲线还有斜渐近线 $y = x$.

2.4.5 函数作图

至此, 我们已经能通过函数的解析表达式 $f(x)$ 得到表示它的图形的基本特征的种种信息. 利用这些我们可比较精确地绘制出函数 $y = f(x)$ 的图形. 现将作图的一般步骤归纳如下:

(1) 确定函数的定义域, 并考察其对称性及周期性.

对称性可通过讨论函数的奇偶性来给出. 显然, 偶函数的图形关于 y 轴对称, 奇函数的图

形关于坐标原点对称. 因此, 对这种函数, 只要作出 $x \geqslant 0$ 部分的图形, 另一半图形利用对称性画出.

又若 f 是以 T 为周期的周期函数, 则只需作出一个周期 $[0, T]$ 内的图形, 然后作周期延拓即得全图.

(2) 利用函数的一阶, 二阶导数讨论函数的单调性, 求出极值点, 算出极值; 讨论函数的凹向性, 求出拐点.

首先求出 $f'(x), f''(x)$, 找出它们等于零和不存在的点. 用这些点将定义域依 x 增加顺序把定义域分成几个区间, 定出这些区间上 $f'(x)$ 与 $f''(x)$ 的正、负号, 用以确定函数的单调区间、极值点、凹凸区间与拐点, 并将这些结果列在一表格内.

(3) 确定曲线的渐近线.

(4) 根据需要与可能, 求出某些特殊点 (例如与坐标轴的交点) 的坐标.

(5) 把以上结果画在坐标平面上.

画图时先画出渐近线, 再画出极值点, 拐点与特殊点, 然后按表中所列的单调性及凹向性将这些点之间的曲线段依次描出, 即得曲线的图形.

例 2.4.15   作出函数 $y = \dfrac{2}{x} + \dfrac{1}{x^2}$ 的图形.

解   (1) 该函数的定义域为 $x \neq 0$. 函数无对称性, 无周期性.

(2) $y(x)$ 的一阶、二阶导数为

$$y' = -\frac{2}{x^2} - \frac{2}{x^3}, \quad y'' = \frac{4}{x^3} + \frac{6}{x^4}.$$

由 $y' = 0$ 得驻点 $x = -1$. 由 $y'' = 0$ 得拐点可疑点横坐标 $x = -\dfrac{3}{2}$. 列表如下:

x	$\left(-\infty, -\dfrac{3}{2}\right)$	$-\dfrac{3}{2}$	$\left(-\dfrac{3}{2}, -1\right)$	-1	$(-1, 0)$	0	$(0, +\infty)$
y'	$-$	$-$	$-$	0	$+$		$-$
y''	$-$	0	$+$	$+$	$+$		$+$
y	下凹 $\searrow$	$\left(-\dfrac{3}{2}, -\dfrac{8}{9}\right)$ 拐点	上凹 $\searrow$	-1 极小值	上凹 $\nearrow$	间断	上凹 $\searrow$

(3) 由 $\displaystyle\lim_{x \to 0^+}\left(\frac{2}{x} + \frac{1}{x^2}\right) = +\infty$, $\displaystyle\lim_{x \to \infty}\left(\frac{2}{x} + \frac{1}{x^2}\right) = 0$ 知, 该曲线有铅直渐近线 $x = 0$ 及水平渐近线 $y = 0$.

(4) 另计算一些点的函数值如下:

x	-3	-2	$-\dfrac{1}{2}$	$-\dfrac{1}{4}$	$\dfrac{1}{2}$	1	2	3
y	$-\dfrac{5}{9}$	$-\dfrac{3}{4}$	0	8	8	3	$\dfrac{5}{4}$	$\dfrac{7}{9}$

根据这一切, 即可描出曲线 $y = \dfrac{2}{x} + \dfrac{1}{x^2}$ 的图像 (图 2.14). $\square$

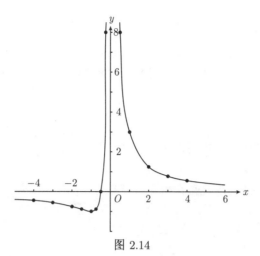

图 2.14

例 2.4.16　作出函数 $y = \dfrac{(x-3)^2}{4(x-1)}$ 的图形.

解　(1) 此函数的定义域由两个区间 $(-\infty, 1)$ 及 $(1, +\infty)$ 构成, 既无周期性, 也无对称性.

(2) 计算导数得

$$y' = \frac{(x+1)(x-3)}{4(x-1)^2}, \qquad y'' = \frac{2}{(x-1)^3}.$$

由 $y' = 0$ 得驻点 $x_1 = -1$ 和 $x_2 = 3$. 但在定义域内函数都有 2 阶导数且 $y'' \neq 0$, 故无拐点. 列表如下:

x	$(-\infty, -1)$	-1	$(-1, 1)$	$(1, 3)$	3	$(3, +\infty)$
y'	$+$	0	$-$	$-$	0	$+$
y''	$-$	$-$	$-$	$+$	$+$	$+$
y	下凹 ↗	极大值 -2	下凹 ↘	上凹 ↘	极小值 0	上凹 ↗

(3) 又在例 2.4.13 已求得铅直渐近线: $x = 1$; 斜渐近线: $y = \dfrac{x}{4} - \dfrac{5}{4}$.

按照这一切, 即可作出函数的图形 (图 2.15).

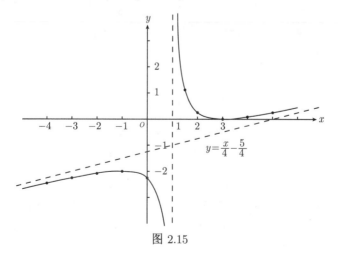

$$y = \frac{x}{4} - \frac{5}{4}$$

图 2.15

2.4.6 导数在经济学中的应用

在现代经济理论中, 普遍地应用微积分的方法 (主要是边际分析与弹性分析) 来研究和分析问题. 本段主要介绍边际与弹性的概念, 目的是使读者对微分学在经济管理中的应用有一个初步的了解.

一、经济中常用的函数

导数在经济领域中的应用, 主要是研究在这一领域中出现的一些函数关系, 因此必须了解一些经济分析中常见的函数.

需求函数 某种商品的需求是指在给定价格条件下, 消费者需要购买的有支付能力的商品的总量. 作为市场上的一种商品, 其需求量受到很多因素影响, 如商品的市场价格、消费者的喜好等. 为了便于讨论, 我们先不考虑其他因素, 假设商品的需求量仅受市场价格的影响. 则商品需求量 Q 是商品市场价格 P 的函数

$$Q = f(P),$$

该函数称为**需求函数**, 一般情况下, $Q = f(P)$ 是单调下降函数. 通常经过大量的统计, 得到价格与需求的一组数据, 然后用一些简单的初等函数来拟合需求函数, 建立经验曲线. 常见的需求函数有

线性函数 $Q = b - aP$;

幂函数 $Q = \dfrac{k}{P^\alpha}$ ($\alpha = 1$ 时, 称为反比函数);

指数函数 $Q = ae^{-bP}$.

上述各式中 a, b, k, α 均为正常数.

供给函数 某种商品的供给是指在给定的价格条件下, 生产者愿意生产并可供出售的商品总量, 影响供给的因素很多, 在市场经济中, 价格是主要因素, 在假设其他条件不变的前提下, 供给总量 Q 是价格的函数

$$Q = \varphi(P),$$

该函数称为**供给函数**, 它一般是单调增加的.

当市场对某商品的需求 $f(P)$ 等于供给 $\varphi(P)$ 时的价格为 P_0, 称为**均衡价格**, 此时的商品需求量与供给量称为**均衡商品量**(见图 2.16).

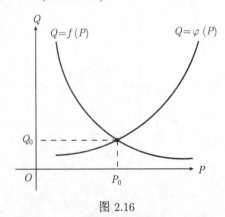

图 2.16

当 $P < P_0$ 时, 商品的需求 $f(P)$ 大于供给 $\varphi(P)$, 市场将出现供不应求现象, 商品短缺, 这种现象会导致价格上涨. 当 $P > P_0$ 时, 商品的需求 $f(P)$ 小于供给 $\varphi(P)$, 供大于求, 商品滞销, 导致价格下降, 总之, 商品的价格将在均衡价格上下摆动, 市场经济主要是通过价格来平衡供求关系的.

成本函数　某商品的成本是指生产一定数量产品所需全部经济资源投入的总额. 影响产品成本的因素很多, 成本包括固定成本和变动成本两类. 固定成本是指厂房、设备等固定资产的折旧、管理者的固定工资等, 记为 C_0. 变动成本是指原材料的费用、工人的工资等, 记为 C_1. 这两类成本的总和称为总成本, 记为 C, 即

$$C = C_0 + C_1.$$

影响产品成本的因素很多, 我们只假定成本 C 是产量 Q 的函数. 又设固定成本不变, 即 C_0 为常数, 则**成本函数**为

$$C = C(Q) = C_0 + C_1(Q).$$

称 $\bar{C}(Q) = \dfrac{C(Q)}{Q}$ 为**平均成本**.

收益函数　收益是指生产者 (经营者) 出售一定量产品所得的全部收入 (俗称毛收入), 记为 $R = R(Q)$, 称 $\bar{R} = \dfrac{R(Q)}{Q}$ 为平均收益. 若 P 为商品价格, 并设销售量 $Q(P)$ 等于需求函数 $f(P)$, 则收益 $R = Pf(P)$.

利润函数　利润是指收入扣除成本后的剩余部分, 即

$$L(Q) = R(Q) - C(Q),$$

这是销售 Q 单位产品的利润. 总收入减去变动成本称为毛利润, 再减去固定成本称为纯利润.

二、边际分析

设一个经济指标 y 是另一个经济指标 x 的函数 $y = f(x)$. 在经济学中, 若自变量在 x 处有一个单位改变量 $\Delta x = 1$, 相应的函数 y 的改变量 $\Delta y = f(x+1) - f(x)$ 称为该函数所表示的指标量在 x 处的**边际量**. 例如, 生产量在 x 单位水平时的边际成本, 就是在已生产 x 单位产品的水平上, 再多生产一个单位产品时成本的增加量, 也就是再多生产一个单位产品时所花费的成本. 再如, 销售量在 x 单位水平时的边际利润, 就是在已销售 x 单位产品的水平上, 再多销售一个单位产品时所获得的利润. 边际的意思是现实与非现实的边缘. 例如, 再多生产一个单位产品时所花费的成本是边际成本, "再多生产一个" 可能是现实, 也可能不是现实, 因而边际成本可能是成本也可能不是真正的成本, 但它的大小是成本变化快慢的标志. 一个企业在对自己的生产 (或销售) 规模进行决策时必须对边际成本、边际收益、边际利润、边际需求的变化进行分析, 这类研究和分析统称为**边际分析**.

设自变量的增量 $\Delta x = 1$(1 个单位), 于是边际量

$$\Delta y = y(x+1) - y(x) = \frac{\Delta y}{\Delta x}.$$

我们能否取 $\Delta x \to 0$ 时, $\dfrac{\Delta y}{\Delta x}$ 的极限呢? 从纯数学的观点讲, 似乎是行不通的, 因为按件计的

产量或销量, 改变量 Δx 为小数是不现实的. 但对于现代大企业来讲, 其产 (销) 量的数额 x 是一个很大的数目, 由于 $\Delta x = 1$ 与 x 相比是微乎其微的, 因此, 当 x 很大时, 有

$$\Delta y = y(x+1) - y(x) = \frac{\Delta y}{\Delta x} \approx \frac{\mathrm{d}y}{\mathrm{d}x} = f'(x).$$

正是由于这个缘故, 在经济学中, 用 $\frac{\mathrm{d}y}{\mathrm{d}x} = f'(x)$ 表示边际量并称 $f'(x)$ 为 $f(x)$ 的**边际函数**. 就是说, $C'(Q)$ 是边际成本, $R'(Q)$ 是边际收益, $L'(Q)$ 是边际利润, $f'(Q)$ 是边际需求等.

由上述讨论可知, $y = f(x)$ 的边际函数 $f'(x)$ 刻画了 y 对 x 变化的灵敏度. 例如, 当产量 (销量) Q 较大时, 边际成本是在产量 (销量) 达到 Q 时, 再多生产 (销售) 一个单位产品时成本的增加量. 边际收益是在产量达到 Q 时, 再多生产 (销售) 一个单位产品时收益的增加量. 若当 $Q = Q_0$ 时, 利润 L 达最大值, 由极值的必要条件知必有 $L'(Q_0) = R'(Q_0) - C'(Q_0) = 0$, 即 $R'(Q_0) = C'(Q_0)$. 这说明某产品取得最大利润的必要条件是边际收益等于边际成本. 直观上看, 这也是很显然的, 如果增加产量带来的收益大于所增加的成本 (即 $R'(Q) > C'(Q)$), 那么就应该增加产量. 反之, 如果它带来的收益小于所增加成本 (即 $R'(Q) < C'(Q)$) 就应减少产量, 故当利润最大时, 必有 $R'(Q) = C'(Q)$.

若 $L'(Q_0) = 0, L''(Q_0) < 0$, 则 $L(Q_0)$ 为极大值, 又若驻点 Q_0 唯一, 则 $L(Q_0)$ 为最大利润. 下面我们用一个具体的例子来说明刚才给出的分析.

设某企业一种产品的产量为 Q 时的成本函数和收益函数分别为

$$C(Q) = 218800 + 500Q + \frac{3}{5}Q^2 (\text{元}),$$

$$R(Q) = 1500Q + \frac{Q^2}{10} (\text{元}).$$

则边际成本 $C'(Q) = 500 + \frac{6}{5}Q$, 边际收益 $R'(Q) = 1500 + \frac{Q}{5}$, 边际利润 $L'(Q) = R'(Q) - C'(Q) = 1000 - Q$, 令 $Q = 250$, 得

$$C(250) = 381300 (\text{元}), \quad C'(250) = 800 (\text{元/单位产品}),$$

$$R(250) = 381250 (\text{元}), \quad R'(250) = 1550 (\text{元/单位产品}),$$

$$L(250) = -50 (\text{元}), \quad L'(250) = 750 (\text{元/单位产品}).$$

这些数字表明在生产 250 个单位产品的水平上, 再多生产一个产品的成本增加 800 元, 如果生产的 250 个产品全部售出, 则收益为 381250 元, 利润 $L = 381250 - 381300 = -50 (\text{元})$, 发生了亏损, 亏损值为 50 元, 但这时的边际收益较大, 即再多生产一个单位产品的收益为 1550 元, 边际利润为 750 元, 从而该企业的生产水平由 250 个改变到 251 个时, 就将由亏损 50 元的局面转变到盈利 $750 - 50 = 700 (\text{元})$ 的局面. 什么时候利润最大呢? 令 $L' = 1000 - Q = 0$ 得 $Q = 1000$ 是唯一驻点, 由于 $L''(Q) = -1 < 0$, 故生产量为 1000 时, 利润最大, 最大利润为 $L(1000) = 281200 (\text{元})$.

例 2.4.17　某种产品的总成本 C (万元) 与产量 Q (万件) 之间的函数关系式 (即总成本函数) 为

$$C = C(Q) = 100 + 4Q - 0.2Q^2 + 0.01Q^3.$$

求生产水平为 $Q = 10$ (万件) 时的平均成本和边际成本, 并从降低成本角度看, 继续提高产量是否合适?

解　当 $Q = 10$ 时的总成本为 $C(10) = 100 + 4 \times 10 - 0.2 \times 10^2 + 0.01 \times 10^3 = 130$ (万元), 所以平均成本 (单位成本) 为 $C(10) \div 10 = 130 \div 10 = 13$ (元/件). 边际成本为 $C'(Q) = 4 - 0.4Q + 0.03Q^2$, 则 $C'(10) = 4 - 0.4 \times 10 + 0.03 \times 10^2 = 3$ (元/件). 因此在生产水平为 10 万件时, 每增加一个产品总成本增加 3 元, 远低于当前的单位成本, 从降低成本角度看, 应该继续提高产量.　　　　□

三、函数的弹性

前面介绍的经济量的边际函数即导数是有量纲的. 例如, 虽然各国的牛肉需求量对价格 P 的变化率都可用 $\dfrac{\mathrm{d}Q}{\mathrm{d}P}$ 表示, 但是英国的可用 m 磅 (重) / 英磅为度量单位, 我国的则用 m 公斤 / 元为度量单位, 不能直接用 $\dfrac{\mathrm{d}Q}{\mathrm{d}P}$ 的大小来进行比较, 又如汽油和电的度量单位不同, 它们的需求量对价格的变化率 (即边际需求) 的量纲也不相同, 不具备可比性. 此外, 从边际量是一个绝对变化率的观点来看, 使用边际量进行比较有时也不方便. 例如, 设计算器和电脑的单价分别为 100 元和 10000 元, 若它们的边际利润都是 10 元/台, 则对计算器来说, 多出售一台增加利润 10 元, 是原价的十分之一, 而对电脑来说, 多出售一台也是增加利润 10 元, 仅是原价的千分之一, 可见虽然它们的边际利润相同, 但内涵却大不相同, 为了便于在经济分析中进行比较, 我们必须制定一种不含任何量纲的度量方法, 这就是经济指标的弹性.

设 $y = f(x)$, 称 $\Delta y = f(x + \Delta x) - f(x)$ 为函数 $f(x)$ 在点 x 处的绝对改变量, Δx 称为自变量在点 x 处的绝对改变量, 绝对改变量在原来量值中的百分数称为相对改变量. 具体说 $\dfrac{\Delta y}{y} = \dfrac{f(x + \Delta x) - f(x)}{f(x)}$ 称为函数 $f(x)$ 在点 x 处的相对改变量 (相对增量), $\dfrac{\Delta x}{x}$ 称为自变量在点 x 处的相对改变量 (相对增量). 在经济学中, 把函数的相对改变量与自变量的相对改变量之比, 即

$$\frac{\dfrac{\Delta y}{y}}{\dfrac{\Delta x}{x}} = \frac{x \Delta y}{y \Delta x}$$

称为函数 $y = f(x)$ 从 x 到 $x + \Delta x$ 两点间的**相对变化率**, 称极限

$$\lim_{\Delta x \to 0} \frac{x \Delta y}{y \Delta x} = x \frac{f'(x)}{f(x)}$$

为 $f(x)$ 在点 x 处的**相对变化率**或**相对导数**, 通常称为 $f(x)$ 在点 x 处的**弹性**, 记为 $\dfrac{Ey}{Ex}$, 即

$$\frac{Ey}{Ex} = x \frac{f'(x)}{f(x)}.$$

若取 $\dfrac{\Delta x}{x} = 1\%$, 由于 $x \dfrac{f'(x)}{f(x)} \approx \dfrac{\Delta y}{y} \Big/ \dfrac{\Delta x}{x}$, 故

$$\frac{\Delta y}{y} \approx \frac{f'(x)}{f(x)} x \frac{\Delta x}{x} = \frac{Ey}{Ex}\%.$$

于是函数 y 的弹性可解释为在点 x 处当自变量 x 的相对增量 $\frac{\Delta x}{x}$ 为 1% 时, 函数 y 的相对增量 $\frac{\Delta y}{y}$ 为 $\frac{Ey}{Ex}\%$. 换言之, 弹性是自变量的值每改变百分之一时所引起的函数变化的百分比.

例如, 需求函数 $Q = f(P)$ 的弹性 (即需求弹性)

$$\eta = -P\frac{f'(P)}{f(P)}$$

表示当价格上涨 1% 时, 需求将减少 $\eta\%$ (注意这里 $f'(P) < 0, \eta > 0$), 在经济学中规定弹性取相对导数的绝对值. 供给函数 $Q = \varphi(P)$ 的弹性

$$\varepsilon = P\frac{\varphi'(P)}{\varphi(P)},$$

它表示当价格每上涨 1% 时, 供给将增加 $\varepsilon\%$.

弹性是相对变化率, 使用弹性就克服了单位不统一而造成的不可比性的障碍.

例 2.4.18   设某种产品的需求量 Q 与价格 P 的关系为

$$Q(P) = 1600\left(\frac{1}{4}\right)^P,$$

试求 (1) 需求对价格的弹性; (2) 当产品价格 $P = 10$ (元) 时, 价格改变 1% 对产品的需求影响多大?

解   (1) 需求弹性为

$$\eta(P) = -P\frac{Q'(P)}{Q(P)} = -P\frac{1600\left(\frac{1}{4}\right)^P \ln\frac{1}{4}}{1600\left(\frac{1}{4}\right)^P} = 2P\ln 2.$$

(2) 当 $P = 10$ (元) 时,

$$\eta(10) = 20\ln 2 \approx 13.9,$$

这表示当价格 $P = 10$ (元) 时, 价格增加 1%, 产品的需求将减少 13.9%.

例 2.4.19   求幂函数 $y = ax^\alpha$ $(a, \alpha$ 为常数) 的弹性函数 $\frac{Ey}{Ex}$.

解   弹性函数为

$$\frac{Ey}{Ex} = x\frac{y'}{y} = x\frac{a\alpha x^{\alpha-1}}{ax^\alpha} = \alpha,$$

即幂函数的弹性为常数, 其值等于 x 的幂次. 故幂函数称为不变弹性函数, 生活必需品 (如柴、米、油、盐等) 的需求函数近似不变弹性函数.

现在我们来研究需求弹性, 收益及收益弹性之间的关系. 设某商品价格为 P, 需求为 $Q = f(P)$, 并假定销售量等于需求, 从而 $R = Pf(P)$, 边际收益为

$$R' = f(P) + Pf'(P) = f(P)\left(1 + P\frac{f'(P)}{f(P)}\right) = f(P)[1 - \eta],$$

收益弹性为

$$\frac{ER}{EP} = P\frac{R'}{R} = P\frac{1}{Pf(P)}f(P)[1 - \eta] = 1 - \eta. \tag{2.4.7}$$

上式可解释为:在需求等于销量的条件下, 若需求弹性为 η, 则当价格上涨 1% 时, 收益将上升 $(1 - \eta)\%$.

因此, 若 $\eta < 1$, 即需求变动幅度小于价格变动幅度, 这时若提高价格, 虽然会导致需求减少, 但收益仍会增加. 若 $\eta > 1$, 即需求变动幅度大于价格变动幅度, 这时若提高价格, 收益将减少, 而降低价格, 收益反而会增加. 若 $\eta = 1$, 即需求变动幅度等于价格变动幅度, 此时 $R' = 0$, 收益达极大值.

弹性主要是用来衡量需求函数或供给函数对价格或收入的变化的敏感度. 一个企业的决策者只有掌握市场对产品的需求情况以及需求对自变量的反应程度才能作出正确的发展生产决策.

例 2.4.20　设某商品的需求函数为 $Q = f(P) = 12 - \dfrac{P}{2}$, (1) 求需求弹性 η; (2) 在 $P = 9$ 时, 若价格上涨 1%, 收益如何变化? (3) P 为何值时, 收益最大? 最大收益是多少?

解　(1) 需求弹性为

$$\eta = -P\frac{f'(P)}{f(P)} = P\frac{\dfrac{1}{2}}{12 - \dfrac{P}{2}} = \frac{P}{24 - P}.$$

(2) 因 $1 - \eta(9) = 1 - \dfrac{9}{24 - 9} = 0.4$, 由公式 (2.4.7) 知当价格上涨 1% 时, 收益将增加 0.4%.

(3) 收益 $R = P \cdot f(P) = 12P - \dfrac{1}{2}P^2$, 其导数为 $R' = 12 - P$. 令 $R' = 0$, 得 $P = 12$. 因 $R'' = -1 < 0$, 故当 $P = 12$ 时收益最大, 最大收益为 $12 \cdot 12 - \dfrac{1}{2} \cdot 12^2 = 72$.　□

四、税收

政府对经营者征税有许多形式, 归纳起来有三种基本类型: 利润税、产量税和收益税.

利润税　是根据利润 L 按一定的税率征税, 设税率为 m, 产量为 Q, 利润 $L = L(Q)$, 则税后利润为

$$L^* = (1 - m)L.$$

经营者总力求获取最大利润, 由上式可知, L^* 与 L 同时达到最大值. 因此在其余条件不变的情况下, 利润税不会影响产量.

产量税　是根据产量的多少按一定的税率征税, 设税率为 t, 产量为 Q, 则税后利润为

$$L^* = L - tQ. \tag{2.4.8}$$

设某产品的利润 L 与产量 Q 的函数关系为 $L = L(Q)$. 通常 $L = L(Q)$ 的图形为一条下凹的曲线 (见图 2.17), 设当 $Q = Q_0$ 时 L 取最大值 $L_0 = L(Q_0)$. 此时有 $\dfrac{\mathrm{d}L}{\mathrm{d}Q} = 0$, 为求 L^* 的最大值, 在式 (2.4.8) 两端对 Q 求导得

$$\frac{\mathrm{d}L^*}{\mathrm{d}Q} = \frac{\mathrm{d}L}{\mathrm{d}Q} - t.$$

令 $\dfrac{\mathrm{d}L^*}{\mathrm{d}Q} = 0$, 得 $\dfrac{\mathrm{d}L}{\mathrm{d}Q} = t$. 即 L^* 的最大值在切线斜率为 t 的点处取到. 设 $\dfrac{\mathrm{d}L}{\mathrm{d}Q}(Q_t) = t$, 由于 $L'(Q)$ 为单调减少函数, $t > 0$, 故 $Q_t < Q_0$. 因此, 政府采用产量税对生产者征税, 生产者为获得最大利润, 将会降低产量.

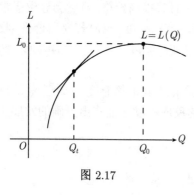

图 2.17

收益税 是根据收益的多少按一定的税率征税, 设税率为 r, 价格为 P, 产量为 Q, 利润为 L, 则税后利润为

$$L^* = L - rPQ.$$

一般说来收益税也会影响产量. 我们举例说明.

例 2.4.21 设某产品需求函数和成本函数分别为 $Q = 90 - \dfrac{1}{2}P$ 与 $C = 20 + 8Q$, 若政府

(1) 征收产量税, 税率为 t;

(2) 征收收益税, 税率为 r,

分别讨论取得最大税后利润时的产量 Q^*.

解 (1) 由条件得税后利润为

$$L^* = PQ - C - tQ = (180 - 2Q)Q - 20 - 8Q - tQ$$
$$= (172 - t)Q - 2Q^2 - 20,$$

于是

$$\frac{\mathrm{d}L^*}{\mathrm{d}Q} = 172 - t - 4Q, \quad \frac{\mathrm{d}^2L^*}{\mathrm{d}Q^2} = -4 < 0.$$

令 $\dfrac{\mathrm{d}L^*}{\mathrm{d}Q} = 0$, 得到获取最大利润时的产量 $Q^* = 43 - \dfrac{t}{4}$.

(2) 由条件得税后利润为

$$L^* = PQ - C - rPQ = (1 - r)(180 - 2Q)Q - 20 - 8Q,$$
$$\frac{\mathrm{d}L^*}{\mathrm{d}Q} = (1 - r)(180 - 4Q) - 8,$$
$$\frac{\mathrm{d}^2L^*}{\mathrm{d}Q^2} = -4(1 - r) < 0.$$

令 $\dfrac{\mathrm{d}L^*}{\mathrm{d}Q} = 0$, 求到取得最大利润时的产量 $Q^* = 45 - \dfrac{2}{1 - r}$. □

从上例可知, 政府征收产量税与收益税均导致产量下降, 且税率越高, 产量下降越多.

2.4.7　方程的近似解*

在理论研究以及实际工作中, 常常需要求非线性方程

$$f(x) = 0 \tag{2.4.9}$$

的实根, 但是除了一些非常简单的方程外, 在大多数情形是很难求得根的精确值. 另一方面, 实际问题的求解中往往只需要知道方程的近似解. 因此, 我们有必要去学习寻求方程 (2.4.9) 近似解的方法 —— 数值计算方法.

在这一节, 我们始终假定:

(1) $f(x)$ 在闭区间 $[a,b]$ 上连续, 且 $f(a)f(b) < 0$.

(2) 在 $[a,b]$ 上, $f(x)$ 存在一阶导数 $f'(x)$ 及二阶导数 $f''(x)$, 并且各自保持一定的符号.

由条件 1) 可知, 方程 (2.4.9) 在 (a,b) 内是一定有根的. 而由 2) 关于 $f'(x)$ 保持符号的假设, 可知 $f(x)$ 在 $[a,b]$ 上是严格单调的, 因而方程 (2.4.9) 在区间 (a,b) 内有唯一的根 $\bar{x}$ —— 函数 $f(x)$ 对应的曲线与 Ox 轴的交点的横坐标.

求非线性方程的根, 除了一些特殊方程, 如二次三项式方程, 一般需要应用迭代法. 所谓**迭代法**是从给定的一个或几个初始近似值 (简称初始值) $x_0, x_1, \cdots, x_r$ 出发, 按某种迭代规则产生一个序列

$$x_0, x_1, \cdots, x_r, \cdots, x_k, \cdots$$

称为迭代序列, 使得此序列收敛于方程 (2.4.9) 的根 $\bar{x}$. 这样, 当 k 足够大时, 取 x_k 作为 $\bar{x}$ 的一个近似值.

下面我们介绍两种常用的求方程 (2.4.9) 近似解的方法 —— 牛顿法和割线法.

一、牛顿法

假设我们有初始值 x_0, 将 $f(x)$ 在 x_0 处按泰勒公式展开

$$f(x) = f(x_0) + f'(x_0)(x - x_0) + \frac{1}{2}f''(x_0)(x - x_0)^2 + \cdots,$$

取线性部分作为 $f(x)$ 的近似, 则原方程可近似为

$$f(x_0) + f'(x_0)(x - x_0) \approx 0,$$

若 $f'(x_0) \neq 0$, 则有

$$x = x_0 - \frac{f(x_0)}{f'(x_0)},$$

记之为 x_1, 类似地我们可得

$$x_2 = x_1 - \frac{f(x_1)}{f'(x_1)},$$

这样一直下去, 我们可以得到迭代序列

$$x_{k+1} = x_k - \frac{f(x_k)}{f'(x_k)}, k = 0, 1, 2, \cdots . \tag{2.4.10}$$

其中要求 $f'(x_k) \neq 0, k = 0, 1, 2, \cdots$.

上述迭代法称为 Newton-Raphson 方法 (或简称 **Newton 法**), 是解非线性方程的最著名的和最有效的数值方法之一.

Newton 法的几何解释

函数方程 $f(x) = 0$ 的根 $\bar{x}$ 是曲线 $y = f(x)$ 与 x 轴的交点的横坐标. 过点 $(x_k, f(x_k))$ 作曲线的切线 T_k, 则切线方程为

$$y - f(x_k) = f'(x_k)(x - x_k),$$

切线 T_k 与 x 轴的交点的横坐标为

$$x_{k+1} = x_k - \frac{f(x_k)}{f'(x_k)}.$$

因此, Newton 法又叫做**切线法**.

在牛顿法的实施过程中, 除了要求 $f(x)$ 具有足够的光滑性, 我们还要求初始近似值充分接近于方程 $f(x) = 0$ 的根 $\bar{x}$, 这可从泰勒公式取线性近似的合理性得到启示. 在实际应用中, 有的实际问题本身可以提供接近于根的初始值, 但有的问题却难以确定接近于根的初始值. 关于初始值的选取, 下面我们将从具体的函数形态给出初值的选取方法.

由假设, 曲线 $y = f(x)$ 在区间 $[a, b]$ 上不但是严格单调的, 由 2) 可知, 它还不会改变凹凸性. 按照 $f'(x)$ 及 $f''(x)$ 在 $[a, b]$ 上的不同符号的组合, 可以出现图 2.18 所示的四种情形: (I), (II), (III), (IV).

若 $f(a)$ 与 $f''(x)$ 同号 (情形 (II) 和 (III)), 则取 a 作为 $\bar{x}$ 的第一次近似 x_0, 若 $f(b)$ 与 $f''(x)$ 同号 (情形 (I) 和 (IV)), 则取 b 作为 $\bar{x}$ 的第一次近似 x_0, 图 2.18 显示, 在所有情形, x_1 都比 x_0 更接近 $\bar{x}$, 故可取 x_1 作为第二次近似, 它比第一次近似有更高的精确度.

例 2.4.22   试用牛顿法在区间 $(3, 4)$ 内求方程

$$x^3 - 2x^2 - 4x - 7 = 0$$

的近似解, 使误差不超过 0.001.

解   记 $f(x) = x^3 - 2x^2 - 4x - 7$, 易于验证 $f(x)$ 在区间 $[3, 4]$ 上满足本节的条件 1) 和 2). 且 $f''(x)$ 与 $f(4)$ 同号, 取 $x_0 = 4$, 反复利用公式 (2.4.10) 得

$$x_1 = 4 - \frac{f(4)}{f'(4)} \approx 3.679,$$

$$x_2 = 3.679 - \frac{f(3.679)}{f'(3.679)} \approx 3.633,$$

$$x_3 = 3.633 - \frac{f(3.633)}{f'(3.633)} \approx 3.632.$$

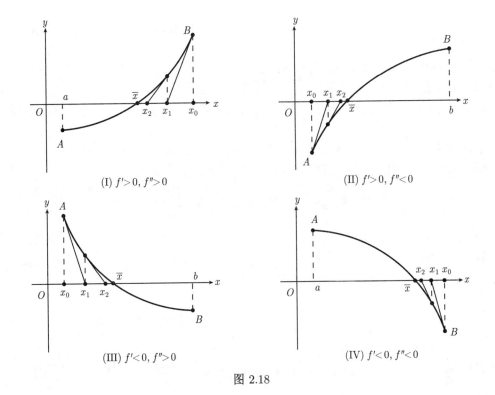

(I) $f'>0, f''>0$　　(II) $f'>0, f''<0$

(III) $f'<0, f''>0$　　(IV) $f'<0, f''<0$

图 2.18

经试探, 得知 $f(3.632) > 0$, 而 $f(3.631) < 0$, 故 $3.631 < \bar{x} < 3.632$, 于是可取 $\bar{x} \approx 3.632$, 其误差不超过 0.001.

二、割线法

连接 $[a, b]$ 上的曲线 $y = f(x)$ 的两个端点 A 和 B, 并把 AB 的方程写为:

$$y - f(a) = \frac{f(b) - f(a)}{b - a}(x - a) \quad (\text{对于情形 (I) 和 (IV)}),$$

或

$$y - f(b) = \frac{f(b) - f(a)}{b - a}(x - b) \quad (\text{对于情形 (II) 和 (III)}).$$

以 x_0 表示 $\bar{x}$ 的第一次近似, 在情形 (I) 和 (IV) 取 $x_0 = b$, 在情形 (II) 和 (III) 取 $x_0 = a$. 在弦 AB 的方程中令 $y = 0$, 求得 AB 与 Ox 轴的交点的横坐标 x_1:

$$x_1 = a - \frac{b - a}{f(b) - f(a)} f(a) \quad (\text{对于情形 (I) 和 (IV)}), \tag{2.4.11}$$

或

$$x_1 = b - \frac{b - a}{f(b) - f(a)} f(b) \quad (\text{对于情形 (II) 和 (III)}) \tag{2.4.12}$$

无论哪一种情形, x_1 都比 x_0 更接近 $\bar{x}$, 因此, 取 x_1 作为 $\bar{x}$ 的第二次近似, 它比第一次近似 x_0 更为精确.

重复同样的方法, 从新区间 $[x_1, b]$ (对于情形 (I) 和 (IV)) 或 $[a, x_1]$ (对于情形 (II) 和 (III)) 出发, 连接点 $(x_1, f(x_1))$ 与点 B 或者连接点 A 与点 $(x_1, f(x_1))$, 并求连线与 Ox 轴的交点, 又可得到比 x_1 更接近 $\bar{x}$ 的第三次近似 x_2, 如此继续下去, 就可求得有足够精确度的近似根.

上述方法, 实质上就是一次又一次以割线代替曲线弧, 故称**割线法**.

例 2.4.23   用割线法在区间 $(0,1)$ 内求方程

$$x^3 + 1.1x^2 + 0.9x - 1.4 = 0$$

的近似解, 使误差不超过 0.001.

解   记 $f(x) = x^3 + 1.1x^2 + 0.9x - 1.4$, 易于验证, $f(x)$ 在区间 $[0,1]$ 上满足本节的条件 1) 和 2). 并且 $f'(x) > 0$, $f''(x) > 0$, 因而属于情形 (I). 由公式 (2.4.11), 可得

$$x_1 = 0 - \frac{1-0}{f(1) - f(0)} f(0) \approx 0.467.$$

再一次利用公式 (2.4.11), 于其中取 $a = x_1 = 0.467$, $b = 1$, 又得

$$x_2 = 0.467 - \frac{1 - 0.467}{f(1) - f(0.467)} f(0.467) \approx 0.619.$$

以此类推, 相继求得

$$x_3 \approx 0.658, \qquad x_4 \approx 0.668, \qquad x_5 \approx 0.670.$$

为了对精确度作出估计, 可将所求得的近似值代入 f 进行试探. 例如, 由于 $f(0.670) < 0$, 而 $f(0.671) > 0$, 可以断定 $0.670 < \bar{x} < 0.671$, 因而取 $\bar{x} \approx 0.670$, 其误差不会超过 0.001.   □

习题 2.4

1. 求下列函数的单调区间:

(1) $y = x^3 - 2x^2 + x - 2$;

(2) $y = \dfrac{2x}{1 + x^2}$;

(3) $y = \mathrm{e}^x \cos x$;

(4) $y = \left(1 + \dfrac{1}{x}\right)^x$, $x > 0$;

(5) $y = \dfrac{1}{x} \ln^2 x$;

(6) $y = x + \sqrt{1 - x}$.

2. 设 $f(x)$ 在 $[a, +\infty)$ 上连续, $f''(x)$ 在 $(a, +\infty)$ 内存在且大于零, 记

$$F(x) = \frac{f(x) - f(a)}{x - a} \quad (x > a).$$

证明 $F(x)$ 在 $(a, +\infty)$ 内单调增加.

3. 证明下列不等式:

(1) $\sin x > \dfrac{2}{\pi}x \ (0 < x < \dfrac{\pi}{2})$;
(2) $x - \dfrac{x^3}{3} < \arctan x < x \ (x > 0)$;

(3) $x - \dfrac{x^2}{2} < \ln(1+x) < x \ (x > 0)$;
(4) $\tan x > x + \dfrac{x^3}{3} \ (0 < x < \dfrac{\pi}{2})$;

(5) $1 + x \ln(x + \sqrt{1+x^2}) > \sqrt{1+x^2} \ (x > 0)$;

(6) $\ln x > \dfrac{2(x-1)}{x+1} \ (x > 1)$.

4. 求下列函数的极值:

(1) $y = (x-1)\sqrt[3]{x^2}$;
(2) $y = \dfrac{1}{x}\ln^2 x$;

(3) $y = \sqrt[3]{(x^2 - a^2)a^2} \ (a > 0)$;
(4) $y = \dfrac{x^2 - 7x - 5}{x - 10}$;

(5) $y = x^2 \mathrm{e}^{-x^2}$;
(6) $y = \sin^2 x - \cos x$.

5. 问 a 为何值时, 函数 $f(x) = a\sin x + \dfrac{1}{3}\sin 3x$ 在 $x = \dfrac{\pi}{3}$ 处有极值? 极值等于多少? 是极大呢, 还是极小?

6. 求函数在给定区间上的最大值和最小值:

(1) $y = x + 2\sqrt{4 - 3x}, \ -1 \leqslant x \leqslant 1$;
(2) $y = \dfrac{1 - x + x^2}{1 + x - x^2}, \ 0 \leqslant x \leqslant 1$;

(3) $y = 2\tan x - \tan^2 x, \ 0 \leqslant x \leqslant \dfrac{\pi}{3}$;
(4) $y = \arctan\dfrac{1 - x}{1 + x}, \ 0 \leqslant x \leqslant 1$;

(5) $y = |x^2 - 3x + 2| - x, \ 0 \leqslant x \leqslant 2$.

7. 要做一个带盖的长方体小盒, 其体积为 $72\,\mathrm{cm}^3$, 底面的长、宽之比为 2:1, 问长、宽、高各为多少时, 表面积最小?

8. 有长 $8\,\mathrm{cm}$、宽 $5\,\mathrm{cm}$ 的矩形铁皮, 于其四角各剪去一个同样大小的正方形并折起四边成一无盖盒子, 欲此盒容积最大, 剪去的小正方形边长应该是多少?

9. 某窗由半圆置于矩形之上而构成, 若窗的面积为定值 A, 试问矩形的底为多少时窗框的周长 s 为最短?

10. 用直径为 d 的圆柱形木料加工成断面为矩形的梁, 若矩形宽为 x、高为 y 时, 梁的强度与 xy^2 成正比. 问高与宽成什么比例时, 其强度最大?

11. 在平面上引一条通过点 $P(1, 4)$ 的直线, 要它在两个坐标轴上的截距都为正数, 且它们的和为最小, 求此直线的方程.

12. 求下列函数图形的凹凸区间及拐点:

(1) $y = x^4 - x^3 + x^2 - x + 1$;
(2) $y = x + \sin x$;

(3) $y = \mathrm{e}^{\arctan x}$;
(4) $y = \dfrac{a}{x}\ln\dfrac{x}{a} \ (a > 0)$.

13. 证明曲线 $y = \dfrac{x + 1}{x^2 + 1}$ 有三个拐点位于同一直线上.

14. 求下列函数曲线的渐近线:

(1) $y = \mathrm{e}^{\frac{1}{x}}$;
(2) $y = x\ln\left(\mathrm{e} + \dfrac{1}{x}\right)$;

(3) $y = x + \dfrac{\ln x}{x}$;
(4) $y = 2x + \arctan\dfrac{x}{2}$;

(5) $y = \ln \dfrac{x^2 - 3x + 2}{x^2 + 1}$;   (6) $y = \left(x - \dfrac{1}{x}\right) \mathrm{e}^{\frac{\pi}{2} + \arctan(x^2)}$.

15. 讨论下列函数的性态并作出函数图形:

(1) $y = 3x^5 - 5x^3$;   (2) $y = \dfrac{\ln x}{x}$;

(3) $y = x + \operatorname{arccot} x$;   (4) $y = \dfrac{4}{x^2 - 2x + 4}$;

(5) $y = (x + 6)\mathrm{e}^{\frac{1}{x}}$;   (6) $y = \dfrac{x^3}{(1 - x)^2}$;

(7) $y = x^{-2}\mathrm{e}^{-\frac{1}{x}}$;   (8) $f(x) = \left(\dfrac{1 + x}{1 - x}\right)^4$.

16. 设某种商品的单价为 P 时, 售出的商品数量 Q 可以表示成

$$Q = \frac{a}{P + b} - c.$$

其中 a, b, c 均为正数, 且 $a > bc$.

(1) 求 P 在何范围内变化时, 使相应销售额增加或减少?

(2) 要使销售额最大, 商品单价应取何值? 最大销售额是多少?

17. 一商家销售某种商品的价格满足关系 $P = 7 - 0.2x$ (万元/吨), x 为销售量 (单位: 吨), 商品的成本函数是 $C = 3x + 1$ (万元).

(1) 若每销售一吨商品, 政府要征税 t (万元), 求该商家获最大利润时的销售量;

(2) t 为何值时, 政府税收总额最大?

18. 已知某企业的总收入函数为 $R = 26x - 2x^2 - 4x^3$, 总成本函数为 $C = 8x + x^2$, 其中 x 表示产品的产量. 求利润函数, 边际收入函数, 边际成本函数, 以及企业获得最大利润时的产量和最大利润.

19. 某商品的供给函数为 $Q = 7 \cdot 2^P - 14$, 求供给弹性函数, 并求当 $P = 2$ 时的供给弹性.

20. 某商品的需求函数为 $Q = 45 - P^2$.

(1) 求当 $P = 3$ 与 $P = 5$ 时的边际需求与需求弹性;

(2) 当 $P = 3$ 与 $P = 5$ 时, 若价格上涨 1%, 收益将如何变化?

(3) P 为多少时, 收益最大?

21. 在区间 $(0, 1)$ 内求方程 $x^3 - 2x^2 + 6x - 1 = 0$ 的根的近似值, 使误差不超过 0.001.

22. 在区间 $\left(0, \dfrac{1}{2}\right)$ 内求方程 $x^3 + 3x - 1 = 0$ 的近似根, 使误差不超过 0.001.

23. 计算方程 $\sin x = 1 - x$ 的根, 使误差不超过 0.001.

第3章　一元函数积分学

3.1　不　定　积　分

3.1.1　不定积分的定义与性质

在第 2 章中, 我们建立了函数的导数与微分的概念. 无论是数学理论发展本身的要求, 还是实践应用的需要, 都会产生与求导数相反的问题, 即已知函数 $F(x)$ 的导数 $f(x)$, 我们要求解 $F(x)$, 这就是所谓的求原函数的问题. 例如, 已知某物体在任一时刻 t 的速度 $v = v(t)$, 求在 t 时该物体走过的路程 $s = s(t)$. 我们知道物体走过的路程 $s(t)$ 对时间 t 的导数 $\dfrac{\mathrm{d}s}{\mathrm{d}t}$ 等于速度 $v(t)$. 于是上述问题就是由导数 $\dfrac{\mathrm{d}s}{\mathrm{d}t}$ 求函数 $s(t)$ 的一个例子.

我们先引入关于原函数的概念.

定义 3.1.1(原函数)　设函数 $f(x)$ 在某区间 I 上定义. 若存在函数 $F(x)$, 使得

$$F'(x) = f(x), \quad x \in I,$$

则称 $F(x)$ 为 $f(x)$ 在区间 I 上的一个**原函数**.

若 $F(x)$ 是 $f(x)$ 的某一个原函数, C 为任意常数. 因 $(F(x) + C)' = F'(x) = f(x)$, 于是 $F(x) + C$ 也是 $f(x)$ 的原函数. 反过来, 若 $F(x)$ 与 $\Phi(x)$ 都是 $f(x)$ 的原函数, 则

$$(\Phi(x) - F(x))' = \Phi'(x) - F'(x) = f(x) - f(x) = 0.$$

由第 2 章推论 2.3.4 知 $\Phi(x) - F(x) = C$, 即 $\Phi(x) = F(x) + C$. 因此, $f(x)$ 的任一原函数都可表示成 $F(x) + C$ 的形式.

定义 3.1.2(不定积分)　设函数 $f(x)$ 在某区间 I 上定义, $f(x)$ 的全体原函数称为 $f(x)$ 的**不定积分**, 记为

$$\int f(x)\,\mathrm{d}x.$$

由上讨论知, 若 $F(x)$ 是 $f(x)$ 的某一个原函数, 则

$$\int f(x)\,\mathrm{d}x = F(x) + C,$$

这里 C 为任意常数, 称为**积分常数**. 我们把符号 "$\int$" 称为积分号, $f(x)$ 称为**被积函数**, $f(x)\,\mathrm{d}x$ 称为**被积表达式**, x 称为**积分变量**.

例 3.1.1　已知自由落体的瞬时速度 $v(t) = gt$, 这里 g 为重力加速度. 求运动方程 $s = s(t)$.

解   由于 $\dfrac{\mathrm{d}s}{\mathrm{d}t} = v(t), v(t) = gt, \left(\dfrac{1}{2}gt^2\right)' = gt,$ 所以 $\dfrac{1}{2}gt^2$ 是 gt 的一个原函数, 故所求的运动方程为

$$s = \frac{1}{2}gt^2 + C,$$

其中 C 为任意常数.

例 3.1.2   求通过点 $(1, 2)$, 并在 x 处切线的斜率为 $2x$ 的曲线方程.

解   因 $\dfrac{\mathrm{d}y}{\mathrm{d}x} = 2x,$ 故 x^2 是 $2x$ 的一个原函数, 于是

$$\int 2x\mathrm{d}x = x^2 + C,$$

其中 C 是任意常数, 即切线斜率等于 $2x$ 的曲线必可表成

$$y = x^2 + C$$

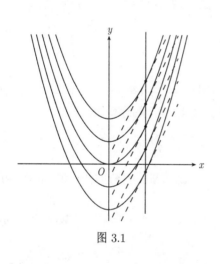

图 3.1

的形式. 因所求曲线通过坐标为 $(1, 2)$ 的点, 以 $x = 1, y = 2$ 代入上式得 $C = 1.$ 故所求曲线方程为

$$y = x^2 + 1.$$

若 $F(x)$ 为 $f(x)$ 的一个原函数, 我们把 $y = F(x)$ 的图形称为 $f(x)$ 的一条**积分曲线**. 若把这条曲线沿 y 轴平行移动任意长度 C, 向上为正, 向下为负, 我们将得到一簇曲线 $y = F(x) + C, C \in \mathbb{R}.$ 因此函数 $f(x)$ 的不定积分的图形就是这样的一簇曲线.

例如 $f(x) = 2x$ 的不定积分的图形可由它的一条积分曲线 $y = x^2$ 沿 y 轴平行移动得到. 这一簇曲线上横坐标相同点处的切线是互相平行的 (见图 3.1).

设 $F(x)$ 为 $f(x)$ 的某一原函数, 则

$$\mathrm{d}\left[\int f(x)\,\mathrm{d}x\right] = \mathrm{d}[F(x) + C] = F'(x)\,\mathrm{d}x = f(x)\,\mathrm{d}x.$$

又设 $f(x)$ 为定义在某区间上的可导函数, 则

$$\int \mathrm{d}\,f(x) = \int f'(x)\,\mathrm{d}x = f(x) + C.$$

于是, 我们有如下微分运算与不定积分的关系:

$$\mathrm{d} \int f(x)\,\mathrm{d}x = f(x)\,\mathrm{d}x, \tag{3.1.1}$$

$$\int \mathrm{d} f(x) = f(x) + C. \tag{3.1.2}$$

不定积分的性质

我们假设下述公式中出现的函数在所讨论的区间上均有原函数存在, 由式 (3.1.1) 与 (3.1.2) 我们有

1) $\int (f_1(x) + f_2(x) + \cdots + f_m(x))\,\mathrm{d}x = \int f_1(x)\,\mathrm{d}x + \int f_2(x)\,\mathrm{d}x + \cdots + \int f_m(x)\,\mathrm{d}x;$

2) $\int k f(x)\,\mathrm{d}x = k \int f(x)\,\mathrm{d}x,$ 这里 k 为非零常数;

3) 若 $f(u)\,\mathrm{d}u = g(v)\,\mathrm{d}v,$ 这里 u 与 v 均为某变量的可微函数, 则

$$\int f(u)\,\mathrm{d}u = \int g(v)\,\mathrm{d}v.$$

上述三条性质可以这样验证: 因为等式两边均为不定积分, 只要证明它们的微分相等就可以了. 由微分运算性质与不定积分的关系式 (3.1.1), 它们的微分显然是相等的.

3.1.2　积分基本公式

参照导数公式表, 我们有下述基本积分公式表:

(1) $\int 0\,\mathrm{d}x = C;$

(2) $\int x^{\mu}\,\mathrm{d}x = \dfrac{x^{\mu+1}}{\mu+1} + C,\ \mu \neq -1;$

(3) $\int \dfrac{1}{x}\,\mathrm{d}x = \ln|x|^* + C;$

(4) $\int a^x\,\mathrm{d}x = \dfrac{a^x}{\ln a} + C\,(a > 0, a \neq 1),$　当 $a = \mathrm{e}$ 时, $\int \mathrm{e}^x\,\mathrm{d}x = \mathrm{e}^x + C;$

(5) $\int \sin x\,\mathrm{d}x = -\cos x + C;$

(6) $\int \cos x\,\mathrm{d}x = \sin x + C;$

(7) $\int \dfrac{\mathrm{d}x}{\cos^2 x} = \int \sec^2 x\,\mathrm{d}x = \tan x + C;$

(8) $\int \dfrac{\mathrm{d}x}{\sin^2 x} = \int \csc^2 x\,\mathrm{d}x = -\cot x + C;$

(9) $\int \dfrac{\mathrm{d}x}{\sqrt{1-x^2}} = \arcsin x + C \overset{\text{或}}{=\!=} -\arccos x + C;$

---

* 若 $x < 0,$ 则 $\int \dfrac{1}{x}\,\mathrm{d}x = \ln(-x) + C.$

(10) $\displaystyle\int \frac{\mathrm{d}x}{1+x^2} = \arctan x + C \overset{\text{或}}{=} -\operatorname{arccot} x + C;$

(11) $\displaystyle\int \frac{1}{\sqrt{x^2+a^2}}\mathrm{d}x = \ln(x+\sqrt{x^2+a^2}) + C;$

(12) $\displaystyle\int \frac{1}{\sqrt{x^2-a^2}}\mathrm{d}x = \ln|x+\sqrt{x^2-a^2}| + C;$

(13) $\displaystyle\int \operatorname{sh} x\,\mathrm{d}x = \operatorname{ch} x + C;$

(14) $\displaystyle\int \operatorname{ch} x\,\mathrm{d}x = \operatorname{sh} x + C.$

例 3.1.3 求 $I = \displaystyle\int \left(\frac{2}{\sqrt{x}} + \frac{1}{x^2} + 4x - 1\right)\mathrm{d}x.$

解 $I = \displaystyle\int \frac{2}{\sqrt{x}}\,\mathrm{d}x + \int \frac{1}{x^2}\,\mathrm{d}x + \int 4x\,\mathrm{d}x - \int \mathrm{d}x$

$\qquad = 4\sqrt{x} - \dfrac{1}{x} + 2x^2 - x + C.$ □

例 3.1.4 求 $I = \displaystyle\int \frac{-2+x-x^2+x^3}{1+x^2}\mathrm{d}x.$

解 $I = \displaystyle\int \frac{-1-(1+x^2)+x(1+x^2)}{1+x^2}\mathrm{d}x$

$\qquad = \displaystyle\int \left(\frac{-1}{1+x^2} - 1 + x\right)\mathrm{d}x$

$\qquad = -\arctan x - x + \dfrac{1}{2}x^2 + C$

$\qquad \overset{\text{或}}{=} \operatorname{arccot} x - x + \dfrac{1}{2}x^2 + C_1.^*$ □

3.1.3 不定积分的基本积分方法

一、换元积分法

利用积分的运算性质与基本积分表, 所能解决的不定积分类型是十分有限的. 因此有必要寻求其他方法解决更广一类函数的不定积分问题. 这里介绍的换元积分法是最基本、最重要的一种方法. 它是通过适当的变量代换, 将所求积分化成基本积分表中的积分.

设函数 $y=f(u)$ 与 $u=\varphi(v)$ 符合复合函数条件. 又设 $f(u)$ 存在原函数, $\varphi(v)$ 可导. 因 $\mathrm{d}u=\varphi'(v)\,\mathrm{d}v$, 由一阶微分形式不变性有

$$f(u)\,\mathrm{d}u = f(\varphi(v))\,\varphi'(v)\,\mathrm{d}v.$$

再由 3.1.1 节性质 3), 我们得到

---

* 由 $\dfrac{\mathrm{d}}{\mathrm{d}x}\operatorname{arccot} x = \dfrac{-1}{1+x^2}$ 知 $\displaystyle\int \frac{-1}{1+x^2}\mathrm{d}x = \operatorname{arccot} x + C_1.$ 而由不定积分性质 2) 和不定积分公式 (10) 有 $\displaystyle\int \frac{-1}{1+x^2}\mathrm{d}x = -\arctan x + C.$ 由于 $\arctan x = \dfrac{\pi}{2} - \operatorname{arccot} x$, 所以有 $C - C_1 = \dfrac{\pi}{2}$, 因此, 有时同一个函数的不定积分可以有不同的表达形式, 其差别在于它们的积分常数不一样.

$$\int f(u)\,\mathrm{d}u = \int f(\varphi(v))\,\varphi'(v)\,\mathrm{d}v. \tag{3.1.3}$$

式 (3.1.3) 是**换元积分法的基本公式**.

下面分两种情形讨论.

1. 若式 (3.1.3) 左端容易计算, 我们常将右端通过变量代换 $u = \varphi(v)$ 化成左端计算. 设

$$\int f(u)\,\mathrm{d}u = F(u) + C,$$

将 $u = \varphi(v)$ 代入上式右端便求得函数 $f(\varphi(v))\,\varphi'(v)$ 的不定积分为 $F(\varphi(v)) + C$.

实际计算时这样书写更为简洁:

$$\int f(\varphi(v))\,\varphi'(v)\,\mathrm{d}v = \int f(\varphi(v))\,\mathrm{d}\varphi(v) = F(\varphi(v)) + C.$$

这个方法通常称为**凑微分法**.

2. 若式 (3.1.3) 右端容易计算, 我们常将左端通过变量代换 $u = \varphi(v)$ 化成右端计算. 这里还要假定 $u = \varphi(v)$ 存在反函数 $v = \varphi^{-1}(u)$. 若 $G(v)$ 为函数 $f(\varphi(v))\,\varphi'(v)$ 的原函数, 则

$$\int f(u)\,\mathrm{d}u = \int f(\varphi(v))\,\varphi'(v)\,\mathrm{d}v = G(v) + C = G(\varphi^{-1}(u)) + C.$$

这个方法通常称为**第二换元法**.

例 3.1.5　求 $I = \displaystyle\int \sin^2 x \cos x\,\mathrm{d}x$.

解　设 $u = \varphi(x) = \sin x$, 则 $\varphi'(x) = \cos x$. 故由式 (3.1.3) 得

$$I = \int \varphi^2(x)\varphi'(x)\mathrm{d}x = \int \varphi^2(x)\mathrm{d}\varphi(x) = \int u^2 \mathrm{d}u = \frac{1}{3}u^3 + C = \frac{1}{3}\sin^3 x + C. \qquad \square$$

实际计算时, 我们可简写成:

$$I = \int \sin^2 x\,\mathrm{d}\sin x = \frac{1}{3}\sin^3 x + C.$$

在上述计算过程中, 先把 $\cos x\,\mathrm{d}x$ 换成 $\mathrm{d}\sin x$, 然后把积分式中 $\sin x$ 看作为新的变量 u, 利用幂函数的积分公式写出它的不定积分. 而在全过程中可不必写出新的变量 u.

例 3.1.6　求 $I = \displaystyle\int (ax + b)^n\,\mathrm{d}x, n \neq -1, a \neq 0$.

解　$I = \dfrac{1}{a}\displaystyle\int (ax + b)^n\mathrm{d}(ax + b) = \dfrac{(ax + b)^{n+1}}{a(n + 1)} + C.$ $\qquad \square$

例 3.1.7　求 $I = \displaystyle\int \tan x\,\mathrm{d}x$.

解　$I = \displaystyle\int \dfrac{\sin x}{\cos x}\mathrm{d}x = -\int \dfrac{\mathrm{d}\cos x}{\cos x} = -\ln|\cos x| + C.$ $\qquad \square$

例 3.1.8   求 $I = \int \csc x \, \mathrm{d}x$.

解 $I = \int \dfrac{\mathrm{d}x}{\sin x} = \int \dfrac{\mathrm{d}x}{2\sin\frac{x}{2}\cos\frac{x}{2}} = \int \dfrac{\mathrm{d}\left(\frac{x}{2}\right)}{\tan\frac{x}{2}\cos^2\frac{x}{2}} = \int \dfrac{\mathrm{d}\tan\frac{x}{2}}{\tan\frac{x}{2}}$

$\qquad = \ln\left|\tan\dfrac{x}{2}\right| + C = \ln\left|\dfrac{1-\cos x}{\sin x}\right| + C$

$\qquad = \ln|\csc x - \cot x| + C.$ □

例 3.1.9   求 $I = \int \sec x \, \mathrm{d}x$.

解 $I = \int \dfrac{\mathrm{d}\left(x + \frac{\pi}{2}\right)}{\sin\left(x + \frac{\pi}{2}\right)} = \ln\left|\csc\left(x + \dfrac{\pi}{2}\right) - \cot\left(x + \dfrac{\pi}{2}\right)\right| + C$

$\qquad = \ln|\sec x + \tan x| + C.$ □

例 3.1.10   求 $I = \int \dfrac{\mathrm{d}x}{x\ln x}$.

解 $I = \int \dfrac{\mathrm{d}x}{x\ln x} = \int \dfrac{\mathrm{d}\ln x}{\ln x} = \ln|\ln x| + C.$ □

例 3.1.11   求 $I = \int \cos 2x \sin x \, \mathrm{d}x$.

解 1 $I = -\int(2\cos^2 x - 1)\,\mathrm{d}\cos x = -2\int\cos^2 x \,\mathrm{d}\cos x + \int \mathrm{d}\cos x$

$\qquad = -\dfrac{2}{3}\cos^3 x + \cos x + C.$

解 2 $I = \dfrac{1}{2}\int(\sin 3x - \sin x)\,\mathrm{d}x = \dfrac{1}{2}\int\sin 3x \,\mathrm{d}x - \dfrac{1}{2}\int\sin x \,\mathrm{d}x$

$\qquad = -\dfrac{1}{6}\cos 3x + \dfrac{1}{2}\cos x + C.$ □

上面的例子均为第一种类型的变量代换. 下面我们举一些第二种类型变量代换的例子.

(1) 三角函数代换

例 3.1.12   求 $I = \int \sqrt{a^2 - x^2} \, \mathrm{d}x \, (a > 0)$.

解   令 $x = a\sin t, -\dfrac{\pi}{2} \leqslant t \leqslant \dfrac{\pi}{2}$, 则 $\mathrm{d}x = a\cos t \,\mathrm{d}t, \sqrt{a^2 - x^2} = a\cos t$. 所以

$I = \int a\cos t \cdot a\cos t \,\mathrm{d}t = a^2 \int \cos^2 t \,\mathrm{d}t$

$\quad = a^2 \int \dfrac{1 + \cos 2t}{2}\,\mathrm{d}t = \dfrac{a^2}{2}\int \mathrm{d}t + \dfrac{a^2}{4}\int \cos 2t \,\mathrm{d}(2t)$

$\quad = \dfrac{a^2}{2}t + \dfrac{a^2}{4}\sin 2t + C = \dfrac{a^2}{2}t + \dfrac{a^2}{2}\sin t \cos t + C$

$\quad = \dfrac{a^2}{2}\arcsin\dfrac{x}{a} + \dfrac{x}{2}\sqrt{a^2 - x^2} + C.$ □

例 3.1.13   求 $I = \int \dfrac{\mathrm{d}x}{x\sqrt{1 + x^2}}$.

解　令 $x = \tan t, -\dfrac{\pi}{2} < t < \dfrac{\pi}{2}$，则 $\sqrt{1+x^2} = \sec t, \mathrm{d}x = \sec^2 t\,\mathrm{d}t.$ 故

$$I = \int \frac{\sec^2 t\,\mathrm{d}t}{\tan t \sec t} = \int \csc t\,\mathrm{d}t = \ln|\csc t - \cot t| + C = \ln\left|\frac{1-\cos t}{\sin t}\right| + C$$

$$= \ln \frac{\sqrt{1+x^2}-1}{|x|} + C. \qquad \square$$

从上面两例可以看出，如果被积函数 $f(x)$ 是 $\sqrt{a^2-x^2}, \sqrt{x^2+a^2}$ 和 $\sqrt{x^2-a^2}$ 之一与 x 的有理函数，我们分别作三角函数变换 $x = a\sin t, x = a\tan t$ 和 $x = a\sec t$，就可把 $\int f(x)\,\mathrm{d}x$ 化为三角函数有理式的积分，从而可求出不定积分.

(2) 根式代换

在例 3.1.13 中，$I = \displaystyle\int \frac{\mathrm{d}x}{x\sqrt{1+x^2}} = \frac{1}{2}\int \frac{\mathrm{d}(x^2)}{x^2\sqrt{1+x^2}}.$

令 $t = \sqrt{1+x^2}$，则 $x^2 = t^2 - 1, \mathrm{d}(x^2) = 2t\,\mathrm{d}t.$ 所以

$$I = \frac{1}{2}\int \frac{2t\mathrm{d}t}{(t^2-1)t} = \frac{1}{2}\int\left(\frac{1}{t-1} - \frac{1}{t+1}\right)\mathrm{d}t$$

$$= \frac{1}{2}\ln|t-1| - \frac{1}{2}\ln|t+1| + C = \frac{1}{2}\ln\left|\frac{t-1}{t+1}\right| + C$$

$$= \ln \frac{\sqrt{1+x^2}-1}{|x|} + C. \qquad \square$$

例 3.1.14　求 $I = \displaystyle\int \frac{\mathrm{d}x}{\sqrt{x-1}(1+\sqrt[3]{x-1})}.$

解　令 $t = \sqrt[6]{x-1}$，则 $\sqrt{x-1} = t^3, \sqrt[3]{x-1} = t^2, x = t^6 + 1, \mathrm{d}x = 6t^5\mathrm{d}t.$ 于是

$$I = \int \frac{6t^5\mathrm{d}t}{t^3(1+t^2)} = 6\int\left(1 - \frac{1}{1+t^2}\right)\mathrm{d}t = 6(t - \arctan t) + C$$

$$= 6\left(\sqrt[6]{x-1} - \arctan\sqrt[6]{x-1}\right) + C. \qquad \square$$

(3) 倒变量代换

在例 3.1.13 中，令 $x = \dfrac{1}{t}, \mathrm{d}x = -\dfrac{1}{t^2}\mathrm{d}t$，于是，对 $x > 0$，

$$I = \int \frac{\mathrm{d}x}{x\sqrt{1+x^2}} = -\int \frac{\mathrm{d}t}{\sqrt{1+t^2}} = -\ln(t + \sqrt{1+t^2}) + C \quad \text{（由积分基本公式 (11)）}$$

$$= \ln \frac{\sqrt{1+x^2}-1}{x} + C.$$

当 $x < 0$ 时，令 $x = -t$，则 $t > 0$，代入得

$$I = \int \frac{\mathrm{d}x}{x\sqrt{1+x^2}} = \int \frac{\mathrm{d}t}{t\sqrt{1+t^2}} = \ln \frac{\sqrt{1+t^2}-1}{t} + C \quad \text{（由上式）}$$

$$= \ln \frac{\sqrt{1+x^2}-1}{-x} + C,$$

综上有

$$\int \frac{\mathrm{d}x}{x\sqrt{1+x^2}} = \ln \frac{\sqrt{1+x^2}-1}{|x|} + C.$$ □

二、分部积分法

除换元积分法之外, 另一种重要的求不定积分的方法是分部积分法.

设 $u = u(x), v = v(x)$ 均为某区间上 x 的可导函数, 且导数连续. 由函数乘积的微分公式

$$\mathrm{d}(uv) = u\,\mathrm{d}v + v\,\mathrm{d}u$$

知

$$u\,\mathrm{d}v = \mathrm{d}(uv) - v\,\mathrm{d}u,$$

两边积分即得

$$\int u\,\mathrm{d}v = uv - \int v\,\mathrm{d}u. \tag{3.1.4}$$

或

$$\int v\,\mathrm{d}u = uv - \int u\,\mathrm{d}v. \tag{3.1.4'}$$

上面两式是**分部积分的基本公式**, 它把不定积分 $\int u\,\mathrm{d}v$ 转化为不定积分 $\int v\,\mathrm{d}u$ (或将不定积分 $\int v\,\mathrm{d}u$ 转化为不定积分 $\int u\,\mathrm{d}v$).

注 在运用分部积分法求解时要注意 $u = u(x), v = v(x)$ 的选择, 其主要思想是把不易求解的不定积分 $\int u\,\mathrm{d}v$ (或 $\int v\,\mathrm{d}u$) 化为可以求解的不定积分 $\int v\,\mathrm{d}u$ (或 $\int u\,\mathrm{d}v$). 如果选取不当, 反而会使问题变得复杂, 甚至不能求得问题的解.

例 3.1.15 求 $I = \int x \sin x\,\mathrm{d}x$.

解 设 $u = x, v' = \sin x$, 则 $\mathrm{d}v = \sin x\,\mathrm{d}x, v = -\cos x$. 于是由式 (3.1.4)

$$I = \int x \sin x\,\mathrm{d}x = -\int x\,\mathrm{d}\cos x = -\left[x\cos x - \int \cos x\,\mathrm{d}x\right]$$

$$= -x\cos x + \sin x + C.$$ □

例 3.1.16 求 $I = \int x\mathrm{e}^x\,\mathrm{d}x$.

解 设 $u = x, v' = \mathrm{e}^x$, 则 $\mathrm{d}v = \mathrm{e}^x\mathrm{d}x, v = \mathrm{e}^x$. 于是由式 (3.1.4)

$$I = \int x\mathrm{e}^x\,\mathrm{d}x = \int x\,\mathrm{d}\mathrm{e}^x = x\mathrm{e}^x - \int \mathrm{e}^x\,\mathrm{d}x = x\mathrm{e}^x - \mathrm{e}^x + C.$$ □

在此例中, 若设 $u = \mathrm{e}^x, v' = x$, 则 $\mathrm{d}v = x\,\mathrm{d}x, v = \frac{1}{2}x^2$ 代入式 (3.1.4) 得

$$I = \int x\mathrm{e}^x\,\mathrm{d}x = \int \mathrm{e}^x\,\mathrm{d}\left(\frac{1}{2}x^2\right) = \frac{1}{2}x^2\mathrm{e}^x - \frac{1}{2}\int x^2\,\mathrm{d}\mathrm{e}^x = \frac{1}{2}x^2\mathrm{e}^x - \frac{1}{2}\int x^2\mathrm{e}^x\,\mathrm{d}x.$$

这样被积函数中 x 的指数增加了 1, 反而增大了问题的难度.

在比较熟悉分部积分公式以后, 中间的代换过程一般可省略, 不必再明显地写出函数 u 和 v.

例 3.1.17 求 $I = \int x \ln x \, dx$.

解 $I = \int x \ln x \, dx = \int \ln x \, d\left(\frac{1}{2}x^2\right) = \frac{1}{2}x^2 \ln x - \frac{1}{2}\int x^2 \, d\ln x$

$= \frac{1}{2}x^2 \ln x - \frac{1}{2}\int x \, dx = \frac{1}{2}x^2 \ln x - \frac{1}{4}x^2 + C.$ $\qquad\square$

例 3.1.18 求 $I = \int x \arctan x \, dx$.

解 $I = \int x \arctan x \, dx = \frac{1}{2}\int \arctan x \, d(x^2) = \frac{1}{2}x^2 \arctan x - \frac{1}{2}\int x^2 \, d\arctan x$

$= \frac{x^2}{2} \arctan x - \frac{1}{2}\int \frac{x^2}{1+x^2} \, dx = \frac{x^2}{2} \arctan x - \frac{1}{2}\int \left(1 - \frac{1}{1+x^2}\right) dx$

$= \frac{x^2}{2} \arctan x - \frac{x}{2} + \frac{1}{2} \arctan x + C.$ $\qquad\square$

一般地, 若被积函数 $f(x)$ 是多项式 $P_n(x)$ 与 $e^{ax}, \ln x, \sin bx, \cos bx, \arcsin x, \arctan x\,(a, b \in \mathbb{R})$ 之一的乘积时, 宜用分部积分法. 在求不定积分的问题中, 有时需要多次重复运用分部积分法. 我们再来看下面的例子.

例 3.1.19 求 $I = \int e^x \sin x \, dx$.

解 $I = \int e^x \sin x \, dx = \int \sin x \, de^x = e^x \sin x - \int e^x \, d\sin x$

$= e^x \sin x - \int \cos x e^x \, dx = e^x \sin x - \int \cos x \, de^x$

$= e^x \sin x - e^x \cos x + \int e^x \, d\cos x = e^x \sin x - e^x \cos x - \int e^x \sin x \, dx$

$= e^x \sin x - e^x \cos x - I.$

右端出现了不定积分 I, 它就是原来要求的不定积分, 因此应将它移到左端并注意到不定积分中必含有的任意常数, 于是有

$$2I = e^x \sin x - e^x \cos x + 2C.$$

故

$$I = \frac{1}{2}e^x(\sin x - \cos x) + C.$$ $\qquad\square$

例 3.1.20 求 $I = \int \sqrt{a^2 + x^2} \, dx\,(a \neq 0)$.

解 $I = x\sqrt{a^2 + x^2} - \int x \, d\sqrt{a^2 + x^2} = x\sqrt{a^2 + x^2} - \int \frac{x^2}{\sqrt{a^2 + x^2}} \, dx$

$= x\sqrt{a^2 + x^2} - \int \frac{(a^2 + x^2) - a^2}{\sqrt{a^2 + x^2}} \, dx$

$$= x\sqrt{a^2+x^2} - \int \sqrt{a^2+x^2}\,\mathrm{d}x + a^2\int \frac{1}{\sqrt{a^2+x^2}}\,\mathrm{d}x$$

$$= x\sqrt{a^2+x^2} - I + a^2\int \frac{1}{\sqrt{a^2+x^2}}\,\mathrm{d}x \qquad （由积分基本公式 (11)）$$

$$= x\sqrt{a^2+x^2} - I + a^2\ln(x+\sqrt{a^2+x^2}).$$

移项整理后可得

$$I = \frac{x}{2}\sqrt{a^2+x^2} + \frac{a^2}{2}\ln(x+\sqrt{a^2+x^2}) + C. \qquad\qquad \square$$

例 3.1.21   求 $I_k = \displaystyle\int \frac{\mathrm{d}x}{(a^2+x^2)^k}$ （$a \neq 0,\ k = 1, 2, \cdots$）.

解 $I_k = \displaystyle\int \frac{\mathrm{d}x}{(a^2+x^2)^k} = \frac{x}{(a^2+x^2)^k} - \int x\,\mathrm{d}\frac{1}{(a^2+x^2)^k}$

$$= \frac{x}{(a^2+x^2)^k} + 2k\int \frac{x^2}{(a^2+x^2)^{k+1}}\,\mathrm{d}x = \frac{x}{(a^2+x^2)^k} + 2k\int \frac{(a^2+x^2)-a^2}{(a^2+x^2)^{k+1}}\,\mathrm{d}x$$

$$= \frac{x}{(a^2+x^2)^k} + 2k\int \frac{1}{(a^2+x^2)^k}\,\mathrm{d}x - 2ka^2\int \frac{\mathrm{d}x}{(a^2+x^2)^{k+1}}$$

$$= \frac{x}{(a^2+x^2)^k} + 2kI_k - 2ka^2I_{k+1}.$$

由此得到递推公式

$$I_{k+1} = \frac{1}{2ka^2}\left[\frac{x}{(a^2+x^2)^k} + (2k-1)I_k\right]. \quad (k = 1, 2, \cdots)$$

当 $k = 1$ 时, $I_1 = \displaystyle\int \frac{\mathrm{d}x}{a^2+x^2} = \frac{1}{a}\int \frac{\mathrm{d}(\frac{x}{a})}{1+(\frac{x}{a})^2} = \frac{1}{a}\arctan\frac{x}{a} + C.$

例如, 当 $k = 2$ 时,

$$I_2 = \frac{1}{2a^2}\left[\frac{x}{(a^2+x^2)} + I_1\right] = \frac{1}{2a^2}\left[\frac{x}{(a^2+x^2)} + \frac{1}{a}\arctan\frac{x}{a}\right] + C. \qquad \square$$

3.1.4 有理函数及某些简单可积函数的积分

一、有理函数的积分

我们把两个实系数多项式的商 (分母不为零多项式) 所表示的函数称为**有理函数**, 除了恒等于零的函数外, 有理函数具有下述形式

$$\frac{P(x)}{Q(x)} = \frac{a_0 + a_1x + \cdots + a_nx^n}{b_0 + b_1x + \cdots + b_mx^m},$$

其中 n, m 均为非负整数, $a_0, a_1, \cdots, a_n$, 及 $b_0, b_1, \cdots, b_m$ 都是实常数, 且 $a_n, b_m \neq 0$.

当 $n < m$ 时, $\dfrac{P(x)}{Q(x)}$ 称为**有理真分式**(简称**真分式**); 当 $n \geqslant m$ 时, $\dfrac{P(x)}{Q(x)}$ 称为**有理假分式**(简称**假分式**). 当 $\dfrac{P(x)}{Q(x)}$ 为假分式时, 可以用多项式除法, 将其化成一个多项式与真分式之和的形式. 因此, 有理分式的积分可归结为求真分式的积分问题.

定义 3.1.3(最简分式)　称形如

$$\frac{A}{(x-a)^k}, \qquad k=1,2,\cdots \tag{3.1.5}$$

与

$$\frac{Mx+N}{(x^2+px+q)^k}, \qquad p^2-4q<0,\ k=1,2,\cdots \tag{3.1.6}$$

的有理分式为**最简分式**(其中 A,M,N,a,p,q 为实常数).

定理 3.1.1　实系数多项式

$$Q(x)=b_0+b_1x+\cdots+b_mx^m$$

在实数范围内总能分解成

$$Q(x)=b_m(x-\alpha)^k\cdots(x-\beta)^l(x^2+px+q)^h\cdots(x^2+rx+s)^t \tag{3.1.7}$$

形式, 这里每两个包含其幂次的因式都是互质的, 且 $p^2<4q,\cdots,r^2<4s.$ (其中 $b_0,b_1,\cdots,b_m,$ α,β,p,q,r,s 等均为实常数, k,l,h,t 等为正整数)

定理 3.1.2　设 $\dfrac{P(x)}{Q(x)}$ 为实系数有理真分式, 若 $Q(x)$ 分解成式 (3.1.7) 的形式, 则

$$\frac{P(x)}{Q(x)}=\frac{A_1}{(x-\alpha)}+\cdots+\frac{A_k}{(x-\alpha)^k}+\cdots+\frac{B_1}{(x-\beta)}+\cdots+\frac{B_l}{(x-\beta)^l}+\frac{C_1x+D_1}{x^2+px+q}+\cdots$$

$$+\frac{C_hx+D_h}{(x^2+px+q)^h}+\cdots+\frac{M_1x+N_1}{x^2+rx+s}+\cdots+\frac{M_tx+N_t}{(x^2+rx+s)^t},$$

(其中 $A_1,\cdots,A_k,B_1,\cdots,B_l,C_1,\cdots,C_h,D_1,\cdots,D_h,M_1,\cdots,M_t,N_1,\cdots,N_t$ 等均为实常数).

由定理 3.1.2 知, 实系数有理真分式 $\dfrac{P(x)}{Q(x)}$ 必可分解为有限多个最简分式之和. 若 $Q(x)$ 分解成式 (3.1.7) 的形式, 则其最简分式的形式见下表

分母 $Q(x)$ 中含有的因式	最简分式中含有的对应项
单因式 $(x-\alpha)$	$\dfrac{A}{x-\alpha}$
k- 重因式 $(x-\alpha)^k$	$\dfrac{A_1}{(x-\alpha)}+\dfrac{A_2}{(x-\alpha)^2}+\cdots+\dfrac{A_k}{(x-\alpha)^k}$
单重二次式 x^2+px+q	$\dfrac{Mx+N}{x^2+px+q}$
k- 重二次式 $(x^2+px+q)^k$	$\dfrac{M_1x+N_1}{(x^2+px+q)}+\dfrac{M_2x+N_2}{(x^2+px+q)^2}+\cdots+\dfrac{M_kx+N_k}{(x^2+px+q)^k}$

因此, 有理真分式的积分可以归结为下述两类的积分问题:

(I) $\displaystyle\int\frac{1}{(x-a)^k}\mathrm{d}x,\ k=1,2,\cdots.$

(II) $\displaystyle\int\frac{Mx+N}{(x^2+px+q)^k}\mathrm{d}x,\ p^2-4q<0,\ k=1,2,\cdots.$

对于 (I) 我们有

$$\int \frac{1}{(x-a)^k}\mathrm{d}x = \begin{cases} \ln|x-a|+C, & k=1, \\ \dfrac{-1}{(k-1)(x-a)^{k-1}}+C, & k>1. \end{cases}$$

对于 (II) 有

$$\int \frac{Mx+N}{(x^2+px+q)^k}\mathrm{d}x = \int \frac{\frac{M}{2}(2x+p)+(N-\frac{M}{2}p)}{(x^2+px+q)^k}\mathrm{d}x$$
$$= \frac{M}{2}\int \frac{\mathrm{d}(x^2+px+q)}{(x^2+px+q)^k} + \left(N-\frac{M}{2}p\right)\int \frac{\mathrm{d}x}{(x^2+px+q)^k}$$
$$= \frac{M}{2}I_k^1 + \left(N-\frac{M}{2}p\right)I_k^2$$

下面分别讨论求解积分 I_k^1 和 I_k^2.

$$I_k^1 = \int \frac{\mathrm{d}(x^2+px+q)}{(x^2+px+q)^k} = \begin{cases} \ln(x^2+px+q)+C, & k=1, \\ \dfrac{-1}{(k-1)(x^2+px+q)^{k-1}}+C, & k>1. \end{cases}$$

对 I_k^2, 令 $x+\dfrac{p}{2}=t, a^2=q-\dfrac{p^2}{4}$, 则 $\mathrm{d}x=\mathrm{d}t, x^2+px+q=t^2+a^2$. 于是

$$I_k^2 = \int \frac{\mathrm{d}x}{(x^2+px+q)^k} = \int \frac{\mathrm{d}t}{(t^2+a^2)^k}.$$

由 例 3.1.21 知

$$I_1^2 = \frac{1}{a}\arctan\frac{t}{a}+C = \frac{2}{\sqrt{4q-p^2}}\arctan\left(\frac{2x+p}{\sqrt{4q-p^2}}\right)+C$$

以及递推公式

$$I_{k+1}^2 = \frac{1}{2ka^2}\left[\frac{t}{(t^2+a^2)^k}+(2k-1)I_k^2\right] \quad (k=1,2,\cdots),$$

其中 $t=x+\dfrac{p}{2}, a=\dfrac{\sqrt{4q-p^2}}{2}>0$.

至此, 我们解决了对第 (I)、(II) 两类积分的求解, 这样就解决了对有理真分式积分问题, 进而也给出了求解有理函数的积分方法.

例 3.1.22   求 $I=\int \dfrac{1}{x^3-1}\mathrm{d}x$.

解   因 $x^3-1=(x-1)(x^2+x+1)$, 故可令 $\dfrac{1}{x^3-1}=\dfrac{A}{x-1}+\dfrac{Mx+N}{x^2+x+1}$. 将其通分得到关于分子的恒等式

$$1=A(x^2+x+1)+(Mx+N)(x-1).$$

令 $x=1$ 得 $A=\dfrac{1}{3}$. 将 $A=\dfrac{1}{3}$ 代入上式, 合并同类项得

$$1 = \left(\frac{1}{3} + M\right)x^2 + \left(\frac{1}{3} - M + N\right)x + \left(\frac{1}{3} - N\right).$$

这是关于 x 的恒等式, 比较两边 x 的同次幂的系数得 $M = -1/3, N = -2/3$, 于是

$$I = \frac{1}{3}\int \frac{\mathrm{d}x}{x-1} - \frac{1}{3}\int \frac{x+2}{x^2+x+1}\,\mathrm{d}x = \frac{1}{3}\ln|x-1| - \frac{1}{3}\int \frac{\frac{1}{2}(2x+1) + \frac{3}{2}}{x^2+x+1}\,\mathrm{d}x$$

$$= \frac{1}{3}\ln|x-1| - \frac{1}{6}\int \frac{\mathrm{d}(x^2+x+1)}{x^2+x+1} - \frac{1}{2}\int \frac{1}{x^2+x+1}\,\mathrm{d}x$$

$$= \frac{1}{3}\ln|x-1| - \frac{1}{6}\ln(x^2+x+1) - \frac{1}{2}\int \frac{\mathrm{d}\left(x+\frac{1}{2}\right)}{\left(\frac{\sqrt{3}}{2}\right)^2 + \left(x+\frac{1}{2}\right)^2}$$

$$= \frac{1}{3}\ln|x-1| - \frac{1}{6}\ln(x^2+x+1) - \frac{1}{\sqrt{3}}\arctan\frac{2x+1}{\sqrt{3}} + C. \qquad \Box$$

例 3.1.23　求 $I = \displaystyle\int \frac{x^5+x^2+x+1}{x^2(x^2-x+1)}\,\mathrm{d}x$.

解　因被积函数是假分式, 先运用多项式除法, 有

$$\frac{x^5+x^2+x+1}{x^2(x^2-x+1)} = x + 1 + \frac{x+1}{x^2(x^2-x+1)}.$$

由定理 3.1.2, 令上式第二项真分式的最简分式为

$$\frac{x+1}{x^2(x^2-x+1)} = \frac{A_1}{x} + \frac{A_2}{x^2} + \frac{Mx+N}{x^2-x+1}.$$

将其通分得到关于分子的恒等式　$x+1 = A_1 x(x^2-x+1) + A_2(x^2-x+1) + x^2(Mx+N)$.
令 $x = 0$ 得 $A_2 = 1$. 将 $A_2 = 1$ 代入上式, 合并同类项得

$$x+1 = (A_1+M)x^3 + (1-A_1+N)x^2 + (A_1-1)x + 1.$$

这是关于 x 的恒等式, 比较两边 x 的同次幂的系数得 $A_1 = 2, M = -2, N = 1$, 于是

$$I = \int \left(x + 1 + \frac{2}{x} + \frac{1}{x^2} + \frac{-2x+1}{x^2-x+1}\right)\mathrm{d}x$$

$$= \frac{1}{2}x^2 + x + \int \frac{2}{x}\mathrm{d}x + \int \frac{1}{x^2}\mathrm{d}x - \int \frac{2x-1}{x^2-x+1}\mathrm{d}x$$

$$= \frac{1}{2}x^2 + x + 2\ln|x| - \frac{1}{x} - \ln|x^2-x+1| + C. \qquad \Box$$

由定理 3.1.1、3.1.2, 我们可以求解有理函数 $\dfrac{P(x)}{Q(x)}$ 的不定积分, 但在将其真分式化为最简分式之和的过程中, 待定系数的计算比较繁琐. 此外, 我们还需求出 $Q(x)$ 的分解形式 (3.1.7), 对于次数较高的多项式而言, 这也并非易事. 对于一些特殊的有理函数, 也可以通过恒等变形或应用换元等方法求不定积分.

例 3.1.24　求 $I = \int \dfrac{1+x^4}{1+x^6}\,\mathrm{d}x$.

解　因 $1+x^6 = (1+x^2)(1-x^2+x^4)$, 故

$$I = \int \frac{(1-x^2+x^4)+x^2}{(1+x^2)(1-x^2+x^4)}\,\mathrm{d}x = \int \frac{1}{1+x^2}\,\mathrm{d}x + \int \frac{x^2}{1+(x^3)^2}\,\mathrm{d}x$$

$$= \arctan x + \frac{1}{3}\arctan x^3 + C. \qquad \square$$

例 3.1.25　求 $I = \int \dfrac{1+x^2}{(1+x)^3}\,\mathrm{d}x$.

解　令 $x+1=t$, 则有

$$I = \int \frac{t^2-2t+2}{t^3}\,\mathrm{d}t = \int \frac{1}{t}\,\mathrm{d}t - 2\int \frac{1}{t^2}\,\mathrm{d}t + 2\int \frac{1}{t^3}\,\mathrm{d}t$$

$$= \ln|t| + \frac{2}{t} - \frac{1}{t^2} + C = \ln|1+x| + \frac{2}{1+x} - \frac{1}{(1+x)^2} + C. \qquad \square$$

二、三角函数有理式的积分

我们把三角函数 $\sin x, \cos x$ 及常数经过有限次加减乘除四则运算得到的一类函数称为**三角函数有理式**, 常用 $R(\sin x, \cos x)$ 表示, 其中 R 表示有理函数. 因 $\tan x, \cot x, \sec x, \csc x$ 等都可用 $\sin x, \cos x$ 的商或倒数表示, 它们都是三角函数的有理式. 由于

$$\sin x = \frac{2\tan\frac{x}{2}}{1+\tan^2\frac{x}{2}}, \quad \cos x = \frac{1-\tan^2\frac{x}{2}}{1+\tan^2\frac{x}{2}}, \quad \tan x = \frac{2\tan\frac{x}{2}}{1-\tan^2\frac{x}{2}},$$

所以, 令 $t = \tan\dfrac{x}{2}\,(-\pi < x < \pi)$, 则

$$\sin x = \frac{2t}{1+t^2}, \quad \cos x = \frac{1-t^2}{1+t^2}, \quad \tan x = \frac{2t}{1-t^2}.$$

又因 $x = 2\arctan t$, 得 $\mathrm{d}x = \dfrac{2\mathrm{d}t}{1+t^2}$. 于是

$$\int R(\sin x, \cos x)\,\mathrm{d}x = \int R\left(\frac{2t}{1+t^2}, \frac{1-t^2}{1+t^2}\right)\frac{2}{1+t^2}\,\mathrm{d}t.$$

上式右端是 t 的有理函数的积分. 前面我们已经解决了有理函数的积分问题, 因此三角函数有理式的积分也可得到解决.

例 3.1.26　求 $I = \int \dfrac{1}{1-2a\cos x + a^2}\,\mathrm{d}x$, $|a| < 1, |x| < \pi$.

解　令 $t = \tan\dfrac{x}{2}$, 则

$$I = \int \frac{1}{1-2a\frac{1-t^2}{1+t^2}+a^2}\cdot\frac{2}{1+t^2}\,\mathrm{d}t = \int \frac{2\mathrm{d}t}{(a-1)^2+((a+1)t)^2}$$

$$= \frac{2}{a^2-1} \int \frac{1}{1 + \left[\left(\frac{a+1}{a-1}\right)t\right]^2} \mathrm{d}\frac{a+1}{a-1}t = \frac{2}{a^2-1} \arctan\left(\frac{a+1}{a-1}t\right) + C$$

$$= \frac{2}{a^2-1} \arctan\left(\frac{a+1}{a-1}\tan\frac{x}{2}\right) + C. \qquad\qquad \Box$$

变量代换 $t = \tan\frac{x}{2}$ (也俗称为"**万能代换**") 虽然能解决三角函数有理式积分问题, 但是有时比较麻烦, 常会带来复杂的计算. 对某些特殊情况, 采用特殊的代换, 可能更为简便.

(1) $I = \int R(\sin x)\cos x\,\mathrm{d}x$.

若设 $t = \sin x$, 则

$$I = \int R(\sin x)\mathrm{d}\sin x = \int R(t)\,\mathrm{d}t.$$

(2) $I = \int R(\cos x)\sin x\,\mathrm{d}x$.

若设 $t = \cos x$, 则

$$I = -\int R(\cos x)\,\mathrm{d}\cos x = -\int R(t)\,\mathrm{d}t.$$

(3) $I = \int R(\tan x)\,\mathrm{d}x$.

若设 $t = \tan x$, 则 $x = \arctan t, \mathrm{d}x = \frac{\mathrm{d}t}{1+t^2}$, 于是

$$I = \int R(t)\frac{\mathrm{d}t}{1+t^2}.$$

例 3.1.27　求 $I = \int \frac{\mathrm{d}x}{4 + 5\sin^2 x}$.

解　$I = \int \frac{\mathrm{d}x}{4\cos^2 x + 9\sin^2 x} = \int \frac{\mathrm{d}\tan x}{4 + 9\tan^2 x}$

$$= \frac{1}{6} \int \frac{\mathrm{d}\left(\frac{3}{2}\tan x\right)}{1 + \left(\frac{3}{2}\tan x\right)^2} = \frac{1}{6}\arctan\left(\frac{3}{2}\tan x\right) + C. \qquad\qquad \Box$$

例 3.1.28　求 $I = \int \frac{1}{1+\tan x}\,\mathrm{d}x$.

解　令 $t = \tan x$ 则 $x = \arctan t, \mathrm{d}x = \frac{1}{1+t^2}\mathrm{d}t$, 于是有

$$I = \int \frac{1}{(1+t)(1+t^2)}\,\mathrm{d}t = \frac{1}{2}\int \frac{(1-t^2)+(1+t^2)}{(1+t)(1+t^2)}\,\mathrm{d}t$$

$$= \frac{1}{2}\int \left(\frac{1-t}{1+t^2} + \frac{1}{1+t}\right)\mathrm{d}t = \frac{1}{2}\arctan t - \frac{1}{4}\ln(1+t^2) + \frac{1}{2}\ln|1+t| + C$$

$$= \frac{1}{2}x - \frac{1}{2}\ln|\sec x| + \frac{1}{2}\ln|1 + \tan x| + C = \frac{1}{2}x + \frac{1}{2}\ln|\cos x + \sin x| + C. \qquad \square$$

某些带根式的积分也可通过适当的变量代换化成有理函数的积分. 例如积分

$$I = \int R\left(x, \sqrt[n]{\frac{ax + b}{\alpha x + \beta}}\right)\mathrm{d}x.$$

我们可以令 $t = \sqrt[n]{\dfrac{ax + b}{\alpha x + \beta}}$, 则 $t^n = \dfrac{ax + b}{\alpha x + \beta}$, $x = \dfrac{\beta t^n - b}{a - \alpha t^n}$. 显然 $\dfrac{\mathrm{d}x}{\mathrm{d}t}$ 也是关于 t 的有理函数. 代入被积表达式中, I 将化成关于 t 的有理函数的积分.

例 3.1.29   求 $I = \displaystyle\int \frac{1}{x}\sqrt{\frac{1 + x}{x}}\mathrm{d}x$.

解   令 $t = \sqrt{\dfrac{1 + x}{x}}$, 则 $x = \dfrac{1}{t^2 - 1}$, $\mathrm{d}x = \dfrac{-2t}{(t^2 - 1)^2}\mathrm{d}t$, 于是有

$$\begin{aligned}
I &= \int (t^2 - 1)t\frac{-2t}{(t^2 - 1)^2}\mathrm{d}t = -2\int \frac{(t^2 - 1) + 1}{t^2 - 1}\mathrm{d}t \\
&= -2t - 2\int \frac{\mathrm{d}t}{t^2 - 1} = -2t - \ln\left|\frac{t - 1}{t + 1}\right| + C \\
&= -2\sqrt{\frac{1 + x}{x}} + 2\ln(\sqrt{x} + \sqrt{x + 1}) + C. \qquad \square
\end{aligned}$$

以上我们介绍了求不定积分的基本方法和求解某些特殊类型不定积分的方法. 我们知道初等函数的导数如果存在, 仍是初等函数. 但初等函数的原函数却不一定是初等函数. 例如可以证明

$$\int \mathrm{e}^{x^2}\,\mathrm{d}x, \int \sin x^2\,\mathrm{d}x, \int \frac{\sin x}{x}\,\mathrm{d}x, \int \frac{\mathrm{d}x}{\ln x}, \int \sqrt{1 - k^2\sin^2 x}\,\mathrm{d}x \ (0 < |k| < 1)$$

等都不是初等函数, 因此上述积分方法在处理这类积分问题时便失效了.

习题 3.1

1. 利用不定积分的性质和基本积分公式求下列积分:

(1) $\displaystyle\int \left(\frac{3}{x} + \frac{4}{\sqrt{1 - x^2}}\right)\mathrm{d}x$;   (2) $\displaystyle\int \left(1 - \frac{1}{x^2}\right)\sqrt[3]{x^2}\,\mathrm{d}x$;

(3) $\displaystyle\int \left(\frac{1 - x}{x}\right)^3\mathrm{d}x$;   (4) $\displaystyle\int (2^x - 3^x)^2\,\mathrm{d}x$;

(5) $\displaystyle\int \tan^2 x\,\mathrm{d}x$;   (6) $\displaystyle\int \frac{1}{\sin^2 x\cos^2 x}\,\mathrm{d}x$.

2. 填空:

(1) 设 $\displaystyle\int xf(x)\,\mathrm{d}x = \arcsin x + C$, 则 $\displaystyle\int \frac{\mathrm{d}x}{f(x)} = $ _____;

(2) 设 $\displaystyle\int f(x)\,\mathrm{d}x = x + C$, 则 $\displaystyle\int f(1 - x)\,\mathrm{d}x = $ _____;

(3) 设 $f'(\mathrm{e}^x) = x\mathrm{e}^{-x}$, 则 $f(x) =$ _____;

(4) 设 $F(x)$ 是 $\dfrac{\sin x}{x}$ 的一个原函数, 则 $\mathrm{d}F(x^2) =$ _____;

(5) 设 $F(x)$ 为 $f(x)$ 的一个原函数, 则 $\displaystyle\int f(ax+b)\,\mathrm{d}x =$ _____.

3. 利用凑微分法求下列不定积分:

(1) $\displaystyle\int u\sqrt{2u^2-1}\,\mathrm{d}u$;

(2) $\displaystyle\int \frac{u\,\mathrm{d}u}{\sqrt{1+2u^2}}$;

(3) $\displaystyle\int (3x-2)^{15}\,\mathrm{d}x$;

(4) $\displaystyle\int \frac{\mathrm{d}x}{(1+\frac{x}{2})^6}$;

(5) $\displaystyle\int \frac{\mathrm{d}x}{\sqrt{x}(1+x)}$;

(6) $\displaystyle\int (x\mathrm{e}^{x^2}-\mathrm{e}^{-2x})\,\mathrm{d}x$;

(7) $\displaystyle\int \frac{\mathrm{d}x}{\mathrm{e}^x+\mathrm{e}^{-x}}$;

(8) $\displaystyle\int \frac{\mathrm{d}x}{(x-a)(x-b)}$ $(a\neq b)$;

(9) $\displaystyle\int \frac{\mathrm{d}x}{x\sqrt{1+\ln x}}$;

(10) $\displaystyle\int \cos^5 x\,\mathrm{d}x$;

(11) $\displaystyle\int \sin^2 x\,\mathrm{d}x$;

(12) $\displaystyle\int \cos^4 x\,\mathrm{d}x$;

(13) $\displaystyle\int \sin 3x \sin 5x\,\mathrm{d}x$;

(14) $\displaystyle\int \frac{\cos x}{\sqrt{2+\cos 2x}}\,\mathrm{d}x$;

(15) $\displaystyle\int \frac{\mathrm{d}x}{\sin^2 x+2\cos^2 x}$;

(16) $\displaystyle\int \frac{\sin x}{1+\sin x}\,\mathrm{d}x$;

(17) $\displaystyle\int \frac{\mathrm{d}x}{x+x^{n+1}}$;

(18) $\displaystyle\int \frac{x}{x-\sqrt{x^2-1}}\,\mathrm{d}x$;

(19) $\displaystyle\int \frac{\mathrm{d}x}{\sqrt{1-x^2}(\arcsin x)^2}$;

(20) $\displaystyle\int \frac{x\,\mathrm{d}x}{x^4+2x^2+5}$.

4. 利用第二种类型变量代换求下列不定积分:

(1) $\displaystyle\int \frac{x\,\mathrm{d}x}{(x^2+1)\sqrt{1-x^2}}$;

(2) $\displaystyle\int \frac{\sqrt{x^2-a^2}}{x^4}\,\mathrm{d}x$ $(a>0)$;

(3) $\displaystyle\int \frac{x^3\,\mathrm{d}x}{(1+x^2)^{\frac{3}{2}}}$;

(4) $\displaystyle\int \frac{\mathrm{d}x}{(1+x+x^2)^{\frac{3}{2}}}$;

(5) $\displaystyle\int \frac{\mathrm{d}x}{(1+\sqrt[4]{x})^3\sqrt{x}}$;

(6) $\displaystyle\int \frac{\mathrm{d}x}{\sqrt[3]{(x+1)^2(x-1)^4}}$;

(7) $\displaystyle\int \frac{\sin x \cos^3 x}{1+\cos^2 x}\,\mathrm{d}x$;

(8) $\displaystyle\int \frac{2^x\,\mathrm{d}x}{1+2^x+4^x}$;

(9) $\displaystyle\int \frac{\mathrm{d}x}{\mathrm{e}^x(1+\mathrm{e}^{2x})}$;

(10) $\displaystyle\int \frac{2x^3+1}{(x-1)^{100}}\,\mathrm{d}x$.

5. 用分部积分法求下列不定积分:

(1) $\displaystyle\int x\cos x\,\mathrm{d}x$;

(2) $\displaystyle\int x\ln(1+x)\,\mathrm{d}x$;

(3) $\displaystyle\int x^2\arctan x\,\mathrm{d}x$;

(4) $\displaystyle\int (\ln x)^2\,\mathrm{d}x$;

(5) $\displaystyle\int x^5\mathrm{e}^{x^3}\,\mathrm{d}x$;

(6) $\displaystyle\int \frac{x\cos x}{\sin^3 x}\,\mathrm{d}x$;

(7) $\displaystyle\int \frac{x}{1-\cos x}\,\mathrm{d}x;$ (8) $\displaystyle\int \frac{\arctan\sqrt{x}}{(1+x)\sqrt{x}}\,\mathrm{d}x.$

6. 填空:

(1) 设 $\dfrac{\cos x}{x}$ 是 $f(x)$ 的一个原函数, 则 $\displaystyle\int xf'(x)\,\mathrm{d}x = $ _____;

(2) 设 $f(x)$ 的一个原函数为 $\dfrac{\mathrm{e}^x}{x}$, 则 $\displaystyle\int xf'(2x)\,\mathrm{d}x = $ _____.

7. 设 $f(\sin^2 x) = \dfrac{x}{\sin x}$, 求 $\displaystyle\int \frac{\sqrt{x}}{\sqrt{1-x}}f(x)\,\mathrm{d}x.$

8. 设 $f(\ln x) = \dfrac{\ln(1+x)}{x}$, 求 $\displaystyle\int f(x)\,\mathrm{d}x.$

9. 求下列有理函数的不定积分:

(1) $\displaystyle\int \frac{3x^2-x}{(x+1)(x-1)^2}\,\mathrm{d}x;$ (2) $\displaystyle\int \frac{x-2}{x(x+1)(x+2)}\,\mathrm{d}x;$

(3) $\displaystyle\int \frac{x}{(x+1)(x+2)^2}\,\mathrm{d}x;$ (4) $\displaystyle\int \frac{x}{x^3-1}\,\mathrm{d}x;$

(5) $\displaystyle\int \frac{x^3+2x-5}{x^2+x-2}\,\mathrm{d}x;$ (6) $\displaystyle\int \frac{x^4}{x^3-x^2+x-1}\,\mathrm{d}x;$

(7) $\displaystyle\int \frac{x^2}{(x^2+2x+2)^2}\,\mathrm{d}x;$ (8) $\displaystyle\int \frac{1}{x(x^3+1)^2}\,\mathrm{d}x.$

10. 求下列三角函数有理式的不定积分:

(1) $\displaystyle\int \frac{1-\tan x}{1+\tan x}\,\mathrm{d}x;$ (2) $\displaystyle\int \frac{\tan x}{1+\tan x}\,\mathrm{d}x;$

(3) $\displaystyle\int \frac{\sin^5 x}{\cos^4 x}\,\mathrm{d}x;$ (4) $\displaystyle\int \frac{\cos^2 x}{1+\sin^2 x}\,\mathrm{d}x;$

(5) $\displaystyle\int \frac{1+\sin x}{1+\cos x}\,\mathrm{d}x;$ (6) $\displaystyle\int \frac{5\cos x}{\sin x+2\cos x}\,\mathrm{d}x.$

11. 求下列不定积分:

(1) $\displaystyle\int \sin\sqrt{x}\,\mathrm{d}x;$ (2) $\displaystyle\int \frac{x\mathrm{e}^x}{\sqrt{1+\mathrm{e}^x}}\,\mathrm{d}x;$

(3) $\displaystyle\int \frac{\arccos x}{\sqrt{(1-x^2)^3}}\,\mathrm{d}x;$ (4) $\displaystyle\int \frac{\mathrm{d}x}{\sin^3 x};$

(5) $\displaystyle\int \frac{x^{11}\,\mathrm{d}x}{x^8+3x^4+2};$ (6) $\displaystyle\int \frac{x^2-1}{x^4+1}\,\mathrm{d}x;$

(7) $\displaystyle\int \frac{\mathrm{d}x}{x^4+x^6};$ (8) $\displaystyle\int \frac{\sin x}{1+\sin x+\cos x}\,\mathrm{d}x;$

(9) $\displaystyle\int \frac{1-\ln x}{(x-\ln x)^2}\,\mathrm{d}x;$ (10) $\displaystyle\int \frac{\ln(1+x)-\ln x}{x(1+x)}\,\mathrm{d}x;$

(11) $\displaystyle\int x\ln\frac{1+x}{1-x}\,\mathrm{d}x;$ (12) $\displaystyle\int \frac{\sin x}{1+\sin x}\,\mathrm{d}x;$

(13) $\displaystyle\int \sqrt{\mathrm{e}^x-1}\,\mathrm{d}x;$ (14) $\displaystyle\int \tan^6 x\sec^4 x\,\mathrm{d}x;$

(15) $\displaystyle\int \frac{\ln x}{(1-x)^2}\mathrm{d}x;$ (16) $\displaystyle\int \mathrm{e}^x \arctan \mathrm{e}^x \,\mathrm{d}x;$

(17) $\displaystyle\int x^2(\ln x)^2\mathrm{d}x;$ (18) $\displaystyle\int \frac{1+\sin x+\cos x}{1+\sin^2 x}\mathrm{d}x.$

3.2 定 积 分

3.2.1 定积分的定义与性质

一、定积分的定义

在引入定积分定义之前, 我们先考察两个实例.

1. 曲边梯形的面积

设函数 $y=f(x)$ 在闭区间 $[a,b]$ 上连续, 且 $f(x) \geqslant 0$. 其图形如图 3.2 中的曲线 AB, 我们把直线 $x=a, x=b, x$ 轴及曲线 AB 所围的平面区域称为**曲边梯形**. 我们在初等数学中已经知道如何计算多边形的面积. 现在我们来讨论曲边梯形的面积. 首先给出这个面积的定义. 在区间 $[a,b]$ 上插入分点 $x_i\,(i=1,\cdots,n)$, 且满足

$$T: \quad a=x_0 < x_1 < x_2 \cdots < x_{i-1} < x_i < \cdots < x_{n-1} < x_n = b.$$

我们称之为对区间 $[a,b]$ 的一种**分割**, 记作为 T. 这样区间 $[a,b]$ 分成 n 个小区间 $[x_0,x_1]$, $[x_1,x_2],\cdots,[x_{i-1},x_i],\cdots,[x_{n-1},x_n]$. 过每一个分点作 x 轴的垂线, 把原来的曲边梯形分成 n 个小长条形的曲边梯形.

在第 i 个小区间 $[x_{i-1},x_i]$ 上任取一点 $\xi_i, x_{i-1} \leqslant \xi_i \leqslant x_i$. 设直线 $x=\xi_i$ 与曲线 AB 相交于 M_i 点. 过 M_i 作 x 轴的平行线, 与直线 $x=x_{i-1}, x=x_i$ 相交围成一个矩形, 见图 3.2 中阴影部分. 令 $\Delta x_i = x_i - x_{i-1}$, 则该矩形的面积等于 $f(\xi_i)\Delta x_i$. 它近似等于第 i 个小曲边梯形的面积. 对每一个小曲边梯形均这样处理, 得到 n 个小矩形. 将它们的面积相加, 设其和为 A^*, 于是

$$A^* = \sum_{i=1}^{n} f(\xi_i)\Delta x_i$$

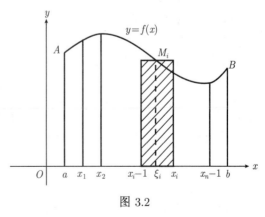

图 3.2

可以看作是曲边梯形面积的近似值. 命

$$\lambda = \max\{\,\Delta x_i \,|\, i=1,2,\cdots,n\,\}, \tag{3.2.1}$$

λ 称为区间 $[a,b]$ 分割的**模**. 当 $\lambda \to 0$ 时, 即每个小区间长 Δx_i 均趋于零, 此时必有 $n \to \infty$.

若 A^* 的极限存在, 很自然, 这个极限可以定义为曲边梯形的面积 A. 即

$$A = \lim_{\lambda \to 0} A^* = \lim_{\lambda \to 0} \sum_{i=1}^{n} f(\xi_i) \Delta x_i.$$

上述关于曲边梯形面积的定义也给出了求这个面积的步骤, 虽然实际计算该极限是十分困难的.

2. 变速直线运动的路程

当某物体作匀速直线运动时, 走过的路程等于速度与时间的乘积. 现在我们考虑变速直线运动, 即速度 v 是时间 t 的函数: $v = v(t)$, 求该物体从 $t = a$ 到 $t = b$ 的时间间隔中运动的路程 S.

把时间区间 $[a, b]$ 用任意分点

$$a = t_0 < t_1 < t_2 < \cdots < t_{n-1} < t_n = b$$

分成 n 个小区间 $[t_{i-1}, t_i]$, $i = 1, 2, \cdots, n$. 各段时间长为 $\Delta t_i = t_i - t_{i-1}$. 相应在各段时间内物体走过的路程为 ΔS_i, $i = 1, 2, \cdots, n$. 在区间 $[t_{i-1}, t_i]$ 内任取一点 ξ_i, 当物体在该区间内以 $v(\xi_i)$ 的速度作匀速运动, 则路程为 $v(\xi_i)\Delta t_i$, 它近似等于 ΔS_i. 于是总路程近似等于

$$S^* = \sum_{i=1}^{n} v(\xi_i) \Delta t_i.$$

设 λ 为上述区间 $[a, b]$ 分割的模. 当 $\lambda \to 0$ 时, 若 S^* 的极限存在, 这个极限就是所求的路程 S, 即

$$S = \lim_{\lambda \to 0} S^* = \lim_{\lambda \to 0} \sum_{i=1}^{n} v(\xi_i) \Delta t_i.$$

我们还可举出力学 (如变力做功)、电学、光学等自然科学以及社会科学中的许多类似的例子. 尽管问题是从不同科学领域中提出来的, 但它们的本质是相同的, 都可以用上述 "分割取近似, 求和取极限" 的思想归结为求某种和式的极限. 抽去它们的实际 (如几何与物理) 意义, 我们给出关于定积分的数学定义.

定义 3.2.1 (定积分的定义) 设函数 $f(x)$ 在区间 $[a, b]$ 上定义, 用任意分点

$$a = x_0 < x_1 < x_2 < \cdots < x_{i-1} < x_i < \cdots < x_{n-1} < x_n = b$$

把区间 $[a, b]$ 分成 n 个小区间 $[x_{i-1}, x_i]$, $i = 1, 2, \cdots, n$. 第 i 个小区间长度为 $\Delta x_i = x_i - x_{i-1}$. 在第 i 个小区间 $[x_{i-1}, x_i]$ 上任取一点 ξ_i, $x_{i-1} \leqslant \xi_i \leqslant x_i$. 作和式

$$\sum_{i=1}^{n} f(\xi_i) \Delta x_i, \tag{3.2.2}$$

式 (3.2.2) 称为**黎曼和**. 命 $\lambda = \max\{\Delta x_i \,|\, i = 1, 2, \cdots, n\}$ 为区间 $[a, b]$ 分割的模. 无论区间 $[a, b]$ 怎样的分割及 ξ_i 怎样的取法, 当 $\lambda \to 0$ (必有 $n \to \infty$) 时, 若极限

$$\lim_{\lambda \to 0} \sum_{i=1}^{n} f(\xi_i) \Delta x_i = A$$

存在, 则称函数 $f(x)$ 在区间 $[a, b]$ 上黎曼) 可积, 简称可积, 称 A 为 $f(x)$ 在 $[a, b]$ 上的**黎曼积分**,

---

* 黎曼 (Riemann G F B, 1826~1866), 德国数学家.

简称为**定积分**(或积分), 记成

$$A = \int_a^b f(x)\,\mathrm{d}x. \tag{3.2.3}$$

其中 $f(x)$ 称为**被积函数**, $f(x)\,\mathrm{d}x$ 称为**被积表达式**, x 称为**积分变量**, a 与 b 分别称为**积分下限**与**上限**, 区间 $[a,b]$ 称为**积分区间**. 在定义中, 假定了 $a < b$.

为以后论述方便, 我们补充规定当 $a > b$ 时定积分的定义如下:

$$\int_a^b f(x)\,\mathrm{d}x = -\int_b^a f(x)\,\mathrm{d}x,$$

这就是说, 变换积分上下限, 只改变积分的符号; 而当 $a = b$ 时,

$$\int_a^a f(x)\,\mathrm{d}x = 0.$$

即上下限相同时积分值等于零. 我们注意到式 (3.2.3) 仅仅依赖于被积函数与积分变量之间的函数关系以及积分上下限, 而与积分变量采用什么字母无关. 因此, 将变量 x 换成其他字母, 例如 t 时, 积分值不变. 所以我们有

$$\int_a^b f(x)\,\mathrm{d}x = \int_a^b f(t)\,\mathrm{d}t.$$

但对不定积分来说, $\int f(x)\,\mathrm{d}x$ 与 $\int f(t)\,\mathrm{d}t$ 一般是不相等的.

由定积分定义 3.2.1, 结合前面我们所讨论的两个实例, 我们有

(1) 曲边梯形的面积等于曲边纵坐标在其底边上的定积分, 即

$$A = \int_a^b f(x)\,\mathrm{d}x.$$

实际上, 当连续函数 $f(x) \geqslant 0$ 时, 定积分式 (3.2.3) 表示由 $y = f(x), x = a, x = b$ 以及 x 轴所围成的曲边梯形的面积. 当连续函数 $f(x) \leqslant 0$ 时, 定积分式 (3.2.3) 表示相应曲边梯形的面积乘以 -1. 而当 $f(x)$ 在 $[a,b]$ 上有正有负时, 定积分式 (3.2.3) 则等于其在 x 轴上方或下方的若干个曲边梯形面积的代数和.

(2) 变速直线运动物体所经过的路程等于速度在时间变化区间上的定积分, 即

$$S = \int_a^b v(t)\,\mathrm{d}t.$$

定义 3.2.1 给出了定积分的定义. 在此定义下, 具有何种性质的函数是可积的? 这是非常重要的理论问题. 例如狄利克莱函数

$$D(x) = \begin{cases} 0, & \text{当 } x \text{ 为无理数}, \\ 1, & \text{当 } x \text{ 为有理数}, \end{cases}$$

在任意区间 $[a,b]$ 上都是不可积的. 事实上, 若在 $D(x)$ 的黎曼和 (3.2.2) 中所有的 ξ_i 都取无理数, 则其黎曼和为零. 如果所有的 ξ_i 都取有理数, 则其黎曼和等于 $b-a$. 由此可见, 其黎曼和的极限不存在. 因函数可积性的讨论需要的基础知识很多, 超出了本课程的要求范围, 我们只给出主要的几个结论.

定理 3.2.1(函数可积必要条件)　若函数 $f(x)$ 在闭区间 $[a,b]$ 上可积, 则 $f(x)$ 在 $[a,b]$ 上有界.

常见的几类可积函数:

(1) 在闭区间 $[a,b]$ 上连续的函数在 $[a,b]$ 上可积.

(2) 函数 $f(x)$ 在闭区间 $[a,b]$ 上单调且有界, 则 $f(x)$ 在 $[a,b]$ 上可积.

(3) 函数 $f(x)$ 在闭区间 $[a,b]$ 上有界, 且只有有限多个间断点, 则 $f(x)$ 在 $[a,b]$ 上可积.

二、定积分的性质

设函数 $f(x)$ 与 $g(x)$ 在区间 $[a,b]$ 上可积.

1) $\displaystyle\int_a^b \mathrm{d}x = b-a$.

证明　$\displaystyle\int_a^b \mathrm{d}x = \lim_{\lambda\to 0}\sum_{i=1}^n \Delta x_i = b-a$.　□

该性质的几何意义是十分明显的: 底宽等于 $b-a$, 高等于 1 的矩形面积为 $b-a$.

2) $\displaystyle\int_a^b kf(x)\,\mathrm{d}x = k\int_a^b f(x)\,\mathrm{d}x$, 这里 k 为常数.

证明　$\displaystyle\int_a^b kf(x)\,\mathrm{d}x = \lim_{\lambda\to 0}\sum_{i=1}^n kf(\xi_i)\Delta x_i = k\lim_{\lambda\to 0}\sum_{i=1}^n f(\xi_i)\Delta x_i = k\int_a^b f(x)\,\mathrm{d}x$.　□

3) $\displaystyle\int_a^b (f(x)+g(x))\,\mathrm{d}x = \int_a^b f(x)\,\mathrm{d}x + \int_a^b g(x)\,\mathrm{d}x$.

证明　
$$
\begin{aligned}
\int_a^b (f(x)+g(x))\,\mathrm{d}x &= \lim_{\lambda\to 0}\sum_{i=1}^n (f(\xi_i)+g(\xi_i))\,\Delta x_i \\
&= \lim_{\lambda\to 0}\sum_{i=1}^n f(\xi_i)\Delta x_i + \lim_{\lambda\to 0}\sum_{i=1}^n g(\xi_i)\Delta x_i \\
&= \int_a^b f(x)\,\mathrm{d}x + \int_a^b g(x)\,\mathrm{d}x.
\end{aligned}
$$
　□

该性质不难推广到 m 个可积函数和的情形:

$$
\int_a^b (f_1(x)+f_2(x)+\cdots+f_m(x))\,\mathrm{d}x = \int_a^b f_1(x)\,\mathrm{d}x + \int_a^b f_2(x)\,\mathrm{d}x + \cdots + \int_a^b f_m(x)\,\mathrm{d}x.
$$

4) (i) 设 $f(x)$ 在 $[a,b]$ 上可积, I 为 $[a,b]$ 的任一子区间, 则 $f(x)$ 在 I 上也可积. (证略)

(ii) 设 $a < c < b$, 则 $\displaystyle\int_a^b f(x)\,\mathrm{d}x = \int_a^c f(x)\,\mathrm{d}x + \int_c^b f(x)\,\mathrm{d}x$.

证明　在作积分和式时, 总将 c 点取作分点, 则

$$\sum_{[a,b]} f(\xi_i)\Delta x_i = \sum_{[a,c]} f(\xi_i)\Delta x_i + \sum_{[c,b]} f(\xi_i)\Delta x_i,$$

这里 $\displaystyle\sum_{[a,b]}, \sum_{[a,c]}$ 和 $\displaystyle\sum_{[c,b]}$ 分别表示在区间 $[a,b], [a,c]$ 及 $[c,b]$ 上求和. 令 $\lambda \to 0$ 取极限有

$$\int_a^b f(x)\,\mathrm{d}x = \lim_{\lambda\to 0}\sum_{[a,b]} f(\xi_i)\Delta x_i = \lim_{\lambda\to 0}\sum_{[a,c]} f(\xi_i)\Delta x_i + \lim_{\lambda\to 0}\sum_{[c,b]} f(\xi_i)\Delta x_i$$

$$= \int_a^c f(x)\,\mathrm{d}x + \int_c^b f(x)\,\mathrm{d}x. \qquad\qquad \square$$

对于 a, b, c 任何大小顺序, 性质 4) 均能成立, 这里只要假定 $f(x)$ 在所讨论的区间上均可积. 例如当 $a < b < c$ 时, 我们有

$$\int_a^c = \int_a^b + \int_b^c = \int_a^b - \int_c^b,$$

移项即得 4). 因上式中被积表达式均相同, 故可略去而不会引起混淆. 以后我们还常采用这种简略的表达式.

5) 若在 $[a,b]$ 上 $f(x) \geqslant g(x)$, 则

$$\int_a^b f(x)\,\mathrm{d}x \geqslant \int_a^b g(x)\,\mathrm{d}x.$$

证明　由

$$\sum_{i=1}^n f(\xi_i)\Delta x_i \geqslant \sum_{i=1}^n g(\xi_i)\Delta x_i,$$

取极限即得 5).　　　　　　　　　　　　　　　　　　　　　　　　　　　　　　　□

在性质 5) 中取 $g(x) \equiv 0$ 即知: 若函数 $f(x)$ 在区间 $[a,b]$ 上非负, 则

$$\int_a^b f(x)\,\mathrm{d}x \geqslant 0.$$

注　(i) 若 $f(x)$ 在 $[a,b]$ 上连续, 且 $f(x) \geqslant 0$, 但 $f(x) \not\equiv 0$, 则可得到严格不等式 $\displaystyle\int_a^b f(x)\,\mathrm{d}x > 0$. 证明见定理 3.2.2.

(ii) 因 $-|f(x)| \leqslant f(x) \leqslant |f(x)|$　$\forall x \in [a,b]$, 由性质 5) 有

$$\left| \int_a^b f(x)\mathrm{d}x \right| \leqslant \int_a^b |f(x)| \, \mathrm{d}x.^*$$

6) 设 M, m 分别是 $f(x)$ 在 $[a, b]$ 上的最大值与最小值, 则

$$m \leqslant \frac{1}{b-a} \int_a^b f(x)\, \mathrm{d}x \leqslant M. \tag{3.2.4}$$

证明 因 $m \leqslant f(x) \leqslant M$, 由性质 1)、2) 及 5) 可得

$$m(b-a) = \int_a^b m\,\mathrm{d}x \leqslant \int_a^b f(x)\,\mathrm{d}x \leqslant \int_a^b M\,\mathrm{d}x = M(b-a).$$

上式除以 $(b-a)$ 即得 6).   □

不难看出当 $b < a$ 时, 式 (3.2.4) 也成立.

定理 3.2.2 设 $f(x)$ 在 $[a, b]$ 上连续, 且 $f(x) \geqslant 0$, 则

$$\int_a^b f(x)\,\mathrm{d}x > 0$$

的充分必要条件是存在 $c \in [a, b]$, 使得 $f(c) > 0$.

证明 必要性. 用反证法. 若 $\forall x \in [a, b]$, $f(x) = 0$, 则由定积分的定义有 $\int_a^b f(x)\,\mathrm{d}x = 0$, 这与条件矛盾.

充分性. 因为 $f(x)$ 在 $x = c$ 处连续, 由连续函数局部保号性, 存在 $[\alpha, \beta] \subseteq [a, b]$, 使得

$$f(x) \geqslant \frac{1}{2}f(c) > 0, \quad \forall x \in [\alpha, \beta].$$

应用定积分性质 4) 和 5)

$$\begin{aligned}
\int_a^b f(x)\,\mathrm{d}x &= \int_a^\alpha f(x)\,\mathrm{d}x + \int_\alpha^\beta f(x)\,\mathrm{d}x + \int_\beta^b f(x)\,\mathrm{d}x \\
&\geqslant \int_\alpha^\beta f(x)\,\mathrm{d}x \geqslant \frac{1}{2}f(c)\int_\alpha^\beta \mathrm{d}x \\
&= \frac{1}{2}f(c)(\beta - \alpha) > 0. \qquad\qquad\qquad\qquad\qquad \Box
\end{aligned}$$

定理 3.2.3 (积分中值定理) 设函数 $f(x), g(x)$ 在闭区间 $[a, b]$ 上连续, 且 $g(x)$ 在 $[a, b]$ 上不变号, 则存在 $\xi \in (a, b)$, 使得

$$\int_a^b f(x)g(x)\,\mathrm{d}x = f(\xi)\int_a^b g(x)\,\mathrm{d}x. \tag{3.2.5}$$

---

* 若 $f(x)$ 在 $[a, b]$ 上可积, 可以证明 $|f(x)|$ 在 $[a, b]$ 上也可积, 反之未必.

证明　不妨设 $g(x) \geqslant 0\,(a \leqslant x \leqslant b)$. 命 m 与 M 分别是 $f(x)$ 在 $[a,b]$ 上的最小值与最大值, 即 $m \leqslant f(x) \leqslant M$, $\forall x \in [a,b]$. 因为 $g(x) \geqslant 0$, 所以

$$mg(x) \leqslant f(x)g(x) \leqslant Mg(x),$$

故有

$$m\int_a^b g(x)\,\mathrm{d}x \leqslant \int_a^b f(x)g(x)\,\mathrm{d}x \leqslant M\int_a^b g(x)\,\mathrm{d}x. \tag{3.2.6}$$

若 $\displaystyle\int_a^b g(x)\,\mathrm{d}x = 0$, 由定理 3.2.2 知　$\forall x \in [a,b], g(x) = 0$. 此时在 $[a,b]$ 内任取一点 ξ 使得

$$\int_a^b f(x)g(x)\,\mathrm{d}x = f(\xi)\int_a^b g(x)\,\mathrm{d}x.$$

现设 $\displaystyle\int_a^b g(x)\,\mathrm{d}x > 0$. 由式 $(3.2.6)$ 得

$$m \leqslant \frac{\displaystyle\int_a^b f(x)g(x)\,\mathrm{d}x}{\displaystyle\int_a^b g(x)\,\mathrm{d}x} \leqslant M. \tag{3.2.7}$$

应用连续函数介值定理, 至少存在一点 $\xi \in [a,b]$ 使得

$$f(\xi) = \frac{\displaystyle\int_a^b f(x)g(x)\,\mathrm{d}x}{\displaystyle\int_a^b g(x)\,\mathrm{d}x} \quad \Longrightarrow \quad \int_a^b f(x)g(x)\,\mathrm{d}x = f(\xi)\int_a^b g(x)\,\mathrm{d}x.$$

下面证明 $\xi \in (a,b)$.

若式 $(3.2.7)$ 两端均为严格不等号或均为等号, 则结论显然成立. 以下讨论式 $(3.2.7)$ 只有一端取等号的情形. 不妨设

$$m = \frac{\displaystyle\int_a^b f(x)g(x)\,\mathrm{d}x}{\displaystyle\int_a^b g(x)\,\mathrm{d}x} < M,$$

则

$$m\int_a^b g(x)\,\mathrm{d}x = \int_a^b mg(x)\,\mathrm{d}x = \int_a^b f(x)g(x)\,\mathrm{d}x.$$

即

$$\int_a^b (f(x)-m)g(x)\,\mathrm{d}x = 0.$$

因为 $f(x),g(x)$ 在 $[a,b]$ 上连续, $f(x)-m \geqslant 0, g(x) \geqslant 0$, 由定理 3.2.2 知

$$(f(x)-m)g(x)=0, \quad \forall x \in [a,b].$$

又 $\int_a^b g(x)\,\mathrm{d}x > 0$, 由定理 3.2.2 和连续函数的局部保号性, 必存在开区间 $(\alpha,\beta) \subset [a,b]$, 使得

$$g(x)>0, \quad f(x)-m=0, \quad \forall x \in (\alpha,\beta).$$

即

$$f(x)=m=\frac{\int_a^b f(x)g(x)\,\mathrm{d}x}{\int_a^b g(x)\,\mathrm{d}x}, \quad \forall x \in (\alpha,\beta).$$

任取 $\xi \in (\alpha,\beta)$, 因 (α,β) 为开区间, 必有 $\xi \in (a,b)$, 由上式得

$$\int_a^b f(x)g(x)\,\mathrm{d}x = f(\xi)\int_a^b g(x)\,\mathrm{d}x.$$

同理可证 $m < \dfrac{\int_a^b f(x)g(x)\,\mathrm{d}x}{\int_a^b g(x)\,\mathrm{d}x} = M$ 的情形.   □

在定理 3.2.3 中取 $g(x) \equiv 1$ 则由式 (3.2.5), 我们有

推论 3.2.4　设函数 $f(x)$ 在闭区间 $[a,b]$ 上连续, 则存在 $\xi \in (a,b)$, 使得

$$\int_a^b f(x)\,\mathrm{d}x = f(\xi)(b-a). \tag{3.2.8}$$

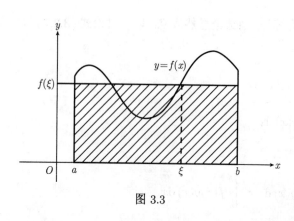

图 3.3

式 (3.2.8) 的几何意义如下 (见图 3.3): 在区间 $[a,b]$ 上至少存在一点 ξ, 使得以 $[a,b]$ 为底, $y=f(x)$ 为曲边梯形的面积 $\int_a^b f(x)\mathrm{d}x$ 等于以 $[a,b]$ 为底, $f(\xi)$ 为高的矩形面积 (见图中阴影部分).

当 $f(x)$ 可积时, 我们称 $\bar{y} = \dfrac{1}{b-a}\int_a^b f(x)\,\mathrm{d}x$ 为函数 $f(x)$ 在区间 $[a,b]$ 上的平均值. 推论 3.2.4 是说, 当 $f(x)$ 在 $[a,b]$ 上连续时, 至少存在一点 $\xi \in (a,b)$, 使得 $f(\xi)=\bar{y}$.

3.2.2　牛顿－莱布尼兹 (Newton-Leibniz) 公式

设 I 为任一闭区间, 函数 $f(x)$ 在 I 上可积, $c \in I$, 则

$$\Phi(x) = \int_c^x f(t)\,\mathrm{d}t^* \tag{3.2.9}$$

为定义在区间 I 上的函数, 称为**变上限的定积分**或称为**定积分上限的函数**. 在图 3.4 中, 当 $x > c$ 时其几何意义为区间 $[c, x]$ 上方曲边梯形的面积 (见阴影部分). 当 x 移动时, 该面积也发生变化.

设 $f(x)$ 在 I 上连续, Δx 为自变量 x 的增量. 相应地, 函数 $\Phi(x)$ 的增量为

$$\Delta\Phi(x) = \Phi(x + \Delta x) - \Phi(x) = \int_c^{x+\Delta x} f(t)\,\mathrm{d}t - \int_c^x f(t)\,\mathrm{d}t = \int_x^{x+\Delta x} f(t)\,\mathrm{d}t.$$

见图 3.5, 由积分中值定理, 存在 ξ 使得

$$\int_x^{x+\Delta x} f(t)\,\mathrm{d}t = f(\xi)\Delta x \quad (\text{其中} \xi \text{介于} x \text{与} x + \Delta x \text{之间})$$

无论 Δx 为正或为负, 只要 x 与 $x + \Delta x$ 都属于区间 I, 上式均成立. 于是

$$\frac{\Delta\Phi(x)}{\Delta x} = f(\xi). \tag{3.2.10}$$

令 $\Delta x \to 0$, 则 $\xi \to x$. 由 $f(x)$ 的连续性即得

$$\Phi'(x) = \lim_{\Delta x \to 0} \frac{\Delta\Phi(x)}{\Delta x} = \lim_{\xi \to x} f(\xi) = f(x).$$

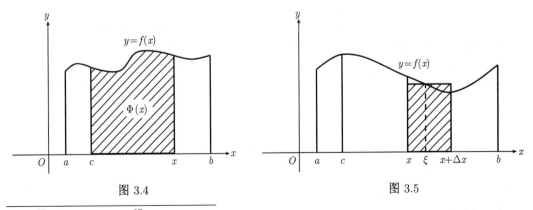

图 3.4　　　　　　　　　　　　　　　　图 3.5

---

* $\int_c^x f(t)\,\mathrm{d}t$ 也可以写成 $\int_c^x f(x)\,\mathrm{d}x$, 其中 x 起着两个完全不同的作用, 尽管容易混淆, 但习惯上常常这样写, 懂得其含义后是不会混淆的.

由此我们得到关于变上限定积分的重要定理:

定理 3.2.5(原函数存在定理)   设函数 $f(x)$ 在某区间 I 上连续, 则由式 (3.2.9) 定义的函数 $\Phi(x)$ 在 I 上可导, 且

$$\Phi'(x) = f(x). \tag{3.2.11}$$

该定理指出当被积函数为连续函数时, 变上限的定积分关于上限的导数恰等于被积函数在该点的值. 图 3.5 直观地说明了这一点. 图中阴影部分面积等于函数增量 $\Delta\Phi(x)$. 式 (3.2.10) 指出函数增量与自变量增量之比等于 $f(\xi)$, 即等于图 3.5 中矩形的高. 当 $\Delta x \to 0$ 时, 该矩形缩成一条线段, 其高的极限恰等于 $f(x)$.

定理 3.2.5 同时也证明了连续函数的原函数或不定积分必定存在. 由式 (3.2.9) 给出的变上限定积分就是它的一个原函数. 故定理 3.2.5 也称为**微积分学第一基本定理**.

如果某区间 I 上, 函数 $f(x)$ 连续, $\varphi(x), \psi(x)$ 在某区间上可导, 且其值域包含在 I 之内, 由复合函数求导法则及式 (3.2.11), 我们有

$$\frac{\mathrm{d}}{\mathrm{d}x} \int_{\psi(x)}^{\varphi(x)} f(t)\,\mathrm{d}t = f(\varphi(x))\,\varphi'(x) - f(\psi(x))\,\psi'(x). \tag{3.2.12}$$

事实上, 命 $u = \varphi(x), v = \psi(x)$. 任取 $c \in I$, 由定积分性质 4), 复合函数求导法则及定理 3.2.5 有

$$\begin{aligned}
\frac{\mathrm{d}}{\mathrm{d}x} \int_{\psi(x)}^{\varphi(x)} f(t)\,\mathrm{d}t &= \frac{\mathrm{d}}{\mathrm{d}x}\left[\int_{\psi(x)}^{c} f(t)\,\mathrm{d}t + \int_{c}^{\varphi(x)} f(t)\,\mathrm{d}t\right]\\
&= -\frac{\mathrm{d}}{\mathrm{d}x}\int_{c}^{\psi(x)} f(t)\,\mathrm{d}t + \frac{\mathrm{d}}{\mathrm{d}x}\int_{c}^{\varphi(x)} f(t)\,\mathrm{d}t\\
&= -\frac{\mathrm{d}}{\mathrm{d}v}\left[\int_{c}^{v} f(t)\,\mathrm{d}t\right]\cdot\frac{\mathrm{d}v}{\mathrm{d}x} + \frac{\mathrm{d}}{\mathrm{d}u}\left[\int_{c}^{u} f(t)\,\mathrm{d}t\right]\cdot\frac{\mathrm{d}u}{\mathrm{d}x}\\
&= -f(v)\psi'(x) + f(u)\varphi'(x)\\
&= f(\varphi(x))\varphi'(x) - f(\psi(x))\psi'(x).
\end{aligned}$$

例 3.2.1   设函数 $\Phi(x) = \displaystyle\int_{x}^{x^2} \sqrt{1+t}\,\mathrm{d}t$, 求 $\Phi'(x)$.

解   由公式 (3.2.12) 有

$$\Phi'(x) = \sqrt{1+x^2}\cdot(x^2)' - \sqrt{1+x} = 2x\sqrt{1+x^2} - \sqrt{1+x}. \qquad\Box$$

例 3.2.2   求 $\displaystyle\lim_{x\to 0}\frac{1}{\sin^4 x}\int_{0}^{x^2}\arcsin t\,\mathrm{d}t$.

解   原式 $= \displaystyle\lim_{x\to 0}\frac{\int_{0}^{x^2}\arcsin t\,\mathrm{d}t}{x^4} \overset{\left(\frac{0}{0}\right)}{=\!=\!=} \lim_{x\to 0}\frac{\arcsin x^2\cdot 2x}{4x^3} = \frac{1}{2}. \qquad\Box$

下面我们来证明积分学中的基本定理:

定理 3.2.6(牛顿–莱布尼兹定理)　　设函数 $f(x)$ 在闭区间 $[a, b]$ 上连续, $F(x)$ 是 $f(x)$ 任一原函数, 则

$$\int_a^b f(x)\,\mathrm{d}x = F(b) - F(a).\tag{3.2.13}$$

证明　设 $\Phi(x) = \displaystyle\int_a^x f(t)\,\mathrm{d}t$. 由定理 3.2.5 知它也是 $f(x)$ 的原函数. 于是

$$F(x) = \Phi(x) + C = \int_a^x f(t)\mathrm{d}t + C,\tag{3.2.14}$$

这里 C 为某一常数. 以 $x = a$ 代入式 $(3.2.14)$ 得

$$F(a) = \int_a^a f(t)\,\mathrm{d}t + C = C.$$

以 $x = b$ 代入式 $(3.2.14)$, 并注意到 $C = F(a)$, 得

$$F(b) = \int_a^b f(t)\,\mathrm{d}t + F(a).$$

将变量 t 换成 x, 移项即得式 $(3.2.13)$.　　　　　　　　　　　　　　　　　　□

式 $(3.2.13)$ 称为**牛顿–莱布尼兹公式**, 也称为**微积分学第二基本定理**, 它是积分学中的基本公式. 我们知道, 求原函数的运算是导数运算的逆运算, 定积分则是由求曲边梯形面积而引进的概念. 这两个概念产生的背景及它们的含义似乎没有共同之处, 但式 $(3.2.13)$ 却奇迹般地把它们紧密地联系在一起了. 它使得用定义求定积分这一十分困难的问题转换成求原函数问题. 我们在本章第一节中已经掌握了很多求初等函数原函数的方法, 这些方法也将在定积分中得到应用.

在数学发展史上, 定积分概念在不定积分之前就产生了. 阿基米德 (Archimedes*) 早在 2000 多年前就用无穷分割法计算曲边梯形的面积. 他的方法是定积分概念的原始雏型. 在牛顿和莱布尼兹发现以他们名字命名的公式 $(3.2.13)$ 之前, 定积分与不定积分仍是数学中互不相干的两个分支. 而在式 $(3.2.13)$ 建立之后, 不仅使求连续函数定积分问题大为简化, 也促进了求不定积分理论与方法的发展. 因此, 牛顿–莱布尼兹公式在微积分学史, 甚至在整个数学史上都占有重要的地位.

为了演算上的方便, 公式 $(3.2.13)$ 也常常写成

$$\int_a^b f(x)\mathrm{d}x = F(x)\Big|_a^b = F(b) - F(a),\quad\text{或者}\quad \int_a^b f(x)\mathrm{d}x = \big[F(x)\big]_a^b = F(b) - F(a).$$

例 3.2.3　求 $I = \displaystyle\int_0^\pi \sin x\,\mathrm{d}x$.

---

* 阿基米德 (Archimedes, 公元前 287~ 前 212), 古希腊哲学家、数学家、物理学家.

解 $I = \int_0^\pi \sin x \, dx = -\cos x \Big|_0^\pi = -(\cos \pi - \cos 0) = 2.$

例 3.2.4 求 $\int_{-\pi}^\pi \sin mx \sin nx \, dx, m, n$ 为非零整数.

解 当 $|m| \neq |n|$ 时,

$$I = \frac{1}{2} \int_{-\pi}^\pi (\cos(m-n)x - \cos(m+n)x) \, dx$$

$$= \frac{1}{2} \left[\frac{\sin(m-n)x}{m-n} - \frac{\sin(m+n)x}{m+n} \right]_{-\pi}^\pi = 0.$$

当 $m = n$ 时,

$$I = \int_{-\pi}^\pi \sin^2 nx \, dx = \frac{1}{2} \int_{-\pi}^\pi (1 - \cos 2nx) \, dx = \frac{1}{2} \left(2\pi - \left[\frac{1}{2n} \sin 2nx \right]_{-\pi}^\pi \right) = \pi.$$

当 $m = -n$ 时, $I = -\int_{-\pi}^\pi \sin^2 nx \, dx = -\pi.$

故

$$I = \begin{cases} 0, & \text{当 } |m| \neq |n|, \\ \pi, & \text{当 } m = n, \\ -\pi, & \text{当 } m = -n. \end{cases}$$

例 3.2.5 设 $p > 0$, 证明 $\lim_{n \to \infty} \int_n^{n+p} \frac{\sin x}{x} \, dx = 0.$

证明 应用积分中值定理,

$$\int_n^{n+p} \frac{\sin x}{x} \, dx = \sin \xi_n \int_n^{n+p} \frac{dx}{x} = \sin \xi_n \ln \left(\frac{n+p}{n} \right), \quad \text{其中 } n < \xi_n < n+p,$$

故

$$\lim_{n \to \infty} \int_n^{n+p} \frac{\sin x}{x} \, dx = \lim_{n \to \infty} \left(\sin \xi_n \ln \frac{n+p}{n} \right) = 0.$$

例 3.2.6 设 $f(x) = \begin{cases} 0, & x < 0, \\ 1, & x = 0, \\ x, & 0 < x < 1, \\ 2, & x \geqslant 1, \end{cases}$ 求 $F(x) = \int_{-1}^x f(t) \, dt.$

解 当 $-1 \leqslant x < 0$ 时, $F(x) = \int_{-1}^x 0 \, dt = 0;$

当 $0 \leqslant x \leqslant 1$ 时, $F(x) = \int_{-1}^0 0 \, dt + \int_0^x t \, dt = 0 + \int_0^x t \, dt = \frac{x^2}{2};$

当 $x > 1$ 时, $F(x) = \int_{-1}^0 0 \, dt + \int_0^1 t \, dt + \int_1^x 2 \, dt = \frac{1}{2} + 2(x-1) = 2x - \frac{3}{2},$

故

$$
F(x) = \begin{cases} 0, & x < 0, \\ \dfrac{x^2}{2}, & 0 \leqslant x \leqslant 1, \\ 2x - \dfrac{3}{2}, & x > 1. \end{cases}
$$

　　□

我们知道, 定积分的定义归结为求某和式的极限. 反过来, 若已知定积分的数值, 便可求得该和式的极限. 例如

例 3.2.7　求极限 $\displaystyle\lim_{n\to\infty}\left(\dfrac{1}{n+1}+\dfrac{1}{n+2}+\cdots+\dfrac{1}{n+n}\right)$.

解　上述极限可写成 $\displaystyle\lim_{n\to\infty}\sum_{i=1}^{n}\dfrac{1}{n+i}=\lim_{n\to\infty}\sum_{i=1}^{n}\dfrac{1}{1+\frac{i}{n}}\cdot\dfrac{1}{n}$. 如果将闭区间 $[0,1]$ n 等分, 分点为 $x_i=\dfrac{i}{n}$ $(i=0,1,2,\cdots,n)$, $\Delta x_i=x_i-x_{i-1}=\dfrac{1}{n}$ $(i=1,2,\cdots,n)$, 取被积函数 $f(x)=\dfrac{1}{1+x}$, $\xi_i=x_i=\dfrac{i}{n}$ $(i=1,2,\cdots,n)$, 由于 $\dfrac{1}{1+x}$ 在 $[0,1]$ 上连续, 因此可积. 由定积分定义

$$
\lim_{n\to\infty}\sum_{i=1}^{n}\dfrac{1}{1+\frac{i}{n}}\cdot\dfrac{1}{n}=\lim_{n\to\infty}\sum_{i=1}^{n}f(\xi_i)\Delta x_i=\int_0^1\dfrac{1}{1+x}\,\mathrm{d}x=\ln(1+x)\Big|_0^1=\ln 2.
$$

　　□

我们知道有限多个无穷小之和仍是无穷小. 从上例可知, 无穷多个无穷小之和不一定是无穷小.

3.2.3　定积分的计算

当被积函数为连续函数时, 牛顿–莱布尼兹公式将求定积分问题变成求原函数问题. 而在用该公式计算定积分时, 实际上只要知道原函数在积分区间端点上的值, 并不要求知道整个原函数. 因为求原函数常常很困难, 因此先求原函数再计算定积分有时会多费力气, 甚至行不通. 下面介绍的定积分的换元积分法在一定程度上能克服这一缺点.

定理 3.2.7(定积分换元法)　设

1) 函数 $x=\varphi(t)^*$ 在区间 $[\alpha,\beta]$ 或 $[\beta,\alpha]$ 上存在连续的导数;

2) 函数 $f(x)$ 在 $\varphi(t)$ 的值域上连续;

3) $a=\varphi(\alpha),b=\varphi(\beta)$,

则

$$
\int_a^b f(x)\,\mathrm{d}x=\int_\alpha^\beta f(\varphi(t))\,\varphi'(t)\,\mathrm{d}t. \tag{3.2.15}
$$

证明　设 $F(x)$ 为 $f(x)$ 的原函数, 则

$$
\frac{\mathrm{d}}{\mathrm{d}t}F(\varphi(t))=f(\varphi(t))\varphi'(t).
$$

---

* 这里不必假定 $\varphi(t)$ 存在单值的反函数, 但需要注意的是积分上、下限发生的变化.

由牛顿–莱布尼兹公式

$$\int_\alpha^\beta f(\varphi(t))\varphi'(t)\,\mathrm{d}t = F(\varphi(t))\Big|_\alpha^\beta = F(\varphi(\beta)) - F(\varphi(\alpha)) = F(b) - F(a) = \int_a^b f(x)\mathrm{d}x. \qquad \square$$

例 3.2.8   求 $I = \displaystyle\int_0^a \sqrt{a^2 - x^2}\,\mathrm{d}x,\ a > 0$.

解   令 $x = a\sin t,\ 0 \leqslant t \leqslant \dfrac{\pi}{2}$，则当 $t = 0$ 时，$x = 0$，$t = \dfrac{\pi}{2}$ 时 $x = a$. 由式（3.2.15）得

$$I = \int_0^{\frac{\pi}{2}} a^2 \cos^2 t\,\mathrm{d}t = \frac{a^2}{2}\left[t + \frac{1}{2}\sin 2t\right]_0^{\frac{\pi}{2}} = \frac{\pi}{4}a^2. \qquad \square$$

例 3.2.9   设函数 $f(x)$ 在区间 $[-a, a]$ 上连续，试证明

$$I = \int_{-a}^a f(x)\,\mathrm{d}x = \begin{cases} 2\displaystyle\int_0^a f(x)\,\mathrm{d}x, & \text{当 } f(x) \text{ 为偶函数,} \\ 0, & \text{当 } f(x) \text{ 为奇函数.} \end{cases}$$

证明 $\displaystyle\int_{-a}^a f(x)\,\mathrm{d}x = \int_{-a}^0 f(x)\,\mathrm{d}x + \int_0^a f(x)\,\mathrm{d}x = I_1 + I_2$,

因 $I_1 = \displaystyle\int_{-a}^0 f(x)\,\mathrm{d}x \xlongequal{x = -t} -\int_a^0 f(-t)\,\mathrm{d}t = \int_0^a f(-x)\,\mathrm{d}x$, 故

$$\int_{-a}^a f(x)\,\mathrm{d}x = \int_0^a (f(-x) + f(x))\,\mathrm{d}x = \begin{cases} 2\displaystyle\int_0^a f(x)\,\mathrm{d}x, & \text{当 } f(x) \text{ 为偶函数,} \\ 0, & \text{当 } f(x) \text{ 为奇函数.} \end{cases} \qquad \square$$

由上例可知，当被积函数 $f(x)$ 为奇函数或偶函数时，若积分区间关于原点对称，则可将积分简化.

例 3.2.10   求 $I = \displaystyle\int_{-1}^1 \dfrac{x^2 + \sin x}{1 + x^2}\,\mathrm{d}x$.

解 $I = \displaystyle\int_{-1}^1 \dfrac{x^2 + \sin x}{1 + x^2}\,\mathrm{d}x = \int_{-1}^1 \dfrac{x^2}{1 + x^2}\,\mathrm{d}x + \int_{-1}^1 \dfrac{\sin x}{1 + x^2}\,\mathrm{d}x$.

因上式右端第一个被积函数是偶函数，第二个积分中的被积函数是奇函数，故

$$I = \int_{-1}^1 \frac{x^2 + \sin x}{1 + x^2}\,\mathrm{d}x = 2\int_0^1 \frac{x^2}{1 + x^2}\,\mathrm{d}x + 0 = 2\left[x - \arctan x\right]_0^1 = 2 - \frac{\pi}{2}. \qquad \square$$

例 3.2.11   设 $f(x)$ 在 $\mathbb{R}$ 上连续，并且以 T 为周期，证明对于任意的实数 a 有

$$\int_a^{a+T} f(x)\,\mathrm{d}x = \int_0^T f(x)\,\mathrm{d}x.$$

证明 $\int_a^{a+T} f(x)\,\mathrm{d}x = \int_a^0 f(x)\,\mathrm{d}x + \int_0^T f(x)\,\mathrm{d}x + \int_T^{a+T} f(x)\,\mathrm{d}x,$

对上式右边第三个积分, 令 $x = t + T$, 则有

$$\int_T^{a+T} f(x)\,\mathrm{d}x = \int_0^a f(t+T)\,\mathrm{d}t = \int_0^a f(t)\,\mathrm{d}t = -\int_a^0 f(x)\,\mathrm{d}x,$$

代入即可得出所要证明的结果.   □

例 3.2.12   求 $\displaystyle\lim_{x\to 0} \frac{\displaystyle\int_{x^2}^x \frac{\sin xt}{t}\,\mathrm{d}t}{x^2}.$

解   这是求解 "$\dfrac{0}{0}$" 型极限, 由于分子变上限积分中的被积函数中也含有变量 x, 因此我们不能直接利用式 (3.2.12) 对 x 求导. 但可以通过定积分的变量代换使得被积函数中不再含有变量 x. 令 $u = xt$, 则 $\displaystyle\int_{x^2}^x \frac{\sin xt}{t}\,\mathrm{d}t = \int_{x^3}^{x^2} \frac{\sin u}{u}\,\mathrm{d}u.$ 故

$$\lim_{x\to 0} \frac{\displaystyle\int_{x^2}^x \frac{\sin xt}{t}\,\mathrm{d}t}{x^2} = \lim_{x\to 0} \frac{\displaystyle\int_{x^3}^{x^2} \frac{\sin u}{u}\,\mathrm{d}u}{x^2} \overset{(\frac{0}{0})}{=\!=\!=} \lim_{x\to 0} \frac{\dfrac{\sin x^2}{x^2}\cdot 2x - \dfrac{\sin x^3}{x^3}\cdot 3x^2}{2x} = 1. \qquad \square$$

如果能巧妙地运用定积分的变量代换, 可使得某些定积分的计算大为简化. 例如

例 3.2.13   求 $I = \displaystyle\int_0^\pi \frac{x\sin x}{1+\cos^2 x}\,\mathrm{d}x.$

解   要求出被积函数的原函数是一件十分棘手的事, 我们可采用适当的变量代换, 以简化计算. 作代换 $x = \pi - t$, 则

$$I = \int_\pi^0 \frac{(\pi-t)\sin(\pi-t)}{1+\cos^2(\pi-t)}(-\mathrm{d}t) = \int_0^\pi \frac{(\pi-t)\sin t}{1+\cos^2 t}\,\mathrm{d}t = \pi\int_0^\pi \frac{\sin t}{1+\cos^2 t}\,\mathrm{d}t - I,$$

于是

$$I = \frac{\pi}{2}\int_0^\pi \frac{\sin t}{1+\cos^2 t}\,\mathrm{d}t = \frac{\pi}{2}\left[-\arctan(\cos t)\right]_0^\pi = \frac{\pi^2}{4}. \qquad \square$$

定理 3.2.8(定积分分部积分法)   设函数 $u = u(x), v = v(x)$ 在区间 $[a,b]$ 上存在连续的导数, 则

$$\int_a^b uv'\,\mathrm{d}x = uv\Big|_a^b - \int_a^b vu'\,\mathrm{d}x. \tag{3.2.16}$$

或

$$\int_a^b vu'\,\mathrm{d}x = uv\Big|_a^b - \int_a^b uv'\,\mathrm{d}x.$$

证明   由不定积分分部积分公式 (3.1.4) 及牛顿–莱布尼兹公式 (3.2.13) 可得.   □

例 3.2.14   证明 $I_n = \displaystyle\int_0^{\frac{\pi}{2}} \sin^n x \, \mathrm{d}x = \int_0^{\frac{\pi}{2}} \cos^n x \, \mathrm{d}x$, 并计算之.

解   令 $x = \dfrac{\pi}{2} - t$, 则

$$\int_0^{\frac{\pi}{2}} \sin^n x \, \mathrm{d}x = \int_{\frac{\pi}{2}}^{0} \sin^n\left(\frac{\pi}{2} - t\right)(-\mathrm{d}t) = \int_0^{\frac{\pi}{2}} \cos^n t \, \mathrm{d}t = \int_0^{\frac{\pi}{2}} \cos^n x \, \mathrm{d}x.$$

当 $n \geqslant 2$ 时, 由分部积分法可得

$$I_n = \int_0^{\frac{\pi}{2}} \sin^n x \, \mathrm{d}x = -\int_0^{\frac{\pi}{2}} \sin^{n-1} x \, \mathrm{d}\cos x$$

$$= -\sin^{n-1} x \cos x \Big|_0^{\frac{\pi}{2}} + (n-1)\int_0^{\frac{\pi}{2}} \sin^{n-2} x \cos^2 x \, \mathrm{d}x$$

$$= (n-1)\int_0^{\frac{\pi}{2}} \sin^{n-2} x (1 - \sin^2 x) \, \mathrm{d}x = (n-1)(I_{n-2} - I_n).$$

于是

$$I_n = \frac{n-1}{n} I_{n-2}, \quad n = 2, 3, \cdots. \tag{3.2.17}$$

因 $I_0 = \displaystyle\int_0^{\frac{\pi}{2}} \mathrm{d}x = \dfrac{\pi}{2}$, $I_1 = \displaystyle\int_0^{\frac{\pi}{2}} \sin x \, \mathrm{d}x = -\cos x \Big|_0^{\frac{\pi}{2}} = 1$, 故逐次应用递推式 (3.2.17) 可得:

当 n 为偶数时,

$$I_n = \frac{n-1}{n} \cdot \frac{n-3}{n-2} \cdots \frac{1}{2} \cdot I_0 = \frac{(n-1)!!}{n!!} \cdot \frac{\pi}{2},$$

当 n 为奇数时,

$$I_n = \frac{n-1}{n} \cdot \frac{n-3}{n-2} \cdots \frac{2}{3} \cdot I_1 = \frac{(n-1)!!}{n!!}.$$ □

例 3.2.15   设 $f(x)$ 在 $\mathbb{R}$ 上连续, 证明

$$\int_0^x f(t)(x-t) \, \mathrm{d}t = \int_0^x \left(\int_0^t f(x) \, \mathrm{d}x\right) \mathrm{d}t.$$

证明   令 $F(t) = \displaystyle\int_0^t f(x) \, \mathrm{d}x$, 则 $F(0) = 0$, $\mathrm{d}F(t) = f(t)\mathrm{d}t$.

左边 $= \displaystyle\int_0^x f(t)(x-t) \, \mathrm{d}t = \int_0^x (x-t) \, \mathrm{d}F(t) = (x-t)F(t)\Big|_0^x - \int_0^x F(t)(-\mathrm{d}t)$

$= \displaystyle\int_0^x F(t) \, \mathrm{d}t = \int_0^x \left(\int_0^t f(x) \, \mathrm{d}x\right) \mathrm{d}t = $ 右边.   □

3.2.4　数值积分方法*

前面我们介绍了用牛顿–莱布尼兹公式计算定积分的方法. 然而在自然科学和工程技术的实际问题中提出的定积分问题, 往往不能用该方法得以解决. 这里主要存在两个方面的困难, 首先是因为求原函数是很困难的, 有时甚至不能用初等函数来表示它; 其次是在一些实际问题中, 没有给出被积函数的一般表示式, 只是提供被积函数的一组观察数据. 遇到这些情形时, 牛顿–莱布尼兹公式计算定积分的方法就无能为力了. 因此有必要研究计算定积分近似值的数值方法 (称为数值积分方法). 随着 20 世纪 40 年代电子计算机的诞生, 数值积分的理论与方法得到了迅猛地发展. 本小节中, 我们介绍古典的矩形法, 梯形法以及抛物线法.

一、矩形法

设函数 $y = f(x)$ 在闭区间 $[a, b]$ 上连续. 为了求定积分 $\displaystyle\int_a^b f(x)\,\mathrm{d}x$ 的近似值, 我们将由曲线 $y = f(x)$, 直线 $x = a, x = b$ 以及 x 轴所围成的曲边梯形分成若干个小的曲边梯形, 然后用小的矩形面积来近似地代替这些小的曲边梯形面积, 最终求出定积分的近似值. 具体作法如下:

令
$$\Delta x = \frac{b-a}{n}, x_0 = a, x_n = b, x_i = a + i\Delta x \ (i = 1, 2, \cdots, n-1),$$
$$y_i = f(x_i) \ (i = 0, 1, 2, \cdots, n),$$

在闭区间 $[x_{i-1}, x_i]$ $(i = 1, 2, \cdots, n)$ 上用矩形面积 $y_i\Delta x$ 来近似代替由 $y = f(x)$, 直线 $x = x_{i-1}, x = x_i$ 以及 x 轴所围成的曲边梯形面积, 于是积分和

$$y_1\Delta x + y_2\Delta x + \cdots + y_n\Delta x = (y_1 + y_2 + \cdots + y_n)\frac{b-a}{n}$$

便是定积分 $\displaystyle\int_a^b f(x)\,\mathrm{d}x$ 的近似值, 即

$$\int_a^b f(x)\,\mathrm{d}x \approx \frac{b-a}{n}\sum_{i=1}^n y_i. \tag{3.2.18}$$

类似地我们也可以在 $[a, b]$ 上用矩形面积 $y_{i-1}\Delta x$ 来近似代替由 $y = f(x)$, 直线 $x = x_{i-1}$, $x = x_i$ 以及 x 轴所围成的曲边梯形面积, 这时定积分 $\displaystyle\int_a^b f(x)\,\mathrm{d}x$ 的近似值为

$$\int_a^b f(x)\,\mathrm{d}x \approx \frac{b-a}{n}\sum_{i=1}^n y_{i-1}. \tag{3.2.19}$$

以上两种取法并无本质的差异. 设 $f'(x)$ 在 $[a, b]$ 上连续, 记余项

$$R_n = \int_a^b f(x)\,\mathrm{d}x - \frac{b-a}{n}\sum_{i=1}^n y_i, \quad M_1 = \max_{a \leqslant x \leqslant b} |f'(x)|,$$

可以证明 $|R_n| \leqslant \dfrac{(b-a)^2}{2n}M_1$.

二、梯形法

作为对矩形法的一种改进, 梯形法是用小的梯形面积来近似地代替小的曲边梯形面积, 即在区间 $[x_{i-1}, x_i]$ 上用梯形面积 $\frac{1}{2}(y_{i-1} + y_i)\Delta x$ 近似地代替由 $y = f(x)$, 直线 $x = x_{i-1}, x = x_i$ 以及 x 轴所围成的曲边梯形面积. 在前面的同样的假设下, 梯形法的近似公式为

$$\int_a^b f(x)\,\mathrm{d}x \approx \frac{1}{2}(y_0 + y_1)\Delta x + \frac{1}{2}(y_1 + y_2)\Delta x + \cdots + \frac{1}{2}(y_{n-1} + y_n)\Delta x$$

$$= \frac{b-a}{n}\left(\frac{y_0 + y_n}{2} + \sum_{i=1}^{n-1} y_i\right).$$

容易看出, 应用梯形公式得到的近似值恰好等于矩形公式 (3.2.18)、(3.2.19) 得到的近似值之平均, 两者在公式上相差甚小, 只是将矩形法中的 y_0 (或 y_n) 换成 $\frac{1}{2}(y_0 + y_n)$.

设 $f''(x)$ 在 $[a, b]$ 上连续, 记余项

$$R_n = \int_a^b f(x)\,\mathrm{d}x - \frac{b-a}{n}\left(\frac{1}{2}(y_0 + y_n) + \sum_{i=1}^{n-1} y_i\right), \quad M_2 = \max_{a \leqslant x \leqslant b} |f''(x)|,$$

可以证明 $|R_n| \leqslant \frac{(b-a)^3}{12n^2} M_2$.

由此可见, 梯形法的误差是以 $\frac{1}{n^2}$ 的速度趋于零(当 $n \to \infty$ 时), 而矩形法的误差则是以 $\frac{1}{n}$ 的速度趋于零(当 $n \to \infty$ 时), 因此从这个意义上而言, 梯形法近似值要优于矩形法近似值.

三、抛物线法 (辛普森法)

前面介绍的矩形法和梯形法都是在小的曲边梯形中分别以矩形和梯形面积代替曲边梯形的面积, 其特点是以直线去代替曲线. 而抛物线法则是用抛物线弧来代替被积函数的曲线弧.

首先讨论用抛物线弧所构成的曲边梯形面积.

设 $y = ax^2 + bx + c$ 是一条通过点 (x_0, y_0), (x_1, y_1) 及 (x_2, y_2) 的抛物线, 则

$$y_i = ax_i^2 + bx_i + c \quad (i = 0, 1, 2).$$

进一步假设 x_1 是 x_0 与 x_2 的中点, 即 $x_1 = \frac{1}{2}(x_0 + x_2)$. 记 $\Delta x = x_2 - x_1 = x_1 - x_0$, 我们有

$$\int_{x_0}^{x_2}(ax^2 + bx + c)\,\mathrm{d}x = \frac{a}{3}x^3\Big|_{x_0}^{x_2} + \frac{b}{2}x^2\Big|_{x_0}^{x_2} + cx\Big|_{x_0}^{x_2} = \frac{a}{3}(x_2^3 - x_0^3) + \frac{b}{2}(x_2^2 - x_0^2) + c(x_2 - x_0)$$

$$= (x_2 - x_0)\left(\frac{a}{3}(x_2^2 + x_0x_2 + x_0^2) + \frac{b}{2}(x_2 + x_0) + c\right)$$

$$= \frac{x_2 - x_0}{6}\left(2a(x_2^2 + x_0x_2 + x_0^2) + 3b(x_2 + x_0) + 6c\right)$$

$$= \frac{\Delta x}{3} \left(a(x_2^2 + x_0^2) + a(x_0 + x_2)^2 + 3b(x_2 + x_0) + 6c \right)$$

$$= \frac{\Delta x}{3} \left(y_0 + y_2 + a(2x_1)^2 + 4bx_1 + 4c \right) = \frac{\Delta x}{3} \left(y_0 + 4y_1 + y_2 \right).$$

设函数 $y = f(x)$ 在 $[a,b]$ 上连续, 我们将 $[a,b]$ $2n$ 等分, 小区间长度为 $\Delta x = \dfrac{b-a}{2n}$, 分点为

$$a = x_0 < x_1 < x_2 < \cdots < x_{2n} = b.$$

相应地把曲边梯形分成 $2n$ 个小曲边梯形, 由上述讨论知, 在 $[x_{2i-2}, x_{2i}]$ 上的两个曲边梯形的近似值为

$$\frac{\Delta x}{3} \left(y_{2i-2} + 4y_{2i-1} + y_{2i} \right) = \frac{b-a}{6n} \left(y_{2i-2} + 4y_{2i-1} + y_{2i} \right), \ (i = 1, 2, \cdots, n)$$

相加即得抛物线法近似计算公式为

$$\int_a^b f(x)\, dx \approx \frac{b-a}{6n} \left(\sum_{i=0}^{n-1} y_{2i} + 4 \sum_{i=0}^{n-1} y_{2i+1} + \sum_{i=0}^{n-1} y_{2i+2} \right)$$

$$= \frac{b-a}{6n} \left(y_0 + y_{2n} + 2 \sum_{i=1}^{n-1} y_{2i} + 4 \sum_{i=0}^{n-1} y_{2i+1} \right).$$

我们仍记余项 R_n 为抛物线法计算公式的计算误差, $M_4 = \max\limits_{a \leqslant x \leqslant b} |f^{(4)}(x)|$, 可以证明

$$|R_n| \leqslant \frac{(b-a)^5}{180(2n)^4} M_4.$$

显然, 当 n 增大时, 抛物线法计算公式要比矩形和梯形计算公式计算精确.

习题 3.2

1. 将积分区间 n 等分, 取 ξ_i 为第 i 个小区间的右端点, 用定积分的定义计算:

(1) $\displaystyle\int_0^1 x\, dx$;　　　　　　　　　　　　(2) $\displaystyle\int_0^1 a^x\, dx$.

2. 利用定积分的性质证明下列不等式:

(1) $1 < \displaystyle\int_0^{\frac{\pi}{2}} \dfrac{\sin x}{x}\, dx < \dfrac{\pi}{2}$;　　　　　(2) $1 < \displaystyle\int_0^1 e^{x^2}\, dx < e$;

(3) $2 \leqslant \displaystyle\int_{-1}^1 \sqrt{1 + x^4}\, dx \leqslant \dfrac{8}{3}$;　　　(4) $\dfrac{1}{2} \leqslant \displaystyle\int_0^{\frac{1}{2}} \dfrac{dx}{\sqrt{1 - x^n}} \leqslant \dfrac{\pi}{6} \ (n > 2)$.

3. 比较下列定积分的大小:

(1) $\displaystyle\int_0^1 \dfrac{x}{\sqrt{1 + x^3}}\, dx$ 与 $\displaystyle\int_0^1 \dfrac{x^2}{\sqrt{1 + x^3}}\, dx$;　　(2) $\displaystyle\int_0^1 e^{-x}\, dx$ 与 $\displaystyle\int_0^1 e^{-x^2}\, dx$.

4. 求下列极限:

(1) $\lim\limits_{n \to \infty} \displaystyle\int_0^1 \dfrac{x^n}{1 + x^{2n}}\, dx$;　　　　　(2) $\lim\limits_{n \to \infty} \displaystyle\int_0^1 x^n e^x \sin nx\, dx$.

5. 求下列函数 $y = y(x)$ 的导数 $\dfrac{\mathrm{d}y}{\mathrm{d}x}$:

(1) $y = \displaystyle\int_0^{x^2} \sin \sqrt{t}\, \mathrm{d}t$;

(2) $2x - \tan(x - y) = \displaystyle\int_0^{x-y} \sec^2 t\, \mathrm{d}t$;

(3) $y = \displaystyle\int_x^{\sqrt{x}} \cos t^2\, \mathrm{d}t$;

(4) $\displaystyle\int_0^y \mathrm{e}^{t^2}\, \mathrm{d}t + \int_0^x \cos t^2\, \mathrm{d}t = x^2.$

6. 计算下列定积分:

(1) $\displaystyle\int_1^2 \sqrt[4]{x}\, \mathrm{d}x$;

(2) $\displaystyle\int_0^1 \dfrac{x^2 - 1}{x^2 + 1}\, \mathrm{d}x$;

(3) $\displaystyle\int_0^{\frac{\pi}{2}} \sin^3 x\, \mathrm{d}x$;

(4) $\displaystyle\int_{-1}^1 (x + |x|)^2\, \mathrm{d}x$;

(5) $\displaystyle\int_0^4 |t^2 - 3t + 2|\, \mathrm{d}t$;

(6) $\displaystyle\int_{-\frac{\pi}{2}}^{\frac{\pi}{2}} \sqrt{\cos x - \cos^3 x}\, \mathrm{d}x$;

(7) $\displaystyle\int_0^{\frac{\pi}{4}} \dfrac{x}{1 + \cos 2x}\, \mathrm{d}x$;

(8) $\displaystyle\int_0^1 \dfrac{\ln(1 + x)}{(2 - x)^2}\, \mathrm{d}x$;

(9) $\displaystyle\int_{-\frac{\pi}{2}}^{\frac{\pi}{2}} \left(\dfrac{\cos x}{2 + \sin x} + x^4 \sin x \right) \mathrm{d}x$;

(10) $\displaystyle\int_0^{\frac{1}{2}} x \ln \dfrac{x + 1}{1 - x}\, \mathrm{d}x.$

7. 对下列定积分能否用指定的变量代换? 为什么?

(1) $\displaystyle\int_{-1}^1 \dfrac{\mathrm{d}x}{x^2 + x + 1},\ x = \dfrac{1}{t}$;

(2) $\displaystyle\int_0^{\pi} \dfrac{\mathrm{d}x}{1 + \sin^2 x},\ \tan x = t$;

(3) $\displaystyle\int_0^2 x \sqrt[3]{1 - x^2}\, \mathrm{d}x,\ x = \sin t$;

(4) $\displaystyle\int_0^4 \dfrac{\mathrm{d}x}{1 + \sqrt{x}},\ t^2 = x.$

8. 用换元法计算下列积分:

(1) $\displaystyle\int_0^a x^2 \sqrt{a^2 - x^2}\, \mathrm{d}x\ (a > 0)$;

(2) $\displaystyle\int_1^{\mathrm{e}^2} \sqrt{x} \ln x\, \mathrm{d}x$;

(3) $\displaystyle\int_0^1 \dfrac{\sqrt{x}}{1 + x}\, \mathrm{d}x$;

(4) $\displaystyle\int_0^{\ln 2} \sqrt{\mathrm{e}^x - 1}\, \mathrm{d}x$;

(5) $\displaystyle\int_0^{\frac{1}{\sqrt{3}}} \dfrac{\mathrm{d}x}{(1 + x^2)\sqrt{1 + x^2}}$;

(6) $\displaystyle\int_{\frac{1}{4}}^{\frac{1}{2}} \dfrac{\arcsin \sqrt{x}}{\sqrt{x(1 - x)}}\, \mathrm{d}x.$

9. 计算下列定积分:

(1) $\displaystyle\int_1^{\mathrm{e}} \cos(\ln x)\, \mathrm{d}x$;

(2) $\displaystyle\int_0^1 \ln \left(x + \sqrt{x^2 + 1} \right) \mathrm{d}x$;

(3) $\displaystyle\int_{-\frac{\pi}{4}}^{\frac{\pi}{4}} \dfrac{\sin^3 x + 1}{1 + \cos^2 x}\, \mathrm{d}x$;

(4) $\displaystyle\int_0^{\pi} \mathrm{e}^{-x} \sin x\, \mathrm{d}x$;

(5) $\displaystyle\int_{-2}^{-\frac{2}{\sqrt{3}}} \dfrac{1}{x\sqrt{x^2 - 1}}\, \mathrm{d}x$;

(6) $\displaystyle\int_0^1 \dfrac{x \mathrm{e}^x}{(1 + x)^2}\, \mathrm{d}x$;

(7) $\displaystyle\int_{\frac{2}{\pi}}^1 \dfrac{1}{x^3} \sin \dfrac{1}{x}\, \mathrm{d}x$;

(8) $\displaystyle\int_1^{\mathrm{e}^2} \sqrt{x} \ln x\, \mathrm{d}x$;

(9) $\displaystyle\int_0^1 \dfrac{1}{(x^2 - x + 1)^{\frac{3}{2}}}\, \mathrm{d}x$;

(10) $\displaystyle\int_{-1}^1 \dfrac{x^2 + x \cos x}{1 + x^2}\, \mathrm{d}x$;

(11) $\displaystyle\int_0^1 \frac{1}{(1+x^2)^{\frac{3}{2}}}\,\mathrm{d}x$;　　　　　　　　(12) $\displaystyle\int_{\frac{\pi}{2}}^{\frac{3\pi}{2}} \frac{\sin x}{\sqrt{1-\cos 2x}}\,\mathrm{d}x$;

(13) $\displaystyle\int_{-\frac{\pi}{2}}^{\frac{\pi}{2}} \left(\frac{x\sin^2 x}{(1+\cos^2 x)^2} + \frac{\sqrt{\sin^6 x}}{1+\cos^2 x} \right)\mathrm{d}x$.

10. 设 $f(x)$ 在所考虑的积分区间上连续, 证明下列等式:

(1) $\displaystyle\int_0^a f(x)\,\mathrm{d}x = \int_0^{\frac{a}{2}} [f(x) + f(a-x)]\,\mathrm{d}x$;

(2) $\displaystyle\int_0^\pi x f(\sin x)\,\mathrm{d}x = \frac{\pi}{2}\int_0^\pi f(\sin x)\,\mathrm{d}x = \pi\int_0^{\frac{\pi}{2}} f(\sin x)\,\mathrm{d}x$;

(3) $\displaystyle\int_0^{2\pi} f(|\cos x|)\,\mathrm{d}x = 4\int_0^{\frac{\pi}{2}} f(\cos x)\,\mathrm{d}x$.

11. 设 $f(x)$ 是以 T 为周期的连续函数, 证明:

$$\int_a^{a+nT} f(x)\,\mathrm{d}x = n\int_0^T f(x)\,\mathrm{d}x, \quad \forall\, n\in\mathbb{N}$$

并计算 $\displaystyle\int_0^{100\pi} \sqrt{1-\cos 2x}\,\mathrm{d}x$.

12. 求下列极限:

(1) $\displaystyle\lim_{x\to 0^+} \frac{\displaystyle\int_0^{x^2} \sin^{\frac{3}{2}} t\,\mathrm{d}t}{\displaystyle\int_0^x t(t-\sin t)\,\mathrm{d}t}$;　　　　　(2) $\displaystyle\lim_{x\to 0} \frac{\displaystyle\int_0^x \frac{1}{t}\ln(1+xt)\,\mathrm{d}t}{x^2}$;

(3) $\displaystyle\lim_{x\to +\infty} \frac{\displaystyle\int_0^x (\arctan t)^2\,\mathrm{d}t}{\sqrt{1+x^2}}$;　　　　　(4) $\displaystyle\lim_{x\to 0} \frac{1}{\tan x^2}\int_{\frac{x}{2}}^x \frac{\mathrm{e}^{xt}-1}{t}\,\mathrm{d}t$;

(5) $\displaystyle\lim_{n\to\infty} \frac{1^p + 2^p + \cdots + n^p}{n^{1+p}}\ (p+1>0)$;　(6) $\displaystyle\lim_{n\to\infty} \sum_{i=1}^n \frac{\sin\left(a+\frac{(i-1)b}{n}\right)}{n}$;

(7) $\displaystyle\lim_{n\to\infty} \sum_{i=1}^n \frac{n}{n^2+i^2}$;　　　　　　(8) $\displaystyle\lim_{n\to\infty} \frac{1}{n}\sqrt[n]{n(n+1)\cdots(2n-1)}$.

13. 填空:

(1) 设 $f(x) = x + \displaystyle\int_0^a f(x)\,\mathrm{d}x, a\neq 1$, 则 $\displaystyle\int_0^a f(x)\,\mathrm{d}x = $ _____;

(2) 设 $f(x)$ 连续, 且 $f(x) = x + 2\displaystyle\int_0^{\frac{\pi}{2}} f(x)\cos x\,\mathrm{d}x$, 则 $\displaystyle\int_0^{\frac{\pi}{2}} f(x)\cos x\,\mathrm{d}x = $ _____.

(3) $\displaystyle\int_a^x f'(2t)\,\mathrm{d}t = $ _____;

(4) 设 $f(x) = \begin{cases} 1+x^2, & x\leqslant 0, \\ \mathrm{e}^{-x}, & x>0, \end{cases}$ 则 $\displaystyle\int_1^3 f(x-2)\,\mathrm{d}x = $ _____;

(5) 设 $f(x) = \displaystyle\int_1^{\sqrt{x}} \mathrm{e}^{-t^2}\,\mathrm{d}t$, 则 $\displaystyle\int_0^1 \frac{f(x)}{\sqrt{x}}\,\mathrm{d}x = $ _____.

14. 已知 $f(x) = \begin{cases} x^2, & 0 \leqslant x < 1, \\ 1, & 1 \leqslant x \leqslant 2. \end{cases}$ 设 $F(x) = \displaystyle\int_1^x f(t)\,\mathrm{d}t$ $(0 \leqslant x \leqslant 2)$, 求 $F(x)$.

15. 设 $f(x) = \displaystyle\int_1^x \frac{\sin(xt)}{t}\,\mathrm{d}t$, 求 $\displaystyle\int_0^1 xf(x)\mathrm{d}x$.

16. 若 $f(x)$ 满足条件 $f(x+a) = -f(a-x)$, $f(x)$ 可积, 证明 $\displaystyle\int_0^{2a} f(x)\,\mathrm{d}x = 0$.

17. 设 $f(x)$ 是区间 $[-a,a]\,(a>0)$ 上连续的偶函数, 证明 $\displaystyle\int_{-a}^a \frac{f(x)}{1+\mathrm{e}^x}\mathrm{d}x = \int_0^a f(x)\mathrm{d}x$.

18. (1) 设 $f(x), g(x)$ 在 $[-a,a]$ 上连续, $g(x)$ 是偶函数, $f(x)+f(-x) \equiv A$ (A 为常数), 证明:
$$\int_{-a}^a f(x)g(x)\mathrm{d}x = A\int_0^a g(x)\mathrm{d}x;$$

(2) 求 $\displaystyle\int_{-\frac{\pi}{2}}^{\frac{\pi}{2}} \cos x \arctan(\mathrm{e}^x)\mathrm{d}x$.

19. 设 $f(x)$ 在 $\mathbb{R}$ 上连续, $F(x) = \displaystyle\int_0^x (x-2t)f(t)\,\mathrm{d}t$, 证明:

(1) 若 $f(x)$ 是偶函数, 则 $F(x)$ 也是偶函数;

(2) 若 $f(x)$ 为单调增函数, 则 $F(x)$ 为单调减函数.

20. 设 $f(x)$ 在 $[a,b]$ 上连续, 且 $f(x) > 0$. 证明:
$$\int_a^b f(x)\,\mathrm{d}x \int_a^b \frac{1}{f(x)}\,\mathrm{d}x \geqslant (b-a)^2.$$

21. 设 $f(x)$ 在 $[0,+\infty)$ 上连续, 且单调减少, $0 < a < b$, 证明:
$$a\int_0^b f(x)\mathrm{d}x \leqslant b\int_0^a f(x)\,\mathrm{d}x.$$

22. 设 $f(x)$ 为 $[a,b]$ 上连续单调增函数, 求证 $\displaystyle\int_a^b xf(x)\mathrm{d}x \geqslant \frac{a+b}{2}\int_a^b f(x)\mathrm{d}x$.

23. 设 $f(x)$ 在 $(-\infty,+\infty)$ 内连续, 且 $F(x) = \displaystyle\int_0^1 (x^2-2x^2t)f(xt)\mathrm{d}t$, 证明: 若 $f(x)$ 在 $(-\infty,+\infty)$ 上为减函数, 则 $F(x)$ 在 $(-\infty,+\infty)$ 上为增函数.

24. 设 $S(x) = \displaystyle\int_0^x |\cos x|\mathrm{d}x$,

(1) 当 n 为正整数, 且 $n\pi \leqslant x < (n+1)\pi$ 时, 证明不等式 $2n \leqslant S(x) \leqslant 2(n+1)$;

(2) 求 $\displaystyle\lim_{x\to+\infty} \frac{S(x)}{x}$.

25. 设函数 $f(x)$ 在 $[0,1]$ 上连续, 在 $(0,1)$ 内可导, 并且存在 $M > 0$ 使得 $|f'(x)| \leqslant M$. 设 n 是正整数. 证明: $\left| \displaystyle\sum_{k=0}^{n-1} \frac{f(\frac{k}{n})}{n} - \int_0^1 f(x)\,\mathrm{d}x \right| \leqslant \frac{M}{2n}$.

26. 设 $F(x) = \begin{cases} x^2\sin\dfrac{1}{x^2}, & x \neq 0, \\ 0, & x = 0, \end{cases}$ 证明 $F(x)$ 可导, 并讨论导函数 $f(x) = F'(x)$ 在区间 $[-1,1]$ 上的可积性.

27. 将积分区间分为 4 等分, 用梯形公式和抛物线公式计算下列积分, 并与精确值比较:

$$(1) \int_1^2 \frac{\mathrm{d}x}{x} \ (\ln 2 = 0.69314\,); \qquad\qquad (2) \int_0^1 x^4 \,\mathrm{d}x.$$

3.3　定积分的应用

3.3.1　定积分的微元法

回顾在 3.2.1 中, 我们在引入定积分的定义时, 讨论了曲边梯形面积的求解. 在实际应用中常用一种既方便实用又不违背定积分概念的 "微元法" 来推导某个量的定积分的表达式. 我们仍以求解曲边梯形的面积为例来描述这一方法.

设 $f(x) \geqslant 0$ 在闭区间 $[a,b]$ 上连续, 则

$$\int_a^b f(x)\,\mathrm{d}x = A$$

表示图 3.6 所示的曲边梯形的面积, 由定理 3.2.5, $A(x) = \int_a^x f(t)\,\mathrm{d}t$ 可微, 微分 $\mathrm{d}A = f(x)\,\mathrm{d}x$ 表示区间 $[x, x+\Delta x]$ 上面积 $\Delta A = A([x, x+\Delta x])$ 的微分近似值. 因此, 要求面积 $A([a,b])$ 的积分表达, 关键要求出任意给定的小区间 $[x, x+\Delta x] \subset [a,b]$ 上面积 $\Delta A = A([x, x+\Delta x])$ 的微分近似值, 它等于以 Δx 为底, 以 $f(x)$ 为高的矩形面积, 即

$$\Delta A \approx f(x)\Delta x = f(x)\,\mathrm{d}x = \mathrm{d}A,$$

这里 $\mathrm{d}A = f(x)\,\mathrm{d}x$ 称为**面积微元**.

然后再对 $\mathrm{d}A$ 在区间 $[a,b]$ 上积分, 即得所要求解的曲边梯形面积

$$A([a,b]) = \int_a^b f(x)\,\mathrm{d}x.$$

一般地, 设 $[a,b]$ 是给定的闭区间, 我们要求 $Q([a,b])$. $Q = Q(x)$ 是定义在 $[a,b]$ 上的未知函数. 设 $q(x)$ 是 $[a,b]$ 上的连续函数, 我们把闭区间 $[a,b]$ 分成若干个小区间, $[x, x+\Delta x]$ 是其中任一个小区间. 设在该区间端点 Q 值之差 $\Delta Q(x) = Q(x + \Delta x) - Q(x)$ 近似等于 $q(x)\Delta x$, 它们相差是 Δx 的高阶无穷小, 即有

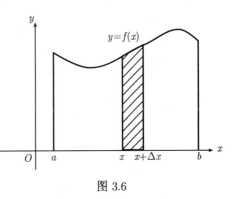

图 3.6

$$\Delta Q = Q(x + \Delta x) - Q(x) = q(x)\Delta x + o(\Delta x). \tag{3.3.1}$$

由导数的定义, 可得

$$Q'(x) = \lim_{\Delta x \to 0} \frac{1}{\Delta x}(Q(x + \Delta x) - Q(x)) = \lim_{\Delta x \to 0} \left(q(x) + \frac{o(\Delta x)}{\Delta x} \right) = q(x).$$

于是由牛顿–莱布尼兹定理得

$$Q([a,b]) = Q(b) - Q(a) = \int_a^b q(x)\,\mathrm{d}x. \tag{3.3.2}$$

我们把函数 $Q = Q(x)$ 的微分 $\mathrm{d}Q = q(x)\mathrm{d}x = q(x)\Delta x$ 称为 Q 的微元.

由上述推导可知, 若要求 $Q([a,b])$, 只要求出它的微元 $q(x)\mathrm{d}x$, 然后从 a 到 b 求定积分就可以得到, 这一方法称为**定积分的微元法**.

严格地说, 要使式 (3.3.2) 成立, 必须证明满足条件式 (3.3.1), 即证明 ΔQ 与微元 $q(x)\Delta x$ 之差是 Δx 的高阶无穷小.

在具体问题中, 由于部分量 ΔQ 是未知的, 所以很难断定用来作近似值的 $q(x)\Delta x$ 是否是 ΔQ 的线性主部. 一般来说, 往往凭经验及实际意义来判断, 只要对问题作了符合实际情况的正确分析, 那么 "以直代曲" 或 "以不变代变" 求得的 ΔQ 的近似值 $q(x)\Delta x$ 就是 ΔQ 的线性主部.

3.3.2 定积分在几何学中的应用

一、平面图形的面积

1. 直角坐标系中平面图形的面积

设某平面图形由曲线 $y = f(x), y = g(x)$ 及直线 $x = a, x = b$ 所围, 假设 $f(x), g(x)$ 在区间 $[a,b]$ 上连续, 且 $f(x) \geqslant g(x)$ (见图 3.7), 我们来求该图形的面积 A.

在区间 $[a,b]$ 上任取两点 x 与 $x + \Delta x$, 在小区间 $[x, x + \Delta x] \subset [a,b]$ 上的小竖条面积 $A([x, x + \Delta x])$ 可用以 Δx 为底, 以 $(f(x) - g(x))$ 为高的小矩形面积来近似, 故面积微元为

$$\Delta A = A([x, x + \Delta x] \approx [f(x) - g(x)]\Delta x = \mathrm{d}A,$$

见图 3.7 中阴影部分.

于是

$$A = \int_a^b (f(x) - g(x))\,\mathrm{d}x. \tag{3.3.3}$$

若某平面图形如图 3.8 所示, 这里 $\varphi(y) \geqslant \psi(y)$, 则类似式 (3.3.3) 的推导可知面积为

$$A = \int_c^d (\varphi(y) - \psi(y))\,\mathrm{d}y. \tag{3.3.4}$$

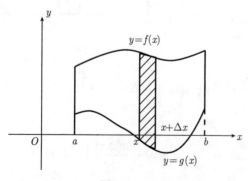

图 3.7

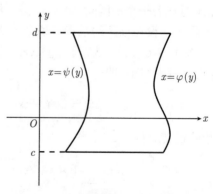

图 3.8

若某平面图形如图 3.9 所示, 总可将该图形分成若干部分, 使每一部分均为前两种情形之一的图形, 分别可用式 (3.3.3) 或式 (3.3.4) 计算, 每部分面积之和即为总面积.

例 3.3.1　求抛物线 $y^2 = 2x$ 与直线 $x + y = 4$ 所围图形面积 S.

解　解联立方程组 $\begin{cases} y^2 = 2x, \\ x + y = 4, \end{cases}$ 得两组解, 它们分别为抛物线与直线交点坐标: $A(2, 2)$ 与 $B(8, -4)$ (见图 3.10). 将 $\varphi(y) = 4 - y, \psi(y) = y^2/2$ 代入式 (3.3.4) 得

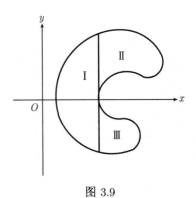

图 3.9

$$S = \int_{-4}^{2} \left[(4 - y) - \frac{1}{2} y^2 \right] \mathrm{d}y$$
$$= 4y \Big|_{-4}^{2} - \frac{1}{2} y^2 \Big|_{-4}^{2} - \frac{1}{6} y^3 \Big|_{-4}^{2}$$
$$= 18.$$

注　若此题用式 (3.3.3) 计算, 因 $f(x)$ 为分段函数, 必须将图形分成两部分计算. 见图中不同斜纹线部分. 这将比上述方法麻烦.

2. 极坐标系中平面图形的面积

设有极坐标系中曲线 $\rho = \rho(\theta)$ 与矢径 $\theta = \alpha, \theta = \beta$ 所围平面图形, 这里 $0 \leqslant \alpha < \beta \leqslant 2\pi$ (见图 3.11). 我们来求该图形的面积 A.

从几何意义上易见面积微元等于以 $\mathrm{d}\theta$ 为圆心角, $\rho(\theta)$ 为半径的小扇形的面积

$$\Delta A \approx \mathrm{d}A = \frac{1}{2} \rho^2(\theta) \, \mathrm{d}\theta.$$

见图 3.11 中阴影部分.

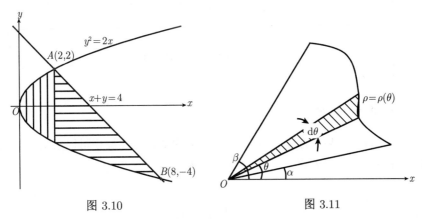

图 3.10　　　　　　　　　　　　　图 3.11

于是

$$A = \frac{1}{2} \int_\alpha^\beta \rho^2(\theta) \, \mathrm{d}\theta. \tag{3.3.5}$$

这就是我们要推导的极坐标系下平面图形的面积公式.

例 3.3.2   求心脏线 $\rho = a(1 + \cos\theta)$ 围成图形的面积 A.

解   心脏线的图形如图 3.12 所示. 由对称性, 只要计算 x 轴上方的面积. 设 M 为心脏线上一动点, 当矢径 OM 的极角 θ 从 0 增至 π 时, 矢径 OM 恰好扫过 x 轴上方图形. 故公式 (3.3.5) 中积分上下限分别为 π 与 0. 以 $\rho = a(1 + \cos\theta)$ 代入得

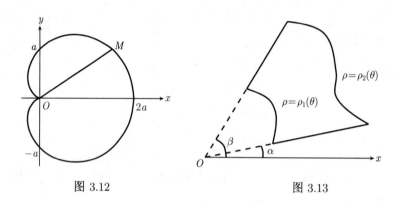

图 3.12   图 3.13

$$
\begin{aligned}
A &= 2 \cdot \frac{1}{2} \int_0^\pi a^2 (1 + \cos\theta)^2 \, \mathrm{d}\theta = a^2 \int_0^\pi \left(1 + 2\cos\theta + \frac{1}{2}(1 + \cos 2\theta)\right) \mathrm{d}\theta \\
&= a^2 \left[\frac{3}{2}\theta + 2\sin\theta + \frac{1}{4}\sin 2\theta \right] \Big|_0^\pi = \frac{3}{2}\pi a^2.
\end{aligned}
$$

$\square$

若某平面图形是由曲线 $\rho = \rho_1(\theta), \rho = \rho_2(\theta)$ 及矢径 $\theta = \alpha, \theta = \beta$ 所围 (见图 3.13), 这里 $\rho_1(\theta) \leqslant \rho_2(\theta), 0 \leqslant \alpha < \beta \leqslant 2\pi$, 则由式 (3.3.5) 可得该平面图形面积为

$$A = \frac{1}{2} \int_\alpha^\beta \left(\rho_2^2(\theta) - \rho_1^2(\theta) \right) \, \mathrm{d}\theta.$$

二、已知横截面面积的立体体积

设有一立体, 若它与某个方向 l (可取作 x 轴) 垂直的横截面面积可以求出, 设为 $A(x), x \in [a, b]$ 且 $A(x)$ 在 $[a, b]$ 上分段连续, 则立体的体积为

$$V = \int_a^b A(x) \, \mathrm{d}x. \tag{3.3.6}$$

事实上, 在区间 $[a,b]$ 上任取两点 x 与 $x+\Delta x$, 过这两点作垂直于 x 轴的平面, 这两个平面与该立体相交后截得一个薄片, 该薄片的体积 $V([x,x+\Delta x])$ 可以用以 $A(x)$ 为底面积, 以 Δx 为高的薄柱体体积来近似 (见图 3.14). 不难看出体积微元是

$$\Delta V \approx \mathrm{d}V = A(x)\Delta x.$$

对 x 在 $[a,b]$ 上积分即可得到公式 (3.3.6).

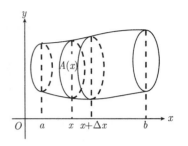

图 3.14

作为重要的特例, 我们可以得到求旋转体体积的公式.

(1) 设立体是由平面图形 $D = \{(x,y)\,\big|\, a \leqslant x \leqslant b, 0 \leqslant y \leqslant f(x)\}$ 绕 x 轴旋转一周得到, 如图 3.15 所示, $f(x)$ 在 $[a,b]$ 上连续, 在 x 点处的横截面是以 $f(x)$ 为半径的圆, 故 $A(x) = \pi[f(x)]^2$, 代入式 (3.3.6) 即可得旋转体体积为

$$V_x = \pi \int_a^b [f(x)]^2\,\mathrm{d}x. \tag{3.3.7}$$

同理可得平面图形 $D = \{(x,y)\,\big|\, 0 \leqslant x \leqslant \phi(y), c \leqslant y \leqslant d\}$ 绕 y 轴旋转一周得到的旋转体 (见图 3.16) 体积为

$$V_y = \pi \int_c^d [\phi(y)]^2\,\mathrm{d}y. \tag{3.3.8}$$

(2) 设立体是由平面图形

$$D = \{(x,y)\,\big|\, a \leqslant x \leqslant b, 0 \leqslant y \leqslant f(x)\}$$

绕 y 轴旋转一周得到 (图 3.17). 在任意小区间 $[x,x+\Delta x] \subset [a,b]$ 上, 体积 $V([x,x+\Delta x])$ 是一个厚度为 Δx 的薄圆筒 (在图 3.17 中用阴影线表示), 其近似值为

$$\Delta V \approx 2\pi x f(x)\Delta x,$$

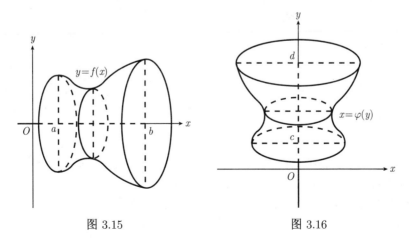

图 3.15　　　　　　　　　　　　　图 3.16

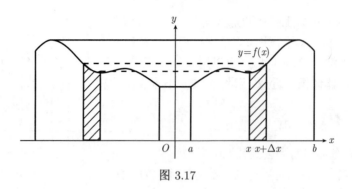

图 3.17

于是得旋转体体积为

$$V_y = 2\pi \int_a^b x f(x)\, \mathrm{d}x. \tag{3.3.9}$$

例 3.3.3   求椭圆 $\dfrac{x^2}{a^2} + \dfrac{y^2}{b^2} = 1\ (a, b > 0)$ 绕 x 轴旋转和绕 y 轴旋转所得旋转体体积 V_x 和 V_y.

解   由式 $(3.3.7)$ 和式 $(3.3.8)$ 以及对称性, 我们有

$$V_x = \pi \int_{-a}^a y^2\, \mathrm{d}x = 2\pi \int_0^a \frac{b^2}{a^2}(a^2 - x^2)\, \mathrm{d}x = \frac{4}{3}\pi a b^2,$$

及

$$V_y = \pi \int_{-b}^b x^2\, \mathrm{d}y = 2\pi \int_0^b \frac{a^2}{b^2}(b^2 - y^2)\, \mathrm{d}y = \frac{4}{3}\pi a^2 b. \qquad \square$$

例 3.3.4   试求由正弦曲线 $y = \sin x\ (0 \leqslant x \leqslant \pi)$ 与 x 轴所围曲边梯形分别绕 x 轴和 y 轴旋转一周所得立体体积.

解   由式 $(3.3.7)$

$$V_x = \pi \int_0^\pi \sin^2 x\, \mathrm{d}x = \frac{\pi}{2} \int_0^\pi (1 - \cos 2x)\, \mathrm{d}x = \frac{\pi^2}{2}.$$

由式 $(3.3.9)$ 我们有

$$\begin{aligned} V_y &= 2\pi \int_0^\pi x \sin x\, \mathrm{d}x = -2\pi \int_0^\pi x\, \mathrm{d}\cos x = -2\pi x \cos x \Big|_0^\pi + 2\pi \int_0^\pi \cos x\, \mathrm{d}x \\ &= 2\pi^2 + 2\pi \sin x \Big|_0^\pi = 2\pi^2. \end{aligned} \qquad \square$$

例 3.3.5   取一正椭圆柱体, 椭圆长、短轴分别为 a, b, 过下底椭圆的长轴作一平面, 其斜角为 α, 这平面从椭圆柱体上切下一个楔形 (见图 3.18), 求这楔形的体积.

解   在下底面上取坐标系 (如图 3.18 所示), 依题意, 椭圆的方程为

$$y = \frac{b}{a}\sqrt{a^2 - x^2}.$$

在 $(x,0)$ 处作垂直于 x 轴的平面截立体所得的截面为三角形 BCD, 则该截面的底长为 $|BC| = \dfrac{b}{a}\sqrt{a^2 - x^2}$, 高为 $|CD| = \dfrac{b}{a}\sqrt{a^2 - x^2}\tan\alpha$, 于是截面 $\triangle BCD$ 面积为

$$A(x) = \frac{1}{2}\frac{b^2\tan\alpha}{a^2}(a^2 - x^2),$$

故由式 (3.3.6) 得所求立体体积为

$$V = \int_{-a}^{a}\frac{b^2\tan\alpha}{2a^2}(a^2 - x^2)\,\mathrm{d}x = \frac{2}{3}ab^2\tan\alpha.$$

$\square$

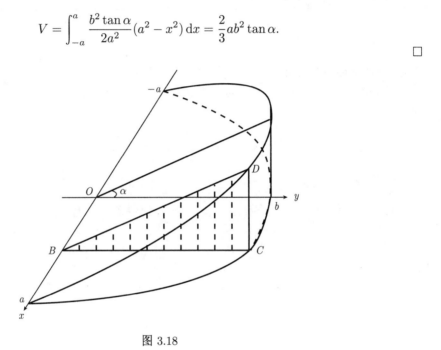

图 3.18

三、平面曲线的弧长与弧微分

我们对线段的长度很熟悉, 但是对曲线的长度 (简称弧长) 只有些许感性上的认识. 下面我们给出弧长的定义及计算方法.

设在 xOy 平面上有一曲线 $\overset{\frown}{AB}$, 其方程为

$$y = f(x), \quad a \leqslant x \leqslant b. \tag{3.3.10}$$

这里函数 $f(x)$ 在区间 $[a,b]$ 上连续, 在区间 $[a,b]$ 内插入分点

$$a = x_0 < x_1 < x_2 < \cdots < x_n = b.$$

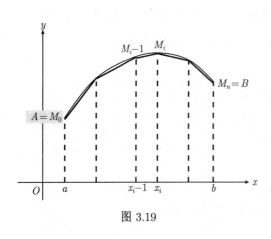

图 3.19

设 M_i 为曲线 $\overset{\frown}{AB}$ 上的点, 其坐标为 $(x_i, f(x_i))$, $i = 0, 1, \cdots, n$. 如图 3.19 所示, 顺序连接 M_0, $M_1, \cdots, M_n$ 得到折线 $M_0 M_1 M_2 \cdots M_n$. 该折线的长度为

$$\sum_{i=1}^{n} |M_{i-1} M_i|.$$

记 $\Delta x_i = x_i - x_{i-1}, \lambda = \max\limits_{1 \leqslant i \leqslant n} \{\Delta x_i\}$. 若极限

$$\lim_{\lambda \to 0} \sum_{i=1}^{n} |M_{i-1} M_i| = s$$

存在, 则称曲线 $\overset{\frown}{AB}$ 为可求长的, s 为 $\overset{\frown}{AB}$ 的长度 (或称弧长).

定理 3.3.1   设曲线 $\overset{\frown}{AB}$ 的方程由式 (3.3.10) 给出, 则当导数 $f'(x)$ 连续时, $\overset{\frown}{AB}$ 为可求长的, 其长度为

$$s = \int_a^b \sqrt{1 + f'^2(x)} \, \mathrm{d}x. \tag{3.3.11}$$

证明   如上所设, 令 $\Delta y_i = f(x_i) - f(x_{i-1})$, 则 $|M_{i-1} M_i| = \sqrt{\Delta x_i^2 + \Delta y_i^2}$.

由拉格朗日中值定理, 存在 $\xi_i \in (x_{i-1}, x_i)$, 使得 $\Delta y_i = f'(\xi_i) \Delta x_i$, $i = 1, 2, \cdots, n$. 于是

$$\sum_{i=1}^{n} |M_{i-1} M_i| = \sum_{i=1}^{n} \sqrt{1 + f'^2(\xi_i)} \Delta x_i.$$

令 $\lambda \to 0$, 则有

$$s = \int_a^b \sqrt{1 + f'^2(x)} \, \mathrm{d}x. \qquad\qquad \square$$

若曲线 $\overset{\frown}{AB}$ 由参数方程

$$\begin{cases} x = \varphi(t), \\ y = \psi(t), \end{cases} \qquad \alpha \leqslant t \leqslant \beta \tag{3.3.12}$$

给出, 这里函数 $\varphi(t), \psi(t)$ 在 $[\alpha, \beta]$ 上连续可导, 且 $a = \varphi(\alpha), b = \varphi(\beta)$.

由式 (3.3.11), 令 $x = \varphi(t)$, 应用定积分换元公式, 我们有

$$s = \int_\alpha^\beta \sqrt{1 + \left(\frac{\psi'(t)}{\varphi'(t)}\right)^2} |\varphi'(t)| \, \mathrm{d}t = \int_\alpha^\beta \sqrt{\varphi'^2(t) + \psi'^2(t)} \, \mathrm{d}t. \tag{3.3.13}$$

若曲线 $\overset{\frown}{AB}$ 由极坐标方程

$$\rho = \rho(\theta), \quad \alpha \leqslant \theta \leqslant \beta \tag{3.3.14}$$

给出, 这里 $\rho(\theta)$ 在区间 $[\alpha, \beta]$ 上存在连续的导数, 则 $\overset{\frown}{AB}$ 的弧长为

$$s = \int_{\alpha}^{\beta} \sqrt{\rho^2(\theta) + \rho'^2(\theta)} \, \mathrm{d}\theta. \tag{3.3.15}$$

事实上, 我们将 $\overset{\frown}{AB}$ 的方程写成以极角 θ 为参数的参数方程

$$\begin{cases} x = \rho(\theta)\cos\theta, \\ y = \rho(\theta)\sin\theta, \end{cases} \quad \alpha \leqslant \theta \leqslant \beta,$$

于是

$$x_\theta'^2 + y_\theta'^2 = [\rho'(\theta)\cos\theta - \rho(\theta)\sin\theta]^2 + [\rho'(\theta)\sin\theta + \rho(\theta)\cos\theta]^2 = \rho^2(\theta) + \rho'^2(\theta).$$

代入式 (3.3.13) 即得式 (3.3.15).

当曲线弧 $\overset{\frown}{AB}$ 由式 (3.3.10) 给出时, 由式 (3.3.11), 从起点 $(a, f(a))$ 至点 $(x, f(x))$, $x \in (a, b)$ 的弧长为 x 的函数为

$$s(x) = \int_a^x \sqrt{1 + f'^2(t)} \, \mathrm{d}t,$$

于是有

$$\frac{\mathrm{d}s}{\mathrm{d}x} = \sqrt{1 + f'^2(x)},$$

故

$$\mathrm{d}s = \sqrt{1 + f'^2(x)} \, \mathrm{d}x.$$

上式称作为当曲线方程由式 (3.3.10) 表示下的**弧微分**.

同理, 当曲线由参数方程 (3.3.12) 给出时, 其弧微分为

$$\mathrm{d}s = \sqrt{\varphi'^2(t) + \psi'^2(t)} \, \mathrm{d}t.$$

当曲线由极坐标方程 (3.3.14) 给出时, 其弧微分为

$$\mathrm{d}s = \sqrt{\rho^2(\theta) + \rho'^2(\theta)} \, \mathrm{d}\theta.$$

例 3.3.6　求心脏线 $\rho = a(1 + \cos\theta)$ 的全长 s.

解　因为 $\rho' = -a\sin\theta$, $\sqrt{\rho'^2 + \rho^2} = \sqrt{2a^2(1 + \cos\theta)} = 2a\left|\cos\dfrac{\theta}{2}\right|$, 由式 (3.3.15) 以及图形的对称性 (见图 3.12) 有

$$s = \int_0^{2\pi} 2a\left|\cos\frac{\theta}{2}\right| \mathrm{d}\theta = 2\int_0^{\pi} 2a\cos\frac{\theta}{2} \, \mathrm{d}\theta = 8a. \qquad \Box$$

例 3.3.7   求椭圆 $\dfrac{x^2}{a^2} + \dfrac{y^2}{b^2} = 1(a \geqslant b > 0)$ 的周长 s.

解   已知椭圆的参数方程是 $x = a\cos\theta,\ y = b\sin\theta,\ (0 \leqslant \theta \leqslant 2\pi)$, 应用式 (3.3.13) 以及对称性有

$$s = 4\int_0^{\frac{\pi}{2}} \sqrt{x_\theta'^2 + y_\theta'^2}\,\mathrm{d}\theta = 4\int_0^{\frac{\pi}{2}} \sqrt{a^2\sin^2\theta + b^2\cos^2\theta}\,\mathrm{d}\theta.$$

(1) 当 $a = b$ 时, 易得 $s = 2\pi a$, 此时即为以 a 为半径的圆周长.

(2) 当 $a > b$ 时, 记椭圆的离心率为 $\varepsilon = \dfrac{\sqrt{a^2 - b^2}}{a}$, 则椭圆的周长是

$$s = 4\int_0^{\frac{\pi}{2}} \sqrt{a^2\sin^2\theta + b^2\cos^2\theta}\,\mathrm{d}\theta = 4a\int_0^{\frac{\pi}{2}} \sqrt{1 - \varepsilon^2\cos^2\theta}\,\mathrm{d}\theta,$$

令 $\theta = \pi/2 - t$, 则上式化为

$$s = 4a\int_0^{\frac{\pi}{2}} \sqrt{1 - \varepsilon^2\sin^2 t}\,\mathrm{d}t.$$

函数 $\sqrt{1 - \varepsilon^2\sin^2 t}\,(0 < \varepsilon < 1)$ 的原函数不能用初等函数的有限形式表示, 其积分只能用数值积分方法计算.   □

注   凡是经变换能化为下列三种类型之一的积分都称为椭圆积分:

第一类椭圆积分

$$F(k, \theta) = \int_0^\theta \frac{\mathrm{d}\theta}{\sqrt{1 - k^2\sin^2\theta}};$$

第二类椭圆积分

$$F(k, \theta) = \int_0^\theta \sqrt{1 - k^2\sin^2\theta}\,\mathrm{d}\theta;$$

第三类椭圆积分

$$G(k, \theta, h) = \int_0^\theta \frac{\mathrm{d}\theta}{(1 + h\sin^2\theta)\sqrt{1 - k^2\sin^2\theta}}.$$

其中 $0 < k < 1$, h 是常数 (可以是复数).

四、旋转曲面的面积

设曲线 $\overset{\frown}{AB}$ 的方程为

$$y = f(x) \geqslant 0, \quad a \leqslant x \leqslant b. \tag{3.3.16}$$

将 $\overset{\frown}{AB}$ 绕 x 轴旋转一周得到一个旋转曲面. 为了计算该旋转曲面面积, 我们需假定函数 $y = f(x)$ 在 $[a,b]$ 上连续可导.

下面我们就来推导计算旋转面面积的公式.

用任一分法将 $[a,b]$ 分成 n 个小区间, 过每一个分点作垂直于 x 轴的平面, 显然这些平面将整个旋转面分割为 n 个小旋转面. 在任意小区间 $[x, x + \Delta x] \subset [a,b]$ 上的小旋转面的面积 $\Delta A([x, x + \Delta x])$ 可以近似地等于以 $f(x)$ 和 $f(x + \Delta x)$ 为上、下底半径, 以连接点 $(x, f(x))$ 与点 $(x + \Delta x, f(x + \Delta x))$ 的小弧段 Δs 为侧高的薄圆台的侧面积 (见图 3.20), 即

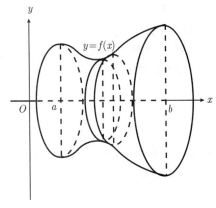

图 3.20

$$\Delta A[x, x + \Delta x]) \approx \pi[f(x) + f(x + \Delta x)]\Delta s \approx 2\pi f(x)\Delta s \approx 2\pi f(x)\sqrt{1 + f'^2(x)}\, dx,$$

再在 $[a,b]$ 上积分即有旋转面的面积为

$$A_x = 2\pi \int_a^b f(x)\sqrt{1 + f'^2(x)}\, dx. \tag{3.3.17}$$

注意到, 由式 (3.3.17), 易见旋转面面积微元为

$$dA_x = 2\pi f(x)\, ds, \qquad 记作\ dA_x = 2\pi y\, ds.$$

因此, 当曲线 $\overset{\frown}{AB}$ 分别由参数方程 (3.3.12) 和极坐标方程 (3.3.14) 给出时, 我们有

$$A_x = 2\pi \int_\alpha^\beta \psi(t)\sqrt{\varphi'^2(t) + \psi'^2(t)}\, dt, \tag{3.3.18}$$

以及

$$A_x = 2\pi \int_\alpha^\beta \rho(\theta)\sin\theta\sqrt{\rho'^2(\theta) + \rho^2(\theta)}\, d\theta. \tag{3.3.19}$$

类似地, 曲线 $\overset{\frown}{AB}$ 绕 y 轴旋转一周也可得到一个旋转面, 其旋转面面积微元为

$$dA_y = 2\pi x\, ds,$$

相应旋转面面积为

$$A_y = 2\pi \int_a^b x\sqrt{1 + f'^2(x)}\, dx; \tag{3.3.20}$$

$$A_y = 2\pi \int_\alpha^\beta \varphi(t)\sqrt{\varphi'^2(t) + \psi'^2(t)}\, dt; \tag{3.3.21}$$

$$A_y = 2\pi \int_\alpha^\beta \rho(\theta)\cos\theta\sqrt{\rho'^2(\theta) + \rho^2(\theta)}\, d\theta. \tag{3.3.22}$$

例 3.3.8　求椭圆 $\dfrac{x^2}{a^2} + \dfrac{y^2}{b^2} = 1\,(a \geqslant b > 0)$ 分别绕长轴、短轴旋转而成的椭球面面积 A_x 和 A_y.

解　椭圆的参数方程为 $x = a\cos t,\ y = b\sin t,\ 0 \leqslant t \leqslant \pi$.

由对称性和公式 (3.3.18) 有

$$A_x = 4\pi \int_0^{\pi/2} b\sin t \sqrt{a^2 \sin^2 t + b^2 \cos^2 t}\, \mathrm{d}t.$$

若 $a = b$, 易得 $A_x = 4\pi ba = 4\pi a^2$, 此时即为以 a 为半径的球面面积.

下面设 $a \neq b$, 则

$$
\begin{aligned}
A_x =& 4\pi \int_0^{\pi/2} b\sin t \sqrt{a^2 \sin^2 t + b^2 \cos^2 t}\, \mathrm{d}t \\
=& -\frac{4\pi b}{\sqrt{a^2 - b^2}} \int_0^{\pi/2} \sqrt{a^2 - (a^2 - b^2)\cos^2 t}\, \mathrm{d}(\sqrt{a^2 - b^2}\cos t) \\
=& -\frac{4\pi b}{\sqrt{a^2 - b^2}} \left[\frac{\sqrt{a^2 - b^2}\cos t}{2} \sqrt{a^2 - (a^2 - b^2)\cos^2 t} + \frac{a^2}{2} \arcsin \frac{\sqrt{a^2 - b^2}\cos t}{a} \right]_0^{\pi/2} \\
=& \frac{4\pi b}{\sqrt{a^2 - b^2}} \left(\frac{\sqrt{a^2 - b^2}}{2} b + \frac{a^2}{2} \arcsin \frac{\sqrt{a^2 - b^2}}{a} \right) \\
=& 2\pi b^2 + \frac{2\pi a^2 b}{\sqrt{a^2 - b^2}} \arcsin \frac{\sqrt{a^2 - b^2}}{a}.
\end{aligned}
$$

同样, 由对称性和公式 (3.3.21) 并假设 $a \neq b$, 我们有

$$
\begin{aligned}
A_y =& 4\pi \int_0^{\pi/2} a\cos t \sqrt{a^2 \sin^2 t + b^2 \cos^2 t}\, \mathrm{d}t \\
=& \frac{4\pi a}{\sqrt{a^2 - b^2}} \int_0^{\pi/2} \sqrt{(a^2 - b^2)\sin^2 t + b^2}\, \mathrm{d}(\sqrt{a^2 - b^2}\sin t) \\
=& \frac{4\pi a}{\sqrt{a^2 - b^2}} \left[\frac{\sqrt{a^2 - b^2}\sin t}{2} \sqrt{(a^2 - b^2)\sin^2 t + b^2} \right. \\
& \left. + \frac{b^2}{2} \ln \left| \sqrt{a^2 - b^2}\sin t + \sqrt{(a^2 - b^2)\sin^2 t + b^2} \right| \right]_0^{\pi/2} \\
=& \frac{4\pi a}{\sqrt{a^2 - b^2}} \left(\frac{\sqrt{a^2 - b^2}}{2} a + \frac{b^2}{2} \ln \frac{\sqrt{a^2 - b^2} + a}{b} \right) \\
=& 2\pi a^2 + \frac{2\pi a b^2}{\sqrt{a^2 - b^2}} \ln \frac{\sqrt{a^2 - b^2} + a}{b}. \qquad\qquad \square
\end{aligned}
$$

五、平面曲线的曲率 *

在许多实际问题中, 人们常常要研究平面曲线的弯曲程度. 例如在设计铁路、公路的弯曲时, 需要考虑它的弯曲程度, 如果弯曲程度太大, 在车辆高速行驶时极易造成机车出轨或汽车侧翻事故. 在数学上, 通常用曲率来刻画曲线的弯曲程度.

设 $y = f(x)$ 在 $[a, b]$ 上连续, 且在 (a, b) 内有二阶导数. $\forall x \in (a, b)$, 在点 $(x, f(x))$ 处的切线与 x 轴正向的夹角 $\alpha(x)$ 满足

$$\tan \alpha(x) = f'(x).$$

现给定一点 $x_0 \in (a, b)$ 及自变量增量 Δx, 则在点 $P_0(x_0, f(x_0))$ 与点 $P(x_0 + \Delta x, f(x_0 + \Delta x))$ 处的切线倾角的改变量为 (见图 3.21)

$$\begin{aligned}\Delta \alpha &= \alpha(x_0 + \Delta x) - \alpha(x_0) \\ &= \arctan f'(x_0 + \Delta x) - \arctan f'(x_0).\end{aligned}$$

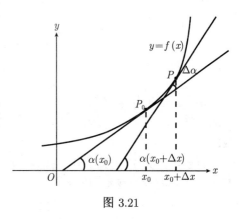

图 3.21

记从点 P_0 到点 P 两点间的弧长为 Δs, 易见, 对于相同弧长的弧段, $|\Delta \alpha|$ 越大, 弧的弯曲程度就越大; 同样, 对有相同 $\Delta \alpha$ 的弧段, $|\Delta s|$ 越大, 弧的弯曲程度越小. 因此, 我们把 $\left| \dfrac{\Delta \alpha}{\Delta s} \right|$ 称为弧 $\overset{\frown}{P_0 P}$ 的平均曲率. 当 $\Delta x \to 0$ 时, 若平均曲率的极限存在, 记作 K, 即

$$\lim_{\Delta x \to 0} \left| \frac{\Delta \alpha}{\Delta s} \right| = K. \tag{3.3.23}$$

称 K 为曲线 $y = f(x)$ 在点 P_0 处的**曲率**. 当 $K \neq 0$ 时, 曲率 K 的倒数 $1/K$ 通常称为**曲率半径**, 记作 R.

下面, 我们来推导曲率的计算公式. 由弧长计算公式 (3.3.11) 有

$$|\Delta s| = \left| \int_{x_0}^{x_0 + \Delta x} \sqrt{1 + f'^2(t)} \, \mathrm{d}t \right|.$$

显然

$$\lim_{\Delta x \to 0} \frac{\Delta \alpha}{\Delta x} = \alpha'(x_0) = \frac{f''(x_0)}{1 + f'^2(x_0)}, \quad \lim_{\Delta x \to 0} \frac{\Delta s}{\Delta x} = \sqrt{1 + f'^2(x_0)}.$$

由式 (3.3.23) 有

$$K = \lim_{\Delta x \to 0} \frac{|\Delta \alpha|}{|\Delta s|} = \lim_{\Delta x \to 0} \frac{|\Delta \alpha / \Delta x|}{|\Delta s / \Delta x|} = \frac{|f''(x_0)|}{(1 + f'^2(x_0))^{3/2}}.$$

因此, 函数 $y = f(x)$ 在点 $(x, f(x))$ 的曲率以及曲率半径分别为

$$K = \frac{|f''(x)|}{(1 + f'^2(x))^{3/2}}, \tag{3.3.24}$$

$$R = \frac{1}{K} = \frac{(1 + f'^2(x))^{3/2}}{|f''(x)|}, \quad (f''(x) \neq 0). \tag{3.3.25}$$

若曲线由参数方程 (3.3.12) 给出, 并假设 $\varphi(t), \psi(t)$ 均二阶可导, 则由参数方程求导式及式 (3.3.24) 可得

$$K = \frac{|\varphi'(t)\psi''(t) - \varphi''(t)\psi'(t)|}{(\varphi'^2(t) + \psi'^2(t))^{3/2}}. \tag{3.3.26}$$

由于直线的切线就是它本身, 因此, 直线上任何两点切线的倾角相同, 由此得知, 任何线段的平均曲率都为 0, 直线上每一点的曲率也都是 0, 这与 "直线不弯曲" 的客观事实是一致的.

对于半径为 R 的圆上任一圆弧, 其长度 $\Delta s = R\Delta\alpha, \Delta\alpha$ 是该弧所对的圆心角, 也是该弧两段切线方向的改变量, 所以

$$\frac{\Delta\alpha}{\Delta s} = \frac{1}{R} \qquad \Rightarrow \qquad K = \frac{1}{R}.$$

由此可见, 对半径为 R 的圆而言, 其半径即为曲率的倒数, 每一段弧的平均曲率、每一点的曲率都是相同的. 这与 "同一个圆周上各处的弯曲程度是一样的" 这一客观认识是一致的.

例 3.3.9   求抛物线 $y = ax^2 (a > 0)$ 的曲率, 试问在哪一点处曲率最大?

解   因 $y' = 2ax, y'' = 2a$, 由式 (3.3.24) 有

$$K = \frac{2a}{(1 + 4a^2x^2)^{3/2}}. \qquad\qquad \square$$

显然, 当 $x = 0$ 时, K 取最大值 $2a$, 而当 $x = 0$ 时 $y = 0$, 原点 $(0,0)$ 恰是此抛物线的顶点, 因而抛物线在顶点处的曲率最大.

3.3.3   定积分在物理学中的应用

一、质心、形心坐标

设有一质点组含有 n 个质点, 它们分布在 xOy 平面上的点 $P_i(x_i, y_i)$ 处, 质量分别为 $m_i (i = 1, 2, \cdots, n)$. 在力学中, $m_i x_i$ 与 $m_i y_i$ 分别称作为质点关于 y 轴与 x 轴的静力矩, 质点组的静力矩之和

$$\sum_{i=1}^{n} m_i x_i \qquad \text{与} \qquad \sum_{i=1}^{n} m_i y_i$$

分别称为质点组关于 y 轴与 x 轴的静力矩. 令

$$\bar{x} = \frac{\sum\limits_{i=1}^{n} m_i x_i}{\sum\limits_{i=1}^{n} m_i}, \quad \bar{y} = \frac{\sum\limits_{i=1}^{n} m_i y_i}{\sum\limits_{i=1}^{n} m_i},$$

则称点 $(\bar{x}, \bar{y})$ 为质点组的**质心**.

上面我们讨论的是质量离散分布在有限个点处的情形. 下面我们将质心的定义推广到质量连续分布的情形.

1. 平面曲线的质心坐标

设有一光滑曲线 *弧 $\overparen{AB}$, 它的以弧长为参数的方程为

$$\begin{cases} x = x(s), \\ y = y(s), \end{cases} \quad 0 \leqslant s \leqslant L.$$

又设曲线上分布的密度函数 $\mu(s)$ 连续, 现求弧 $\overparen{AB}$ 的质心 $(\bar{x}, \bar{y})$.

用任意分割

$$T: \quad 0 = s_0 < s_1 < \cdots < s_{i-1} < s_i < \cdots < s_{n-1} < s_n = L$$

将 $[0, L]$ 分成 n 个小区间, 相应的分点是 $P_i(x_i, y_i)$, 其中

$$x_i = x(s_i), \qquad y_i = y(s_i), \qquad i = 0, 1, \cdots, n.$$

把 $\overparen{AB}$ 分成 n 小段, 当 $\Delta s_i = s_i - s_{i-1}$ 很小时, 每一小段都很短, 我们可以近似地视作一个点, 这样就把 $\overparen{AB}$ 分成为一个有 n 个质点的质点组, 它们近似地位于点 (x_i, y_i) 处, 其质量近似为 $m_i = \mu(s_i)\Delta s_i \, (i = 0, 1, \cdots, n)$. 于是质量组的质心坐标为

$$\bar{x}_T = \frac{\displaystyle\sum_{i=1}^{n} \mu(s_i)\Delta s_i x(s_i)}{\displaystyle\sum_{i=1}^{n} \mu(s_i)\Delta s_i}, \qquad \bar{y}_T = \frac{\displaystyle\sum_{i=1}^{n} \mu(s_i)\Delta s_i y(s_i)}{\displaystyle\sum_{i=1}^{n} \mu(s_i)\Delta s_i}.$$

令分割的模 $\lambda = \max\{\Delta s_i \,|\, 1 \leqslant i \leqslant n\} \to 0$, 即得

$$\bar{x} = \lim_{\lambda \to 0} \bar{x}_T = \frac{\displaystyle\lim_{\lambda \to 0} \sum_{i=1}^{n} \mu(s_i)x(s_i)\Delta s_i}{\displaystyle\lim_{\lambda \to 0} \sum_{i=1}^{n} \mu(s_i)\Delta s_i} = \frac{\displaystyle\int_0^L \mu(s)x(s)\,\mathrm{d}s}{\displaystyle\int_0^L \mu(s)\,\mathrm{d}s},$$

$$\bar{y} = \lim_{\lambda \to 0} \bar{y}_T = \frac{\displaystyle\lim_{\lambda \to 0} \sum_{i=1}^{n} \mu(s_i)y(s_i)\Delta s_i}{\displaystyle\lim_{\lambda \to 0} \sum_{i=1}^{n} \mu(s_i)\Delta s_i} = \frac{\displaystyle\int_0^L \mu(s)y(s)\,\mathrm{d}s}{\displaystyle\int_0^L \mu(s)\,\mathrm{d}s}.$$

易见, 曲线弧 $\overparen{AB}$ 的质量为

$$M = \int_0^L \mu(s)\,\mathrm{d}s,$$

故有

$$\begin{cases} \bar{x} = \dfrac{1}{M}\displaystyle\int_0^L \mu(s)x(s)\,\mathrm{d}s, \\[3mm] \bar{y} = \dfrac{1}{M}\displaystyle\int_0^L \mu(s)y(s)\,\mathrm{d}s. \end{cases} \tag{3.3.27}$$

---

* 设函数 $x(s)$ 和 $y(s)$ 有连续的导函数 $x'(s), y'(s)$, 这时曲线的切线连续变化. 通常将满足这样条件的曲线称作光滑曲线.

特别地, 当密度分布是均匀 (μ 等于常数) 时, 则 $M = \mu L$, 此时式 (3.3.27) 成为

$$
\begin{cases}
\bar{x} = \dfrac{1}{L} \displaystyle\int_0^L x(s)\,\mathrm{d}s, \\[2mm]
\bar{y} = \dfrac{1}{L} \displaystyle\int_0^L y(s)\,\mathrm{d}s.
\end{cases}
\tag{3.3.28}
$$

这时质心完全由曲线的形状决定, 因此式 (3.3.28) 也称作曲线弧 $\overset{\frown}{AB}$ 的 **形心坐标**.

注意到, 式 (3.3.27) 和式 (3.3.28) 是以弧长 s 作参数的基本公式. 当曲线弧 $\overset{\frown}{AB}$ 的方程是直角坐标方程、参数方程或极坐标方程时, 将 $\mathrm{d}s$ 用相应的弧微分公式代入, 同时积分限换为相应变量的值就可以得到相应的质量与质心坐标公式.

若曲线弧 $\overset{\frown}{AB}$ 的方程为

$$
y = f(x), \qquad a \leqslant x \leqslant b,
$$

质量线密度为 $\mu = \mu(x)$, 则该曲线质量为

$$
M = \int_a^b \mu \sqrt{1 + f'^2(x)}\,\mathrm{d}x.
$$

质心坐标为

$$
\begin{cases}
\bar{x} = \dfrac{1}{M} \displaystyle\int_a^b \mu x \sqrt{1 + f'^2(x)}\,\mathrm{d}x, \\[2mm]
\bar{y} = \dfrac{1}{M} \displaystyle\int_a^b \mu f(x) \sqrt{1 + f'^2(x)}\,\mathrm{d}x.
\end{cases}
\tag{3.3.29}
$$

类似地, 设曲线弧 $\overset{\frown}{AB}$ 的方程为

$$
\begin{cases}
x = \varphi(t), \\
y = \psi(t),
\end{cases} \qquad \alpha \leqslant t \leqslant \beta,
$$

质量线密度为 $\mu = \mu(t)$, 则质心的坐标为

$$
\begin{cases}
\bar{x} = \dfrac{1}{M} \displaystyle\int_\alpha^\beta \mu(t)\varphi(t) \sqrt{\varphi'^2(t) + \psi'^2(t)}\,\mathrm{d}t, \\[2mm]
\bar{y} = \dfrac{1}{M} \displaystyle\int_\alpha^\beta \mu(t)\psi(t) \sqrt{\varphi'^2(t) + \psi'^2(t)}\,\mathrm{d}t.
\end{cases}
\tag{3.3.30}
$$

其中 $M = \displaystyle\int_\alpha^\beta \mu(t) \sqrt{\varphi'^2(t) + \psi'^2(t)}\,\mathrm{d}t$ 是曲线弧 $\overset{\frown}{AB}$ 的质量.

例 3.3.10   求在第一象限内以原点为圆心, 以 R 为半径的均质圆弧的质心坐标.

解　依题意, 圆弧的参数方程为 $\begin{cases} x = R\cos\theta, \\ y = R\sin\theta, \end{cases} \quad 0 \leqslant \theta \leqslant \pi/2.$ 因圆弧是均质的, 不妨

设 $\mu = 1$, 易见该圆弧的质量 $M = \dfrac{1}{2}\pi R$, 代入式 (3.3.30) 得

$$\bar{x} = \frac{2}{\pi R}\int_0^{\pi/2} R^2\cos\theta\,\mathrm{d}\theta = \frac{2R}{\pi}, \quad \bar{y} = \frac{2}{\pi R}\int_0^{\pi/2} R^2\sin\theta\,\mathrm{d}\theta = \frac{2R}{\pi}.$$

故该圆弧的质心坐标为 $(2R/\pi, 2R/\pi)$.　　　　　　　　　　　　　　□

2. 平面薄板的质心 (形心) 坐标

设某均匀平面薄板是由曲线 $y = f(x), y = g(x)$, 直线 $x = a, x = b$ 所围的平面图形, 其密度 μ 为常数, 其中 $f(x), g(x)$ 在 $[a, b]$ 上连续, 且 $f(x) \geqslant g(x)$ (如图 3.22 所示).

用任意分割将 $[a, b]$ 分成 n 个小区间, 过各分点作 x 轴的垂线, 将该平面图形分成 n 个小竖条. 在小区间 $[x_{i-1}, x_i]$ 上对应的小竖条, 其质量为

$$\Delta M_i \approx \mu[f(x_i) - g(x_i)]\Delta x_i.$$

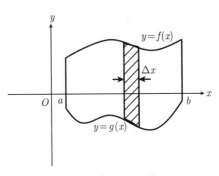

图 3.22

我们近似地可以将小竖条的质量集中在它的中心点 $(x_i, [f(x_i) + g(x_i)]/2)$ 处, 因此整个平面薄板就可以视为是一个质点组, 于是所求的质心坐标为

$$\bar{x} = \lim_{\lambda \to 0} \frac{\displaystyle\sum_{i=1}^n x_i\mu[f(x_i) - g(x_i)]\Delta x_i}{\displaystyle\sum_{i=1}^n \mu[f(x_i) - g(x_i)]\Delta x_i} = \frac{\displaystyle\int_a^b x[f(x) - g(x)]\,\mathrm{d}x}{\displaystyle\int_a^b [f(x) - g(x)]\,\mathrm{d}x},$$

$$\bar{y} = \lim_{\lambda \to 0} \frac{\displaystyle\sum_{i=1}^n \frac{1}{2}[f(x_i) + g(x_i)]\mu[f(x_i) - g(x_i)]\Delta x_i}{\displaystyle\sum_{i=1}^n \mu[f(x_i) - g(x_i)]\Delta x_i} = \frac{\dfrac{1}{2}\displaystyle\int_a^b [f^2(x) - g^2(x)]\,\mathrm{d}x}{\displaystyle\int_a^b [f(x) - g(x)]\,\mathrm{d}x}.$$

记平面图形面积 $A = \displaystyle\int_a^b [f(x) - g(x)]\,\mathrm{d}x$, 则平面薄板的质心坐标为

$$\begin{aligned} \bar{x} &= \frac{1}{A}\int_a^b x[f(x) - g(x)]\,\mathrm{d}x, \\ \bar{y} &= \frac{1}{2A}\int_a^b [f^2(x) - g^2(x)]\,\mathrm{d}x. \end{aligned} \tag{3.3.31}$$

注　在几何上匀质平面薄板的质心也称作**形心**. 由对称性可知, 形心位于图形的对称轴或对称中心上. 若平面薄板的质量是非均匀分布的, 这将在第 6 章中的二重积分的应用中再作讨论.

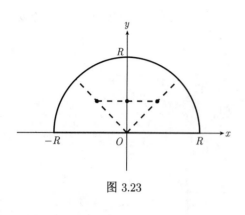

图 3.23

例 3.3.11 求以原点为圆心, 半径为 R 的圆在第一象限部分扇形的形心及上半圆的形心 (见图 3.23).

解 因第一象限部分对称于直线 $y = x$, 故形心位于该直线上. 又该图形的面积 $A = \dfrac{1}{4}\pi R^2$, 于是

$$\bar{x} = \bar{y} = \frac{1}{2A}\int_0^R (R^2 - x^2)\,\mathrm{d}x = \frac{4R}{3\pi}.$$

因为已知第一象限部分的形心为 $\left(\dfrac{4R}{3\pi}, \dfrac{4R}{3\pi}\right)$,

由对称性 (见图 3.23) 得, 第二象限部分的形心为 $\left(-\dfrac{4R}{3\pi}, \dfrac{4R}{3\pi}\right)$, 所以上半圆的形心坐标为 $\left(0, \dfrac{4R}{3\pi}\right)$. □

二、变力做功与引力、转动惯量

1. 变力做功与引力

设物体在常力 f 的作用下沿 x 轴从点 a 移动到点 $b(b > a)$, 当力的方向与运动方向一致时, 力所做的功为

$$W = f \cdot (b - a).$$

若力的方向平行于 x 轴, 力的大小是位置 x 的函数 $f = f(x)$, 函数 f 在区间 $[a, b]$ 上连续, 求物体在变力 f 的作用下从点 a 移动到点 b 所做的功.

在区间 $[a, b]$ 上作任意分割, 将其分成 n 个小区间, 在小区间 $[x, x + \Delta x](a \leqslant x < x + \Delta x \leqslant b)$ 上力变化很小, 可视作常数, 则在该小区间上物体所做的功近似地等于

$$\Delta W \approx f(x)\Delta x = \mathrm{d}W,$$

从 a 到 b 积分, 即得

$$W = \int_a^b f(x)\,\mathrm{d}x. \tag{3.3.32}$$

例 3.3.12 把质量为 m 的火箭从地球表面铅直向上发射, 试求将火箭推到高度为 H 时所需做的功. 若要火箭脱离地球引力不再复返, 需做多少功? 这时火箭的初速度 v_0 至少要多大 (不考虑空气阻力)?

解 把火箭的发射点作为原点 O, 铅直向上方向作为 x 轴方向. 记 R 为地球半径, M 为地球质量, k 为引力常数, 根据万有引力定律, 火箭在 x 处所受的引力为

$$f(x) = \frac{kmM}{(R + x)^2}.$$

由于当 $x = 0$ 时, $f = mg\,(g$ 为重力加速度 $)$, 于是

$$kM = R^2 g \quad \Longrightarrow \quad f(x) = \frac{R^2 mg}{(R+x)^2}.$$

所以火箭从地面推进到高度为 H 时, 克服地球引力所需做的功为

$$W = \int_0^H \frac{R^2 mg}{(R+x)^2} \, \mathrm{d}x = R^2 gm \left(\frac{1}{R} - \frac{1}{R+H} \right).$$

欲使火箭脱离地球引力不再复返, 即令 $H \to +\infty$, 则 $W \to \dfrac{R^2 mg}{R} = Rmg$, 这就是使火箭脱离地球引力所需做的功, 这些势能只能由动能 (火箭的推进力) 转化而来. 设火箭离开地球时初速度为 v_0, 它给予火箭的动能 $\dfrac{1}{2}mv_0^2$ 必须超过 Rmg, 即须满足

$$\frac{1}{2}mv_0^2 \geqslant Rmg \quad 即 \quad v_0 \geqslant \sqrt{2Rg}.$$

取 $g = 9.81$ 米/秒^2, $R = 6.37 \times 10^6$ 米代入得

$$v_0 \geqslant \sqrt{2 \times 6.37 \times 9.81 \times 10^6} \approx 11.2 \times 10^3 (米/秒).$$

即火箭的初速度至少为 11.2 公里/秒时方可离开地球不再复返, 该速度称为**第二宇宙速度**.□

例 3.3.13　一个高为 H, 底半径为 R 的正圆锥形水池 (见图 3.24) 内盛满某种液体 (密度为 μ), 现要将其全部从水池顶部抽出池外, 求所需做的功.

解　如图 3.24 所示, 在高为 x 处的截面半径为 $y = Rx/H$, 考虑在 $[x, x + \Delta x]$ 区间厚度为 Δx 的一个薄层水, 这层水的重量近似地等于 $\pi y^2 \Delta x \mu g$, 将这层水移到顶部抽出池外所需做的功为

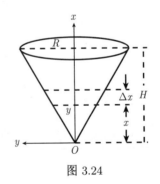

图 3.24

$$\begin{aligned}\Delta W &\approx \mu \pi y^2 \Delta x g (H - x)\\ &= \mu g \pi \frac{R^2}{H^2} x^2 (H - x) \Delta x = \mathrm{d}W,\end{aligned}$$

所以将水池内的水全部从顶部抽出需做功

$$W = \int_0^H \mathrm{d}W = \mu g \pi \frac{R^2}{H^2} \int_0^H x^2 (H - x) \, \mathrm{d}x = \frac{1}{12}\mu g \pi R^2 H^2.$$

□

2. 转动惯量

某质量为 m 的质点以角速度 ω 绕轴 L 转动. 若该质点到 L 的距离为 r, 则它的线速度为 $v = r\omega$. 因此该质点转动动能为

$$W = \frac{1}{2}mv^2 = \frac{1}{2}(mr^2)\omega^2.$$

当 ω 不变时, W 与 mr^2 成正比, 量 mr^2 刻画了质量为 m 的质点绕轴 L 转动的惯性, 因此将 mr^2 称为质点绕 L 轴的**转动惯量**, 用 J 表示.

设有一质点组含有 n 个质点, 其质量分别为 $m_i\,(i = 1, 2, \cdots, n)$. 该质点组绕某轴 L 转动, 它们之间的相对位置保持不变. 则该质点组的转动惯量为

$$J = \sum_{i=1}^{n} m_i r_i^2,$$

其中 r_i 为第 i 个质点到轴 L 的距离.

一般来说, 对质量为连续分布的物体绕某轴转动的转动惯量可用定积分的微元法进行计算, 如下例:

例 3.3.14   设有长为 H, 质量为 m 的均匀细杆. 求该杆绕其一端, 且与杆垂直的轴 L 转动的转动惯量 J.

解   设该杆放置在 x 轴上, 端点坐标分别为 $(0,0)$ 与 $(H,0)$. 小区间 $[x, x + \Delta x]$ 上一段细杆的转动惯量近似等于

$$\Delta J \approx \left(\frac{m}{H}\Delta x\right) x^2 = \frac{m}{H}x^2 \Delta x = \mathrm{d}J.$$

于是

$$J = \int_0^H \frac{m}{H}x^2\,\mathrm{d}x = \frac{1}{3}mH^2. \qquad\qquad \square$$

由上例可知, 质量为 m 且均匀分布的矩形薄片绕它的底边转动 (设其高为 H) 的转动惯量为

$$J = \frac{1}{3}mH^2.$$

类似地, 若上例中的转动轴过细杆的中点且与该杆垂直, 则转动惯量为

$$J = 2 \cdot \frac{1}{3} \cdot \frac{m}{2}\left(\frac{H}{2}\right)^2 = \frac{1}{12}mH^2.$$

3.3.4　定积分在经济学中的应用

我们在第 2 章 2.4.6 中介绍导数在经济学中的应用时, 引入了边际函数, 例如边际成本为成本函数的导函数, 而边际收益是收益函数的导函数以及边际利润为利润函数的导函数. 由于积分是微分的逆运算, 因此定积分在经济学中也有很多应用.

一、最大利润

由于边际利润 $L'(x) = R'(x) - C'(x)$, 因此如果已知边际收益 $R'(x)$ 以及边际成本 $C'(x)$, 我们就可以用定积分求出利润函数 $L(x)$, 例如:

例 3.3.15　设某企业固定成本为 60, 已知边际成本和边际收益分别为 $C'(x) = 10 - 0.4x$, $R'(x) = 58 - 1.6x$, 求其最大利润.

解　由题意, $C(0) = 60$, 边际利润为 $L'(x) = R'(x) - C'(x)$. 由于

$$C(x) = \int_0^x C'(t)\,\mathrm{d}t + C(0) = \int_0^x (10 - 0.4t)\,\mathrm{d}t + 60 = -0.2x^2 + 10x + 60,$$

$$R(x) = \int_0^x R'(t)\,\mathrm{d}t + R(0) = \int_0^x (58 - 1.6t)\,\mathrm{d}t + 0 = -0.8x^2 + 58x,$$

于是

$$L(x) = R(x) - C(x) = 48x - 0.6x^2 - 60.$$

令 $L'(x) = 0$, 得 $x = 40$, 又 $L''(x) = -1.2 < 0$, 所以利润函数 $L(x)$ 在 $x = 40$ 处达到极大值 900.　　　　　　　　　　　　　　　　　　　　　　　　　　　　　□

二、资金的现值、终值与投资

设有现金 A_0 元, 若按年利率 r 作连续复利计算, 则第 k 年末的本利和是 $A_0\mathrm{e}^{rk}$ 元, 我们称之为 A_0 元资金在 k 年末的**终值**. 反之, 若 k 年末要得到资金 A_0 元, 按上述同一方式计算连续复利, 显然现在应投入的资金为 $A_0\mathrm{e}^{-rk}$ 元, 我们称其为 k 年末资金 A_0 元的**现值**. 利用终值与现值的概念, 可以将不同时期的资金转化为同一时期的资金进行比较, 所以在经济管理中有重要应用.

企业在日常经营中, 其收入和支出通常是离散地在一定时刻发生. 由于这些资金周转经常发生, 为便于计算, 其收入或支出常常可以近似看成是连续地发生的, 我们通常称之为收入流或支出流. 此时, 可以将 t 时刻单位时间的收入记作 $f(t)$, 称之为收入率. 收入率就是总收入的变化率, 它是随时刻 t 而变化, 其单位为 "元/月" 或 "元/年" 等. 收入率常指净收入率. 类似地, 也可以定义支出率.

设某企业在时间段 $[0,T]$ 内的收入率为 $f(t)$ (设 $f(t)$ 为连续的), 按年利率为 r 的连续复利计算, 求该时间段内总收入的现值和总值. 我们用微元法, 先将区间 $[0,T]$ 作任意分割, 在小区间 $[t, t+\Delta t]$ 上的收入近似地等于 $f(t)\Delta t$, 其现值为 $f(t)\mathrm{e}^{-rt}\Delta t$, 因此总收入的现值为

$$F = \int_0^T f(t)\mathrm{e}^{-rt}\,\mathrm{d}t. \tag{3.3.33}$$

在求终值时, 由于时间段 $[t, t+\Delta t]$ 内收入 $f(t)\Delta t$ 在以后的 $(T-t)$ 时间段内盈利, 所以, 该时间段收入的终值为 $f(t)\mathrm{e}^{r(T-t)}\Delta t$, 因此所求总收入的终值为

$$F = \int_0^T f(t)\mathrm{e}^{r(T-t)}\,\mathrm{d}t. \tag{3.3.34}$$

例 3.3.16　设对某企业一次性投资 800 万元, 按年利率 5% 连续复利计算. 设在 20 年中该企业的均匀收入率为 200 万元/年, 求该项投资净收入的现值和投资回收期.

解 由式 (3.3.33), 投资总收入的现值为

$$F = \int_0^{20} 200\mathrm{e}^{-0.05t}\,\mathrm{d}t = -\frac{200}{0.05}\mathrm{e}^{-0.05t}\Big|_0^{20} = 4000(1-\mathrm{e}^{-1}) \approx 2528.48.$$

因此净收入现值为 $2528.48 - 800 = 1728.48$(万元).

投资回收期是总收入的现值等于投资值的时间. 设回收期为 T 年, 则有

$$\int_0^T 200\mathrm{e}^{-0.05t}\mathrm{d}t = 800 \quad\Longrightarrow\quad 4000(1-\mathrm{e}^{-0.05T}) = 800,$$

由此得 $T = -20\ln 0.8 \approx 4.5$(年).

综上可知, 该项目投资获利总现值为 1728.48 万元, 投资回收期约 4 年半. □

习题 3.3

1. 在直角坐标系中, 求由下述曲线或直线所围平面图形的面积:

   (1) $y = ax^2, x = by^2(a, b > 0)$;   (2) $y = \ln x, y = 0, x = 2$;

   (3) $y = x, y = x + \sin^2 x(0 \leqslant x \leqslant \pi)$;   (4) $\dfrac{x^2}{a^2} + \dfrac{y^2}{b^2} = 1$;

   (5) $y = 4 - x^2, y = -x + 2$;   (6) $y = x(1 - x^2), y = 0$;

   (7) $y = x^2 - 4x + 3$ 及其在 $(0,3)$ 与 $(3,0)$ 的切线.

2. 抛物线 $y = \dfrac{1}{2}x^2$ 分割圆 $x^2 + y^2 \leqslant 8$ 成两部分, 求这两部分的面积.

3. 计算下列曲线所围成的平面图形的面积:

   (1) $\rho = \sqrt{\sin\theta}\ (0 \leqslant \theta \leqslant \pi)$;   (2) $\rho = a\cos 3\theta\ (-\dfrac{\pi}{6} \leqslant \theta \leqslant \dfrac{\pi}{6})$;

   (3) $\rho^2 = a^2\cos 2\theta\ (-\dfrac{\pi}{4} \leqslant \theta \leqslant \dfrac{\pi}{4})$;   (4) $\rho = 1 + \sin\theta, \theta = 0, \theta = \dfrac{\pi}{4}$.

4. 求圆盘 $\rho \leqslant 1$ 被心脏线 $\rho = 1 + \sin\theta$ 分割成两部分的面积.

5. 设直线 $y = ax(a > 1)$ 与曲线 $y = \sqrt{x}$ 所围图形面积为 S_1, $y = ax, y = \sqrt{x}$ 与 $x = 1$ 所围图形面积为 S_2, 试确定 a 的值使 $S = S_1 + S_2$ 达到最小, 并求出最小面积.

6. 求曲线 $y = \ln x$ 的一条切线, 使得这条切线与原曲线, 以及直线 $x = 1, x = \mathrm{e}^2$ 所围成的图形面积最小.

7. 已知抛物线 $y = px^2 + qx$ (其中 $p < 0, q > 0$) 在第一象限内与直线 $x + y = 5$ 相切.

   (1) 求此抛物线与 x 轴所围成的平面图形的面积 S (用 q 表示);

   (2) 当 p, q 为何值时 S 取得最大值, 求出 S 的最大值.

8. 设曲线 $L : y = \sqrt{x}\ (0 \leqslant x \leqslant 2)$.

   (1) 求 L 上点 $P(t, \sqrt{t})$ 处的切线 l 的方程;

   (2) 求由曲线 L, 切线 l 及直线 $x = 0, x = 2$ 所围平面图形绕 x 轴旋转而成的旋转体的体积 V;

   (3) 求使 V 最小的点 P.

9. 求下列曲线或直线所围平面区域绕指定轴旋转所得旋转体的体积:

(1) $y = x^3, y = 0, x = 1$; 分别绕 x 轴和 y 轴;

(2) $\sqrt{x} + \sqrt{y} = 1, y = 0, x = 0$; 绕 x 轴.

10. 某立体的底是 xOy 平面上的抛物线 $y = \dfrac{1}{2}x^2$ 与直线 $y = 2$ 所围的图形, 垂直于 y 轴的截面都是等边三角形, 求其体积.

11. 证明正圆锥体体积等于底面积与高的乘积的三分之一.

12. 在曲线 $\Gamma : y = \dfrac{1}{2}x^2 \ (x \geqslant 0)$ 上点 M 处作一切线 L, 使切线 L 与曲线 Γ 及 x 轴所围平面图形 D 的面积为 $\dfrac{1}{3}$. 试求:

(1) 切点 M 的坐标;

(2) 过切点 M 的切线 L 的方程;

(3) 平面图形 D 绕 x 轴旋转一周得到的旋转体的体积.

13. 过坐标原点作曲线 $y = \ln x$ 的切线, 该切线与曲线 $y = \ln x$ 及 x 轴围成平面图形 D.

(1) 求 D 的面积;

(2) 求 D 绕直线 $x = \mathrm{e}$ 旋转一周所得旋转体的体积.

14. 求旋轮线 $\begin{cases} x = a(t - \sin t), \\ y = a(1 - \cos t), \end{cases} (0 \leqslant t \leqslant 2\pi)$ 与 x 轴所围曲边梯形分别绕 x 轴与 y 轴旋转一周所得的旋转体体积.

15. 求圆盘 $(x - a)^2 + y^2 \leqslant r^2 \ (a > r)$ 绕 y 轴旋转一周所成圆环体的体积.

16. 某平面在极坐标下由圆弧 $\rho = a, \rho = b$ 与曲线 $\theta = \theta_1(\rho), \theta = \theta_2(\rho)$ 所围, 其中 $0 \leqslant a < b$, $0 \leqslant \theta_2(\rho) - \theta_1(\rho) \leqslant 2\pi$. 求证: 该图形面积为

$$\int_a^b [\theta_2(\rho) - \theta_1(\rho)] \rho \, \mathrm{d}\rho.$$

17. 利用上题计算曲线 $\rho = \tan\theta \ \left(\dfrac{\pi}{6} \leqslant \theta \leqslant \dfrac{\pi}{3}\right)$ 与 $\rho = \tan\dfrac{\theta}{2}$ 将圆环 $\dfrac{\sqrt{3}}{3} \leqslant \rho \leqslant \sqrt{3}$ 分割成两部分的面积.

18. 求下列曲线段的弧长:

(1) $y = \ln\cos x$, 从点 $(0,0)$ 到点 $(\pi/3, -\ln 2)$;

(2) 星形线 $x^{2/3} + y^{2/3} = a^{2/3}$ 的全长;

(3) $y = \displaystyle\int_0^x \sqrt{\sin t} \, \mathrm{d}t \ (0 \leqslant x \leqslant \pi)$;

(4) $\begin{cases} x = a(\cos t + t\sin t), \\ y = a(\sin t - t\cos t), \end{cases} (a > 0, \ 0 \leqslant t \leqslant 2\pi)$.

19. 设函数 $f(x)$ 的定义域和值域都是区间 $[0,1]$, 并且函数 $f(x)$ 具有连续的一阶导数, $f'(x)$ 是单调减函数, $f(0) = f(1) = 0$, 证明: 由方程 $y = f(x) \ (0 \leqslant x \leqslant 1)$ 确定的曲线弧的长度不超过 3.

20. 求下列曲线绕指定轴旋转得到的曲面面积:

(1) $y = \sin x, \ 0 \leqslant x \leqslant 2\pi$, 绕 x 轴;

(2) $x^{2/3} + y^{2/3} = a^{2/3}$, 绕 x 轴;

(3) $\begin{cases} x = a(t - \sin t), \\ y = a(1 - \cos t), \end{cases}$ $(a > 0,\ 0 \leqslant t \leqslant 2\pi)$, 分别绕 x 轴与 y 轴;

(4) $\rho = a(1 + \cos\theta)$, 绕极轴.

21. 求下列曲线在指定点的曲率与曲率半径:

(1) $y = \cos x$ 在点 $(0, 1)$;　　　　　　(2) $y^2 = 2x$ 在点 $(1, \sqrt{2})$.

22. 求下列曲线的曲率半径:

(1) $\begin{cases} x = a(t - \sin t), \\ y = a(1 - \cos t), \end{cases}$ $(a > 0)$;　　　　(2) $\rho = a(1 + \cos\theta)$ $(a > 0)$.

23. 求下列均匀曲线段的质心坐标:

(1) $\begin{cases} x = \rho\cos\theta, \\ y = \rho\sin\theta, \end{cases}$ $(\,|\,\theta\,| \leqslant \alpha \leqslant \pi\,)$;

(2) $\begin{cases} x = a(t - \sin t), \\ y = a(1 - \cos t), \end{cases}$ $(a > 0, 0 \leqslant t \leqslant 2\pi)$.

24. 求下列曲线围成的平面图形的形心坐标:

(1) $x = 2y,\ y = 3x - x^2$;

(2) 椭圆面 $\dfrac{x^2}{a^2} + \dfrac{y^2}{b^2} \leqslant 1$ 在第一象限部分.

25. 在一个半球形水池内贮满水, 水池直径为 80 米, 现欲从水池上部将水抽到池外, 问需做多少功?

26. 设有一均匀细棒, 质量为 M, 长为 L. 另有一质量为 m 的质点位于细棒的延长线上距棒中心 r 的地方 $\left(r > \dfrac{L}{2}\right)$, 求棒与质点间的引力 (设引力常数为 k).

27. 求下列平面图形关于指定轴的转动惯量, 假定其质量密度为 1:

(1) 半径为 r 的圆面, 关于某一直径;

(2) 半径为 r 的圆面, 关于该圆的某切线;

(3) 底为 a, 高为 h 的三角形, 关于底边.

28. 设某商品日生产量为 x 件时其固定成本为 200 元, 边际成本为 $C'(x) = 50 + 0.2x$(单位: 元/件), 求成本函数 $C(x)$. 若该商品销售单价为 150 元/件, 且产品全部售出, 求总利润函数 $L(x)$. 试问日产量为多少时才能获得最大利润?

29. 某企业投资 100 万元建一条生产线, 并于一年后建成投产, 开始取得经济效益. 设流水线的收入是均匀货币流, 年收入为 30 万元, 已知银行年利率为 10%, 问该企业多少年后可收回投资?

3.4　广 义 积 分

3.4.1　无穷区间上的积分

在引进定积分概念时, 我们只讨论了函数 $f(x)$ 在有限的闭区间 $[a, b]$ 上定义的情形. 此外, 我们还知道在 $[a, b]$ 上无界的函数在 $[a, b]$ 上不可积. 但为了解决某些实际问题, 我们还必须研究在无穷区间上的积分与无界函数的积分. 这两类积分均称为**广义积分** (或**瑕积分**、

反常积分), 以区别由定义 3.2.1 给出的常义积分.

定义 3.4.1(无穷区间上的积分)　　设函数 $f(x)$ 在区间 $[a, +\infty)$ 上有定义, 若对任意 $b \in (a, +\infty)$, $f(x)$ 在区间 $[a, b]$ 上均可积, 则定义无穷区间上的广义积分 (简称广义积分)

$$\int_a^{+\infty} f(x)\,\mathrm{d}x = \lim_{b \to +\infty} \int_a^b f(x)\,\mathrm{d}x,$$

当上式右端极限存在时, 称广义积分 $\int_a^{+\infty} f(x)\,\mathrm{d}x$ 收敛, 否则称广义积分发散. 称 $+\infty$ 为它的奇点 (或瑕点).

类似可给出区间 $(-\infty, b]$ 及 $(-\infty, +\infty)$ 上广义积分及其收敛与发散的定义. 我们定义

$$\int_{-\infty}^b f(x)\,\mathrm{d}x = \lim_{a \to -\infty} \int_a^b f(x)\,\mathrm{d}x,$$

及

$$\int_{-\infty}^{+\infty} f(x)\,\mathrm{d}x = \lim_{a \to -\infty} \int_a^c f(x)\,\mathrm{d}x + \lim_{b \to +\infty} \int_c^b f(x)\,\mathrm{d}x.$$

上式 * 等号右边的两个极限均存在时, 才称广义积分 $\int_{-\infty}^{+\infty} f(x)\,\mathrm{d}x$ 收敛.

定理 3.4.1(广义牛顿–莱布尼兹定理)　　设函数 $f(x)$ 在所讨论的区间上连续, $F(x)$ 为 $f(x)$ 的一个原函数, 则

$$\int_a^{+\infty} f(x)\,\mathrm{d}x = F(x)\Big|_a^{+\infty} = F(+\infty) - F(a), \tag{3.4.1}$$

$$\int_{-\infty}^b f(x)\,\mathrm{d}x = F(x)\Big|_{-\infty}^b = F(b) - F(-\infty), \tag{3.4.2}$$

$$\int_{-\infty}^{+\infty} f(x)\,\mathrm{d}x = F(x)\Big|_{-\infty}^{+\infty} = F(+\infty) - F(-\infty). \tag{3.4.3}$$

这里 $F(+\infty) = \lim\limits_{b \to +\infty} F(b), F(-\infty) = \lim\limits_{a \to -\infty} F(a)$. 上述三个等式也称为广义牛顿–莱布尼兹公式.

证明　　任取 $b \in (a, +\infty)$, 在区间 $[a, b]$ 上应用定理 3.2.6 有

$$\int_a^b f(x)\,\mathrm{d}x = F(x)\Big|_a^b = F(b) - F(a),$$

令 $b \to +\infty$ 得

$$\int_a^{+\infty} f(x)\,\mathrm{d}x = \lim_{b \to +\infty} [F(b) - F(a)] = F(+\infty) - F(a).$$

_____

* 可以证明式中右端极限的敛散性与 c 的选取无关, 一般地, 我们常取 $c = 0$.

于是式 (3.4.1) 成立. 同理可以证明公式 (3.4.2) 及式 (3.4.3).   □

例 3.4.1   对参数 p 讨论广义积分 $\displaystyle\int_1^{+\infty}\dfrac{\mathrm{d}x}{x^p}$ 的敛散性.

解   易见 $x = +\infty$ 是它的唯一奇点.

当 $p > 1$ 时, $\displaystyle\int_1^{+\infty}\dfrac{\mathrm{d}x}{x^p} = \dfrac{-1}{(p-1)x^{p-1}}\bigg|_1^{+\infty} = \dfrac{1}{p-1}$;

当 $p = 1$ 时, $\displaystyle\int_1^{+\infty}\dfrac{\mathrm{d}x}{x^p} = \int_1^{+\infty}\dfrac{\mathrm{d}x}{x} = \ln x\bigg|_1^{+\infty} = \lim_{x\to+\infty}\ln x = +\infty$;

当 $p < 1$ 时, $\displaystyle\int_1^{+\infty}\dfrac{\mathrm{d}x}{x^p} = \dfrac{1}{1-p}x^{1-p}\bigg|_1^{+\infty} = \dfrac{1}{1-p}\left[\lim_{x\to+\infty}x^{1-p} - 1\right] = +\infty.$

综上所述, 当且仅当 $p > 1$ 时, $\displaystyle\int_1^{+\infty}\dfrac{\mathrm{d}x}{x^p}$ 收敛, 其值等于 $\dfrac{1}{p-1}$.   □

定理 3.4.2(广义换元积分公式)   设函数 $f(x)$ 在无穷区间 $[a, +\infty)$ 上连续, 设 $x = +\infty$ 是广义积分 $\displaystyle\int_a^{+\infty}f(x)\,\mathrm{d}x$ 的唯一奇点, 又设 $x = \varphi(t)$ 在 $[\alpha, +\infty)$ 上连续可导, $\varphi(\alpha) = a, \varphi(+\infty) = +\infty$ (或 $\varphi(+\infty) = a, \varphi(\alpha^+) = +\infty$), 则

$$\int_a^{+\infty}f(x)\,\mathrm{d}x = \int_\alpha^{+\infty}f(\varphi(t))\varphi'(t)\,\mathrm{d}t \tag{3.4.4}$$

$$\left(或\quad \int_a^{+\infty}f(x)\,\mathrm{d}x = \int_{+\infty}^\alpha f(\varphi(t))\varphi'(t)\,\mathrm{d}t\right). \tag{3.4.5}$$

证明   任取 $b \in (a, +\infty)$, 在区间 $[a, b]$ 上应用定积分换元公式 (3.2.15), 我们有

$$\int_a^b f(x)\,\mathrm{d}x = \int_\alpha^t f(\varphi(t))\varphi'(t)\,\mathrm{d}t,$$

其中 $\varphi(\alpha) = a, t = \varphi^{-1}(b)$. 令 $b \to +\infty$, 由假设, $\varphi(+\infty) = +\infty$, 于是式 (3.4.4) 成立.   □

对于 $x = -\infty$ 为奇点的广义积分, 同样也有与式 (3.4.4)(或式 (3.4.5)) 对应的广义换元公式, 在此不再赘述.

定理 3.4.3(广义分部积分公式)   设函数 $u(x), v(x)$ 在无穷区间 $[a, +\infty)$ 上连续可导, $x = +\infty$ 是广义积分 $\displaystyle\int_a^{+\infty}u(x)\,\mathrm{d}v(x)$ 的唯一奇点, $\displaystyle\lim_{x\to+\infty}u(x)v(x)$ 存在, 则

$$\int_a^{+\infty}u(x)\,\mathrm{d}v(x) = u(x)v(x)\bigg|_a^{+\infty} - \int_a^{+\infty}v(x)u'(x)\,\mathrm{d}x. \tag{3.4.6}$$

证明   任取 $b \in (a, +\infty)$, 在区间 $[a, b]$ 上应用定积分分部积分公式 (3.2.16), 我们有

$$\int_a^b u(x)\,\mathrm{d}v(x) = u(x)v(x)\bigg|_a^b - \int_a^b v(x)u'(x)\,\mathrm{d}x,$$

令 $b \to +\infty$, 即得式 (3.4.6) 成立.　　　　　　　　　　　　　　　　　　　　□

同样地, 对于 $x = -\infty$ 是唯一奇点的广义积分, 也有与式 (3.4.6) 对应的广义分部积分公式, 在此也不再赘述.

3.4.2　无界函数的积分

定义 3.4.2 (无界函数的积分)　设对任意充分小的正数 ε, 函数 $f(x)$ 在区间 $[a+\varepsilon, b]$ 上均可积. 若 $f(x)$ 在 a 点的右邻域上无界, 则称 a 为 $f(x)$ 的奇点 (或瑕点). 若极限

$$\lim_{\varepsilon \to 0^+} \int_{a+\varepsilon}^b f(x)\,\mathrm{d}x = A$$

存在, 则称无界函数的广义积分 (简称广义积分) $\int_a^b f(x)\,\mathrm{d}x$ 收敛, 记为

$$\int_a^b f(x)\,\mathrm{d}x = A.$$

若极限 A 不存在, 则称 $\int_a^b f(x)\,\mathrm{d}x$ 发散.

类似可定义 b 为奇点时的广义积分

$$\int_a^b f(x)\,\mathrm{d}x = \lim_{\varepsilon \to 0^+} \int_a^{b-\varepsilon} f(x)\,\mathrm{d}x.$$

若 a 与 b 均为奇点, 取 $c^* \in (a, b)$, 则定义

$$\int_a^b f(x)\,\mathrm{d}x = \lim_{\varepsilon \to 0^+} \int_{a+\varepsilon}^c f(x)\,\mathrm{d}x + \lim_{\eta \to 0^+} \int_c^{b-\eta} f(x)\,\mathrm{d}x.$$

当右端两个广义积分均收敛时, $\int_a^b f(x)\,\mathrm{d}x$ 才收敛.

同无穷区间上的广义积分一样, 我们有下述定理:

定理 3.4.4 (广义牛顿–莱布尼兹定理)　设函数 $f(x)$ 在区间 $(a, b]$ (或区间 $[a, b)$) 上连续, a (或 b) 为 $f(x)$ 的奇点. 若 $F(x)$ 为 $f(x)$ 的一个原函数, 则当 a 为唯一奇点时,

$$\int_a^b f(x)\,\mathrm{d}x = F(x)\Big|_{a^+}^b = F(b) - F(a^+), \tag{3.4.7}$$

这里 $F(a^+) = \lim_{x \to a^+} F(x)$. 当 b 为唯一奇点时,

$$\int_a^b f(x)\,\mathrm{d}x = F(x)\Big|_a^{b^-} = F(b^-) - F(a), \tag{3.4.8}$$

---

* 可以证明式中右端极限的敛散性与 c 的选取无关.

这里 $F(b^-) = \lim\limits_{x \to b^-} F(x)$. 当 a, b 均为奇点时,

$$\int_a^b f(x)\,\mathrm{d}x = F(x)\Big|_{a^+}^{b^-} = F(b^-) - F(a^+). \tag{3.4.9}$$

上述三个等式也称为广义牛顿-莱布尼兹公式.

例 3.4.2 讨论广义积分 $\int_0^1 \dfrac{1}{x^p}\,\mathrm{d}x$ 的敛散性 (这里 $p > 0$).

解 易见 $x = 0$ 是它的唯一奇点. 当 $p \neq 1$ 时,

$$\int_0^1 \frac{1}{x^p}\,\mathrm{d}x = \frac{1}{1-p} x^{1-p}\Big|_{0^+}^1 = \begin{cases} \dfrac{1}{1-p}, & p < 1, \\ +\infty, & p > 1. \end{cases}$$

当 $p = 1$ 时,$\int_0^1 \dfrac{1}{x^p}\,\mathrm{d}x = \ln x\Big|_{0^+}^1 = +\infty$.

综上所述,当且仅当 $0 < p < 1$ 时,广义积分 $\int_0^1 \dfrac{1}{x^p}\,\mathrm{d}x$ 收敛,其值等于 $\dfrac{1}{1-p}$. □

与无穷区间上的积分类似,无界函数的积分也有广义换元积分公式和广义分部积分公式.

定理 3.4.5(广义换元积分公式) 设函数 $f(x)$ 在区间 $(a, b]$ 上连续,设 $x = a$ 是广义积分 $\int_a^b f(x)\,\mathrm{d}x$ 的唯一奇点,又设 $x = \varphi(t)$ 在 $(\alpha, \beta]$ 上连续可导,$\varphi(\alpha^+) = a, \varphi(\beta) = b$,则

$$\int_a^b f(x)\,\mathrm{d}x = \int_\alpha^\beta f(\varphi(t))\varphi'(t)\,\mathrm{d}t. \tag{3.4.10}$$

对于 $x = b$ 是奇点的广义积分,同样有与式 (3.4.10) 对应的广义换元积分公式,在此不再赘述.

定理 3.4.6(广义分部积分公式) 设函数 $u(x), v(x)$ 在区间 $(a, b]$(或 $[a, b)$) 上连续可导,$x = a$(或 $x = b$) 是广义积分 $\int_a^b u(x)\mathrm{d}v(x)$ 的唯一奇点,$\lim\limits_{x \to a^+} u(x)v(x)$(或 $\lim\limits_{x \to b^-} u(x)v(x)$) 存在,则

$$\int_a^b u(x)\,\mathrm{d}v(x) = u(x)v(x)\Big|_{a^+}^b - \int_a^b v(x)u'(x)\,\mathrm{d}x \tag{3.4.11}$$

$$\left(\text{或} \quad \int_a^b u(x)\,\mathrm{d}v(x) = u(x)v(x)\Big|_a^{b^-} - \int_a^b v(x)u'(x)\,\mathrm{d}x \right). \tag{3.4.12}$$

上述两个定理的证明与定理 3.4.2 和定理 3.4.3 的证明类似,请读者自行完成.

例 3.4.3 计算广义积分 $\int_0^{+\infty} \dfrac{1}{1+x^4}\,\mathrm{d}x$.

解　易见 $x = +\infty$ 是它的唯一奇点. 令 $x = \dfrac{1}{t}$, 应用广义换元积分公式 (3.4.5), 我们有

$$I = \int_0^{+\infty} \frac{1}{1+x^4}\,\mathrm{d}x = \int_{+\infty}^0 \frac{1}{1+\dfrac{1}{t^4}}\left(-\frac{1}{t^2}\right)\mathrm{d}t = \int_0^{+\infty} \frac{t^2}{1+t^4}\,\mathrm{d}t = \int_0^{+\infty} \frac{x^2}{1+x^4}\,\mathrm{d}x.$$

于是

$$I = \frac{1}{2}\int_0^{+\infty} \frac{1+x^2}{1+x^4}\,\mathrm{d}x = \frac{1}{2}\int_0^{+\infty} \frac{1}{2+\left(x-\dfrac{1}{x}\right)^2}\,\mathrm{d}\left(x - \frac{1}{x}\right)$$

$$= \frac{1}{2\sqrt{2}} \arctan \frac{x - \dfrac{1}{x}}{\sqrt{2}}\Bigg|_{0^+}^{+\infty} = \frac{\pi}{2\sqrt{2}}. \qquad\qquad \square$$

本节我们是根据广义积分敛散性的定义, 通过求被积函数原函数的极限来研究广义积分的敛散性. 由于原函数的求解是比较棘手的问题, 我们还可以直接根据被积函数的某些性质判断广义积分的敛散性, 在第 8 章中, 我们将介绍相关的敛散性判别方法.

习题 3.4

1. 计算下列广义积分:

(1) $\displaystyle\int_0^{+\infty} x\mathrm{e}^{-x}\,\mathrm{d}x$;　　　　　　　　　　(2) $\displaystyle\int_{-\infty}^{+\infty} \frac{\mathrm{d}x}{x^2+4x+9}$;

(3) $\displaystyle\int_0^2 \frac{\mathrm{e}^x\mathrm{d}x}{(\mathrm{e}^x-1)^{\frac{1}{3}}}$;　　　　　　　　　　(4) $\displaystyle\int_{-1}^1 \frac{\mathrm{d}x}{\sqrt{1-x^2}}$;

(5) $\displaystyle\int_0^{+\infty} \frac{\mathrm{d}x}{\sqrt{x}(1+x)}$;　　　　　　　　(6) $\displaystyle\int_1^5 \frac{\mathrm{d}x}{\sqrt{(x-1)(5-x)}}$;

(7) $\displaystyle\int_{-2}^{-1} \frac{\mathrm{d}x}{x\sqrt{x^2-1}}$;　　　　　　　　(8) $\displaystyle\int_0^{+\infty} \frac{\arctan x}{(1+x^2)^{\frac{3}{2}}}\,\mathrm{d}x$.

(9) $\displaystyle\int_0^{+\infty} \frac{\mathrm{d}x}{\sqrt{1+x^2}(1+x^2)^2}$;　　　(10) $\displaystyle\int_0^{+\infty} \frac{\mathrm{e}^x}{(1+\mathrm{e}^x)^2}\,\mathrm{d}x$;

(11) $\displaystyle\int_1^{+\infty} \frac{x\ln x}{(1+x^2)^2}\,\mathrm{d}x$;　　　　　　(12) $\displaystyle\int_0^{+\infty} \frac{1-x}{1+x^3}\,\mathrm{d}x$.

2. 积分 $\displaystyle\int_2^{+\infty} \frac{\mathrm{d}x}{x(\ln x)^k}$ 当 k 为何值时收敛? k 为何值时发散?

3. 设 $\displaystyle\lim_{x\to+\infty}\left(\frac{x+c}{x-c}\right)^x = \int_{-\infty}^c t\mathrm{e}^{2t}\,\mathrm{d}t$, 求 c 的值.

4. 已知 $\displaystyle\int_0^{+\infty} \frac{\sin x}{x}\,\mathrm{d}x = \frac{\pi}{2}$, 试求 $\displaystyle\int_0^{+\infty} \frac{\sin^2 x}{x^2}\,\mathrm{d}x$ 的值.

5. 计算下列广义积分:

(1) $\displaystyle\int_0^{+\infty} \frac{x\mathrm{e}^x}{(1+\mathrm{e}^x)^2}\,\mathrm{d}x$;　　　　(2) $\displaystyle\int_0^1 \sin(\ln x)\,\mathrm{d}x$;　　　　(3) $\displaystyle\int_{\frac{1}{2}}^{\frac{3}{2}} \frac{1}{\sqrt{|x-x^2|}}\,\mathrm{d}x$.

第4章 向量代数与空间解析几何

4.1 向量代数

4.1.1 空间直角坐标系

我们先来建立空间直角坐标系, 取定一个定点 O (称为**原点**), 过该点作三条互相垂直的数轴 Ox, Oy, Oz, 并在三个数轴上取相同的度量单位, 三条数轴依次称为 x **轴**, y **轴**, z **轴**, 且三坐标轴的正向组成右手系 (即从 x 轴正向沿右手握拳方向旋转 $90°$ 到 y 轴正向时, 大拇指的指向为 z 轴正向), 这就是**空间直角坐标系**. 绘制空间直角坐标系时通常是把 x 轴, y 轴画在水平面上, z 轴正向竖直向上 (见图 4.1).

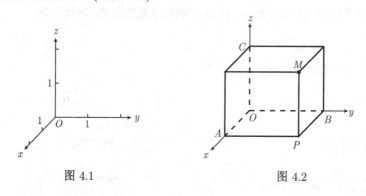

图 4.1   图 4.2

在空间中建立了直角坐标系后, 对空间中的任一点 M, 过点 M 作三个平面分别垂直于 x 轴, y 轴和 z 轴, 它们与坐标轴的交点依次为 A, B, C (见图 4.2). 设点 A 在 x 轴上的坐标为 x, 点 B 在 y 轴的坐标为 y, 点 C 在 z 轴上的坐标为 z, 则给定一个点就可以确定一个有序三元组 (x, y, z). 反过来, 任给一个有序三元组 (x, y, z), 用同样的方法也可以在空间中确定一个点 M. 这样空间中的点与有序三元组 (x, y, z) 就建立了 1-1 对应, 我们称 (x, y, z) 为点 M 的**坐标**.

三个坐标轴两两可以确定一个平面, x 轴和 y 轴确定的平面称为 xOy **平面**, y 轴和 z 轴确定的平面称为 yOz **平面**, z 轴和 x 轴确定的平面称为 zOx **平面**, 它们统称为**坐标面**. 三个坐标面把整个空间分成 8 个区域, 每个区域称为一个**卦限**, 其编号按平面上四个象限的次序, 在 $z > 0$ 的部分依次为一、二、三、四卦限, 在 $z < 0$ 的部分依次为五、六、七、八卦限. 如第二卦限内点的坐标符号为 $(-, +, +)$, 第七卦限内点的坐标符号为 $(-, -, -)$, 八个卦限内点的三个坐标分量的符号见下表.

卦限	I	II	III	IV	V	VI	VII	VIII
x 坐标的符号	+	−	−	+	+	−	−	+
y 坐标的符号	+	+	−	−	+	+	−	−
z 坐标的符号	+	+	+	+	−	−	−	−

在 xOy 平面上的点, 其 z 的坐标为 0, 所以 xOy 平面上点的坐标是 $(x, y, 0)$, 同样, yOz 平面上点的坐标是 $(0, y, z)$, zOx 平面上点的坐标是 $(x, 0, z)$. x 轴上的点, 其 y 坐标和 z 坐标都是 0, 所以 x 轴上点的坐标是 $(x, 0, 0)$, 同样, y 轴上点的坐标是 $(0, y, 0)$, z 轴上点的坐标是 $(0, 0, z)$. 原点 O 的坐标是 $(0, 0, 0)$.

4.1.2　向量代数

一、向量的概念

在研究物理学的问题时, 经常会遇到一些既有大小又有方向的量, 例如力、位移、速度、加速度等, 我们称这种量为**向量**(也称为**矢量**). 在这一段中我们来研究其代数运算.

向量通常用一有向线段表示, 有向线段的长度表示向量的大小, 有向线段的方向表示向量的方向. 以 A 为起点, B 为终点的向量记为 $\overrightarrow{AB}$. 本书中我们用单个黑体小写字母来表示向量, 例如 a, b 等, 或用表示起点以及终点的大写字母上面带箭头的形式来表示向量, 例如 $\overrightarrow{AB}$, $\overrightarrow{MP}$ 等. 向量的大小称为**向量的模**, 记为 $|a|$ 或 $|\overrightarrow{AB}|$ 等.

在实际问题中遇到的向量, 有时与起点有关, 有时与起点无关, 在数学上我们仅讨论与起点无关的向量(称为**自由向量**), 即只考虑向量的大小和方向, 不考虑它的起点在何处, 因此可以对向量任意地作平行移动. 平移后能完全重合且方向相同的向量我们都认为它们是相同的, 所以很自然地定义两个向量 a 和 b 相等为: 它们的模相等, 方向相同, 记作 $a = b$.

模为 0 的向量称为**零向量**, 记作 $\mathbf{0}$, 零向量的方向可看作是任意的. 模为 1 的向量称为**单位向量**. 与非零向量 a 同方向的单位向量记作 a°. 给定一个非零向量 a, 与 a 的模相同而方向相反的向量称为 a 的**负向量**, 记作 $-a$.

二、向量的加减法

在物理学中, 求两个力的合力用平行四边形法则(见图 4.3), 我们将用这个方法来定义向量的加法运算(见图 4.4). 向量 $a = \overrightarrow{AB}$, $b = \overrightarrow{AD}$, 所以 $a + b = \overrightarrow{AB} + \overrightarrow{AD} = \overrightarrow{AC}$, 称向量 $\overrightarrow{AC}$ 是向量 a, b 的和, 这种法则称为**向量加法的平行四边形法则**. 又因为向量 $\overrightarrow{BC} = \overrightarrow{AD}$, 因此 $\overrightarrow{AC} = \overrightarrow{AB} + \overrightarrow{BC}$, 这种法则称为**向量加法的三角形法则**.

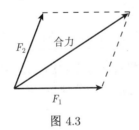
图 4.3

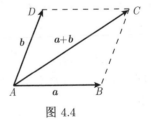
图 4.4

可以用上述的法则证明如下的向量加法的性质:

定理 4.1.1　向量加法的性质:

(1) 交换律 $a + b = b + a$;

(2) 结合律 $(a + b) + c = a + (b + c) = a + b + c$;

(3) 存在零元 $a + 0 = 0 + a = a$;

(4) 存在负元 $a + (-a) = (-a) + a = 0$.

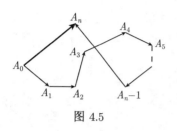

图 4.5

注　以上加法可推广到求有限个向量的和. 给定 n 个向量 $a_1, a_2, \cdots, a_n$, 从 A_0 出发作折线 $A_0 A_1 A_2 \cdots A_{n-1} A_n$, 使得 $\overrightarrow{A_0 A_1} = a_1, \overrightarrow{A_1 A_2} = a_2, \cdots, \overrightarrow{A_{n-1} A_n} = a_n$, 则向量 $\overrightarrow{A_0 A_n} = a_1 + a_2 + \cdots + a_n$ (图 4.5). 据向量加法的三角形法则可得向量模的三角不等式: $|a + b| \leqslant |a| + |b|$, 且等号只有当 a, b 中一个为零向量或者两者同向时成立. 这个不等式可推广到有限个向量, 有 $|a_1 + a_2 + \cdots + a_n| \leqslant |a_1| + |a_2| + \cdots + |a_n|$.

三、向量的数乘

设 a 是一个向量, λ 是一个实数, 我们定义 a 与 λ 的乘积 λa 为一个向量, 称为**向量的数乘**, 记为: λa. 其大小为 $|\lambda| \cdot |a|$, 其方向为: 当 $\lambda > 0$ 时与 a 同向, 当 $\lambda < 0$ 时与 a 反向.

特别, $1 \cdot a = a$, $(-1) \cdot a = -a$. 而当 $\lambda = 0$ 或 $a = \mathbf{0}$ 时, λa 为零向量.

显然, 向量的数乘有下列性质:

定理 4.1.2　向量数乘的性质: 给定向量 a, b, λ, $\mu \in \mathbb{R}$, 则

(1) 结合律 $\lambda(\mu a) = (\lambda \mu) a = \mu(\lambda a)$;

(2) 分配律 $(\lambda + \mu) a = \lambda a + \mu a$, $\lambda(a + b) = \lambda a + \lambda b$.

由向量数乘的定义可推出以下结论:

(1) 两个非零向量 a, b 平行 (记作 $a // b$), 则 $b = \lambda a$ (λ 为非零实数).

事实上, 如果 $a // b$, 取 λ, 使得 $\lambda = \pm \dfrac{|b|}{|a|}$, λ 的正负号依 b 与 a 同向或反向而定, 因此有 $b = \lambda a$; 反之, 如果 $b = \lambda a$, 因为 $a // \lambda a$, 所以 $a // b$.

(2) 对非零向量 a, 有 $a = |a| \cdot a^\circ$ 或 $a^\circ = \dfrac{a}{|a|}$.

我们规定 a 与 b 的差 $a - b$ 为: $a - b = a + (-b)$.

例 4.1.1　已知两个不平行的非零向量 $\overrightarrow{OA}, \overrightarrow{OB}$, $|\overrightarrow{OA}| = a$, $|\overrightarrow{OB}| = b$. 求证: 向量 $\overrightarrow{OC} = b\overrightarrow{OA} + a\overrightarrow{OB}$ 平分这两个向量的夹角 $\angle AOB$.

证明　如图 4.6, 作 $\overrightarrow{OD} = b\overrightarrow{OA}$, $\overrightarrow{OE} = a\overrightarrow{OB}$, 则

$$|\overrightarrow{OD}| = b|\overrightarrow{OA}| = ba, \quad |\overrightarrow{OE}| = a|\overrightarrow{OB}| = ab, \text{ 所以} |\overrightarrow{OD}| = |\overrightarrow{OE}|.$$

又 $\overrightarrow{OC} = b\overrightarrow{OA} + a\overrightarrow{OB} = \overrightarrow{OD} + \overrightarrow{OE}$, 所以 $\overrightarrow{OC}$ 是平行四边形 $ODCE$ 的对角线, 而 $|\overrightarrow{OD}| = |\overrightarrow{OE}|$, 因此, 四边形 $ODCE$ 是菱形, 因为菱形的对角线平分顶角, 所以 $\overrightarrow{OC}$ 平分 $\angle DOE$, 即 $\overrightarrow{OC}$ 平分 $\angle AOB$.　□

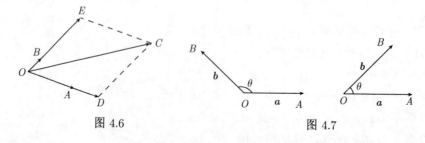

图 4.6　　　　　　　　　　　　　　图 4.7

四、向量的坐标表示

1. 两个向量的夹角

给定空间中两个向量 a, b, 我们按如下方法定义向量 a 与 b 的夹角 θ: 将两个向量平移使其起点重合于点 O, 如图 4.7 所示, 使 $\overrightarrow{OA} = a$, $\overrightarrow{OB} = b$, 则 $\theta = \angle AOB\,(0 \leqslant \theta \leqslant \pi)$, 通常把 a, b 的夹角记作 $\langle a, b \rangle$ 或 $\langle b, a \rangle$. 若 $\theta = \dfrac{\pi}{2}$, 则我们说向量 a 与 b 垂直, 记为 $a \perp b$. 同理我们可以定义空间向量 a 与三个坐标轴 x 轴, y 轴, z 轴的正向的夹角, 分别记为 α, β, γ (见图 4.8), 称为向量 a 的**方向角**, 方向角的余弦称为**向量的方向余弦**, 记为 $\cos \alpha$, $\cos \beta$, $\cos \gamma$.

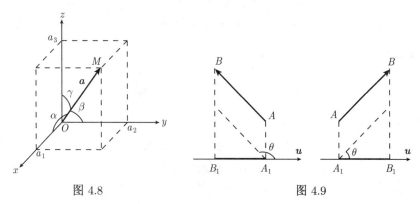

图 4.8　　　　　　　　　　　　　　　　　图 4.9

2. 向量 $\overrightarrow{AB}$ 在数轴 u 上的投影

过 A, B 各作数轴 u 的垂线 AA_1, BB_1, 垂足分别为 A_1, B_1, 向量 $\overrightarrow{A_1B_1}$ 的数值 A_1B_1 称为**向量 $\overrightarrow{AB}$ 在数轴 u 上的投影**, 记作 $\mathrm{Prj}_u\overrightarrow{AB}$. 其值为 $\pm|\overrightarrow{A_1B_1}|$, 其符号当 $\overrightarrow{A_1B_1}$ 与数轴 u 的正向同向时取正, 反向时取负. 由图 4.9 可见, $A_1B_1 = \mathrm{Prj}_u\overrightarrow{AB} = |\overrightarrow{AB}|\cos\theta$, θ 表示向量 $\overrightarrow{AB}$ 与数轴 u 的夹角. 对任意两个向量 a 与 b 也有类似的结果

$$\mathrm{Prj}_a b = |b|\cos\langle a, b\rangle, \quad \mathrm{Prj}_b a = |a|\cos\langle b, a\rangle.$$

定理 4.1.3　　投影的性质:

(1) $\mathrm{Prj}_u(\lambda a) = \lambda\mathrm{Prj}_u a$, $\lambda \in \mathbb{R}$;

(2) $\mathrm{Prj}_u(a + b) = \mathrm{Prj}_u a + \mathrm{Prj}_u b$. (证明留作习题)

3. 向量的坐标

在空间中建立了直角坐标系后, 沿三条坐标轴的正向各取一个单位向量, 分别记为: i, j, k, 称为空间直角坐标系的**基向量**.

对空间中的任一点 $M(x, y, z)$, 向量 $\overrightarrow{OM}$ 称为**向径 (或矢径)**, 它在 x 轴上的投影为 OA, 在 y 轴上的投影为 OB, 在 z 轴上的投影为 OC (见图 4.2), 且

$$\overrightarrow{OA} = x\,i, \quad \overrightarrow{OB} = y\,j, \quad \overrightarrow{OC} = z\,k,$$

而 $\overrightarrow{OM} = \overrightarrow{OA} + \overrightarrow{AP} + \overrightarrow{PM}$, 又 $\overrightarrow{AP} = \overrightarrow{OB}$, $\overrightarrow{PM} = \overrightarrow{OC}$, 所以

$$\overrightarrow{OM} = \overrightarrow{OA} + \overrightarrow{OB} + \overrightarrow{OC} = x\,i + y\,j + z\,k. \tag{4.1.1}$$

$\overrightarrow{OA}$, $\overrightarrow{OB}$, $\overrightarrow{OC}$ 称为向量 $\overrightarrow{OM}$ 在 x, y, z 轴上的分向量, 式 (4.1.1) 称为**向量的坐标分解式**. 因此, $\overrightarrow{OM}$ 与一个有序三元组 (x, y, z) 是一一对应的. 故我们把 x, y, z 称为向量 $\overrightarrow{OM}$ 关于基向量 $\boldsymbol{i}, \boldsymbol{j}, \boldsymbol{k}$ 的坐标. 记作 $\overrightarrow{OM} = (x, y, z)$, 称为**向量的坐标表示式**. 向量的三个坐标即是向量在三个坐标轴上的投影.

特别地有: $\boldsymbol{i} = (1, 0, 0)$, $\boldsymbol{j} = (0, 1, 0)$, $\boldsymbol{k} = (0, 0, 1)$.

当向量有了坐标表示后, 其加、减、数乘运算均可化为坐标的运算. 如设 $\boldsymbol{a} = (a_1, a_2, a_3)$, $\boldsymbol{b} = (b_1, b_2, b_3)$, 则有

向量加法的坐标运算:

$$\boldsymbol{a} + \boldsymbol{b} = (a_1 + b_1, a_2 + b_2, a_3 + b_3). \tag{4.1.2}$$

向量减法的坐标运算:

$$\boldsymbol{a} - \boldsymbol{b} = (a_1 - b_1, a_2 - b_2, a_3 - b_3). \tag{4.1.3}$$

向量数乘的坐标运算:

$$\lambda \boldsymbol{a} = (\lambda a_1, \lambda a_2, \lambda a_3). \tag{4.1.4}$$

两个向量 $\boldsymbol{a}$ 与 $\boldsymbol{b}$ 相等就是其对应的分量相等, 即

$$a_1 = b_1, \ a_2 = b_2, \ a_3 = b_3.$$

两个非零向量 $\boldsymbol{a}$ 与 $\boldsymbol{b}$ 平行的条件:

$$\boldsymbol{a} // \boldsymbol{b} \iff \frac{a_1}{b_1} = \frac{a_2}{b_2} = \frac{a_3}{b_3}. \tag{4.1.5}$$

即两个非零向量平行的充分必要条件是对应的分量成比例. 应该指出的是, 当 $\boldsymbol{b}$ 的某个分量为零时, 譬如说 $b_2 = 0$, 则向量 $\boldsymbol{a}$ 的对应分量 a_2 也必须为 0.

对任意非零向量 $\boldsymbol{a} = (a_1, a_2, a_3)$, 其模及其方向余弦都可用坐标表示, 其模为

$$|\boldsymbol{a}| = \sqrt{a_1{}^2 + a_2{}^2 + a_3{}^2}. \tag{4.1.6}$$

向量 $\boldsymbol{a}$ 的方向余弦为

$$\cos \alpha = \frac{a_1}{|\boldsymbol{a}|}, \ \cos \beta = \frac{a_2}{|\boldsymbol{a}|}, \ \cos \gamma = \frac{a_3}{|\boldsymbol{a}|}. \tag{4.1.7}$$

且

$$\cos^2 \alpha + \cos^2 \beta + \cos^2 \gamma = 1. \tag{4.1.8}$$

从而知道不是任给三个角度都可作为某一向量的方向角的, 但若所给三个角度满足此关系式, 则一定可找到一个向量以此三个角度为方向角. 此外, 对一个非零的向量 $\boldsymbol{a}$ 还可得到

$$\boldsymbol{a}^\circ = \frac{\boldsymbol{a}}{|\boldsymbol{a}|} = \left(\frac{a_1}{|\boldsymbol{a}|}, \frac{a_2}{|\boldsymbol{a}|}, \frac{a_3}{|\boldsymbol{a}|} \right) = (\cos \alpha, \cos \beta, \cos \gamma).$$

即 $\boldsymbol{a}$ 的单位向量 $\boldsymbol{a}^\circ$ 是以 $\boldsymbol{a}$ 的方向余弦为坐标的向量.

由上面的知识可知, 空间中任意两点 $P(x_1, y_1, z_1)$, $Q(x_2, y_2, z_2)$ 确定的向量 $\overrightarrow{PQ}$ 的坐标表示为

$$\overrightarrow{PQ} = \overrightarrow{OQ} - \overrightarrow{OP} = (x_2 - x_1, y_2 - y_1, z_2 - z_1).$$

则空间中任意两点 P, Q 之间的距离公式为

$$|PQ| = |\overrightarrow{PQ}| = \sqrt{(x_2 - x_1)^2 + (y_2 - y_1)^2 + (z_2 - z_1)^2}. \tag{4.1.9}$$

特别地, 点 $M(x, y, z)$ 与原点 $O(0, 0, 0)$ 的距离为: $r = |OM| = \sqrt{x^2 + y^2 + z^2}$.

例 4.1.2　已知 $A(3, -3, 5), B(-5, 1, 7)$, 在 y 轴上求一点 M 使得 $|MA| = |MB|$.

解　因点 M 在 y 轴上, 可设其坐标为 $M(0, y, 0)$, 则由距离公式有 $9 + (y+3)^2 + 25 = 25 + (y-1)^2 + 49$, 可解得 $y = 4$, 故 M 为 $(0, 4, 0)$.　□

例 4.1.3(定比分点的坐标)　给定空间中的两点 $P(x_1, y_1, z_1)$, $Q(x_2, y_2, z_2)$, 在线段 PQ 上求一点 M, 使得 $\overrightarrow{PM} = \lambda \overrightarrow{MQ}$(见图 4.10).

解　据题意有 $\overrightarrow{PM} = \lambda \overrightarrow{MQ}$, 设 M 的坐标为 (x, y, z), 则

$$\overrightarrow{PM} = (x - x_1, y - y_1, z - z_1),$$
$$\overrightarrow{MQ} = (x_2 - x, y_2 - y, z_2 - z),$$

故有

$$x - x_1 = \lambda(x_2 - x),$$
$$y - y_1 = \lambda(y_2 - y),$$
$$z - z_1 = \lambda(z_2 - z),$$

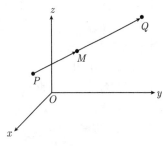

图 4.10

由此解得点 M 的坐标为

$$\left(\frac{x_1 + \lambda x_2}{1 + \lambda}, \frac{y_1 + \lambda y_2}{1 + \lambda}, \frac{z_1 + \lambda z_2}{1 + \lambda} \right).　□$$

特别地, 取 $\lambda = 1$, 即点 M 是线段 PQ 的中点, 其坐标为 $\left(\frac{x_1 + x_2}{2}, \frac{y_1 + y_2}{2}, \frac{z_1 + z_2}{2} \right)$.

注　$\lambda = 0$ 时 M 即点 P, 点 Q 对应于 $\lambda = \infty$, 所以当 $0 < \lambda < \infty$ 时, 点 M 在 P 与 Q 之间, 当 $-1 < \lambda < 0$ 时, 点 M 在 QP 的延长线上, 当 $\lambda < -1$ 时, 点 M 在 PQ 的延长线上.

例 4.1.4　已知 $\overrightarrow{AB} = (-3, 0, 4)$, $\overrightarrow{AC} = (5, -2, -14)$, 求等分 $\angle BAC$ 的单位向量.

解　$|\overrightarrow{AB}| = 5$, $|\overrightarrow{AC}| = 15$, 等分 $\angle BAC$ 的向量 $\boldsymbol{c}$ 为(见例 4.1.1),

$$\boldsymbol{c} = |\overrightarrow{AC}| \cdot \overrightarrow{AB} + |\overrightarrow{AB}| \cdot \overrightarrow{AC} = 15(-3, 0, 4) + 5(5, -2, -14) = (-20, -10, -10).$$

故所求向量为: $\boldsymbol{c}^\circ = \left(\frac{-2}{\sqrt{6}}, \frac{-1}{\sqrt{6}}, \frac{-1}{\sqrt{6}} \right)$.　□

注　$\boldsymbol{c}$ 也可以等于 $\overrightarrow{AB}$ 的单位向量加 $\overrightarrow{AC}$ 的单位向量, 即

$$\boldsymbol{c} = \frac{1}{5}(-3, 0, 4) + \frac{1}{15}(5, -2, -14) = \left(-\frac{4}{15}, -\frac{2}{15}, -\frac{2}{15} \right).$$

故所求向量为: $\boldsymbol{c}^\circ = \left(\frac{-2}{\sqrt{6}}, \frac{-1}{\sqrt{6}}, \frac{-1}{\sqrt{6}} \right)$.

五、向量的数量积 · 向量积 · 混合积

1. 数量积 (内积、点积)

定义 4.1.1 (向量的数量积)　两个**向量** a **与** b **的数量积** $a \cdot b$ 是一个实数, 它等于 a 与 b 的模及它们夹角 $\langle a, b \rangle$ 的余弦的乘积, 即

$$a \cdot b = |a| \cdot |b| \cos \langle a, b \rangle. \tag{4.1.10}$$

此定义有明显的物理意义, 当一个物体在常力 F 作用下沿直线从点 A 移动到点 B, 以 s 表示位移 $\overrightarrow{AB}$, 则力所做的功 W 等于力 F 在 s 方向的分力 $|F|\cos\theta$ 与 $|s|$ 的乘积, 即 $W = |F| \cdot |s| \cdot \cos\theta = F \cdot s$, 其中 θ 为 F 与 s 的夹角.

因为 $\mathrm{Prj}_a b = |b|\cos\langle a, b \rangle$, $\mathrm{Prj}_b a = |a|\cos\langle b, a \rangle$, 所以有

$$a \cdot b = |a| \cdot \mathrm{Prj}_a b = |b| \cdot \mathrm{Prj}_b a. \tag{4.1.11}$$

即两个向量的数量积等于一个向量的模和另一个向量在这个向量上的投影的乘积.

由数量积的定义, 立即可以推得下列**性质**:

定理 4.1.4　向量数量积的性质:

(1) $0 \cdot a = a \cdot 0 = 0$;

(2) 两个向量 a 与 b 垂直的充分必要条件是 $a \cdot b = 0$;

(3) 对任意向量 a, $a^2 = a \cdot a = |a|^2 \geqslant 0$.

值得注意的是, 由 $a \cdot b = 0$ 不一定能推出: $a = 0$ 或 $b = 0$.

对基向量 i, j, k 有

$$i \cdot j = j \cdot k = k \cdot i = 0, \quad i \cdot i = j \cdot j = k \cdot k = 1.$$

定理 4.1.5　向量数量积的运算法则:

(1) 交换律　$a \cdot b = b \cdot a$;

(2) 结合律　$(\lambda a) \cdot b = \lambda (a \cdot b) = a \cdot (\lambda b), \lambda \in \mathbb{R}$;

(3) 分配律　$(a + b) \cdot c = a \cdot c + b \cdot c$.

证明　(1)、(2) 可由定义立得.

(3) 如果向量中有一个为零向量, 结论显然成立. 所以我们假设这三个向量均为非零向量, 则有

$$(a + b) \cdot c = |c| \mathrm{Prj}_c(a + b) = |c|(\mathrm{Prj}_c a + \mathrm{Prj}_c b)$$

$$= |c| \mathrm{Prj}_c a + |c| \mathrm{Prj}_c b = a \cdot c + b \cdot c. \qquad \square$$

由以上运算法则我们知道数量积运算可按普通乘法法则进行, 例如

$$(a + b) \cdot (c + d) = a \cdot c + a \cdot d + b \cdot c + b \cdot d,$$

$$(a + b)^2 = a^2 + 2a \cdot b + b^2, \quad (a - b)^2 = a^2 - 2a \cdot b + b^2,$$

等.

定理 4.1.6　设 $a = a_1 i + a_2 j + a_3 k$，$b = b_1 i + b_2 j + b_3 k$，则两个向量 a 与 b 的数量积的坐标表示式为

$$a \cdot b = a_1 b_1 + a_2 b_2 + a_3 b_3. \tag{4.1.12}$$

证明

$$a \cdot b = (a_1 i + a_2 j + a_3 k) \cdot (b_1 i + b_2 j + b_3 k)$$
$$= a_1 b_1 \, i \cdot i + a_1 b_2 \, i \cdot j + a_1 b_3 \, i \cdot k$$
$$+ a_2 b_1 \, j \cdot i + a_2 b_2 \, j \cdot j + a_2 b_3 \, j \cdot k$$
$$+ a_3 b_1 \, k \cdot i + a_3 b_2 \, k \cdot j + a_3 b_3 \, k \cdot k.$$

由基向量的数量积，得

$$a \cdot b = a_1 b_1 + a_2 b_2 + a_3 b_3. \qquad \square$$

这就是**向量数量积的坐标表示式**.

由此可得两个向量垂直的充分必要条件是

$$a_1 b_1 + a_2 b_2 + a_3 b_3 = 0.$$

两个向量 a 与 b 的夹角 $\langle a, b \rangle$ 可由下式得到

$$\cos\langle a, b \rangle = \frac{a \cdot b}{|a| \cdot |b|} = \frac{a_1 b_1 + a_2 b_2 + a_3 b_3}{\sqrt{a_1^2 + a_2^2 + a_3^2} \cdot \sqrt{b_1^2 + b_2^2 + b_3^2}}. \tag{4.1.13}$$

由于 $|\cos\langle a, b \rangle| \leqslant 1$，所以 $|a \cdot b| \leqslant |a| \cdot |b|$，等号只有在两向量平行时成立. 此即著名的柯西–施瓦兹不等式 [式 (1.1.8)]，即

$$\left(\sum_{i=1}^{3} a_i b_i \right)^2 \leqslant \left(\sum_{i=1}^{3} a_i^2 \right) \cdot \left(\sum_{i=1}^{3} b_i^2 \right).$$

例 4.1.5　在三角形 ABC 中，证明余弦定理 $a^2 = b^2 + c^2 - 2bc \cos A$.

证明　在图 4.11 中，设 $|\overrightarrow{AB}| = c$，$|\overrightarrow{BC}| = a$，$|\overrightarrow{AC}| = b$，$\overrightarrow{BC} = \overrightarrow{AC} - \overrightarrow{AB}$，

$$\overrightarrow{BC}^2 = (\overrightarrow{AC} - \overrightarrow{AB})^2 = \overrightarrow{AC}^2 - 2\overrightarrow{AC} \cdot \overrightarrow{AB} + \overrightarrow{AB}^2$$
$$= \overrightarrow{AC}^2 + \overrightarrow{AB}^2 - 2|\overrightarrow{AC}| \cdot |\overrightarrow{AB}| \cos A,$$

故有 $a^2 = b^2 + c^2 - 2bc \cos A$. $\qquad \square$

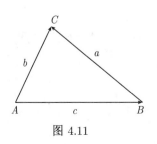

图 4.11

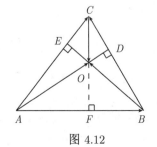

图 4.12

例 4.1.6   求证三角形的三条高相交于一点.

证明   在图 4.12 中, 作 $\overrightarrow{AD}\perp\overrightarrow{BC}$, $\overrightarrow{BE}\perp\overrightarrow{AC}$, BE 与 AD 交于 O 点, 现证明 $\overrightarrow{CO}\perp\overrightarrow{AB}$.

$$\overrightarrow{AO}=\overrightarrow{AC}+\overrightarrow{CO},\ \overrightarrow{BO}=\overrightarrow{BC}+\overrightarrow{CO},\ \overrightarrow{AB}=\overrightarrow{AC}-\overrightarrow{BC},$$

因 $\overrightarrow{AO}\perp\overrightarrow{BC}$, $\overrightarrow{BO}\perp\overrightarrow{AC}$, 所以有

$$\overrightarrow{AO}\cdot\overrightarrow{BC}=\overrightarrow{AC}\cdot\overrightarrow{BC}+\overrightarrow{CO}\cdot\overrightarrow{BC}=0,$$

$$\overrightarrow{BO}\cdot\overrightarrow{AC}=\overrightarrow{BC}\cdot\overrightarrow{AC}+\overrightarrow{CO}\cdot\overrightarrow{AC}=0,$$

两式相减, 得

$$\overrightarrow{CO}\cdot(\overrightarrow{AC}-\overrightarrow{BC})=0,\ 即\overrightarrow{CO}\cdot\overrightarrow{AB}=0.$$

因此 $\overrightarrow{CO}\perp\overrightarrow{AB}$, 即 COF 是 AB 边上的高. 这就证明了三角形的三条高相交于一点.   □

2. 向量积 (外积、叉积)

定义 4.1.2(向量的向量积)   两个向量 a 与 b 的向量积 $a\times b$ 是一个向量, 其长度是 $|a\times b|=|a|\cdot|b|\cdot\sin\langle a,b\rangle$, 它垂直于 a 和 b, 且 $a,b,a\times b$ 构成右手系.

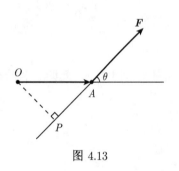

图 4.13

此定义的物理意义是 (见图 4.13):设一个物体的支点为 O, 力 F 作用在物体上的 A 点, 过 O 作力 F 的作用线 AP 的垂线 OP, 交 AP 于 P 点, $|OP|$ 是力臂, 角 $\langle\overrightarrow{OA},F\rangle=\theta$,则力 F 对支点 O 的力矩 L 的大小为:$|L|=|\overrightarrow{OP}||F|=|F||\overrightarrow{OA}|\sin\theta,L$ 垂直于 $\overrightarrow{OA}$ 与 F. 且 $\overrightarrow{OA},F,L$ 构成右手系. 所以力矩可记为 $L=\overrightarrow{OA}\times F$.

$|a\times b|$ 的几何意义是: 表示以 a,b 为邻边的平行四边形的面积.

由向量积的定义, 我们可以推得以下**性质**:

定理 4.1.7   向量的向量积的性质:

(1) $0\times a=a\times 0=0$;

(2) 两个非零向量 a 与 b 平行的充分必要条件是: $a\times b=0$.

证明   (1) 由定义立得.

(2) 因为 $|a|\neq 0,|b|\neq 0,a\times b=0\Longleftrightarrow\sin\langle a,b\rangle=0\Longleftrightarrow\langle a,b\rangle=0$ 或 $\pi\Longleftrightarrow a//b$.   □

特别地, 由定义可得 $a\times a=0$.

对基向量 i,j,k 有:

$$i\times j=k,\ j\times k=i,\ k\times i=j,\ i\times i=j\times j=k\times k=0.$$

定理 4.1.8   向量的向量积的运算法则:

(1) 反交换律 $a\times b=-b\times a$;

(2) 结合律 $(\lambda a)\times b=\lambda(a\times b)=a\times(\lambda b),\lambda\in\mathbb{R}$;

(3) 分配律 $(a+b)\times c=a\times c+b\times c$.

证明　(1), (2) 可由定义得证.　(3) 的证明较为繁琐, 读者可以参阅有关参考书, 证明从略.　　　　　　　　　　　　　　　　　　　　　　　　　　　　　　□

定理 4.1.9　设 $a = a_1 i + a_2 j + a_3 k$, $b = b_1 i + b_2 j + b_3 k$, 则向量 a 与 b 的向量积的坐标分解式为

$$a \times b = (a_2 b_3 - a_3 b_2) i + (a_3 b_1 - a_1 b_3) j + (a_1 b_2 - a_2 b_1) k$$
$$= \begin{vmatrix} a_2 & a_3 \\ b_2 & b_3 \end{vmatrix} i + \begin{vmatrix} a_3 & a_1 \\ b_3 & b_1 \end{vmatrix} j + \begin{vmatrix} a_1 & a_2 \\ b_1 & b_2 \end{vmatrix} k.$$

证明
$$a \times b = (a_1 i + a_2 j + a_3 k) \times (b_1 i + b_2 j + b_3 k)$$
$$= a_1 b_1 i \times i + a_1 b_2 i \times j + a_1 b_3 i \times k$$
$$+ a_2 b_1 j \times i + a_2 b_2 j \times j + a_2 b_3 j \times k$$
$$+ a_3 b_1 k \times i + a_3 b_2 k \times j + a_3 b_3 k \times k.$$

由基向量的向量积, 得

$$a \times b = a_1 b_2 k - a_1 b_3 j - a_2 b_1 k + a_2 b_3 i + a_3 b_1 j - a_3 b_2 i$$
$$= (a_2 b_3 - a_3 b_2) i + (a_3 b_1 - a_1 b_3) j + (a_1 b_2 - a_2 b_1) k$$
$$= \begin{vmatrix} a_2 & a_3 \\ b_2 & b_3 \end{vmatrix} i + \begin{vmatrix} a_3 & a_1 \\ b_3 & b_1 \end{vmatrix} j + \begin{vmatrix} a_1 & a_2 \\ b_1 & b_2 \end{vmatrix} k. \qquad\qquad □$$

这就是**向量的向量积的坐标分解式**. 为便于记忆, 我们常把它写成三阶行列式的形式如下:

$$a \times b = \begin{vmatrix} i & j & k \\ a_1 & a_2 & a_3 \\ b_1 & b_2 & b_3 \end{vmatrix}. \tag{4.1.14}$$

注　关于二、三阶行列式的相关知识请见本书的附录部分, 而 n 阶行列式的知识在后继课程 "线性代数" 中会讲授.

由此可得两个非零向量平行的充分必要条件是

$$a \times b = (a_2 b_3 - a_3 b_2, \ a_3 b_1 - a_1 b_3, \ a_1 b_2 - a_2 b_1) = 0 \iff \frac{a_1}{b_1} = \frac{a_2}{b_2} = \frac{a_3}{b_3}.$$

例 4.1.7　证明三角形面积的**海伦 (Heron)** 公式 $S = \sqrt{p(p-a)(p-b)(p-c)}$, 其中 $p = (a+b+c)/2$, a, b, c 是三角形的三边长.

证明　设三角形三条边的向量分别为 a, b, c, 且规定 $|a| = a$, $|b| = b$, $|c| = c$.

由图 4.14 可得, $a + b + c = 0$ 或 $a + b = -c$, 对等式两边作数量积, 得 $(a + b)^2 = c^2$, 即 $a \cdot b = \dfrac{1}{2}(c^2 - a^2 - b^2)$, 再注意到 $|a \times b|^2 = a^2 b^2 - (a \cdot b)^2$ 以及 $S = \dfrac{1}{2}|a \times b|$, 我们有

$$4S^2 = a^2b^2 - \frac{1}{4}(c^2 - a^2 - b^2)^2 = \frac{1}{4}[2ab - (c^2 - a^2 - b^2)][2ab + (c^2 - a^2 - b^2)]$$

$$= \frac{1}{4}(a + b + c)(a + b - c)(c + a - b)(b + c - a)$$

$$= \frac{1}{4}2p(2p - 2c)(2p - 2b)(2p - 2a).$$

化简得 $S^2 = p(p - a)(p - b)(p - c)$. 两边开方得证.   □

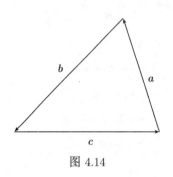

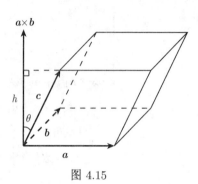

图 4.14   图 4.15

3. 混合积

定义 4.1.3(向量的混合积)   三个向量 a, b, c 的混合积 $a \times b \cdot c$ 是一个数, 记为 (a, b, c), 即 $(a, b, c) = a \times b \cdot c = |a \times b| \cdot |c| \cdot \cos\theta$, 其中 θ 是向量 $a \times b$ 与 c 的夹角.

$|a \times b \cdot c|$ 的几何意义是: 表示以 a, b, c 为邻边的平行六面体的体积. 这是因为 $|a \times b|$ 表示以 a, b 为邻边的平行四边形的面积, 以此平行四边形为底, 平行六面体的高为 $h = |c|\cos\theta$ (见图 4.15).

定理 4.1.10   设 $a = (a_1, a_2, a_3), b = (b_1, b_2, b_3), c = (c_1, c_2, c_3)$, 则三个向量 a, b, c 的混合积的坐标表示式为

$$a \times b \cdot c = \begin{vmatrix} a_2 & a_3 \\ b_2 & b_3 \end{vmatrix} c_1 + \begin{vmatrix} a_3 & a_1 \\ b_3 & b_1 \end{vmatrix} c_2 + \begin{vmatrix} a_1 & a_2 \\ b_1 & b_2 \end{vmatrix} c_3 = \begin{vmatrix} a_1 & a_2 & a_3 \\ b_1 & b_2 & b_3 \\ c_1 & c_2 & c_3 \end{vmatrix}. \tag{4.1.15}$$

注   此定理可由向量的向量积和向量的数量积的坐标表示式立得, 读者可以自行论证之. 第二个等号成立是由三阶行列式的定义所得.

由混合积的定义及其坐标表示式以及行列式的性质可以得到下列**性质**:

定理 4.1.11   向量混合积的性质:

(1) $(a, b, c) = (b, c, a) = (c, a, b) = -(b, a, c) = -(c, b, a) = -(a, c, b)$;

(2) 对任意实数 λ, μ, $(a, b, \lambda c_1 + \mu c_2) = \lambda(a, b, c_1) + \mu(a, b, c_2)$;

(3) 混合积等于零的充分必要条件是有一个向量等于零或者三个向量都平行于同一个平面 (称为共面).

例 4.1.8   设四面体的四个顶点为 $A(x_1, y_1, z_1), B(x_2, y_2, z_2), C(x_3, y_3, z_3), D(x_4, y_4, z_4)$, 求四面体 $ABCD$ 的体积.

解　由立体几何的有关知识可知, 四面体 $ABCD$ 的体积 V 等于以 $\overrightarrow{AB}, \overrightarrow{AC}, \overrightarrow{AD}$ 为棱的平行六面体体积的 $\dfrac{1}{6}$, 即

$$V = \frac{1}{6} \, |\,(\overrightarrow{AB}, \, \overrightarrow{AC}, \, \overrightarrow{AD})\,|.$$

而

$$\overrightarrow{AB} = (\, x_2 - x_1, \, y_2 - y_1, \, z_2 - z_1 \,),$$
$$\overrightarrow{AC} = (\, x_3 - x_1, \, y_3 - y_1, \, z_3 - z_1 \,),$$
$$\overrightarrow{AD} = (\, x_4 - x_1, \, y_4 - y_1, \, z_4 - z_1 \,).$$

记

$$\triangle = \begin{vmatrix} x_2 - x_1 & y_2 - y_1 & z_2 - z_1 \\ x_3 - x_1 & y_3 - y_1 & z_3 - z_1 \\ x_4 - x_1 & y_4 - y_1 & z_4 - z_1 \end{vmatrix},$$

则

$$V = \frac{1}{6}|\triangle|. \qquad\qquad \square$$

例 4.1.9　证明公式: $(\boldsymbol{a} \times \boldsymbol{b}) \times \boldsymbol{c} = (\boldsymbol{a} \cdot \boldsymbol{c})\, \boldsymbol{b} - (\boldsymbol{b} \cdot \boldsymbol{c})\, \boldsymbol{a}$.

证明　设 $\boldsymbol{a} = (a_1, a_2, a_3)$, $\boldsymbol{b} = (b_1, b_2, b_3)$, $\boldsymbol{c} = (c_1, c_2, c_3)$,

$$(\boldsymbol{a} \times \boldsymbol{b}) \times \boldsymbol{c} = (x_1, x_2, x_3).$$

$$\boldsymbol{a} \times \boldsymbol{b} = \left(\begin{vmatrix} a_2 & a_3 \\ b_2 & b_3 \end{vmatrix}, \, \begin{vmatrix} a_3 & a_1 \\ b_3 & b_1 \end{vmatrix}, \, \begin{vmatrix} a_1 & a_2 \\ b_1 & b_2 \end{vmatrix} \right),$$

$$x_1 = \begin{vmatrix} \begin{vmatrix} a_3 & a_1 \\ b_3 & b_1 \end{vmatrix} & \begin{vmatrix} a_1 & a_2 \\ b_1 & b_2 \end{vmatrix} \\ c_2 & c_3 \end{vmatrix} = c_3\,(a_3 b_1 - a_1 b_3) - c_2\,(a_1 b_2 - a_2 b_1)$$

$$= (a_1 c_1 + a_2 c_2 + a_3 c_3) b_1 - (b_1 c_1 + b_2 c_2 + b_3 c_3) a_1$$

$$= (\boldsymbol{a} \cdot \boldsymbol{c})\, b_1 - (\boldsymbol{b} \cdot \boldsymbol{c})\, a_1 \,,$$

同理可得

$$x_2 = (\boldsymbol{a} \cdot \boldsymbol{c})\, b_2 - (\boldsymbol{b} \cdot \boldsymbol{c})\, a_2 \,;$$
$$x_3 = (\boldsymbol{a} \cdot \boldsymbol{c})\, b_3 - (\boldsymbol{b} \cdot \boldsymbol{c})\, a_3 \,.$$

合并三式即得公式. $\qquad\qquad \square$

习题 4.1

1. 已知空间中一点 M 的坐标是 $(1, -3, 2)$, 指出该点关于三个坐标轴, 三个坐标平面以及原点对称的点的坐标.
2. 试证以 $A(4, 1, 9)$, $B(10, -1, 6)$, $C(2, 4, 3)$ 为顶点的三角形是等腰直角三角形.

3. 已知空间中的两个点 $A(2, -1, 7)$, $B(4, 5, -2)$, $\overrightarrow{AB}$ 交 xOy 平面于 P, 且有 $\overrightarrow{AP} = \lambda\overrightarrow{PB}$, 求 λ 的值.

4. 设 $\boldsymbol{a} = (3, -2, 3), \boldsymbol{b} = (-2, 5, 4), \boldsymbol{c} = (5, -3, 2)$, 求向量 $4\boldsymbol{a} - 3\boldsymbol{b} + 2\boldsymbol{c}$ 的坐标.

5. 两个力 $\boldsymbol{F}_1 = (1, 1, 3), \boldsymbol{F}_2 = (2, 3, -1)$ 作用于同一点. 求一个作用于该点的力 $\boldsymbol{F}_3$, 使这三个力平衡.

6. 已知三点 $A(2, 4, 1)$, $B(3, 7, 5)$, $C(4, 10, 9)$, 证明此三点在一条直线上.

7. 已知空间有三点 $A(1, 0, 1), B(0, 1, 1), C(1, -1, 1)$, 求向量 $\overrightarrow{AB}$ 与 $\overrightarrow{AC}$ 之间的夹角.

8. 证明投影的第二条性质:$\mathrm{Prj}_u(\boldsymbol{a} + \boldsymbol{b}) = \mathrm{Prj}_u\boldsymbol{a} + \mathrm{Prj}_u\boldsymbol{b}$.

9. 已知向量 $\boldsymbol{a} = (3, -6, 1), \boldsymbol{b} = (1, 4, -5), \boldsymbol{c} = (3, -4, 12)$. 求 $\boldsymbol{a} + \boldsymbol{b}$ 在 $\boldsymbol{c}$ 上的投影.

10. 向量 $\boldsymbol{a}$ 与 x 轴, y 轴正向的夹角相等, 与 z 轴正向的夹角是前者的两倍. 求 $\boldsymbol{a}$ 的方向余弦.

11. 已知三个力 $\boldsymbol{F}_1 = (1, 2, 3), \boldsymbol{F}_2 = (-2, 3, -4), \boldsymbol{F}_3 = (3, -4, 5)$ 同时作用于一点, 求合力 $\boldsymbol{F}$ 的大小和方向余弦.

12. 用向量运算证明:

　　(1) 三角形两边中点的连线平行于第三边, 且其长度等于第三边长度的一半;

　　(2) 任意三角形的三中线相交于一点, 且此点位于离顶点 $\dfrac{2}{3}$ 中线长处.

13. 设 M 是 $\triangle ABC$ 的重心, O 为空间中任一点, 证明 $\overrightarrow{OM} = \dfrac{1}{3}(\overrightarrow{OA} + \overrightarrow{OB} + \overrightarrow{OC})$.

14. 设 $\boldsymbol{a} = (1, 2, 3), \boldsymbol{b} = (1, -1, 3), \boldsymbol{c} = (1, -2, 0)$, 求 $\boldsymbol{a} \cdot \boldsymbol{b}$, $\boldsymbol{a} \times \boldsymbol{b}$, $\boldsymbol{a} \times \boldsymbol{b} \cdot \boldsymbol{c}$, $(\boldsymbol{a} \times \boldsymbol{b}) \times \boldsymbol{c}$, $\boldsymbol{a} \times (\boldsymbol{b} \times \boldsymbol{c})$.

15. 已知 $|\boldsymbol{a}| = 4, |\boldsymbol{b}| = 1$. $\langle\boldsymbol{a}, \boldsymbol{b}\rangle = \dfrac{\pi}{3}$. 求 $\boldsymbol{A} = 2\boldsymbol{a} + \boldsymbol{b}, \boldsymbol{B} = -\boldsymbol{a} + 3\boldsymbol{b}$ 的夹角.

16. 设 $|\boldsymbol{a}| = 2, |\boldsymbol{b}| = 3, \langle\boldsymbol{a}, \boldsymbol{b}\rangle = \dfrac{\pi}{3}$, 计算 $|2\boldsymbol{a} - \boldsymbol{b}|$.

17. 设 $\boldsymbol{a}, \boldsymbol{b}$ 为非零向量, $|\boldsymbol{b}| = 1, \langle\boldsymbol{a}, \boldsymbol{b}\rangle = \dfrac{\pi}{3}$, 求 $\lim\limits_{x \to 0} \dfrac{|\boldsymbol{a} + x\boldsymbol{b}| - |\boldsymbol{a}|}{x}$.

18. 设 $\boldsymbol{A} = \boldsymbol{a} + 2\boldsymbol{b}, \boldsymbol{B} = \boldsymbol{a} + k\boldsymbol{b}, |\boldsymbol{a}| = 2, |\boldsymbol{b}| = 1, \boldsymbol{a} \perp \boldsymbol{b}$.
　　(1) 若 $\boldsymbol{A} \perp \boldsymbol{B}$, 求 k 的值;
　　(2) 若以 $\boldsymbol{A}, \boldsymbol{B}$ 为邻边的平行四边形的面积为 6, 求 k 的值.

19. 设 $\boldsymbol{a}, \boldsymbol{b}$ 为两非零向量, 且有 $(\boldsymbol{a} - 4\boldsymbol{b}) \perp (7\boldsymbol{a} - 2\boldsymbol{b})$, $(7\boldsymbol{a} - 5\boldsymbol{b}) \perp (\boldsymbol{a} + 3\boldsymbol{b})$, 求 $\langle\boldsymbol{a}, \boldsymbol{b}\rangle$.

20. 求一个向量 $\boldsymbol{p}$, 使 $\boldsymbol{p}$ 满足下面三个条件:
　　(1)$\boldsymbol{p}$ 与 z 轴垂直; (2)$\boldsymbol{a} = (3, -1, 5)$, $\boldsymbol{a} \cdot \boldsymbol{p} = 9$; (3)$\boldsymbol{b} = (1, 2, -3)$, $\boldsymbol{b} \cdot \boldsymbol{p} = -4$.

21. 设 $\boldsymbol{a} \times \boldsymbol{b} \cdot \boldsymbol{c} = 2$, 求 $[(\boldsymbol{a} + \boldsymbol{b}) \times (\boldsymbol{b} + \boldsymbol{c})] \cdot (\boldsymbol{c} + \boldsymbol{a})$.

22. 设 $\boldsymbol{a}, \boldsymbol{b}$ 为任意两向量, 证明恒等式: $(\boldsymbol{a} \times \boldsymbol{b})^2 = \boldsymbol{a}^2 \cdot \boldsymbol{b}^2 - (\boldsymbol{a} \cdot \boldsymbol{b})^2$.

23. 已知空间中的三点 $A(1, 1, 1), B(2, 2, 1), C(2, 1, 2)$, 求 $\overrightarrow{AB}$ 与 $\overrightarrow{AC}$ 的夹角 θ 以及三角形 ABC 的面积.

24. 设空间中的四个点为 $A(1, 2, 1), B(-1, 3, 4), C(-1, -2, -3), D(0, -1, 3)$, 求以此四点为顶点的四面体的体积.

4.2　平面与直线

本节将利用前一节介绍的向量代数知识来讨论空间中的平面、直线以及它们之间的关系等问题.

4.2.1　平面的方程

我们先来建立空间平面 Ⅱ 的方程. 与一已知平面垂直的任一非零向量称为该平面的**法向量**, 记为 n. 平面 Ⅱ 上的任何向量都垂直于它的法向量. 而垂直于平面 Ⅱ 的直线称为其**法线**. 一平面可由其上任一点和它的法向量唯一确定.

一、平面的方程

定理 4.2.1(平面的点法式方程)　若已知平面 Ⅱ 过点 $M_0(x_0, y_0, z_0)$, 法向量为 $n = (A, B, C)$, 则平面 Ⅱ 的方程为

$$A(x - x_0) + B(y - y_0) + C(z - z_0) = 0. \tag{4.2.1}$$

证明　设空间中任意一点为 $M(x, y, z)$, 则 M 在所求平面上的充分必要条件是向量 $\overrightarrow{M_0M} \perp n$, 也即有 $\overrightarrow{M_0M} \cdot n = 0$, 所以就有平面 Ⅱ 的方程为

$$A(x - x_0) + B(y - y_0) + C(z - z_0) = 0. \qquad \square$$

此式称为**平面的点法式方程**.

在式 (4.2.1) 中, 令 $D = -Ax_0 - By_0 - Cz_0$, 整理得

$$Ax + By + Cz + D = 0. \tag{4.2.2}$$

此式称为**平面的一般式方程**.

由此可见, 在空间直角坐标系中任意一个平面的方程都是三元一次方程, 反之, 任何三元一次方程的图像都是平面.

例 4.2.1　求过点 $A(1, -2, 4)$ 且与平面 $\Pi : x - 2y + 3z = 5$ 平行的平面方程.

解　所求平面的法向量 $n = (1, -2, 3)$, 由平面的点法式方程并整理, 得所求平面方程为 $x - 2y + 3z = 17$.　　　　　　　　　　　　　　　　　　　　　　　　　$\square$

设空间中不共线的三点为 $M_1(x_1, y_1, z_1)$, $M_2(x_2, y_2, z_2)$, $M_3(x_3, y_3, z_3)$, 则过这三点可以确定一个平面, 任意选取平面 Ⅱ 上的一点 $M(x, y, z)$, 则 $\overrightarrow{M_1M}$, $\overrightarrow{M_1M_2}$, $\overrightarrow{M_1M_3}$ 这三个向量共面, 即此三个向量的混合积为 0. 由混合积的坐标表示式, 得

$$\begin{vmatrix} x - x_1 & y - y_1 & z - z_1 \\ x_2 - x_1 & y_2 - y_1 & z_2 - z_1 \\ x_3 - x_1 & y_3 - y_1 & z_3 - z_1 \end{vmatrix} = 0. \tag{4.2.3}$$

此式称为**平面的三点式方程**.

例 4.2.2   已知不共线的三点 $M_1(2, -1, -3), M_2(-1, 3, -2), M_3(0, 3, -1)$, 求过这三点的平面方程.

解   由式 (4.2.3), 得

$$
\begin{vmatrix}
x-2 & y+1 & z+3 \\
-3 & 4 & 1 \\
-2 & 4 & 2
\end{vmatrix} = 0.
$$

整理得所求平面方程为: $x + y - z - 4 = 0$.   □

容易求得通过三点 $M_1(a, 0, 0), M_2(0, b, 0), M_3(0, 0, c)$ 的平面方程为

$$
\frac{x}{a} + \frac{y}{b} + \frac{z}{c} = 1. \tag{4.2.4}
$$

此式称为**平面的截距式方程**. 式中 a, b, c 全不为 0, 称为平面在三个坐标轴上的**截距**.

二、特殊的平面方程

在空间解析几何中对一些特殊形式平面的了解是非常有用的. 因此我们在这里对一些特殊形式的平面作一个简单的介绍.

1. 过原点的平面

由于原点在平面内, 所以 $D = 0$, 故其平面方程为

$$
Ax + By + Cz = 0.
$$

2. 平行于坐标轴的平面

设平面平行于 x 轴, 则平面的法向量与 x 轴上的基向量 i 垂直, 因而 $A = 0$, 故平行于 x 轴的平面方程为

$$
By + Cz + D = 0;
$$

同理, 平行于 y 轴的平面方程为

$$
Ax + Cz + D = 0;
$$

平行于 z 轴的平面方程为

$$
Ax + By + D = 0.
$$

3. 过坐标轴的平面

如果平面通过 x 轴, 当然它也过原点, 由上面的讨论, 则其平面方程为

$$
By + Cz = 0;
$$

同理, 平面通过 y 轴, 则其平面方程为

$$
Ax + Cz = 0;
$$

平面通过 z 轴, 则其平面方程为

$$
Ax + By = 0.
$$

4. 平行于坐标平面的平面

设平面平行于 xOy 平面, 则其法向量平行于 z 轴上的基向量 $\boldsymbol{k}$, 故此平面方程为

$$Cz + D = 0\,(C \neq 0),$$

特别地, xOy 平面的方程为: $z = 0$;

同理可知平行于 yOz 平面的方程为

$$Ax + D = 0\,(A \neq 0),$$

特别地, yOz 平面的方程为: $x = 0$;

平行于 zOx 平面的方程为

$$By + D = 0\,(B \neq 0),$$

特别地, zOx 平面的方程为: $y = 0$.

例 4.2.3　求经过点 $M(2, -3, 5)$ 和 z 轴的平面方程.

解　由题意知所求平面方程为: $Ax + By = 0$, 将 M 点代入方程, 得 $A = \dfrac{3}{2}B$, 所以所求平面方程为 $3x + 2y = 0$. □

三、平面外一点到平面的距离

定理 4.2.2(平面外一点到平面的距离)　已知平面外一点 $M_1(x_1, y_1, z_1)$ 与一平面 Π : $Ax + By + Cz + D = 0$, 则 M_1 到平面 Π 的距离为

$$d = \frac{|Ax_1 + By_1 + Cz_1 + D|}{\sqrt{A^2 + B^2 + C^2}}. \tag{4.2.5}$$

证明　设 $\boldsymbol{n} = (A, B, C)$, 点 M_1 在平面 Π 上的投影为 $M_0(x_0, y_0, z_0)$, 则 $|M_0M_1|$ 为点 M_1 到平面 Π 的距离, 记为 d, 此时 $\overrightarrow{M_0M_1} // \boldsymbol{n}$, 我们有

$$|\overrightarrow{M_0M_1} \cdot \boldsymbol{n}| = |\overrightarrow{M_0M_1}| \cdot |\boldsymbol{n}| = d \cdot \sqrt{A^2 + B^2 + C^2}.$$

注意到 $\overrightarrow{M_0M_1} \cdot \boldsymbol{n} = A(x_1 - x_0) + B(y_1 - y_0) + C(z_1 - z_0) = Ax_1 + By_1 + Cz_1 + D$, 所以我们有

$$d = \frac{|Ax_1 + By_1 + Cz_1 + D|}{\sqrt{A^2 + B^2 + C^2}}. \qquad □$$

例 4.2.4　求点 $M(1, -2, 3)$ 到平面 $2x - 3y + 4z = 8$ 的距离.

解
$$d = \frac{|2 \times 1 - 3 \times (-2) + 4 \times 3 - 8|}{\sqrt{2^2 + (-3)^2 + 4^2}} = \frac{12}{\sqrt{29}}. \qquad □$$

四、两个平面之间的关系

给定两个平面

$$\Pi_1 : A_1x + B_1y + C_1z + D_1 = 0\,;$$

$$\Pi_2 : A_2x + B_2y + C_2z + D_2 = 0.$$

其法向量分别为 $\boldsymbol{n_1} = (A_1,\, B_1,\, C_1)$, $\boldsymbol{n_2} = (A_2,\, B_2,\, C_2)$, 且均为非零向量, 令 $\theta = \langle \boldsymbol{n_1},\, \boldsymbol{n_2}\rangle$, 我们定义平面 Π_1 与 Π_2 的夹角

$$\varphi = \begin{cases} \theta, & 0 \leqslant \theta \leqslant \dfrac{\pi}{2}, \\ \pi - \theta, & \dfrac{\pi}{2} < \theta \leqslant \pi, \end{cases} \qquad \left(0 \leqslant \varphi \leqslant \dfrac{\pi}{2}\right).$$

两个平面的相对位置有相交、平行两种情况.

显见, 当 $\Pi_1 /\!/ \Pi_2$ 时, 有

$$\Pi_1 /\!/ \Pi_2 \Longleftrightarrow \boldsymbol{n_1} /\!/ \boldsymbol{n_2} \Longleftrightarrow \frac{A_1}{A_2} = \frac{B_1}{B_2} = \frac{C_1}{C_2} \neq \frac{D_1}{D_2}.$$

当 $\Pi_1 \perp \Pi_2$ 时, 有

$$\Pi_1 \perp \Pi_2 \Longleftrightarrow \boldsymbol{n_1} \perp \boldsymbol{n_2} \Longleftrightarrow A_1A_2 + B_1B_2 + C_1C_2 = 0.$$

两个平面的夹角可由下式求出:

$$\cos \varphi = |\cos \theta| = \frac{|\boldsymbol{n_1} \cdot \boldsymbol{n_2}|}{|\boldsymbol{n_1}| \cdot |\boldsymbol{n_2}|} = \frac{|A_1A_2 + B_1B_2 + C_1C_2|}{\sqrt{A_1^2 + B_1^2 + C_1^2} \cdot \sqrt{A_2^2 + B_2^2 + C_2^2}}. \tag{4.2.6}$$

例 4.2.5 求与两点 $P(1, 2, -1)$, $Q(2, -1, 0)$ 等距离的点的轨迹.

解 在轨迹上任取一点 $M(x, y, z)$, 则有 $|PM| = |QM|$, 即有

$$(x - 1)^2 + (y - 2)^2 + (z + 1)^2 = (x - 2)^2 + (y + 1)^2 + z^2,$$

整理得, $2x - 6y + 2z + 1 = 0$. 此为平面方程. □

例 4.2.6 设平面与原点的距离为 6, 且在坐标轴上的截距之比为 $a : b : c = 1 : 3 : 2$. 求此平面方程.

解 由 $a : b : c = 1 : 3 : 2$ 得 $b = 3a$, $c = 2a$, 由平面的截距式方程得所求平面方程为: $6x + 2y + 3z = 6a$. 由平面与原点的距离为 6, 得 $\dfrac{|6a|}{\sqrt{6^2 + 2^2 + 3^2}} = 6$, 即 $a = \pm 7$, 所以所求平面方程为: $6x + 2y + 3z \pm 42 = 0$. □

4.2.2 直线的方程

要确定空间中的一条直线, 只要给出以下三个条件之一:

(1) 经过空间中的一点 M_0, 并且平行于某个已知的非零向量 $\boldsymbol{s}$;

(2) 经过已知空间中的两点 M_1, M_2;

(3) 作为两个平面 Π_1 与 Π_2 的交线.

我们称与一已知直线平行的任一非零向量为该直线的**方向向量**, 记为 $\boldsymbol{s}$. 若 $\boldsymbol{s} = (l, m, n)$ 是某直线的方向向量, 则称 l, m, n 为该直线的一组**方向数**.

一、直线的方程

定理 4.2.3(直线的点向式方程)　　若直线通过点 $M_0(x_0, y_0, z_0)$, 且直线的方向向量为 $s = (l, m, n)$, 则此直线的方程为

$$\frac{x - x_0}{l} = \frac{y - y_0}{m} = \frac{z - z_0}{n}. \tag{4.2.7}$$

证明　　设空间中的任一点为 $M(x, y, z)$, 则它在直线上的充分必要条件是: 向量 $\overrightarrow{M_0M}$ 在这条直线上, 因此 $\overrightarrow{M_0M} // s$, 由向量代数的知识就得直线方程为

$$\frac{x - x_0}{l} = \frac{y - y_0}{m} = \frac{z - z_0}{n}. \qquad\qquad \square$$

此式称为**直线的点向式方程 (又称为标准式方程、对称式方程)**.

由式 (4.2.7), 令

$$\frac{x - x_0}{l} = \frac{y - y_0}{m} = \frac{z - z_0}{n} = t,$$

则通过点 $M_0(x_0, y_0, z_0)$, 方向向量为 $s = (l, m, n)$ 的直线方程还可写为

$$x = x_0 + lt, \ y = y_0 + mt, \ z = z_0 + nt \quad (-\infty < t < +\infty). \tag{4.2.8}$$

这里 t 是参数. 此式称为**直线的参数式方程**.

特别是直线通过空间中的两点 $M_1(x_1, y_1, z_1)$, $M_2(x_2, y_2, z_2)$, 此时直线的方向向量 $s = \overrightarrow{M_1M_2}$, 即 $s = \overrightarrow{M_1M_2} = (x_2 - x_1, y_2 - y_1, z_2 - z_1)$, 所以通过两点 M_1, M_2 的直线方程为

$$\frac{x - x_1}{x_2 - x_1} = \frac{y - y_1}{y_2 - y_1} = \frac{z - z_1}{z_2 - z_1}. \tag{4.2.9}$$

此式称为**直线的两点式方程**.

一条空间直线, 还可看成两个平面 Π_1 与 Π_2 的交线, 因此直线的方程可写为

$$\begin{cases} A_1 x + B_1 y + C_1 z + D_1 = 0, \\ A_2 x + B_2 y + C_2 z + D_2 = 0. \end{cases} \tag{4.2.10}$$

这里向量 $n_1 = (A_1, B_1, C_1)$, $n_2 = (A_2, B_2, C_2)$ 不共线. 此式称为**直线的一般式方程**.

直线的点向式方程与一般式方程可以互相转换.

因为直线的点向式方程中包含了两个独立的等式, 因此可以把它转化为一般式方程. 反之, 由一般式方程, 我们可以取直线的方向向量 $s = n_1 \times n_2$, 再从式 (4.2.10) 中解出一组解作为 M_0, 就可以得到直线的点向式方程.

例 4.2.7　　将直线的一般式方程

$$\begin{cases} x - y + z + 5 = 0, \\ 5x - 8y + 4z + 36 = 0 \end{cases}$$

化为点向式方程.

解　$n_1 \times n_2 = (1, -1, 1) \times (5, -8, 4) = (4, 1, -3)$. 因此取直线的方向向量 $s = (4, 1, -3)$, 在两平面方程中令 $x = 0$, 解得 $y = 4$, $z = -1$, 取 $M_0 = (0, 4, -1)$, 所以所求直线的点向式方程为

$$\frac{x}{4} = \frac{y - 4}{1} = \frac{z + 1}{-3}.$$　　□

二、直线外一点到直线 L 的距离

定理 4.2.4(直线外一点到直线的距离)　设点 $M_1(x_1, y_1, z_1)$ 不在直线 L: $\dfrac{x - x_0}{l} = \dfrac{y - y_0}{m} = \dfrac{z - z_0}{n}$ 上, 则 M_1 到直线 L 的距离为

$$d = \frac{|\overrightarrow{M_0M_1} \times s|}{|s|}. \tag{4.2.11}$$

其中 $s = (l, m, n)$ 为直线 L 的方向向量. $M_0(x_0, y_0, z_0)$ 为直线 L 上的一点.

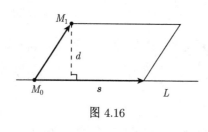

图 4.16

证明　由外积的定义知, $|\overrightarrow{M_0M_1} \times s|$ 等于以 $\overrightarrow{M_0M_1}$ 和 s 为邻边的平行四边形面积, 而该面积又等于 d 与 $|s|$ 的乘积 (见图 4.16). 于是有 $|\overrightarrow{M_0M_1} \times s| = d \cdot |s|$. 所以就得到直线外一点 M_1 到直线 L 的距离公式为

$$d = \frac{|\overrightarrow{M_0M_1} \times s|}{|s|}.$$　　□

例 4.2.8　求点 $M_1(1, 2, 3)$ 到直线 L: $\begin{cases} x - y + z + 5 = 0, \\ 5x - 8y + 4z + 36 = 0 \end{cases}$ 的距离.

解　由例 4.2.7 知, 直线 L 的方向向量 $s = (4, 1, -3)$, 直线上有点 $M_0(0, 4, -1)$, 所以由式 (4.2.11), 得

$$d = \frac{|(1, -2, 4) \times (4, 1, -3)|}{|(4, 1, -3)|} = \frac{|(2, 19, 9)|}{|(4, 1, -3)|} = \sqrt{\frac{223}{13}}.$$　　□

三、两条直线之间的关系

给定两条空间直线, 它们的方程分别为

$$L_1: \frac{x - x_1}{l_1} = \frac{y - y_1}{m_1} = \frac{z - z_1}{n_1},$$

$$L_2: \frac{x - x_2}{l_2} = \frac{y - y_2}{m_2} = \frac{z - z_2}{n_2}.$$

其方向向量分别为 $s_1 = (l_1, m_1, n_1)$, $s_2 = (l_2, m_2, n_2)$, 直线 L_1 上有点 $M_1(x_1, y_1, z_1)$, 直线 L_2 上有点 $M_2(x_2, y_2, z_2)$, 令 $\theta = \langle s_1, s_2 \rangle$, 我们定义直线 L_1, L_2 的夹角

$$\varphi = \begin{cases} \theta, & 0 \leqslant \theta \leqslant \dfrac{\pi}{2}, \\ \pi - \theta, & \dfrac{\pi}{2} < \theta \leqslant \pi, \end{cases} \qquad 0 \leqslant \varphi \leqslant \frac{\pi}{2}.$$

两条空间直线的相对位置, 有相交、平行和不在同一平面内三种情况. 两直线相交或平行时, 称两**直线共面**. 若直线 L_1 与 L_2 共面, 当 $s_1 = \lambda s_2$ 时, L_1 与 L_2 平行或重合; 当 $s_1 \neq \lambda s_2$ 时, L_1 与 L_2 相交.

两条直线 L_1 与 L_2 共面时, s_1, s_2, $\overrightarrow{M_1M_2}$ 这三个向量也共面, 反之, 若 s_1, s_2, $\overrightarrow{M_1M_2}$ 共面, 则 L_1 与 L_2 共面. 所以由向量代数的相关知识得两条直线 L_1 与 L_2 共面的充分必要条件是

$$
\begin{vmatrix}
x_2 - x_1 & y_2 - y_1 & z_2 - z_1 \\
l_1 & m_1 & n_1 \\
l_2 & m_2 & n_2
\end{vmatrix} = 0.
$$

显见, 当 $L_1 // L_2$ 时, 有

$$
L_1 // L_2 \iff s_1 // s_2 \iff \frac{l_1}{l_2} = \frac{m_1}{m_2} = \frac{n_1}{n_2}.
$$

当 $L_1 \perp L_2$ 时, 有

$$
L_1 \perp L_2 \iff s_1 \perp s_2 \iff l_1 l_2 + m_1 m_2 + n_1 n_2 = 0.
$$

两条直线的夹角可由下式求出:

$$
\cos\varphi = |\cos\theta| = \frac{|s_1 \cdot s_2|}{|s_1| \cdot |s_2|} = \frac{|l_1 l_2 + m_1 m_2 + n_1 n_2|}{\sqrt{l_1^2 + m_1^2 + n_1^2} \cdot \sqrt{l_2^2 + m_2^2 + n_2^2}}. \tag{4.2.12}
$$

两条空间直线不在同一平面内称两直线为**异面直线**. 与两条异面直线都垂直且相交的直线称为两异面直线的**公垂线**. 两条异面直线的公垂线在两条异面直线间的线段长度, 称为两**条异面直线的距离**.

公垂线的方向向量 $s = s_1 \times s_2$, 而两条异面直线的距离 d 就是向量 $\overrightarrow{M_1M_2}$ 在 s 上的投影的绝对值, 即

$$
d = |\mathrm{Prj}_s \overrightarrow{M_1M_2}| = \frac{|\overrightarrow{M_1M_2} \cdot s|}{|s|} = \frac{|\overrightarrow{M_1M_2} \cdot s_1 \times s_2|}{|s_1 \times s_2|}. \tag{4.2.13}
$$

例 4.2.9　求异面直线 $L_1: \dfrac{x-1}{2} = y - 1 = z - 1$, $\quad L_2: x - 2 = \dfrac{y+1}{2} = \dfrac{z-1}{-1}$ 的距离, 并求公垂线的方程.

解　两条直线的方向向量分别为 $s_1 = (2, 1, 1)$, $s_2 = (1, 2, -1)$, 两条直线上的已知点分别为 $M_1(1, 1, 1)$, $M_2(2, -1, 1)$.

$$
s_1 \times s_2 = (2, 1, 1) \times (1, 2, -1) = -3(1, -1, -1),
$$

所以取公垂线的方向向量为 $s = (1, -1, -1)$. 又向量 $\overrightarrow{M_1M_2} = (1, -2, 0)$, 故两条异面直线的距离为

$$
d = \frac{|(1, -2, 0) \cdot (1, -1, -1)|}{|(1, -1, -1)|} = \sqrt{3}.
$$

求公垂线 L 的方程有三种方法.

方法 1   利用三个向量共面的结论, 即三个向量共面的充分必要条件为这三个向量的混合积为零. 由公垂线 L 与已知直线 L_1 确定的平面为 Π_1, 在 L 上任取一点 $M(x, y, z)$, 则 $s, s_1, \overrightarrow{M_1M}$ 共面,

$$\Longrightarrow \quad \overrightarrow{M_1M} \cdot s \times s_1 = 0,$$

$$\Longrightarrow \quad \begin{vmatrix} x-1 & y-1 & z-1 \\ 1 & -1 & -1 \\ 2 & 1 & 1 \end{vmatrix} = 0,$$

$$\Longrightarrow \quad \Pi_1 : y - z = 0.$$

由公垂线 L 与已知直线 L_2 确定的平面为 Π_2, 在 L 上任取一点 $M(x,y,z)$, 则 $s, s_2, \overrightarrow{M_2M}$ 共面,

$$\Longrightarrow \quad \overrightarrow{M_2M} \cdot s \times s_2 = 0,$$

$$\Longrightarrow \quad \begin{vmatrix} x-2 & y+1 & z-1 \\ 1 & -1 & -1 \\ 1 & 2 & -1 \end{vmatrix} = 0,$$

$$\Longrightarrow \quad \Pi_2 : x + z - 3 = 0.$$

而公垂线 L 是 Π_1 与 Π_2 的交线, 其方程为

$$\begin{cases} y - z = 0, \\ x + z - 3 = 0. \end{cases}$$

方法 2   我们已求得公垂线的方向向量为 $s = (1, -1, -1)$, 因而能在公垂线上再求得一点的坐标就可由直线的点向式方程得到公垂线的方程. 在方法 1 中我们已经求得公垂线 L 与已知直线 L_1 确定的平面为 Π_1, 而 Π_1 与 L_2 的交点 M_3 就是所要找的点. 将 L_2 的参数方程 $x = 2 + t, y = -1 + 2t, z = 1 - t$ 代入 Π_1 的方程得 $t = \dfrac{2}{3}$, 所以所求交点 $M_3 = \left(\dfrac{8}{3}, \dfrac{1}{3}, \dfrac{1}{3} \right)$, 从而所求公垂线的方程为

$$\frac{x - \dfrac{8}{3}}{1} = \frac{y - \dfrac{1}{3}}{-1} = \frac{z - \dfrac{1}{3}}{-1},$$

或

$$\frac{3x - 8}{1} = \frac{3y - 1}{-1} = \frac{3z - 1}{-1}.$$

方法 3   公垂线 L 与已知直线 L_1, L_2 的交点 M_4, M_5 也可以这样求, 由直线 L_1, L_2 的参数方程:

$$L_1 : x = 1 + 2t, y = 1 + t, z = 1 + t;$$

$$L_2 : x = 2 + u, y = -1 + 2u, z = 1 - u.$$

则交点

$$M_4 = (1 + 2t, 1 + t, 1 + t), \quad M_5 = (2 + u, -1 + 2u, 1 - u),$$

因 $\overrightarrow{M_4M_5} // s$, 故有

$$\frac{1 + u - 2t}{1} = \frac{-2 + 2u - t}{-1} = \frac{-u - t}{-1}.$$

得到关于 t, u 的方程组

$$\begin{cases} 3u - 3t = 1, \\ 3u - 2 = 0. \end{cases}$$

解得 $u = \dfrac{2}{3}$, $t = \dfrac{1}{3}$, 因此交点为 $M_4 = \left(\dfrac{5}{3}, \dfrac{4}{3}, \dfrac{4}{3} \right)$, $M_5 = \left(\dfrac{8}{3}, \dfrac{1}{3}, \dfrac{1}{3} \right)$. 用点 M_4 或 M_5 及公垂线的方向向量 s 就可写出点向式的公垂线方程, 也可用 M_4 和 M_5 通过两点式方程得到公垂线方程, 在此不赘述. 此外, 由交点 M_4 和 M_5 我们还可以求得两条异面直线的距离 $d = |M_4M_5| = \sqrt{3}$. □

4.2.3　直线与平面的关系

给定一条直线

$$L : \frac{x - x_0}{l} = \frac{y - y_0}{m} = \frac{z - z_0}{n},$$

与一个平面

$$\Pi : Ax + By + Cz + D = 0.$$

直线 L 的方向向量为 $s = (l, m, n)$, $M_0(x_0, y_0, z_0)$ 在直线 L 上, 平面 Π 的法向量为 $n = (A, B, C)$. 一条直线与一个平面之间的位置关系有且只有以下三种:

(1) 直线与平面平行 —— 它们没有公共点, 记作 $L // \Pi$;

(2) 直线与平面相交 —— 它们仅有一个公共点 A, 记作 $L \bigcap \Pi = \{A\}$;

(3) 直线在平面内 —— 它们有无数个公共点, 记作 $L \subset \Pi$.

令 $\theta = \langle s, n \rangle$, 我们定义直线 L 与平面 Π 的夹角

$$\varphi = \begin{cases} \dfrac{\pi}{2} - \theta, & 0 \leqslant \theta \leqslant \dfrac{\pi}{2}, \\ \theta - \dfrac{\pi}{2}, & \dfrac{\pi}{2} < \theta \leqslant \pi, \end{cases} \quad \left(0 \leqslant \varphi \leqslant \dfrac{\pi}{2} \right).$$

显见, 当 $L // \Pi$ 时, 有

$$L // \Pi \Longleftrightarrow s \perp n \Longleftrightarrow lA + mB + nC = 0.$$

特别地是, 当直线 L 与平面 Π 重合时, 除 $s \perp n$ 外还要求直线 L 上的点 M_0 在平面 Π 上, 即

$$L \subset \Pi \Longleftrightarrow lA + mB + nC = 0, \quad Ax_0 + By_0 + Cz_0 + D = 0.$$

当 $L \perp \Pi$ 时, 有

$$L \perp \Pi \Longleftrightarrow s // n \Longleftrightarrow \frac{l}{A} = \frac{m}{B} = \frac{n}{C}.$$

直线 L 与平面 Π 的夹角 φ 可由下式求出:

$$\sin \varphi = |\cos \theta| = \frac{|s \cdot n|}{|s| \cdot |n|} = \frac{|lA + mB + nC|}{\sqrt{A^2 + B^2 + C^2} \cdot \sqrt{l^2 + m^2 + n^2}}. \tag{4.2.14}$$

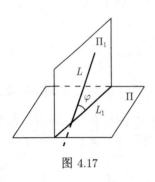

图 4.17

当直线 L 与平面 Π 的夹角 $\varphi = 0$ 时, 直线 L 与平面 Π 平行或直线 L 在平面 Π 内; 当 $\varphi = \frac{\pi}{2}$ 时, 直线 L 与平面 Π 垂直. 当 $\varphi \neq 0, \frac{\pi}{2}$ 时, 直线 L 与平面 Π 斜交, 这时直线 L 称为平面 Π 的斜线. 当直线 L 与平面 Π 不垂直时, 过直线 L 有且只有一个平面 Π_1 与平面 Π 垂直, 设平面 Π_1 与 Π 的交线为 L_1, 称直线 L_1 为直线 L 在平面 Π 上的**投影**, 称平面 Π_1 为**投影平面**. 斜线 L 与其在平面 Π 上的投影的夹角就是斜线 L 与平面 Π 的夹角 (见图 4.17).

例 4.2.10   设直线 L 的方程为: $\dfrac{x+1}{4} = \dfrac{y-2}{-1} = \dfrac{z-1}{5}$, 平面 Π 的方程为: $3x + y + 2z + 20 = 0$, 求直线 L 与平面 Π 的夹角和交点 M, 直线 L 在平面 Π 上的投影平面以及投影的方程.

解   直线 L 的方向向量为 $s = (4, -1, 5)$, 平面 Π 的法向量为 $n = (3, 1, 2)$, 则

$$\sin \varphi = \frac{|4 \cdot 3 + (-1) \cdot 1 + 5 \cdot 2|}{\sqrt{4^2 + (-1)^2 + 5^2} \cdot \sqrt{3^2 + 1^2 + 2^2}} = \frac{\sqrt{3}}{2}, \implies \varphi = \frac{\pi}{3}.$$

将直线 L 的方程改写为参数式 $x = -1 + 4t, y = 2 - t, z = 1 + 5t$ 代入平面 Π 的方程中, 得

$$3 \cdot (-1 + 4t) + (2 - t) + 2 \cdot (1 + 5t) + 20 = 0,$$

解得 $t = -1$, 故交点 M 的坐标为 $(-5, 3, -4)$.

因为所求直线 L 在平面 Π 上的投影平面的法向量 n_1 与直线 L 的方向向量 s 及平面 Π 的法向量 n 均垂直, 而

$$s \times n = (4, -1, 5) \times (3, 1, 2) = -7(1, -1, -1),$$

故投影平面 Π_1 的法向量 $n_1 = (1, -1, -1)$, 所以由平面的点法式方程可得所求投影平面 Π_1 的方程为 $x + 5 - (y - 3) - (z + 4) = 0$, 即

$$x - y - z + 4 = 0.$$

而直线 L 在平面 Π 上的投影为

$$\begin{cases} 3x + y + 2z + 20 = 0, \\ x - y - z + 4 = 0. \end{cases}$$

4.2.4　平面束

通过一条定直线 L 的所有平面的集合称为**平面束**. 设直线 L 的方程为

$$\begin{cases} \Pi_1: A_1x + B_1y + C_1z + D_1 = 0, \\ \Pi_2: A_2x + B_2y + C_2z + D_2 = 0. \end{cases}$$

则通过直线 L 的平面束方程为

$$\Pi_\lambda : A_1x + B_1y + C_1z + D_1 + \lambda(A_2x + B_2y + C_2z + D_2) = 0. \tag{4.2.15}$$

其中 $\lambda \in \mathbb{R}$.

实际上, Π_λ 是关于 x, y, z 的一次方程, 它表示一个平面. 当 $\lambda = 0$ 时, 它表示平面 Π_1, 当 λ 趋向于 ∞ 时, 我们规定 Π_∞ 的方程为: $A_2x + B_2y + C_2z + D_2 = 0$. 即 Π_∞ 就是 Π_2.

例 4.2.11　用平面束再求例 4.2.10 中直线 L 在平面 Π 上的投影平面的方程.

解　将直线 L 的方程改写为一般式方程: $\begin{cases} x + 4y - 7 = 0, \\ 5y + z - 11 = 0. \end{cases}$ 设投影平面的方程为

$$\Pi_\lambda : x + 4y - 7 + \lambda(5y + z - 11) = 0.$$

即

$$x + (4 + 5\lambda)y + \lambda z - (7 + 11\lambda) = 0,$$

其法向量为 $\boldsymbol{n}_\lambda = (1, 4 + 5\lambda, \lambda)$, 它与已知平面 Π 的法向量 $\boldsymbol{n}$ 垂直. 所以有 $\boldsymbol{n}_\lambda \cdot \boldsymbol{n} = 1 \cdot 3 + (4 + 5\lambda) \cdot 1 + \lambda \cdot 2 = 0$, 解得 $\lambda = -1$, 故投影平面的方程为 $x - y - z + 4 = 0$.　□

习题 4.2

1. 求与点 $A(2, 1, 0)$ 和点 $B(1, -3, 6)$ 等距离的点的轨迹方程, 并指出轨迹的几何图形的名称.

2. 试说明下列平面的特性:

   (1) $x + 8y - 3z = 0$;　　　　　　　　(2) $z = -100$;

   (3) $8y - 3z = 2$;　　　　　　　　　(4) $\dfrac{x}{-2} + \dfrac{y}{5} + \dfrac{z}{7} = 1$.

3. 设一平面过原点及 $M(6, -3, 2)$ 且与 $4x - y + 2z = 8$ 垂直. 求该平面的方程.

4. 将下列直线的一般式方程化为标准式方程:

   (1) $\begin{cases} 2x - y + 3z = 8, \\ x + 5y - z = 2; \end{cases}$　　　　　(2) $\begin{cases} x - 2y - z + 1 = 0, \\ x - y + z - 1 = 0. \end{cases}$

5. 一直线过点 $A(2, -3, 4)$ 且与 y 轴垂直相交, 求该直线的方程.

6. 已知直线 $L : \begin{cases} x - y = 3, \\ 3x - y + z = 1 \end{cases}$ 及点 $M_1(1, 0, -1)$, 求 M_1 到直线 L 的距离.

7. 求点 $(3, -1, 2)$ 到直线 $\begin{cases} x = 1, \\ y - z + 2 = 0 \end{cases}$ 的距离.

8. 设有直线 $L_1: \dfrac{x-1}{1} = \dfrac{y-5}{-2} = \dfrac{z+8}{1}$ 与 $L_2: \begin{cases} x - y = 6, \\ 2y + z = 3. \end{cases}$ 求这两条直线的夹角 θ.

9. 设有直线 $L: \begin{cases} x + 3y + 2z + 1 = 0, \\ 2x - y - 10z + 3 = 0 \end{cases}$ 及平面 $\Pi: 4x - 2y + z - 2 = 0$. 则 L 与 Π 的关系如何?

10. 直线 $L: \begin{cases} 2x + y = 1, \\ 3x + z = 2 \end{cases}$ 与 $\Pi: x + 2y - z = 1$ 是否平行? 若不平行, 求交点; 若平行, 求 L 到 Π 的距离.

11. 求点 $M(2, 3, 1)$ 在直线 $\dfrac{x+7}{1} = \dfrac{y+2}{2} = \dfrac{z+2}{3}$ 上投影点的坐标.

12. 求与直线 $L_1: \dfrac{x-1}{-1} = \dfrac{y}{2} = \dfrac{z+1}{1}$ 及直线 $L_2: \dfrac{x+2}{0} = \dfrac{y-1}{1} = \dfrac{z-2}{-2}$ 都平行且与它们等距离的平面方程.

13. 求过点 $M(1, 2, -1)$ 且与直线 $\begin{cases} x = -t + 2, \\ y = 3t - 4, \\ z = t - 1 \end{cases}$ 垂直的平面方程.

14. 求平行于平面 $5x - 14y + 2z + 36 = 0$, 且与此平面的距离为 3 的平面方程.

15. 证明两条直线 $L_1: \dfrac{x+3}{3} = \dfrac{y-1}{4} = \dfrac{z-5}{5}$, $L_2: \dfrac{x+1}{1} = \dfrac{y-2}{3} = \dfrac{z-5}{5}$ 相交. 并求其交点及包含它们的平面方程.

16. 已知直线 $L_1: \dfrac{x-1}{1} = \dfrac{y-2}{0} = \dfrac{z-3}{-1}$, $L_2: \dfrac{x+2}{2} = \dfrac{y-1}{1} = \dfrac{z}{1}$, 求过 L_1 且与 L_2 平行的平面方程.

17. 求过原点且经过两平面 $\begin{cases} 2x - y + 3z = 8, \\ x + 5y - z = 2 \end{cases}$ 的交线的平面方程.

18. 一条直线过点 $M(1, 2, 1)$, 且垂直于直线 $L_1: \dfrac{x-1}{3} = \dfrac{y}{2} = \dfrac{z+1}{1}$, 又与直线 $L_2: \dfrac{x}{2} = \dfrac{y}{1} = \dfrac{z}{-1}$ 相交, 求该直线的方程.

19. 在 $\Pi: x + y + z + 1 = 0$ 内作直线 L, 使其通过已知直线 $L_1: \begin{cases} y + z + 1 = 0, \\ x + 2z = 0 \end{cases}$ 与 Π 的交点, 且垂直于 L_1, 求 L 的方程.

20. 求过 $A(1, 2, 1)$, 且与直线 $L_1: \begin{cases} x - 2y - z + 1 = 0, \\ x - y + z - 1 = 0, \end{cases}$ $L_2: \begin{cases} 2x - y + z = 0, \\ x - y - z = 0 \end{cases}$ 都相交的直线方程.

21. 求异面直线 $L_1: \dfrac{x-5}{-4} = \dfrac{y-1}{1} = \dfrac{z-2}{1}$, $L_2: \dfrac{x}{2} = \dfrac{y}{2} = \dfrac{z-8}{-3}$ 的距离, 并求公垂线的方程.

22. 求直线 $L: \dfrac{x-1}{2} = \dfrac{y-2}{1} = \dfrac{z-3}{-4}$ 在 $\Pi: 2x + 4y - z = 6$ 上的投影平面与投影的方程.

4.3　空间曲面与空间曲线

在上一节中我们研究了平面与直线的方程, 从平面的一般式方程我们知道三元一次方程所表示的就是一个空间中的平面. 本节我们将研究空间中的一般曲面, 主要是研究二次曲面, 同时还要研究空间中的曲线.

4.3.1　空间曲面与空间曲线的方程

在空间直角坐标系下, 如果曲面 S 与三元方程 $F(x, y, z) = 0$ 有下述关系:

(1) 曲面 S 上的任一点的坐标都满足 $F(x, y, z) = 0$;

(2) 不在 S 上的点的坐标都不满足 $F(x, y, z) = 0$ (或满足 $F(x, y, z) = 0$ 的点 (x, y, z) 都在 S 上),

则称 $F(x, y, z) = 0$ 是**曲面 S 的方程**, 而称曲面 S 是方程 $F(x, y, z) = 0$ 的**图像**.

例 4.3.1　求以 $M_0(x_0, y_0, z_0)$ 为球心, R 为半径的球面方程.

解　设 $M(x, y, z)$ 是所求球面上的任意一点, 则 $|M_0 M| = R$. 即

$$(x - x_0)^2 + (y - y_0)^2 + (z - z_0)^2 = R^2. \tag{4.3.1}$$

特别地, 如果球心就是原点, 则球面方程为

$$x^2 + y^2 + z^2 = R^2. \qquad \Box$$

球面方程的一般形式为

$$x^2 + y^2 + z^2 + 2b_1 x + 2b_2 y + 2b_3 z + c = 0.$$

其中 $b_1, b_2, b_3, c \in \mathbb{R}$. 对其配方就可把它化为标准形式:

$$(x + b_1)^2 + (y + b_2)^2 + (z + b_3)^2 = b_1^2 + b_2^2 + b_3^2 - c.$$

与式 (4.3.1) 比较知, 球心为 $(-b_1, -b_2, -b_3)$, 半径 $R = \sqrt{b_1^2 + b_2^2 + b_3^2 - c}$ (此时, $b_1^2 + b_2^2 + b_3^2 - c > 0$, 当 $b_1^2 + b_2^2 + b_3^2 - c = 0$ 时, 球面就缩为一个点, 当 $b_1^2 + b_2^2 + b_3^2 - c < 0$ 时是虚球面).

例 4.3.2　求以 y 轴为对称轴, 半径为 r 的圆柱面方程.

解　设 $M(x, y, z)$ 是所求圆柱面上的任意一点, 则它到 y 轴的距离是 r, 即有

$$\sqrt{x^2 + z^2} = r \text{ 或者} x^2 + z^2 = r^2.$$

反之, 满足 $x^2 + z^2 = r^2$ 的点必在该圆柱面上, 所以这就是所求的圆柱面方程. $\qquad \Box$

在 4.2.2 中, 我们把直线看作是两个平面的交线. 一般地, 空间曲线 C 也可以看作是两个空间曲面的交线. 从而空间曲线 C 的方程我们可以用两个空间曲面的方程联立起来表示, 即

$$\begin{cases} F(x, y, z) = 0, \\ G(x, y, z) = 0, \end{cases} \tag{4.3.2}$$

称为**空间曲线 C 的一般式方程**. 例如, 方程组

$$\begin{cases} x^2 + y^2 + z^2 = R^2, \\ z = a \, (a < R), \end{cases}$$

表示球心在原点, 半径为 R 的球面与平面 $z = a \, (a < R)$ 的交线, 它是一个在 $z = a$ 平面上的圆. 圆上的任一点的坐标满足 $z = a$ 和 $x^2 + y^2 = R^2 - a^2$, 故也可看作是圆柱面 $x^2 + y^2 = R^2 - a^2$ 与平面 $z = a$ 的交线, 即可写为

$$\begin{cases} x^2 + y^2 = R^2 - a^2, \\ z = a \, (a < R). \end{cases}$$

特别地, 曲面 $F(x, y, z) = 0$ 与三个坐标平面 (xOy 平面, yOz 平面, zOx 平面) 的交线 (如果有的话) 方程分别为

$$\begin{cases} F(x, y, z) = 0, \\ z = 0; \end{cases} \qquad \begin{cases} F(x, y, z) = 0, \\ x = 0; \end{cases} \qquad \begin{cases} F(x, y, z) = 0, \\ y = 0. \end{cases}$$

4.3.2　柱面

一条动直线 L 保持与一条定直线 l 平行, 沿给定的一条空间曲线 C 平行移动所得的曲面称为**柱面**, 曲线 C 称为柱面的**准线**, 直线 L 称为柱面的**母线**.

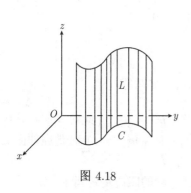

图 4.18

如果取准线 C 在 xOy 平面上, 方程为 $\begin{cases} f(x, y) = 0, \\ z = 0, \end{cases}$ 母线为平行于 z 轴的直线 (见图 4.18), 则该柱面的方程就是 $f(x, y) = 0$.

事实上, 对柱面上的任意一点 $M(x, y, z)$, 过 M 点作直线平行于 z 轴, 这条直线就是过点 M 的母线, 直线上的任何点的 x, y 坐标均相同, 只有 z 坐标不同, 它与 xOy 平面的交点 $Q(x, y, 0)$ 必在曲线 C 上, 因为 Q 点的坐标满足 $f(x, y) = 0$, 也即 M 点的坐标满足 $f(x, y) = 0$. 反之, 满足 $f(x, y) = 0$ 的点 $M(x, y, z)$ 一定在过 $Q(x, y, 0)$ 的母线上, 也即在该柱面上.

因此, 与 "若平面方程中不出现某变量, 则该平面就平行于某轴" 的结论一样, 若三元方程中不出现某个变量, 它就表示母线平行于某轴的柱面. 例如, $g(y, z) = 0$ 是母线平行于 x 轴的柱面; $h(z, x) = 0$ 是母线平行于 y 轴的柱面. $\dfrac{x^2}{a^2} + \dfrac{z^2}{b^2} = 1$ 表示母线平行于 y 轴的椭圆柱面, $y^2 = 4z$ 是母线平行于 x 轴的抛物柱面. 而平面 $2x + 4z = 7$ 也可以看作母线平行于 y 轴的柱面.

如果我们从空间曲线的方程式 $(4.3.2)$ 消去变量 z 后得到的方程为 $h(x, y) = 0$. 那么它代表的是什么曲面呢?

首先在 $h(x, y) = 0$ 中不出现 z, 它表示的是母线平行于 z 轴的柱面, 其次它是由式 (4.3.2) 消去变量 z 得到的, 因此, 当 (x, y, z) 满足式 (4.3.2) 时, (x, y) 必满足 $h(x, y) = 0$, 这说明曲线 C 上的点都在由 $h(x, y) = 0$ 表示的柱面上. 所以, 柱面 $h(x, y) = 0$ 可看成是以 C 为准线、母线平行于 z 轴 (即垂直于 xOy 平面) 的柱面, 这个柱面称为曲线 C 到 xOy 平面的**投影柱面**, 而投影柱面与 xOy 平面的交线 $\begin{cases} h(x, y) = 0, \\ z = 0 \end{cases}$ 就是空间曲线 C 在 xOy 平面上的**投影曲线** (或称投影).

同理, 由式 (4.3.2) 消去变量 x 或 y 后, 也可得到曲线 C 在 yOz 平面或 zOx 平面上的投影为 $\begin{cases} h_1(y, z) = 0, \\ x = 0 \end{cases}$ 或者 $\begin{cases} h_2(z, x) = 0, \\ y = 0. \end{cases}$

例 4.3.3　求曲线 $C: \begin{cases} x^2 + y^2 + z^2 = 1, \\ (x - 1)^2 + y^2 + (z - 1)^2 = 1 \end{cases}$ 在 zOx 平面上的投影柱面及 xOy 平面上的投影.

解　曲线 C 是一个圆. 由 C 的两个球面方程消去 y, 可得曲线 C 对 zOx 平面的投影柱面为: $x + z = 1$, 它是一个平面. 这说明曲线 C 在平面 $x + z = 1$ 上. 故曲线 C 的方程也可写为

$$\begin{cases} x^2 + y^2 + z^2 = 1, \\ x + z = 1. \end{cases}$$

在这个方程组中再消去 z, 可得曲线 C 在 xOy 平面上的投影方程为

$$\begin{cases} 4\left(x - \dfrac{1}{2}\right)^2 + 2y^2 = 1, \\ z = 0. \end{cases} \qquad \square$$

定理 4.3.1 (柱面的方程)　以曲线 C:

$$\begin{cases} F(x, y, z) = 0, \\ G(x, y, z) = 0 \end{cases}$$

为准线, 母线的方向向量为 $s = (l, m, n)$ 的柱面方程为

$$\begin{cases} F(x - lt, y - mt, z - nt) = 0, \\ G(x - lt, y - mt, z - nt) = 0. \end{cases} \tag{4.3.3}$$

其中 t 为参数. 此式是**柱面方程的参数形式**, 消去 t 可得柱面方程的直角坐标形式.

证明　在所求柱面上任取一点 $M(x, y, z)$, 过该点以 s 为方向向量作直线 L, 它交准线 C 于 $M_0(x_0, y_0, z_0)$, 则有

$$\begin{cases} F(x_0, y_0, z_0) = 0, \\ G(x_0, y_0, z_0) = 0. \end{cases} \tag{4.3.4}$$

又直线 L 的参数方程为

$$x - x_0 = lt, \ y - y_0 = mt, \ z - z_0 = nt.$$

$$即 x_0 = x - lt, \ y_0 = y - mt, \ z_0 = z - nt.$$

将其代入式 (4.3.4) 得证. □

特别地是, 以 xOy 平面上的曲线 $\begin{cases} f(x,y) = 0, \\ z = 0 \end{cases}$ 为准线, 母线的方向向量为 $\boldsymbol{s} = (l, m, n)$, $(n \neq 0)$ 的柱面方程为

$$f\left(x - \frac{l}{n}z, \ y - \frac{m}{n}z\right) = 0.$$

4.3.3 旋转曲面

某个平面上的一条连续曲线 C 绕该平面上的一条定直线 L 旋转一周生成的曲面称为**旋转曲面**. 这条定直线 L 称为**旋转轴**, 曲线 C 称为旋转曲面的**生成曲线**.

定理 4.3.2(旋转曲面的方程) xOy 平面上的曲线 $C : \begin{cases} f(x,y) = 0, \\ z = 0 \end{cases}$ 绕 x 轴旋转一周生成的旋转曲面方程 (见图4.19) 为

$$f(x, \pm\sqrt{y^2 + z^2}) = 0. \tag{4.3.5}$$

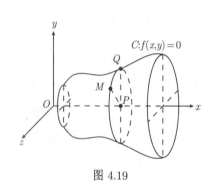

图 4.19

证明   在旋转曲面上任取一点 $M(x, y, z)$, 过 M 点作一个平面垂直于 x 轴, 它与 x 轴交于点 $P(x, 0, 0)$, 与曲线 C 交于点 $Q(x, y_0, 0)$, 显然应有 $|PM| = |PQ|$, 即有 $|y_0| = \sqrt{y^2 + z^2}$, 所以 $y_0 = \pm\sqrt{y^2 + z^2}$, 将 Q 点的坐标代入 $f(x, y) = 0$ 中就得所求的旋转曲面的方程为

$$f(x, \pm\sqrt{y^2 + z^2}) = 0. \quad\square$$

同理可得该曲线 C 绕 y 轴旋转一周生成的旋转曲面的方程为

$$f(\pm\sqrt{x^2 + z^2}, y) = 0.$$

例如, 将 xOy 平面上的抛物线: $\begin{cases} y^2 = 2x, \\ z = 0 \end{cases}$ 绕 x 轴旋转一周得**旋转抛物面**, 其方程为

$$y^2 + z^2 = 2x.$$

将椭圆: $\begin{cases} \dfrac{x^2}{a^2} + \dfrac{y^2}{b^2} = 1, \\ z = 0 \end{cases}$ 绕 y 轴旋转一周得**旋转椭球面**, 其方程为

$$\frac{x^2 + z^2}{a^2} + \frac{y^2}{b^2} = 1.$$

同理, 将 yOz 平面上的双曲线: $\begin{cases} \dfrac{y^2}{b^2} - \dfrac{z^2}{c^2} = 1, \\ x = 0 \end{cases}$ 分别绕 z 轴和 y 轴旋转一周所得的旋转曲面

分别为 **旋转单叶双曲面、旋转双叶双曲面**, 其方程分别为

$$\frac{x^2 + y^2}{b^2} - \frac{z^2}{c^2} = 1 \ \text{和} \ \frac{y^2}{b^2} - \frac{x^2 + z^2}{c^2} = 1.$$

4.3.4　锥面

已知一定点 $M_0(x_0, y_0, z_0)$ 和一条与其不共面的空间曲线 C, 由点 M_0 与曲线 C 上所有点的连线 L 所生成的曲面称为 **锥面**. 点 M_0 称为锥面的 **顶点**, 曲线 C 称为锥面的 **准线**, 锥面上过顶点的任一条直线 L 称为锥面的 **母线** (见图 4.20).

定理 4.3.3(锥面的方程)　以 M_0 为顶点, 曲线 C(其方程如式 (4.3.2)) 为准线的锥面方程为

$$\begin{cases} F(x_0 + t(x - x_0), y_0 + t(y - y_0), z_0 + t(z - z_0)) = 0, \\ G(x_0 + t(x - x_0), y_0 + t(y - y_0), z_0 + t(z - z_0)) = 0. \end{cases}$$

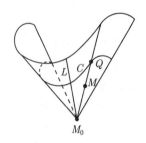

图 4.20

$$(4.3.6)$$

其中 t 为参数, 此式称为 **锥面的参数式方程**. 从中消去参数 t 就得锥面的直角坐标式方程.

证明　设曲线 C 的方程如式 (4.3.2). 锥面上的任意一点为 $M(x, y, z)$, 由题意, 直线 M_0M 与 C 必交于一点 $Q(x_1, y_1, z_1)$, 则 $\overrightarrow{M_0Q} // \overrightarrow{M_0M}$, 因此有

$$\frac{x_1 - x_0}{x - x_0} = \frac{y_1 - y_0}{y - y_0} = \frac{z_1 - z_0}{z - z_0} = t,$$

其中 t 为参数, 即 $x_1 = x_0 + t(x - x_0), y_1 = y_0 + t(y - y_0), z_1 = z_0 + t(z - z_0)$. 将 Q 点的坐标 (x_1, y_1, z_1) 代入曲线 C 的方程式 (4.3.2), 得锥面的参数式方程为

$$\begin{cases} F(x_0 + t(x - x_0), y_0 + t(y - y_0), z_0 + t(z - z_0)) = 0, \\ G(x_0 + t(x - x_0), y_0 + t(y - y_0), z_0 + t(z - z_0)) = 0. \end{cases} \qquad \square$$

特别地, 当顶点 M_0 为坐标原点时, 锥面的直角坐标式方程将从

$$\begin{cases} F(tx, ty, tz) = 0, \\ G(tx, ty, tz) = 0 \end{cases}$$

(其中 t 为参数) 中消去 t 得到.

例如直线 $\begin{cases} y = z, \\ x = 0 \end{cases}$ 绕 z 轴旋转一周得到的旋转曲面方程为

$$\pm\sqrt{x^2 + y^2} = z \ \text{即} \ x^2 + y^2 = z^2.$$

这是以 z 轴为对称轴, 顶点在原点, 半顶角为 $\dfrac{\pi}{4}$ 的 **圆锥面** 方程.

例 4.3.4 试求直线 $\dfrac{x}{\alpha} = \dfrac{y-\beta}{0} = \dfrac{z}{1}$ 绕 z 轴旋转一周生成的旋转曲面的方程, 并按 α, β 取值的情况确定该方程表示什么曲面.

解 所给直线 L 的方程可表为 $\begin{cases} x = \alpha z, \\ y = \beta \end{cases}$, 在所求曲面上任取点 $M(x, y, z)$, 若点 M 是由直线 L 上的点 $M_0(x_0, y_0, z)$ 旋转得到的, 则 M, M_0 到 z 轴的距离相等, 所以

$$x^2 + y^2 = x_0{}^2 + y_0{}^2.$$

由于 $x_0 = \alpha z, y_0 = \beta$, 于是所求旋转曲面的方程为 $x^2 + y^2 - \alpha^2 z^2 = \beta^2$.

1) 当 $\alpha = 0, \beta \neq 0$ 时, 此方程表示圆柱面;

2) 当 $\alpha \neq 0, \beta = 0$ 时, 此方程表示圆锥面;

3) 当 $\alpha\beta \neq 0$ 时, 此方程表示旋转单叶双曲面.

例 4.3.5 求顶点在原点, 准线 C 是平面 $x+y+z = 3$ 与旋转抛物面 $x^2 + y^2 = 3z$ 的交线的锥面方程.

解 把准线 C 中的 (x, y, z) 换为 (tx, ty, tz) 得

$$\begin{cases} (tx)^2 + (ty)^2 = 3tz, \\ tx + ty + tz = 3, \end{cases} \quad \text{即} \begin{cases} t(x^2 + y^2) = 3z, \\ t(x + y + z) = 3. \end{cases}$$

消去 t 即得所求锥面方程为

$$x^2 + y^2 - z^2 - xz - yz = 0. \qquad \square$$

4.3.5 空间曲面和空间曲线的参数方程

一、空间曲线的参数方程

类似于直线的参数式方程 $(4.2.8)$, 以及平面曲线的参数方程: $x = \varphi(t), y = \psi(t)$ 表示一样, 一条空间曲线也可用**参数式方程**

$$\begin{cases} x = \varphi(t), \\ y = \psi(t), \ (a \leqslant t \leqslant b) \\ z = \omega(t), \end{cases} \tag{4.3.7}$$

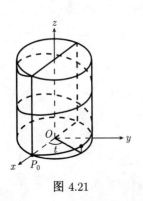

图 4.21

表示, 这里 t 是参数. 当 $\varphi(t), \psi(t), \omega(t)$ 在 $[a, b]$ 上皆连续时, 称此曲线为连续曲线.

例 4.3.6 参数方程: $x = a\cos t, y = b\sin t, z = ct$, 其中 $a, b, c > 0$ 表示一条空间曲线. $t = 0$ 对应于点 $P_0(a, 0, 0)$, 当 t 从 0 增大时, 对应的点沿着椭圆柱面 $\dfrac{x^2}{a^2} + \dfrac{y^2}{b^2} = 1$ 绕 z 轴右旋式上升. 此曲线称为**螺旋线**. 螺距为 $2\pi c$.(见图 4.21)

二、空间曲面的参数方程

如果曲面 S 上点的坐标表示为两个参数 (u, v) 的函数

$$
\begin{cases}
x = x(u, v), \\
y = y(u, v), \quad\quad (u, v) \in D_{uv}, \\
z = z(u, v),
\end{cases}
\tag{4.3.8}
$$

其中 D_{uv} 表示 uv 平面上的区域, 则方程组 (4.3.8) 称为**曲面 S 的参数方程**. 若从式 (4.3.8) 消去参数 u, v, 就可得曲面 S 的隐式方程 $F(x, y, z) = 0$.

例如, 参数方程

$$
\begin{cases}
x = a \sin\varphi \cos\theta, \\
y = b \sin\varphi \sin\theta, \quad\quad 0 \leqslant \varphi \leqslant \pi, 0 \leqslant \theta \leqslant 2\pi \\
z = c \cos\varphi,
\end{cases}
$$

表示的是椭球面 $\dfrac{x^2}{a^2} + \dfrac{y^2}{b^2} + \dfrac{z^2}{c^2} = 1$.

4.3.6　二次曲面

我们把三元二次方程

$$
a_{11}x^2 + a_{22}y^2 + a_{33}z^2 + 2a_{12}xy + 2a_{23}yz + 2a_{31}zx + 2b_1x + 2b_2y + 2b_3z + c = 0
\tag{4.3.9}
$$

表示的曲面称为**二次曲面**. 其中 $a_{11}, a_{22}, a_{33}, a_{12}, a_{23}, a_{31}, b_1, b_2, b_3, c \in \mathbb{R}$.

我们可以利用空间直角坐标系的平移和旋转变换把一般的二次曲面的方程 (4.3.9) 化为标准形式. 通过平移变换消去一次项, 通过旋转变换消去混合项. 先介绍这两种坐标变换.

一、平移变换

将空间直角坐标系 O-xyz 的坐标原点 O 移至点 O' 处, 坐标轴的方向和单位长度保持不变, 从而得到一个新的直角坐标系 O'-$x'y'z'$. 这就是坐标系的平移 (见图 4.22). 设点 O' 在坐标系 O-xyz 中的坐标为 (a, b, c), 对于空间中的任一点 M, 设点 M 在坐标系 O-xyz 中的坐标为 (x, y, z), 在坐标系 O'-$x'y'z'$ 中的坐标为 (x', y', z'), 则有 $\overrightarrow{OO'} = (a, b, c)$, $\overrightarrow{OM} = (x, y, z)$, $\overrightarrow{O'M} = (x', y', z')$.

因为, $\overrightarrow{OM} = \overrightarrow{OO'} + \overrightarrow{O'M}$, 所以有

$$
(x, y, z) = (a + x', b + y', c + z'),
$$

由此即得**平移变换公式**为

$$
x = x' + a, \quad y = y' + b, \quad z = z' + c.
\tag{4.3.10}
$$

二、旋转变换

坐标原点 O 保持不动, 将空间直角坐标系 $O\text{-}xyz$ 转动到新的空间直角坐标系 $O\text{-}x'y'z'$ (见图 4.23). 对于空间中的任一点 M, 设点 M 在坐标系 $O\text{-}xyz$ 中的坐标为 (x, y, z), 在坐标系 $O\text{-}x'y'z'$ 中的坐标为 (x', y', z'). 又已知新旧坐标轴的夹角为

	Ox	Oy	Oz
Ox'	α_1	β_1	γ_1
Oy'	α_2	β_2	γ_2
Oz'	α_3	β_3	γ_3

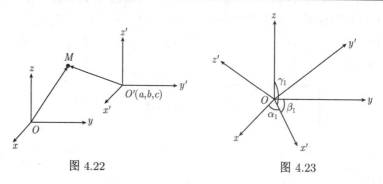

图 4.22   图 4.23

设坐标系 $O\text{-}xyz$ 的基向量为 i, j, k, 坐标系 $O\text{-}x'y'z'$ 的基向量为 i', j', k', 则有

$$i' = \cos\alpha_1 i + \cos\beta_1 j + \cos\gamma_1 k,$$

$$j' = \cos\alpha_2 i + \cos\beta_2 j + \cos\gamma_2 k,$$

$$k' = \cos\alpha_3 i + \cos\beta_3 j + \cos\gamma_3 k,$$

由于向量 $\overrightarrow{OM}$ 在坐标系 $O\text{-}xyz$ 中的坐标分解式为 $\overrightarrow{OM} = xi + yj + zk$, 在坐标系 $O\text{-}x'y'z'$ 中的坐标分解式为 $\overrightarrow{OM} = x'i' + y'j' + z'k'$, 所以 $xi + yj + zk = \overrightarrow{OM} = x'i' + y'j' + z'k'$, 将 i', j', k' 的坐标分解式代入并整理得

$$\begin{bmatrix} x \\ y \\ z \end{bmatrix} = \begin{bmatrix} \cos\alpha_1 & \cos\alpha_2 & \cos\alpha_3 \\ \cos\beta_1 & \cos\beta_2 & \cos\beta_3 \\ \cos\gamma_1 & \cos\gamma_2 & \cos\gamma_3 \end{bmatrix} \begin{bmatrix} x' \\ y' \\ z' \end{bmatrix}. \tag{4.3.11}$$

或写为

$$\begin{bmatrix} x' \\ y' \\ z' \end{bmatrix} = \begin{bmatrix} \cos\alpha_1 & \cos\beta_1 & \cos\gamma_1 \\ \cos\alpha_2 & \cos\beta_2 & \cos\gamma_2 \\ \cos\alpha_3 & \cos\beta_3 & \cos\gamma_3 \end{bmatrix} \begin{bmatrix} x \\ y \\ z \end{bmatrix}. \tag{4.3.12}$$

此两式便是**坐标旋转变换公式**.

这里用到了矩阵与列向量的乘法运算, 关于矩阵乘法读者可以参见本书的附录部分.

最简单的旋转变换是绕某坐标轴 (譬如 z 轴) 旋转, 则式 (4.3.11) 可写为 (旋转角为 θ)

$$\begin{bmatrix} x \\ y \\ z \end{bmatrix} = \begin{bmatrix} \cos\theta & -\sin\theta & 0 \\ \sin\theta & \cos\theta & 0 \\ 0 & 0 & 1 \end{bmatrix} \begin{bmatrix} x' \\ y' \\ z' \end{bmatrix}.$$

它的作用将消去方程中含 xy 的项. 例如, 对方程 $z = 2xy$ 可作绕 z 轴旋转 $\dfrac{\pi}{4}$ 的变换

$$\begin{cases} x = \dfrac{1}{\sqrt{2}}(x' - y'), \\[2mm] y = \dfrac{1}{\sqrt{2}}(x' + y'), \\[2mm] z = z'. \end{cases}$$

将它变为不含 $x'y'$ 的项, 得方程 $z' = x'^2 - y'^2$.

对二次曲面方程, 当三个混合项 xy, yz, zx 只出现一项时, 用上述方法就可以使其消失; 当混合项出现两项或三项时, 作旋转变换可以使混合项消失, 但情况比较复杂, 我们将在后续课程 "线性代数" 里加以讨论, 在此不赘述.

三、实二次曲面的方程

假设我们选择了合适的旋转变换, 把二次曲面的方程 (4.3.9) 变化为

$$a_{11}x^2 + a_{22}y^2 + a_{33}z^2 + 2b_1x + 2b_2y + 2b_3z + c = 0. \tag{4.3.13}$$

其中 a_{11}, a_{22}, a_{33}, b_1, b_2, b_3, $c \in \mathbb{R}$.

(I) 若 a_{11}, a_{22}, a_{33} 都不等于零, 则经过平移变换 (即配方法) 消去一次项, 式 (4.3.13) 变为

$$Ax^2 + By^2 + Cz^2 = D. \tag{4.3.14}$$

其中 A, B, C, $D \in \mathbb{R}$.

(1) 当 $D = 0$, 且 A, B, C 不同号, 式 (4.3.14) 是二次齐次方程, 其曲面为 **二次锥面** (见图 4.24). 标准方程为

$$\frac{x^2}{a^2} + \frac{y^2}{b^2} - \frac{z^2}{c^2} = 0. \tag{4.3.15}$$

其中 a, b, $c \in \mathbb{R}$.

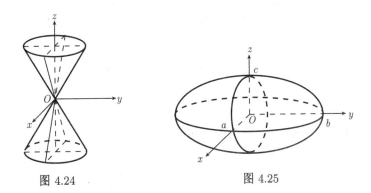

图 4.24　　　　　　　　　　　　　图 4.25

(2) 当 $D \neq 0$, 且 A, B, C 与 D 同号, 其曲面为**椭球面** (见图 4.25). 标准方程为

$$\frac{x^2}{a^2} + \frac{y^2}{b^2} + \frac{z^2}{c^2} = 1. \tag{4.3.16}$$

其中 $a, b, c \in \mathbb{R}$. 当 $a = b = c$ 时, 该曲面为半径为 a 的球面.

（3）当 $D \neq 0$, 且 A, B, C 的符号一个与 D 不同, 两个与 D 相同, 其曲面为**单叶双曲面** (见图 4.26). 标准方程为

$$\frac{x^2}{a^2} + \frac{y^2}{b^2} - \frac{z^2}{c^2} = 1. \tag{4.3.17}$$

其中 $a, b, c \in \mathbb{R}$.

（4）当 $D \neq 0$, 且 A, B, C 的符号两个与 D 不同, 一个与 D 相同, 其曲面为**双叶双曲面** (见图 4.27). 标准方程为

$$\frac{x^2}{a^2} + \frac{y^2}{b^2} - \frac{z^2}{c^2} = -1. \tag{4.3.18}$$

其中 $a, b, c \in \mathbb{R}$.

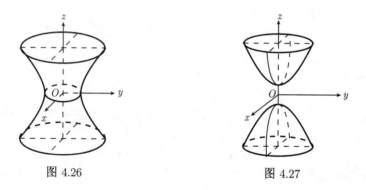

图 4.26   图 4.27

(II) 若 a_{11}, a_{22}, a_{33} 中两个不等于零, 一个等于零, 不妨设 $a_{33} = 0$, 则经平移变换, 式 (4.3.13) 变为

$$Ax^2 + By^2 = 2pz + q. \tag{4.3.19}$$

其中 $A, B, p, q \in \mathbb{R}$.

（1）当 $p = 0$ 时, 式 (4.3.19) 中不出现 z, 若 $q \neq 0$, 则曲面是母线平行于 z 轴的柱面. 若 A, B 与 q 同号, 则曲面是椭圆柱面; 若 A 与 B 异号, 曲面是双曲柱面, 方程分别为

$$\frac{x^2}{a^2} + \frac{y^2}{b^2} = 1, \quad \frac{x^2}{a^2} - \frac{y^2}{b^2} = 1 \quad \left(\text{或} \ \frac{y^2}{b^2} - \frac{x^2}{a^2} = 1 \right).$$

其中 $a, b \in \mathbb{R}$.

若 $q = 0$ 且 A 与 B 异号时, 曲面退化成两张平面

$$\frac{x^2}{a^2} - \frac{y^2}{b^2} = 0, \quad \text{即} \ \left(\frac{x}{a} - \frac{y}{b} \right) \left(\frac{x}{a} + \frac{y}{b} \right) = 0.$$

若 $q = 0$ 且 A, B 同号时, 退化为一条直线 (即 z 轴).

（2）当 $p \neq 0$ 时, 曲面 $Ax^2 + By^2 = 2p\left(z + \dfrac{q}{2p}\right)$ 称为**抛物面**.

若 A 与 B 同号, 则称为**椭圆抛物面**(见图 4.28), 标准方程为

$$\frac{x^2}{a^2} + \frac{y^2}{b^2} = 2z. \tag{4.3.20}$$

其中 $a, b \in \mathbb{R}$.

若 A 与 B 异号, 则称为**双曲抛物面**, 又称为**马鞍面** (见图 4.29), 标准方程为

$$\frac{y^2}{b^2} - \frac{x^2}{a^2} = 2z. \tag{4.3.21}$$

其中 $a, b \in \mathbb{R}$.

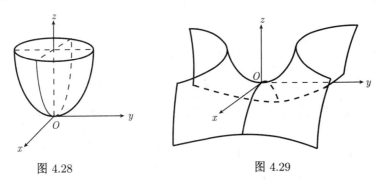

图 4.28　　　　　　　　　　　　　　　　图 4.29

(III)　若 a_{11}, a_{22}, a_{33} 中两个等于零, 不妨设 $a_{11} = a_{22} = 0$, 则式 (4.3.13) 变为

$$cz^2 = px + qy + r. \tag{4.3.22}$$

其中 $c, p, q, r \in \mathbb{R}$. 曲面是母线平行于 xOy 平面的抛物柱面或平行于 z 轴的平面.

从以上讨论可见, 二次曲面的方程式 (4.3.9) 经过平移和旋转变换后仍是二次曲面. 而曲面式 (4.3.9) 与 xOy 平面 ($z = 0$) 的交线是二次曲线

$$\begin{cases} a_{11}x^2 + a_{22}y^2 + 2a_{12}xy + 2b_1x + 2b_2y + c = 0, \\ z = 0. \end{cases}$$

其中 $a_{11}, a_{22}, a_{12}, b_1, b_2, c \in \mathbb{R}$. 因此, **任何平面与二次曲面的交线都是该平面上的一条二次曲线**.

注　因为任何平面都可经过坐标变换变为平面 $z' = 0$. 而平面上的直线与二次曲线至多交于两点, 因此, 任何直线如果不全部落在二次曲面上, 它与二次曲面的交点至多只有两个. 特别地, 二次曲面 $x^2 + y^2 = \lambda z^2$ 是以 z 轴为旋转轴的圆锥面, 它与任何平面的交线均是二次曲线. 如果截平面不过顶点, 交线是椭圆、双曲线或抛物线; 如果截平面过顶点, 交线是两条直线. 故常称二次曲线为**圆锥曲线**.

二次曲面的图形, 我们可用坐标平面以及与坐标平面平行的平面去截曲面, 根据截口的形状及其变化可大致绘制出曲面的形状. 这种方法称为 "平面截痕法". 我们以双曲抛物面

$$\frac{y^2}{b^2} - \frac{x^2}{a^2} = 2z.$$

为例应用平面截痕法来绘制草图.

显然, 它有两个对称平面 $x = 0$ 和 $y = 0$, z 轴是它的对称轴, 曲面无界.

令 $x = c$ 代入方程, 这相当于用平面 $x = c$ 去截该曲面, 截痕是平面 $x = c$ 上开口向上的抛物线

$$\begin{cases} 2z = \dfrac{y^2}{b^2} - \dfrac{c^2}{a^2}, \\ x = c. \end{cases}$$

令 $y = c$ 代入方程, 这相当于用平面 $y = c$ 去截该曲面, 截痕是平面 $y = c$ 上开口向下的抛物线

$$\begin{cases} 2z = \dfrac{c^2}{b^2} - \dfrac{x^2}{a^2}, \\ y = c. \end{cases}$$

令 $z = c, c \neq 0$ 代入方程, 这相当于用平面 $z = c$ 去截该曲面, 截痕是平面 $z = c$ 上的双曲线

$$\begin{cases} 2c = \dfrac{y^2}{b^2} - \dfrac{x^2}{a^2}, \\ z = c. \end{cases}$$

当 $c > 0$ 时, y 轴是实轴; $c < 0$ 时, x 轴是实轴. 当 $c = 0$ 时, 截痕是 xOy 平面上两条相交于原点的直线. 由上述的讨论, 我们就可以画出双曲抛物面的草图 (见图 4.29).

习题 4.3

1. 求过直线 $L : \begin{cases} 2x + y = 0, \\ 4x + 2y + 3z = 6 \end{cases}$ 且与球面 $x^2 + y^2 + z^2 = 4$ 相切的平面方程.

2. 求球面 $x^2 + y^2 + z^2 + 2x - 4y - 8z + 5 = 0$ 的球心与半径.

3. 求内切于由平面 $x + 2y + 2z = 2$ 与三个坐标面所围的四面体的球面方程.

4. 指出下列曲面的名称, 并绘制其草图:

(1) $9x^2 + 16y^2 + 25z^2 = 1$; (2) $3x^2 - 5y^2 + 2x - 4y = 0$;

(3) $3x^2 + 6y^2 - 5z^2 = -1$; (4) $3x^2 - 6y^2 - 5z^2 = -1$;

(5) $3x^2 + 6y^2 - 5z^2 = 0$; (6) $z = xy$;

(7) $3x^2 + 5y^2 = 5z$; (8) $z = -5x^2$.

5. 求与两个定点 $P(0,0,1)$ 和 $Q(0,0,-1)$ 距离之和为 4 的点的轨迹方程, 并指出该方程的图像表示什么曲面?

6. 求半径为 2, 对称轴为 $x = \dfrac{y}{2} = \dfrac{z}{3}$ 的圆柱面方程.

7. 将直线 $L: \dfrac{x-1}{2} = \dfrac{y-2}{1} = \dfrac{z-3}{-1}$ 绕 z 轴旋转一周, 求旋转曲面的方程. 并求此旋转面与 $z=0, z=3$ 所围立体的体积.

8. 求顶点为 $M_0(1,2,3)$, 对称轴与平面 $\Pi: 2x+2y-z+5=0$ 垂直, 半顶角为 $\dfrac{\pi}{6}$ 的圆锥面方程.

9. 求将 xOy 平面上的曲线 $\dfrac{x^2}{4} - \dfrac{y^2}{5} = 1$ 分别绕 x 轴及 y 轴旋转所成的旋转面方程.

10. 求以 $\begin{cases} (x-1)^2 + (y+3)^2 + (z-2)^2 = 25, \\ x+y-z+2 = 0 \end{cases}$ 为准线的柱面方程, 若其母线:

    (1) 平行于 x 轴;　　　　　　　(2) 平行于直线 $\begin{cases} y = x, \\ z = c. \end{cases}$ 其中 c 为常数.

11. 指出下列旋转曲面是如何生成的:

    (1) $2x^2 + 5y^2 + 2z^2 = 1$;　　　　(2) $8x^2 - 3y^2 + 8z^2 = 1$;

    (3) $3x^2 - 4y^2 - 4z^2 = 1$;　　　　(4) $x^2 + y^2 = 5z$.

12. 求圆周 $\begin{cases} x^2 + y^2 + z^2 - 2x + 2y = 14, \\ 2x - 2y + z = 1 \end{cases}$ 的圆心和半径.

13. 求空间曲线 $\begin{cases} z = x^2 + y^2, \\ x + y + z = 1 \end{cases}$ 在各坐标面上的投影曲线.

14. 绘制由下列各组曲面所围成的空间立体的图形:

    (1) $z = 1 + x + y, z = 0, x + y = 1, x = 0, y = 0$;

    (2) $y = \sqrt{x}, y = 0, z = 0, x + z = \dfrac{\pi}{2}$;

    (3) $z = x^2 + y^2, z = 0, y = 1, y = x^2$;

    (4) $z = \sqrt{x^2 + y^2}, z = \sqrt{2a^2 - x^2 - y^2} \, (a > 0)$;

    (5) $x^2 + y^2 + z^2 = R^2, x^2 + y^2 = Rx \, (R > 0, x \geqslant 0)$;

    (6) $z = xy, x + y + z = 1, z = 0$.

15. 把下列空间曲线的一般式方程改成参数方程:

    (1) $\begin{cases} x^2 + y^2 = 1, \\ x - y + z = 2; \end{cases}$　　　　(2) $\begin{cases} x^2 + y^2 + z^2 = 1, \\ y = z; \end{cases}$

    (3) $\begin{cases} x^2 + y^2 + z^2 = a^2, \\ x^2 + y^2 = ax; \end{cases}$　　　　(4) $\begin{cases} x^2 + y^2 + z^2 = a^2, \\ x + y + z = 0. \end{cases}$

参 考 文 献

陈仲. 1998. 大学数学 (上、下册). 南京: 南京大学出版社.

罗亚平等. 2000. 大学数学教程 (第一、二册). 南京: 南京大学出版社.

李忠, 周建莹. 2004. 高等数学 (上、下册). 北京: 北京大学出版社.

姚天行等. 2002. 大学数学. 北京: 科学出版社.

姜东平, 江惠坤. 2005. 大学数学教程 (上、下册). 北京: 科学出版社.

同济大学数学系. 2007. 高等数学 (上、下册). 6 版. 北京: 高等教育出版社.

王高雄等. 1991. 常微分方程. 2 版. 北京: 高等教育出版社.

(日) 小平邦彦. 2008. 微积分入门 I: 一元微积分; 微积分入门 II: 多元微积分 (An Introduction to Calculus). 裴东河译. 北京: 人民邮电出版社.

James Stewart. 2004. Calculus(Fifth Edition)(影印版). 北京: 高等教育出版社.

Dale Varberg et al. 2008. Calculus(Eighth Edition)(影印版). 北京: 机械工业出版社.

George B Thomas Jr. 2008. Thomas' Calculus (Tenth Edition)(影印版). 北京: 高等教育出版社.

附录A 行列式与矩阵

A.1 行 列 式

行列式的概念来自求解线性方程组, 它是一个非常有用的数学工具, 在许多数学分支以及其他自然科学、社会科学中起着非常重要的作用. 由于教材的需要, 我们在这里仅简单地介绍二、三阶行列式的定义、计算和性质, 更多的关于行列式的知识读者将在后续课程 "线性代数" 中学到.

一、行列式的概念与计算

定义 A.1.1(二阶行列式) 把 4 个数 $a_{11}, a_{12}, a_{21}, a_{22}$ 排成两行两列, 引入记号

$$\begin{vmatrix} a_{11} & a_{12} \\ a_{21} & a_{22} \end{vmatrix} = a_{11}a_{22} - a_{12}a_{21},$$

称其为**二阶行列式**, 记为 Δ_2 或 D_2. 其中 $a_{ij}\,(i, j = 1, 2)$ 称为该**行列式的元素**.

从定义可知, 二阶行列式实际上就是一个算式, 它是把左上角到右下角的 2 个对角线上的数的乘积再减去右上角到左下角的 2 个反对角线上的数的乘积, 结果是一个数.

例如,

$$\begin{vmatrix} 1 & 9 \\ 1 & 2 \end{vmatrix} = 1 \times 2 - 9 \times 1 = -7.$$

有了二阶行列式后, 我们就可以把它用来求解二阶线性方程组. 设有二阶线性方程组

$$\begin{cases} a_{11}x_1 + a_{12}x_2 = b_1, \\ a_{21}x_1 + a_{22}x_2 = b_2. \end{cases}$$

我们用著名的**克莱姆 (Cramer) 法则**来求解.

记二阶线性方程组的所有系数组成的二阶行列式为

$$\Delta = \begin{vmatrix} a_{11} & a_{12} \\ a_{21} & a_{22} \end{vmatrix}.$$

如果 $\Delta \neq 0$ 则二阶线性方程组有唯一解: $x_1 = \dfrac{\Delta_1}{\Delta}$, $x_2 = \dfrac{\Delta_2}{\Delta}$.

其中

$$\Delta_1 = \begin{vmatrix} b_1 & a_{12} \\ b_2 & a_{22} \end{vmatrix}, \quad \Delta_2 = \begin{vmatrix} a_{11} & b_1 \\ a_{21} & b_2 \end{vmatrix}.$$

例如, 我们用上面介绍的克莱姆法则求解二阶线性方程组

$$\begin{cases} 7x + 2y = 7, \\ 2x + y = -2. \end{cases}$$

因为

$$\Delta = 3 \neq 0, \quad \Delta_1 = 11, \quad \Delta_2 = -28,$$

所以有解 $x = \dfrac{11}{3}, \quad y = -\dfrac{28}{3}.$

定义 A.1.2(三阶行列式) 把 9 个数 $a_{ij}\,(i,j = 1,2,3)$ 排成三行三列, 引入记号

$$\begin{vmatrix} a_{11} & a_{12} & a_{13} \\ a_{21} & a_{22} & a_{23} \\ a_{31} & a_{32} & a_{33} \end{vmatrix} = a_{11}a_{22}a_{33} + a_{12}a_{23}a_{31} + a_{13}a_{21}a_{32} - (a_{13}a_{22}a_{31} + a_{12}a_{21}a_{33} + a_{11}a_{23}a_{32})$$

称其为**三阶行列式**. 记为 Δ_3 或 D_3, 有时我们也称其为**萨拉斯 (Sarrus) 法则**. 其中 $a_{ij}\,(i,j = 1,2,3)$ 称为该行列式的**元素**.

我们也可以采取下列的降阶法来求三阶行列式的值

$$\begin{vmatrix} a_{11} & a_{12} & a_{13} \\ a_{21} & a_{22} & a_{23} \\ a_{31} & a_{32} & a_{33} \end{vmatrix} = a_{11} \cdot \begin{vmatrix} a_{22} & a_{23} \\ a_{32} & a_{33} \end{vmatrix} - a_{12} \cdot \begin{vmatrix} a_{21} & a_{23} \\ a_{31} & a_{33} \end{vmatrix} + a_{13} \cdot \begin{vmatrix} a_{21} & a_{22} \\ a_{31} & a_{32} \end{vmatrix}.$$

例如,

$$\begin{vmatrix} 1 & 2 & 3 \\ 4 & 5 & 4 \\ 3 & 2 & 1 \end{vmatrix} = 1 \cdot 5 \cdot 1 + 2 \cdot 4 \cdot 3 + 3 \cdot 4 \cdot 2 - 3 \cdot 5 \cdot 3 - 2 \cdot 4 \cdot 1 - 1 \cdot 4 \cdot 2 = 5 + 24 + 24 - 45 - 8 - 8 = -8.$$

或者还可以这样计算

$$\begin{vmatrix} 1 & 2 & 3 \\ 4 & 5 & 4 \\ 3 & 2 & 1 \end{vmatrix} = 1 \times \begin{vmatrix} 5 & 4 \\ 2 & 1 \end{vmatrix} - 2 \times \begin{vmatrix} 4 & 4 \\ 3 & 1 \end{vmatrix} + 3 \times \begin{vmatrix} 4 & 5 \\ 3 & 2 \end{vmatrix} = 1 \cdot (-3) - 2 \cdot (-8) + 3 \cdot (-7) = -8.$$

利用三阶行列式我们也可以用克莱姆法则来求解三阶线性方程组, 在此不赘述. 关于更高阶的行列式这里也不做介绍了.

定义 A.1.3(三阶行列式的转置行列式) 将三阶行列式

$$\begin{vmatrix} a_{11} & a_{12} & a_{13} \\ a_{21} & a_{22} & a_{23} \\ a_{31} & a_{32} & a_{33} \end{vmatrix}$$

中第 1 列的元素放到第 1 行, 第 2 列的元素放到第 2 行, 第 3 列的元素放到第 3 行所得到的行列式

$$
\begin{vmatrix}
a_{11} & a_{21} & a_{31} \\
a_{12} & a_{22} & a_{32} \\
a_{13} & a_{23} & a_{33}
\end{vmatrix}
$$

称为原行列式的**转置行列式**, 记为 $\Delta_3^{\mathrm{T}}, D_3^{\mathrm{T}}$, 或 Δ_3', D_3'.

例如,

$$
\Delta_3 = \begin{vmatrix}
1 & 2 & 3 \\
4 & 5 & 4 \\
3 & 2 & 1
\end{vmatrix}, \qquad
\Delta_3^{\mathrm{T}} = \begin{vmatrix}
1 & 4 & 3 \\
2 & 5 & 2 \\
3 & 4 & 1
\end{vmatrix}.
$$

二、行列式的性质

行列式有下列重要的性质, 我们以三阶行列式为例叙述如下, 其实这些性质对二阶行列式以及高于三阶的行列式都适用.

(1) 行列式与其转置行列式的值相等.

(2) 交换两行 (列) 的位置, 行列式的值变号. 例如,

$$
\begin{vmatrix}
a_{11} & a_{12} & a_{13} \\
a_{21} & a_{22} & a_{23} \\
a_{31} & a_{32} & a_{33}
\end{vmatrix} = -
\begin{vmatrix}
a_{31} & a_{32} & a_{33} \\
a_{21} & a_{22} & a_{23} \\
a_{11} & a_{12} & a_{13}
\end{vmatrix}.
$$

上面等式右边的行列式是将左边行列式的第 1 行与第 3 行交换所得. 特别地, 有两行 (列) 相等的行列式的值为 0.

(3) 行列式的任一行 (列) 元素的公因子可以提到行列式的外面, 例如,

$$
\begin{vmatrix}
a_{11} & a_{12} & a_{13} \\
ka_{21} & ka_{22} & ka_{23} \\
a_{31} & a_{32} & a_{33}
\end{vmatrix} = k
\begin{vmatrix}
a_{11} & a_{12} & a_{13} \\
a_{21} & a_{22} & a_{23} \\
a_{31} & a_{32} & a_{33}
\end{vmatrix}.
$$

特别地, 若行列式某两行 (列) 对应元素成比例, 则行列式的值为零.

(4) 若行列式的某行 (列) 的每个元素都可以表示为两数之和, 则该行列式可以表示为两个行列式之和. 例如

$$
\begin{vmatrix}
a_{11} & a_{12} & a_{13} \\
a_{21}+b_{21} & a_{22}+b_{22} & a_{23}+b_{23} \\
a_{31} & a_{32} & a_{33}
\end{vmatrix} =
\begin{vmatrix}
a_{11} & a_{12} & a_{13} \\
a_{21} & a_{22} & a_{23} \\
a_{31} & a_{32} & a_{33}
\end{vmatrix} +
\begin{vmatrix}
a_{11} & a_{12} & a_{13} \\
b_{21} & b_{22} & b_{23} \\
a_{31} & a_{32} & a_{33}
\end{vmatrix}.
$$

借助于这些性质, 证明向量混合积的性质就是一件非常容易的事情.

行列式还有其他重要的性质, 由于篇幅有限就不一一介绍了. 读者可以在后续课程 "线性代数" 中遇到.

A.2 矩　　阵

矩阵是线性代数中的一个最基本的概念, 是研究线性代数中几乎所有问题的重要工具. 这里我们仅简单介绍矩阵的概念以及它的运算, 更多的知识在后续课程 "线性代数" 中进行学习.

一、矩阵的概念

定义 A.2.1(矩阵)　由 $m \times n$ 个数 $a_{ij}(i = 1, 2, \cdots, m, j = 1, 2, \cdots, n)$ 排成 m 行、n 列的数表形式

$$\begin{bmatrix} a_{11} & a_{12} & \dots & a_{1n} \\ a_{21} & a_{22} & \dots & a_{2n} \\ \vdots & \vdots & & \vdots \\ a_{m1} & a_{m2} & \dots & a_{mn} \end{bmatrix}.$$

称为 **m 行 n 列矩阵**, 简称**$m \times n$ 阶矩阵**. 一般用大写的英文字母表示, 譬如用 A 表示上述矩阵, 有时也用 $(a_{ij})_{m \times n}$ 来表示. 其中 a_{ij} 称为矩阵 A 的第 i 行第 j 列的**元素**. 当矩阵中的所有元素均为实数时, 称 A 为**实矩阵**, 当 $m = n$ 时, 称 A 为**n 阶方阵**.

当 $n = 1$ 时, 我们称 $\begin{bmatrix} a_1 \\ a_2 \\ \vdots \\ a_m \end{bmatrix}$ 为**m 维列向量**, 也称为**$m \times 1$ 阶矩阵**; 当 $m = 1$ 时, 我们

称 $[a_1, a_2, \ldots, a_n]$ 为**n 维行向量**, 也称为**$1 \times n$ 阶矩阵**.

例如, $\begin{bmatrix} 2 & -5 & 3 & 0 \\ 1 & 2 & 3 & 7 \\ 9 & 11 & -19 & 8 \end{bmatrix}$ 为 3×4 阶矩阵, $\begin{bmatrix} 1 \\ -1 \\ 2 \\ 0 \end{bmatrix}$ 为 4 维列向量或 4×1 阶矩阵,

$[1, 1, 9]$ 为 3 维行向量或 1×3 阶矩阵.

二、矩阵的运算

我们这里仅介绍矩阵的加减法, 数乘和乘法.

1. 矩阵的加减法

设有两个矩阵 $A = (a_{ij})_{m \times n}$, $B = (b_{ij})_{m \times n}$, 则定义这两矩阵的加减法为

$$C = A \pm B, \quad (c_{ij})_{m \times n} = (a_{ij} \pm b_{ij})_{m \times n}.$$

即两同阶矩阵相加减是其对应的元素相加减, 矩阵的阶数不变.

例如,

$$\begin{bmatrix} 2 & -5 & 3 & 0 \\ 1 & 2 & 3 & 7 \\ 9 & 11 & -19 & 8 \end{bmatrix} + \begin{bmatrix} 1 & 8 & 2 & 1 \\ 5 & 2 & -3 & 5 \\ 0 & 9 & 9 & 4 \end{bmatrix} = \begin{bmatrix} 3 & 3 & 5 & 1 \\ 6 & 4 & 0 & 12 \\ 9 & 20 & -10 & 12 \end{bmatrix}.$$

$$\begin{bmatrix} 2 & -5 & 3 & 0 \\ 1 & 2 & 3 & 7 \\ 9 & 11 & -19 & 8 \end{bmatrix} - \begin{bmatrix} 1 & 8 & 2 & 1 \\ 5 & 2 & -3 & 5 \\ 0 & 9 & 9 & 4 \end{bmatrix} = \begin{bmatrix} 1 & -13 & 1 & -1 \\ -4 & 0 & 6 & 2 \\ 9 & 2 & -28 & 4 \end{bmatrix}.$$

2. 矩阵的数乘

设有矩阵 $A = (a_{ij})_{m \times n}$, α 是一个常数, 则定义矩阵的数乘为

$$C = \alpha A, \quad (c_{ij})_{m \times n} = (\alpha \times a_{ij})_{m \times n}.$$

即矩阵的数乘是矩阵中的每个元素都与该常数相乘.

例如,

$$3 \times \begin{bmatrix} 2 & -5 & 3 & 0 \\ 1 & 2 & 3 & 7 \\ 9 & 11 & -19 & 8 \end{bmatrix} = \begin{bmatrix} 2 \times 3 & -5 \times 3 & 3 \times 3 & 0 \times 3 \\ 1 \times 3 & 2 \times 3 & 3 \times 3 & 7 \times 3 \\ 9 \times 3 & 11 \times 3 & -19 \times 3 & 8 \times 3 \end{bmatrix}$$

$$= \begin{bmatrix} 6 & -15 & 9 & 0 \\ 3 & 6 & 9 & 21 \\ 27 & 33 & -57 & 24 \end{bmatrix}.$$

3. 矩阵的乘法

设有两个矩阵 $A = (a_{ij})_{m \times n}$, $B = (b_{ij})_{n \times p}$, 则定义这两矩阵的乘法为

$$C = A \cdot B, \quad (c_{ij})_{m \times p} = \left(\sum_{k=1}^{n} a_{ik} b_{kj} \right)_{m \times p}.$$

即两个矩阵的乘法是矩阵 A 的第 i 行与矩阵 B 的第 j 列对应元素相乘后再相加作为 $A \cdot B$ 的第 i 行第 j 列的元素.

例如, 设

$$A = \begin{bmatrix} 1 & 2 & 3 \\ 4 & 5 & 4 \\ 3 & 2 & 1 \end{bmatrix}, \quad B = \begin{bmatrix} 7 & 3 \\ 1 & 6 \\ 2 & -1 \end{bmatrix}.$$

则

$$A \cdot B = \begin{bmatrix} 1 \times 7 + 2 \times 1 + 3 \times 2 & 1 \times 3 + 2 \times 6 + 3 \times (-1) \\ 4 \times 7 + 5 \times 1 + 4 \times 2 & 4 \times 3 + 5 \times 6 + 4 \times (-1) \\ 3 \times 7 + 2 \times 1 + 1 \times 2 & 3 \times 3 + 2 \times 6 + 1 \times (-1) \end{bmatrix} = \begin{bmatrix} 15 & 12 \\ 41 & 38 \\ 25 & 20 \end{bmatrix}.$$

如果 $C = \begin{bmatrix} 1 \\ 2 \\ 3 \end{bmatrix}$, 则 $A \cdot C = \begin{bmatrix} 1 \times 1 + 2 \times 2 + 3 \times 3 \\ 4 \times 1 + 5 \times 2 + 4 \times 3 \\ 3 \times 1 + 2 \times 2 + 1 \times 3 \end{bmatrix} = \begin{bmatrix} 14 \\ 26 \\ 10 \end{bmatrix}$.

如果 $D = [1, \ 2, \ 3]$, 则 $D \cdot A = \begin{bmatrix} 1 \times 1 + 2 \times 4 + 3 \times 3 \\ 1 \times 2 + 2 \times 5 + 3 \times 2 \\ 1 \times 3 + 2 \times 4 + 3 \times 1 \end{bmatrix} = [18, \ 18, \ 14]$.

关于这些运算的性质我们就不再赘述了, 读者会在后续课程 "线性代数" 中看到.

附录B 部分习题参考答案

习题 1.1

7. (1) $x \neq -1$;   (2) $[-2, 3]$;   (3) $\left(2k\pi + \dfrac{\pi}{3}, 2k\pi + \dfrac{5\pi}{3} \right), k \in \mathbb{Z}$;   (4) $[-2, 4]$.

8. (1) $x^2 + 2x - 8$;   (2) $x^2 + 2$;   (3) $2(1 - x^2), |x| \leqslant 1$;   (4) $-4x\sqrt{1 - x^2}$.

9. $\ln \ln x \, (x > \mathrm{e})$; $x^4 \, (x \in \mathbb{R})$; $\ln x^2 \, (x \neq 0)$; $(\ln x)^2 \, (x > 0)$. 10. $x, 1 - x, x \neq 0, 1$.

11. (1) $y = \mathrm{e}^u, u = \sin v, v = 2x$;

   (2) $y = u^5, u = \sin v, v = 2^s + 7, s = \cos x$;

   (3) $y = \ln u, u = x + \sqrt{v}, v = x^2 + a^2$;

   (4) $y = \ln u, u = \sqrt{v}, v = 1 + 4t^2, t = \sin s, s = \log_a x$.

12. (1) $y = \dfrac{dx - b}{a - cx}, x \neq \dfrac{a}{c}$;   (2) $y = \begin{cases} \tan \dfrac{\pi x}{4}, & 1 < |x| < 2, \\ \dfrac{2}{\pi} \arcsin x, & |x| \leqslant 1; \end{cases}$

   (3) $y = \begin{cases} \sqrt{4x - x^2}, & 0 \leqslant x \leqslant 2, \\ \dfrac{1}{2}x + 1, & 2 < x \leqslant 4. \end{cases}$

14. (1) 严格增加; (2) 严格减少.   15. (1) π;   (2) 6π;   (3) $\dfrac{2\pi}{\omega}$.

习题 1.2

1. 均为错的.   2. (1) 对;   (2) 错;   (3) 对.

8. $\{x_{2k}\} = \left\{ \dfrac{1}{2k} \right\}$; $\{x_{2k-1}\} = \left\{ \dfrac{-1}{2k-1} \right\}$; $\{x_{5k}\} = \left\{ \dfrac{(-1)^{5k}}{5k} \right\}$; $\{x_{2^k}\} = \left\{ \dfrac{1}{2^k} \right\}$; 极限均为0.

10. (1) 两者均不是;   (2) $|q| < 1$ 时, 无穷小量, $|q| > 1$ 时, 无穷大量, $|q| = 1$ 时, 两者均不是;

   (3) 无穷小量; (4) 无穷小量; (5) 无穷小量; (6) 两者均不是; (7) 无穷小量; (8) 无穷大量.

11. (1) $\dfrac{1}{2}$;   (2) $-\dfrac{3}{5}$;   (3) $\dfrac{7}{9}$;   (4) $0 \, (|a| < 1), \dfrac{1}{2} \, (a = 1), 1 \, (|a| > 1)$;   (5) $\dfrac{1}{3^4}$;

   (6) $\dfrac{1}{2}$;   (7) $\dfrac{1}{6}$;   (8) $\dfrac{1}{1 - r}$;   (9) $\dfrac{1 - p}{1 - q}$;   (10) $\dfrac{1}{2}$;   (11) $k(k + 1)$.

12. (1) 0;   (2) 4;   (3) 1;   (4) 1;   (5) $1 + \sqrt{3}$.   14. (1) 2;   (2) 0.   15. $\sqrt{a}$.

18. (1) $\dfrac{9}{4}$;   (2) $\dfrac{m}{n}$;   (3) $-\dfrac{1}{2}$;   (4) $\dfrac{1}{24}$;   (5) 6;   (6) $\dfrac{n(n+1)}{2}$;   (7) $\left(\dfrac{3}{2} \right)^{10}$;   (8) $\left(\dfrac{3}{2} \right)^{30}$;

   (9) 1;   (10) 1;   (11) $(-1)^{m-n}\dfrac{m}{n}$;   (12) $-\sin a$;   (13) $\dfrac{4}{3}$;   (14) $\dfrac{1}{8}$;   (15) 14;   (16) $\dfrac{1}{4}$

(17) $\dfrac{\pi}{2}$; (18) $\dfrac{1}{2}$; (19) $\dfrac{n^2-m^2}{2}$; (20) 0; (21) $\dfrac{10}{3}$; (22) e^{-4}; (23) e^7.

19. $a=-1, b=-4$.   20. $a=-4, b=3$.

21. (1) 4 阶; (2) $\dfrac{1}{8}$ 阶; (3) 3 阶; (4) 3 阶; (5) 3 阶; (6) 2 阶.

22. (1) $\dfrac{x^2}{4}$; (2) $\dfrac{\sqrt3}{2}x$; (3) $\dfrac{3}{2}x^2$; (4) $2\sqrt3 x$; (5) x^3; (6) $7x^2$.

习题 1.3

1. $a=-1, c=0, b$ 为任意的实数.   2. (1) 2; (2) 0; (3) e^a; (4) 0.

3. (1) $-2,3$(均为无穷间断点);   (2) 0(可去), $k\pi\,(k\in\mathbb{Z}, k\neq0\ 无穷)$;

   (3) 0(跳跃); (4) 0(跳跃); (5) 1(无穷), 0(跳跃); (6) 0(可去), ±1(无穷);

   (7) -2 (无穷), 0 (无穷), 1 (可去);   (8) 0 (跳跃), 1 (无穷), 2 (可去).

4. (1) $-1/2$; (2) 1; (3) 1; (4) 0; (5) $\ln3/\ln2$; (6) 1; (7) $2/5$; (8) $-3/7$; (9) $-1/6$;

   (10) $1/a$; (11) 1; (12) $-1/2$; (13) 1; (14) e^2; (15) 1; (16) $\mathrm{e}^{-\frac{x^2}{2}}$; (17) e^{2008};

   (18) $\ln a$.

5. (1) $a=-\dfrac{3}{2}$; (2) $a=\ln2$; (3) $a=5$; (4) $a=-1, b=0$.   6. $a=0, b=1$.

7. (1) 0 无穷间断点; (2) 1,0 可去间断点, -1 跳跃间断点.   8. (3) $(-1,0), (0,1), (2,3)$.

习题 2.1

1. (1) $f'(x_0)$; (2) $-2f'(x_0)$; (3) $2f'(x_0)$; (4) $(\alpha+\beta)f'(x_0)$.   2. -9.   3. $\mathrm{e}^{\frac{f'(a)}{f(a)}}$.

4. $-2x^{-3}, -1/4$.   5. (1) $2\cos(2x+3)$; (2) $-3\sin3x$; (3) $\sqrt{\dfrac{p}{2x}}$.   6. (1) 是; (3) 不是.

7. $F'(x)=\begin{cases}1, & 0<x<1,\\ 2x, & 1<x<2,\end{cases}$ $x=1$ 时, $F(x)$ 不可导.

9. (1) $v(t)=10-gt$; (2) $\bar t=\dfrac{10}{g}$; (3) $\left[0,\dfrac{20}{g}\right]$.

10. 切线: $x+16y-12=0$; 法线: $32x-2y-127=0$.

11. $a=\dfrac{1}{2\mathrm{e}}$, 切点: $\left(\sqrt{\mathrm{e}},\dfrac{1}{2}\right)$, 切线方程: $y=\dfrac{1}{\sqrt{\mathrm{e}}}x-\dfrac{1}{2}$.

13. (1) 连续, 导数不存在; (2) 连续, 可导, $f'(0)=0$.

14. $a=-\sin1, b=\sin1+\cos1$.   15. (1) $\alpha>0$; (2) $\alpha>1$; (3) $\alpha>2$.

16. (1) $A=1$; (2) $f'(x)=\begin{cases}\dfrac{x-(1+x)\ln(1+x)}{x^2(1+x)}, & x>0,\\[2mm] -\dfrac{1}{2}, & x=0,\\[2mm] 2x\sin\dfrac{1}{x}-\cos\dfrac{1}{x}-\dfrac{1}{2}, & x<0;\end{cases}$ (3) 不连续.

17. (1) $f'(x) = \begin{cases} \arctan \dfrac{1}{x^2} - \dfrac{2x^2}{1+x^4}, & x \neq 0, \\ \dfrac{\pi}{2}, & x = 0; \end{cases}$ 　(2) 连续.

18. (1) $f'(x) = \begin{cases} 2x + \dfrac{2x}{1+x^2}, & x > 0, \\ 0, & x = 0, \\ 2\sin x + 2x\cos x, & x < 0, \end{cases}$ 　$f'(x)$ 在 $x=0$ 连续;　　(2) $f''(0) = 4$.

19. $f'(0) = (-1)^{n-1}(n-1)!$.

20. (1) $4x^3 + \dfrac{6}{x^3} - \dfrac{2}{x^2}$;　　(2) $\mathrm{e}^x(2x+x^2)$;　　(3) $\dfrac{4\sqrt[3]{2x}}{3} - \dfrac{2}{3\sqrt[3]{x^5}}$;

(4) $\mathrm{e}^x\left(\cos x - \sin x + \arccos x - \dfrac{1}{\sqrt{1-x^2}}\right)$;　　(5) $a^x x^{a-1}(a + x\ln a)$;

(6) $2\sec x\tan x - \csc x(\csc^2 x + \cot^2 x)$;　(7) $x\sin x + 2x\ln x\sin x + x^2\ln x\cos x$;

(8) $\dfrac{7}{8\sqrt[8]{x}}$;　　(9) $\dfrac{1 - \cos x - \sin x}{(1-\cos x)^2}$;　　(10) $\dfrac{(1+x^2)\arctan x - x}{(1+x^2)\arctan^2 x}$;

(11) $\dfrac{2a}{a+b}x - \dfrac{c}{a+b}x^{-2} + \dfrac{b}{a+b}$;　　(12) $\tan x + \dfrac{x}{\cos^2 x} - \dfrac{1}{1+x^2}$.

21. (1) $3\cot 3x$;　　(2) $\mathrm{e}^{x^2}\left(2x\arccos\dfrac{1}{x} + \dfrac{1}{\sqrt{x^4 - x^2}}\right)$;　　(3) $\dfrac{\mathrm{e}^{\arctan\sqrt[3]{x}}}{3(\sqrt[3]{x^2} + \sqrt[3]{x^4})}$;

(4) $-\dfrac{\operatorname{sgn}x}{1+x^2}\ (x \neq 0)$;　(5) $\dfrac{1}{\sqrt{1+x^2}}$;　(6) $-\dfrac{1}{x\ln\dfrac{1}{x}\ln\ln\dfrac{1}{x}}$;　(7) $\dfrac{2\arcsin x}{\sqrt{1-x^2}}$;

(8) $\dfrac{1 - n\ln x}{x^{n+1}}$;　(9) $-\dfrac{\mathrm{e}^{\arccos\sqrt{x}}}{2\sqrt{x(1-x)}}$;　(10) $(\ln x)^{x^x} \cdot x^x \cdot \left[(1+\ln x)\ln\ln x + \dfrac{1}{x\ln x}\right]$;

(11) $\dfrac{x^2}{1-x}\sqrt[3]{\dfrac{2-x}{(2+x)^2}} \cdot \left[\dfrac{2}{x} + \dfrac{1}{1-x} - \dfrac{1}{3(2-x)} - \dfrac{2}{3(2+x)}\right]$;　(12) $\dfrac{\sqrt[x]{x}(1-\ln x)}{x^2}$;

(13) $x^{a^x} \cdot a^x \cdot \left(\ln a \cdot \ln x + \dfrac{1}{x}\right) + a^{x^x} \cdot x^x \cdot (1+\ln x)\ln a + x^{x^a} \cdot x^{a-1} \cdot (1 + a\ln x)$.

22. (1) $\alpha x^{\alpha-1}f'(x^\alpha)$;　　(2) $f'(f(f(x)))f'(f(x))f'(x)$;

(3) $\mathrm{e}^{f(x)}(\mathrm{e}^x f'(\mathrm{e}^x) + f(\mathrm{e}^x)f'(x))$;　　(4) $nf^{n-1}(\ln x)f'(\ln x)\dfrac{1}{x}$.

23. (1) $\dfrac{4x\sqrt{xy} + y}{2\sqrt{xy} - x}$;　(2) $\dfrac{y^2(1-\ln x)}{x^2(1-\ln y)}$;　(3) $\dfrac{y^2 - \mathrm{e}^x}{\cos y - 2xy}$;　(4) $\dfrac{y\cos x + \sin(x-y)}{\sin(x-y) - \sin x}$.

24. (1) $\operatorname{sgn}t\,(t \neq 0)$;　(2) $\dfrac{\sin t}{1 - \cos t}$;　(3) $\dfrac{(y^2 - \mathrm{e}^t)(1+t^2)}{2 - 2yt}$;　(4) $\dfrac{t}{2}$;

(5) $\dfrac{1 - \ln t}{t^2(1 + \ln t)}$, $(t \neq 0, t \neq \mathrm{e}^{-1})$;　(6) $-\cot 2\theta$.

25. (1) 切线方程: $x + 2y - 3 = 0$, 法线方程: $2x - y - 1 = 0$;

(2) 切线方程: $4x - \mathrm{e}^2 y = 0$, 法线方程: $2\mathrm{e}^2 x + 8y - 16 - \mathrm{e}^4 = 0$;

(3) 切线方程: $2x - y - 2 = 0$, 法线方程: $x + 2y - 1 = 0$;

(4) 切线方程: $x + y - a\mathrm{e}^{\pi/2} = 0$, 法线方程: $x - y + a\mathrm{e}^{\pi/2} = 0$.

26. (1) $y' = x + 2x\ln x$, $y'' = 3 + 2\ln x$;

(2) $y' = \mathrm{e}^{x^2}(2x\sin x + \cos x)$, $y'' = \mathrm{e}^{x^2}(4x^2\sin x + 4x\cos x + \sin x)$;

(3) $y' = \dfrac{x+y}{x-y}$, $y'' = \dfrac{2(x^2+y^2)}{(x-y)^3}$;   (4) $y' = \dfrac{-\sin(x+y)}{1+\sin(x+y)}$, $y'' = \dfrac{-\cos(x+y)}{(1+\sin(x+y))^3}$;

(5) $y' = \dfrac{y(1-x)}{x(y-1)}$, $y'' = \dfrac{y[(1-x)^2+(y-1)^2]}{x^2(1-y)^3}$;

(6) $\dfrac{\mathrm{d}y}{\mathrm{d}x} = -\dfrac{\sqrt{1+t}}{\sqrt{1-t}}$, $\dfrac{\mathrm{d}^2 y}{\mathrm{d}x^2} = -\dfrac{2}{\sqrt{(1-t)^3}}$;

(7) $\dfrac{\mathrm{d}y}{\mathrm{d}x} = \dfrac{\sin t + \cos t}{\cos t - \sin t}$, $\dfrac{\mathrm{d}^2 y}{\mathrm{d}x^2} = \dfrac{2}{\mathrm{e}^t(\cos t - \sin t)^3}$;

(8) $\dfrac{\mathrm{d}y}{\mathrm{d}x} = 2(1+t)^2$, $\dfrac{\mathrm{d}^2 y}{\mathrm{d}x^2} = \dfrac{4(1+t)^2}{t}$.

27. $y''(0) = -1$.   28. $\dfrac{\mathrm{d}^2 y}{\mathrm{d}x^2} = \dfrac{f''}{(1-f')^3}$.

29. (1) $(-1)^n \dfrac{(n-2)!}{x^{n-1}}$ $(n \geqslant 2)$;   (2) $3^n \mathrm{e}^{3x}$;   (3) $(x+n)\mathrm{e}^x$;   (4) $2n!(1-x)^{-n-1}$;

(5) $(-b)^{n-1} a \cdot n!(a+bx)^{-n-1}$;   (6) $(-1)^n n! \left[\dfrac{1}{x^{n+1}} - \dfrac{1}{(x+1)^{n+1}}\right]$;

(7) $2^{n-1}\sin(2x + \dfrac{n-1}{2}\pi)$ 或 $-2^{n-1}\cos(2x + \dfrac{n}{2}\pi)$.

(8) $2^n \cos(2x + \dfrac{n\pi}{2})$;   (9) $\dfrac{(-1)^n n!}{6}\left(\dfrac{1}{(x+1)^{n+1}} - \dfrac{1}{(x+7)^{n+1}}\right)$.

30. (1) $2^{49}\mathrm{e}^{2x}(2x^2 + 100x + 1225)$;   (2) $-4\mathrm{e}^x \sin x$;   (3) $\dfrac{10!}{(1-x)^{11}}$;

(4) 90;   (5) 12960;   (6) $-\dfrac{n(n+1)}{2}n!$.

习题 2.2

1. 0.031, 0.000301, 0, 0.

2. (1) $-\dfrac{\mathrm{d}x}{\sqrt{x^2+a^2}}$; (2) $\mathrm{e}^{ax}(a\cos^2 bx - b\sin 2bx)\mathrm{d}x$; (3) $\dfrac{(x-x^2)\cos x - (1-2x)\sin x}{(x-x^2)^2}\mathrm{d}x$;

(4) $\dfrac{-\mathrm{d}x}{1+x^2}$; (5) $-\mathrm{e}^{-1/\cos x}\tan x \sec x\,\mathrm{d}x$; (6) $\dfrac{\mathrm{d}x}{2x(\ln x - 2)\sqrt{1-\ln x}}$.

3. (1) $-\dfrac{\tan\sqrt{x}}{2\sqrt{x}}\mathrm{d}x$; (2) $-f'\left(\arctan\dfrac{1}{x}\right)\dfrac{\mathrm{d}x}{1+x^2}$;

(3) $\dfrac{y-xy-1}{xy-x+1}\mathrm{d}x$; (4) $-\dfrac{\ln 2}{2\sqrt{x}}2^{\cos^2\sqrt{x}}\sin 2\sqrt{x}\mathrm{d}x$.

4. $\dfrac{1}{2}\mathrm{d}x$.　5. (1) 3.0370;　(2) 0.5045;　(3) 0.5237;　(4) 1.090.

7. 0.5%, 0.25%.　8. 1.11784克.

9. (1) $\dfrac{3}{8}x^{-\frac{5}{2}}\mathrm{d}x^3$; (2) $\dfrac{(u''v-v''u)(u^2+v^2)-2(u'v-v'u)(uu'+vv')}{(u^2+v^2)^2}\mathrm{d}x^2$;

(3) $u^v\left(\left(v'\ln u+\dfrac{u'}{u}v\right)^2+2\dfrac{u'}{u}v'+v''\ln u-\dfrac{u'^2}{u^2}v+\dfrac{u''}{u}v\right)\mathrm{d}x^2$.

习题 2.3

1. (1) B; (2) C; (3) C.　2. 满足; $\xi=\dfrac{\pi}{2}$.　3. $\xi=1$.　4. $\xi=\dfrac{\pi}{4}$.

5. 三个根, 分别在区间 $(1,2),(2,3),(3,4)$ 中.

22. (1) $\dfrac{m}{n}a^{m-n}$;　(2) 2;　(3) $-\dfrac{1}{6}$;　(4) $-\dfrac{4}{\pi^2}$;　(5) $\dfrac{4}{3}$;　(6) $\dfrac{1}{6}$;　(7) $\dfrac{a^2}{b^2}$;　(8) 0;　(9) 0;

(10) 1;　(11) e;　(12) 0;　(13) 1;　(14) 0;　(15) 1;　(16) $\dfrac{1}{2}$;　(17) $\mathrm{e}^{-\frac{2}{\pi}}$;　(18) $-\dfrac{1}{2}$;

(19) 1;　(20) $\dfrac{1}{\mathrm{e}}$;　(21) 1;　(22) 1;　(23) 5;　(24) $\ln 3$;　(25) $\dfrac{1}{2}$;　(26) $\dfrac{1}{6\ln 5}$;

(27) $\dfrac{1}{2}$;　(28) e;　(29) e;　(30) 1;　(31) $\mathrm{e}^{-\sqrt{2}}$;　(32) 6;　(33) $\dfrac{2}{3}$;　(34) $a_1 a_2\ldots a_n$.

23. (1) $\dfrac{1}{2}$, 无法使用;　(2) 0, 无法使用.　24. $\dfrac{3}{8}$.　25. $\sqrt{\mathrm{e}}$.

27. (1) $a=0$; (2) $f'(x)=\begin{cases}\dfrac{x(g'(x)+\mathrm{e}^{-x})-g(x)+\mathrm{e}^{-x}}{x^2}, & x\neq 0,\\ \dfrac{g''(0)-1}{2}, & x=0,\end{cases}$ $f'(x)$ 在 $x=0$ 处连续.

28. (1) $5-13(x+1)+11(x+1)^2-2(x+1)^3$;　(2) $x+\dfrac{1}{3}\cdot\dfrac{1+2\sin^2\theta x}{\cos^4\theta x}x^3$ $(0<\theta<1)$;

(3) $(x-1)-\dfrac{1}{2}(x-1)^2+\dfrac{1}{3\xi^3}(x-1)^3$, 其中 $\xi=1+\theta(x-1)(0<\theta<1)$;

(4) $1+\dfrac{1}{2}x-\dfrac{5}{8}x^2-\dfrac{3}{16}x^3+\dfrac{25}{384}x^4+o(x^4)$;　(5) $\dfrac{x^2}{6}+x^3+o(x^3)$.

29. (1) $-x^3-\dfrac{x^5}{2}-\dfrac{x^7}{3}-\cdots-\dfrac{x^{2n+1}}{n}+o(x^{2n+1})$;

(2) $x^3-\dfrac{x^5}{2}+\cdots+(-1)^n\dfrac{3(3^{2n-2}-1)}{4(2n-1)!}x^{2n-1}+o(x^{2n})$;

(3) $x-x^3+\dfrac{x^5}{2!}+\cdots+(-1)^n\dfrac{x^{2n+1}}{n!}+o(x^{2n+1})$;

(4) $-x-\dfrac{x^3}{3}-\cdots-\dfrac{x^{2n+1}}{2n+1}+o(x^{2n+1})$.

30. $f(x)=1+60(x-1)+2570(x-1)^2$, $f(1.005)=1.36425$.　31. $\sqrt{\mathrm{e}}=1.64583$.

32. (1) $\dfrac{1}{24}$;　(2) 0;　(3) $\dfrac{3}{2}$;　(4) $-\dfrac{3}{2}$.　33. $a=-2,b=0,c=1$; $\lim\limits_{x\to 0}\dfrac{f(x)}{x^3}=-\dfrac{5}{6}$.

习题 2.4

1. (1) $\left(-\infty, \dfrac{1}{3}\right), (1, +\infty)$ 单调增加, $\left(\dfrac{1}{3}, 1\right)$ 单调减少;

   (2) $(-1, 1)$ 单调增加, $(-\infty, -1), (1, +\infty)$ 单调减少;

   (3) $\left(2k\pi - \dfrac{3\pi}{4}, 2k\pi + \dfrac{\pi}{4}\right)(k \in \mathbb{Z})$ 单调增加, $\left(2k\pi + \dfrac{\pi}{4}, 2k\pi + \dfrac{5\pi}{4}\right)(k \in \mathbb{Z})$ 单调减少;

   (4) $(0, +\infty)$ 单调增加;   (5) $(1, \mathrm{e}^2)$ 单调增加, $(0, 1), (\mathrm{e}^2, +\infty)$ 单调减少;

   (6) $\left(-\infty, \dfrac{3}{4}\right)$ 单调增加, $\left(\dfrac{3}{4}, 1\right)$ 单调减少.

4. (1) $x = 0$, 极大值 0, $x = \dfrac{2}{5}$, 极小值 $-\left(\dfrac{2}{5}\right)^{\frac{2}{3}}\dfrac{3}{5}$;

   (2) $x = 1$, 极小值 0, $x = \mathrm{e}^2$, 极大值 $\dfrac{4}{\mathrm{e}^2}$;   (3) $x = 0$, 极小值 $-\sqrt[3]{a^4}$;

   (4) $x = 5$, 极大值 3, $x = 15$, 极小值 23;   (5) $x = \pm 1$, 极大值 $\dfrac{1}{\mathrm{e}}$, $x = 0$, 极小值 0;

   (6) $x = 2k\pi \pm \dfrac{2}{3}\pi (k \in \mathbb{Z})$, 极大值 $\dfrac{5}{4}$, $x = 2k\pi (k \in \mathbb{Z})$, 极小值 -1, $x = (2k+1)\pi (k \in \mathbb{Z})$, 极小值 1.

5. $a = 2, f\left(\dfrac{\pi}{3}\right) = \sqrt{3}$ 为极大值.

6. (1) 最大值 $2\sqrt{7} - 1$, 最小值 3;   (2) 最大值 1, 最小值 $\dfrac{3}{5}$;   (3) 最大值 1, 最小值 0;

   (4) 最大值 $\dfrac{\pi}{4}$, 最小值 0;   (5) 最大值 2, 最小值 -2.

7. 长 6 cm, 宽 3 cm, 高 4 cm.   8. 1 cm.   9. $2\sqrt{\dfrac{2A}{\pi + 4}}$.   10. $\sqrt{2} : 1$.   11. $2x + y = 6$.

12. (1) 上凹, 无拐点;

   (2) $((2k-1)\pi, 2k\pi)$ 上凹, $(2k\pi, (2k+1)\pi)$ 下凹, $(k\pi, k\pi)$ 为拐点, $(k \in \mathbb{Z})$;

   (3) $\left(-\infty, \dfrac{1}{2}\right)$ 上凹, $\left(\dfrac{1}{2}, +\infty\right)$ 下凹, $\left(\dfrac{1}{2}, \mathrm{e}^{\arctan \frac{1}{2}}\right)$ 为拐点;

   (4) $(a\mathrm{e}^{\frac{3}{2}}, +\infty)$ 上凹, $(0, a\mathrm{e}^{\frac{3}{2}})$ 下凹, $\left(a\mathrm{e}^{\frac{3}{2}}, \dfrac{3}{2}\mathrm{e}^{-\frac{3}{2}}\right)$ 为拐点.

14. (1) $x = 0$ 为铅直渐近线, $y = 1$ 为水平渐近线;

   (2) $x = -\dfrac{1}{\mathrm{e}}$ 为铅直渐近线, $y = x + \dfrac{1}{\mathrm{e}}$ 为斜渐近线;

   (3) $x = 0$ 为铅直渐近线, $y = x$ 为斜渐近线;

   (4) $y = 2x + \dfrac{\pi}{2}, y = 2x - \dfrac{\pi}{2}$ 为斜渐近线;

   (5) $x = 1, x = 2$ 为铅直渐近线, $y = 0$ 为水平渐近线;

   (6) $x = 0$ 为铅直渐近线, $y = \mathrm{e}^\pi x$ 为水平渐近线.

16. (1) $0 < p < \sqrt{\dfrac{ab}{c}} - b$ 增加, $p > \sqrt{\dfrac{ab}{c}} - b$ 减少;

(2) $p = \sqrt{\dfrac{ab}{c}} - b$ 达到最大, 最大值 $(\sqrt{a} - \sqrt{bc})^2$.

17. (1) $x = \dfrac{5}{2}(4 - t)$ 时获得最大利润 $\dfrac{5}{4}(4 - t)^2 - 1$. (2) $t = 2$ 时, 政府税收总额最大.

18. 利润函数 $18x - 3x^2 - 4x^3$, 边际收入函数 $26 - 4x - 12x^2$, 边际成本函数 $8 + 2x$,

$\quad$ $x = 1$ 时获得最大利润 11. $\qquad$ 19. $7p2^p \ln 2/Q$, $\quad 4\ln 2$.

20. (1) $-6, -10, -\dfrac{1}{2}, -\dfrac{5}{2}$; $\qquad$ (2) 增加 0.5%, 减少 1.5%; $\qquad$ (3) $p = \sqrt{15}$.

21. 0.176; $\qquad$ 22. 0.322; $\qquad$ 23. 0.511.

习题 3.1

1. (1) $3\ln|x| + 4\arcsin x + C$; $\quad$ (2) $\dfrac{3}{5}x^{5/3} + \dfrac{3}{\sqrt[3]{x}} + C$; $\quad$ (3) $-\dfrac{1}{2}x^{-2} + \dfrac{3}{x} + 3\ln|x| - x + C$;

$\quad$ (4) $\dfrac{4^x}{\ln 4} - 2\dfrac{6^x}{\ln 6} + \dfrac{9^x}{\ln 9} + C$; $\quad$ (5) $\tan x - x + C$; $\quad$ (6) $\tan x - \cot x + C$.

2. (1) $-\dfrac{1}{3}(1 - x^2)^{3/2} + C$; $\qquad$ (2) $x + C_1$; $\qquad$ (3) $\dfrac{1}{2}\ln^2 x + C$;

$\quad$ (4) $\dfrac{2\sin x^2}{x}\mathrm{d}x$; $\qquad$ (5) $\dfrac{1}{a}F(ax + b) + C$.

3. (1) $\dfrac{1}{6}(2u^2 - 1)^{3/2} + C$; $\qquad$ (2) $\dfrac{1}{2}\sqrt{1 + 2u^2} + C$; $\qquad$ (3) $\dfrac{1}{48}(3x - 2)^{16} + C$;

$\quad$ (4) $-\dfrac{2}{5}\left(\dfrac{x}{2} + 1\right)^{-5} + C$; $\qquad$ (5) $2\arctan\sqrt{x} + C$; $\qquad$ (6) $\dfrac{1}{2}(\mathrm{e}^{x^2} + \mathrm{e}^{-2x}) + C$;

$\quad$ (7) $\arctan \mathrm{e}^x + C$; $\qquad$ (8) $\dfrac{1}{a - b}\ln\left|\dfrac{x - a}{x - b}\right| + C$; $\qquad$ (9) $2\sqrt{1 + \ln x} + C$;

$\quad$ (10) $\sin x - \dfrac{2}{3}\sin^3 x + \dfrac{1}{5}\sin^5 x + C$; $\qquad$ (11) $\dfrac{x}{2} - \dfrac{1}{4}\sin 2x + C$;

$\quad$ (12) $\dfrac{3}{8}x + \dfrac{1}{4}\sin 2x + \dfrac{1}{32}\sin 4x + C$; $\qquad$ (13) $\dfrac{1}{4}\sin 2x - \dfrac{1}{16}\sin 8x + C$;

$\quad$ (14) $\dfrac{1}{\sqrt{2}}\arcsin\left(\dfrac{\sqrt{6}}{3}\sin x\right) + C$; $\qquad$ (15) $\dfrac{1}{\sqrt{2}}\arctan\left(\dfrac{1}{\sqrt{2}}\tan x\right) + C$;

$\quad$ (16) $\dfrac{1}{\cos x} - \tan x + x + C$; $\qquad$ (17) $\ln|x| - \dfrac{1}{n}\ln|1 + x^n| + C$;

$\quad$ (18) $\dfrac{1}{3}x^3 + \dfrac{1}{3}(x^2 - 1)^{3/2} + C$; $\qquad$ (19) $-\dfrac{1}{\arcsin x} + C$; $\qquad$ (20) $\dfrac{1}{4}\arctan\dfrac{x^2 + 1}{2} + C$.

4. (1) $\dfrac{1}{2\sqrt{2}}\ln\left|\dfrac{\sqrt{2} - \sqrt{1 - x^2}}{\sqrt{2} + \sqrt{1 - x^2}}\right| + C$; $\qquad$ (2) $\dfrac{1}{3a^2}\left(\dfrac{\sqrt{x^2 - a^2}}{x}\right)^3 + C$;

$\quad$ (3) $\dfrac{1}{\sqrt{1 + x^2}} + \sqrt{1 + x^2} + C$; $\qquad$ (4) $\dfrac{2}{3}\dfrac{2x + 1}{\sqrt{1 + x + x^2}} + C$; $\qquad$ (5) $\dfrac{-2(1 + 2\sqrt[4]{x})}{(1 + \sqrt[4]{x})^2} + C$;

$\quad$ (6) $-\dfrac{3}{2}\sqrt[3]{\dfrac{x + 1}{x - 1}} + C$; $\qquad$ (7) $\dfrac{1}{2}\ln(1 + \cos^2 x) - \dfrac{1}{2}\cos^2 x + C$;

(8) $\dfrac{2\sqrt{3}}{3\ln 2}\arctan\dfrac{2^{x+1}+1}{\sqrt{3}}+C$;   (9) $-\mathrm{e}^{-x}-\arctan\mathrm{e}^{x}+C$;

(10) $-\dfrac{1}{33(x-1)^{99}}-\dfrac{3}{49(x-1)^{98}}-\dfrac{6}{97(x-1)^{97}}-\dfrac{1}{48(x-1)^{96}}+C$.

5. (1) $x\sin x+\cos x+C$;   (2) $\dfrac{1}{2}(x^2-1)\ln(1+x)-\dfrac{1}{4}(x-1)^2+C$;

  (3) $\dfrac{1}{3}x^3\arctan x-\dfrac{1}{6}x^2+\dfrac{1}{6}\ln(1+x^2)+C$;   (4) $x(\ln^2 x-2\ln x+2)+C$;

  (5) $\dfrac{1}{3}(x^3-1)\mathrm{e}^{x^3}+C$;   (6) $-\dfrac{x}{2\sin^2 x}-\dfrac{1}{2}\cot x+C$;

  (7) $-x\cot\dfrac{x}{2}+2\ln\left|\sin\dfrac{x}{2}\right|+C$;   (8) $(\arctan\sqrt{x})^2+C$.

6. (1) $-\sin x-\dfrac{2\cos x}{x}+C$;   (2) $\dfrac{(x-1)\mathrm{e}^{2x}}{4x}+C$.

7. $-2\sqrt{1-x}\arcsin\sqrt{x}+2\sqrt{x}+C$.   8. $x-\ln(1+\mathrm{e}^x)-\dfrac{\ln(1+\mathrm{e}^x)}{\mathrm{e}^x}+C$.

9. (1) $\ln|x+1|+2\ln|x-1|-\dfrac{1}{x-1}+C$;

  (2) $\ln\left|\dfrac{(x+1)^3}{x(x+2)^2}\right|+C$;   (3) $\ln\left|\dfrac{x+2}{x+1}\right|-\dfrac{2}{x+2}+C$;

  (4) $\dfrac{1}{3}\ln|x-1|-\dfrac{1}{6}\ln(x^2+x+1)+\dfrac{1}{\sqrt{3}}\arctan\dfrac{2x+1}{\sqrt{3}}+C$;

  (5) $\dfrac{x^2}{2}-x+\dfrac{17}{3}\ln|x+2|-\dfrac{2}{3}\ln|x-1|+C$; (6) $\dfrac{x^2}{2}+x+\dfrac{1}{4}\ln\dfrac{(x-1)^2}{x^2+1}-\dfrac{1}{2}\arctan x+C$;

  (7) $\dfrac{1}{x^2+2x+2}+\arctan(x+1)+C$;   (8) $\dfrac{1}{3}\ln\left|\dfrac{x^3}{x^3+1}\right|+\dfrac{1}{3(1+x^3)}+C$.

10. (1) $\ln|\sin x+\cos x|+C$;   (2) $\dfrac{1}{2}(x-\ln|\sin x+\cos x|)+C$;

  (3) $\dfrac{1}{3\cos^3 x}-\dfrac{2}{\cos x}-\cos x+C$;   (4) $\sqrt{2}\arctan(\sqrt{2}\tan x)-x+C$;

  (5) $\tan\dfrac{x}{2}-\ln(1+\cos x)+C$;   (6) $2x+\ln|\sin x+2\cos x|+C$.

11. (1) $2\sin\sqrt{x}-2\sqrt{x}\cos\sqrt{x}+C$; (2) $2x\sqrt{1+\mathrm{e}^x}-4\sqrt{1+\mathrm{e}^x}-2\ln\dfrac{\sqrt{1+\mathrm{e}^x}-1}{\sqrt{1+\mathrm{e}^x}+1}+C$;

  (3) $\dfrac{x\arccos x}{\sqrt{1-x^2}}-\dfrac{1}{2}\ln(1-x^2)+C$;   (4) $\dfrac{1}{2}\ln|\csc x-\cot x|-\dfrac{1}{2}\cot x\csc x+C$;

  (5) $\dfrac{1}{4}x^4+\dfrac{1}{4}\ln(1+x^4)-\ln(2+x^4)+C$;   (6) $\dfrac{1}{2\sqrt{2}}\ln\left|\dfrac{x^2-\sqrt{2}x+1}{x^2+\sqrt{2}x+1}\right|+C$;

  (7) $\dfrac{1}{x}-\dfrac{1}{3}x^{-3}+\arctan x+C$;   (8) $\dfrac{1}{2}x-\ln\left|\sin\dfrac{x}{2}+\cos\dfrac{x}{2}\right|+C$;

  (9) $\dfrac{x}{x-\ln x}+C$;   (10) $-\dfrac{1}{2}\ln^2\dfrac{1+x}{x}+C$;

(11) $\frac{1}{2}(x^2 - 1)\ln\frac{1+x}{1-x} + x + C$;   (12) $x - \tan x + \sec x + C$;

(13) $2(\sqrt{e^x - 1} - \arctan\sqrt{e^x - 1}) + C$;   (14) $\frac{1}{7}\tan^7 x + \frac{1}{9}\tan^9 x + C$;

(15) $\frac{\ln x}{1-x} + \ln\left|\frac{1-x}{x}\right| + C$;   (16) $e^x\arctan e^x - \frac{1}{2}\ln(1 + e^{2x}) + C$;

(17) $\frac{1}{3}x^3\ln^2 x - \frac{2}{9}x^3\ln x + \frac{2}{27}x^3 + C.$;

(18) $\frac{1}{\sqrt{2}}\arctan(\sqrt{2}\tan x) - \frac{1}{2\sqrt{2}}\ln\frac{\sqrt{2} + \cos x}{\sqrt{2} - \cos x} + \arctan(\sin x) + C$;

习题 3.2

1. (1) $\frac{1}{2}$;   (2) $\frac{a-1}{\ln a}$.   3. (1) >;   (2) <.   4. (1) 0;   (2) 0.

5. (1) $2x\sin|x|$;   (2) $\sin^2(x - y)$;   (3) $\frac{1}{2\sqrt{x}}\cos x - \cos x^2$;   (4) $e^{-y^2}(2x - \cos x^2)$.

6. (1) $\frac{4}{5}(2^{\frac{5}{4}} - 1)$;   (2) $1 - \frac{\pi}{2}$;   (3) $\frac{2}{3}$;   (4) $\frac{4}{3}$;   (5) $\frac{17}{3}$;   (6) $\frac{4}{3}$;

(7) $\frac{\pi}{8} - \frac{1}{4}\ln 2$;   (8) $\frac{1}{3}\ln 2$;   (9) $\ln 3$;   (10) $\frac{1}{2} - \frac{3}{8}\ln 3$.

7. (1) 不能;   (2) 不能;   (3) 不能;   (4) 可以.

8. (1) $\frac{1}{16}\pi a^4$;   (2) $\frac{4}{9}(2e^3 + 1)$;   (3) $2 - \frac{\pi}{2}$;   (4) $2 - \frac{\pi}{2}$;   (5) $\frac{1}{2}$;   (6) $\frac{5}{144}\pi^2$.

9. (1) $\frac{e}{2}(\cos 1 + \sin 1) - \frac{1}{2}$;   (2) $\ln(1 + \sqrt{2}) - \sqrt{2} + 1$;   (3) $\sqrt{2}\arctan\frac{\sqrt{2}}{2}$;   (4) $\frac{1}{2}(e^{-\pi} + 1)$;

(5) $-\frac{\pi}{6}$;   (6) $\frac{e}{2} - 1$;   (7) $1 + \cos 1 - \sin 1$;   (8) $\frac{8}{9}e^3 + \frac{4}{9}$;   (9) $\frac{4}{3}$;

(10) $2 - \frac{\pi}{2}$;   (11) $\frac{\sqrt{2}}{2}$;   (12) 0;   (13) $\pi - 2$.   11. $200\sqrt{2}$.

12. (1) 12;   (2) 1;   (3) $\frac{\pi^2}{4}$;   (4) $\frac{1}{2}$;   (5) $\frac{1}{p+1}$;   (6) $\frac{1}{b}(\cos a - \cos(a + b))$;   (7) $\frac{\pi}{4}$;   (8) $\frac{4}{e}$.

13. (1) $\frac{a^2}{2(1-a)}$;   (2) $1 - \frac{\pi}{2}$;   (3) $\frac{1}{2}[f(2x) - f(2a)]$;   (4) $\frac{7}{3} - \frac{1}{e}$;   (5) $e^{-1} - 1$.

14. $F(x) = \begin{cases} \frac{1}{3}(x^3 - 1), & 0 \leqslant x < 1, \\ x - 1, & 1 \leqslant x \leqslant 2. \end{cases}$ 15. $\frac{1}{2}(\sin 1 - 1)$.   18. (2) $\frac{\pi}{2}$.

24. (2) $\frac{2}{\pi}$.   27. (1) 0.69702, 0.69325; (2) 0.22070, 0.20052.

习题 3.3

1. (1) $\dfrac{1}{3ab}$;   (2) $2\ln 2 - 1$;   (3) $\dfrac{\pi}{2}$;   (4) $ab\pi$;   (5) $\dfrac{9}{2}$;   (6) $\dfrac{1}{2}$;   (7) $\dfrac{9}{4}$.

2. $2\pi + \dfrac{4}{3}, 6\pi - \dfrac{4}{3}$.   3. (1) 1;   (2) $\dfrac{a^2}{12}\pi$;   (3) $\dfrac{a^2}{2}$;   (4) $\dfrac{3}{16}\pi - \dfrac{\sqrt{2}}{2} + \dfrac{7}{8}$.

4. $2 - \dfrac{\pi}{4}, \dfrac{5}{4}\pi - 2$.   5. $\dfrac{2}{3}(\sqrt[4]{2} - 1)$.   6. $y = \ln\dfrac{e^2+1}{2} + \dfrac{2}{e^2+1}x - 1$.

7. (1) $S = \dfrac{200q^3}{3(1+q)^4}$;   (2) 当 $q = 3, p = -\dfrac{4}{5}$ 时, S 取得最大值 $\dfrac{225}{32}$.

8. (1) $y = \dfrac{x}{2\sqrt{t}} + \dfrac{\sqrt{t}}{2}$;   (2) $\pi\left(\dfrac{2}{3t} + \dfrac{t}{2} - 1\right)$;   (3) $P\left(\dfrac{2}{\sqrt{3}}, \sqrt{\dfrac{2}{\sqrt{3}}}\right)$.

9. (1) $V_x = \dfrac{\pi}{7}, V_y = \dfrac{2}{5}\pi$;   (2) $V_x = \dfrac{1}{15}\pi$.   10. $4\sqrt{3}$.

12. (1) $M(2,2)$;   (2) $2x - y - 2 = 0$;   (3) $\dfrac{4}{15}\pi$.   13. (1) $\dfrac{e}{2} - 1$;   (2) $\pi\left(\dfrac{5}{6}e^2 - 2e + \dfrac{1}{2}\right)$.

14. $V_x = 5\pi^2 a^3, V_y = 6\pi^3 a^3$.   15. $2a\pi^2 r^2$.   17. $\dfrac{5}{9}\pi - \dfrac{\sqrt{3}}{3}$, $\dfrac{19}{9}\pi + \dfrac{\sqrt{3}}{3}$.

18. (1) $\ln(2+\sqrt{3})$;   (2) $6a$;   (3) 4;   (4) $2\pi^2 a$.

20. (1) $4\pi[\sqrt{2} + \ln(1+\sqrt{2})]$;   (2) $\dfrac{12\pi a^2}{5}$;   (3) $\dfrac{64}{3}\pi a^2, 16\pi^2 a^2$;   (4) $\dfrac{32}{5}\pi a^2$.

21. (1) $K = R = 1$;   (2) $K = \dfrac{\sqrt{3}}{9}, R = 3\sqrt{3}$.

22. (1) $4a|\sin\dfrac{t}{2}| = 2\sqrt{2ay}$;   (2) $\dfrac{2\sqrt{2a\rho}}{3}$.   23. (1) $\left(\dfrac{\rho\sin\alpha}{\alpha}, 0\right)$;   (2) $\left(\pi a, \dfrac{4}{3}a\right)$.

24. (1) $\left(\dfrac{5}{4}, \dfrac{5}{4}\right)$;   (2) $\left(\dfrac{4a}{3\pi}, \dfrac{4b}{3\pi}\right)$.   25. $64\pi \times 10^7$ 牛 · 米.   26. $\dfrac{4kMm}{4r^2 - L^2}$.

27. (1) $\dfrac{\pi}{4}r^4$;   (2) $\dfrac{5}{4}r^4$;   (3) $\dfrac{1}{12}ah^3$.   28. $L(x) = -0.1x^2 + 100x - 200$; 500.   29. 5.59 年.

习题 3.4

1. (1) 1;   (2) $\dfrac{\sqrt{5}}{5}\pi$;   (3) $\dfrac{3}{2}(e^2-1)^{2/3}$;   (4) π;   (5) π;   (6) π;   (7) $-\dfrac{\pi}{3}$;   (8) $\dfrac{\pi}{2} - 1$;

(9) $\dfrac{2}{3}$;   (10) $\dfrac{1}{2}$;   (11) $\dfrac{1}{4}\ln 2$;   (12) 0.   2. $k \leqslant 1$ 时发散, $k > 1$ 时收敛.

3. $c = \dfrac{5}{2}$.   4. $\dfrac{\pi}{2}$.   5. (1) $\ln 2$;   (2) $-\dfrac{1}{2}$;   (3) $\dfrac{\pi}{2} + \ln(2+\sqrt{3})$.

习题 4.1

1. $(1,3,-2)(x$ 轴$)$, $(-1,-3,-2)(y$ 轴$)$, $(-1,3,2)(z$ 轴$)$, $(1,-3,-2)(xOy$ 平面$)$,

$(-1,-3,2)(yOz$ 平面$)$, $(1,3,2)(zOx$ 平面$)$, $(-1,3,-2)($原点$)$.

3. $P\left(\dfrac{32}{9}, \dfrac{11}{3}, 0\right), \lambda = \dfrac{7}{2}$.   4. $(28,-29,4)$.   5. $(-3,-4,-2)$.   7. $\dfrac{3\pi}{4}$.   9. $-\dfrac{28}{13}$.

10. $\left(\dfrac{1}{\sqrt{2}}, \dfrac{1}{\sqrt{2}}, 0\right)$; 或 $(0,0,-1)$.   11. $\sqrt{21}, \left(\dfrac{2}{\sqrt{21}}, \dfrac{1}{\sqrt{21}}, \dfrac{4}{\sqrt{21}}\right)$.

14. $8, (9,0,-3), 9, (-6,-3,-18), (-11,19,-9).$　　15. $\arccos\left(-\dfrac{19}{\sqrt{73\times13}}\right).$　　16. $\sqrt{3}.$

17. $\dfrac{1}{2}.$　18. (1) $-2;$　(2) -1 或 $5.$　19. $\dfrac{\pi}{3}.$　20. $(2,-3,0).$　21. $4.$　23. $\dfrac{\sqrt{3}}{2}.$　24. $9.$

习题 4.2

1. $2x+8y-12z+41=0,$ 平面.　　　3. $2x+2y-3z=0.$

4. (1) $\dfrac{x-\frac{42}{11}}{-14}=\dfrac{y+\frac{4}{11}}{5}=\dfrac{z}{11};$　　(2) $\dfrac{x}{3}=\dfrac{y}{2}=\dfrac{z-1}{-1}.$　　5. $\dfrac{x}{1}=\dfrac{y+3}{0}=\dfrac{z}{2}.$　　6. $\dfrac{\sqrt{93}}{3}.$

7. $\dfrac{3}{\sqrt{2}}.$　　8. $\dfrac{\pi}{3}.$　　9. $L\perp\pi.$　　10. 平行, $\dfrac{1}{\sqrt{6}}.$　　11. $(-5,2,4).$　　12. $5x+2y+z+1=0.$

13. $-x+3y+z=4.$　　　14. $5x-14y+2z+81=0,\ 5x-14y+2z=9.$

15. $(0,5,10),\ x-2y+z=0.$　　16. $x-3y+z+2=0.$　　　17. $2x+21y-7z=0.$

18. $\dfrac{x-1}{3}=\dfrac{y-2}{-2}=\dfrac{z-1}{-5}.$　　19. $\dfrac{x}{2}=\dfrac{y+1}{-3}=\dfrac{z}{1}.$　　20. $\begin{cases}2x-y+4z-4=0,\\5x-3y+z=0.\end{cases}$

21. $\dfrac{5}{3},\ \begin{cases}y-z+1=0,\\10x-7y+2z-16=0\end{cases}$ 或 $\dfrac{x-\frac{14}{5}}{1}=\dfrac{y-\frac{14}{5}}{2}=\dfrac{z-\frac{19}{5}}{2}.$

22. $\begin{cases}2x+4y-z=6,\\5x-2y+2z=7;\end{cases}$　　$5x-2y+2z=7.$

习题 4.3

1. $z=2.$　　2. 球心 $(-1,2,4),$ 半径 $4.$　　3. $\left(x-\dfrac{1}{4}\right)^2+\left(y-\dfrac{1}{4}\right)^2+\left(z-\dfrac{1}{4}\right)^2=\dfrac{1}{16}.$

4. (1) 椭球面;　　(2) 双曲柱面;　　(3) 双叶双曲面;　　(4) 单叶双曲面;

　(5) 椭圆锥面;　(6) 双曲抛物面;　(7) 椭圆抛物面;　(8) 抛物柱面.

5. $4x^2+4y^2+3z^2-12=0,$ 旋转椭球面.　　6. $(3y-2z)^2+(z-3x)^2+(2x-y)^2=56.$

7. $x^2+y^2-5z^2+38z=74,\ 96\pi.$　8. $4(2x+2y-z-3)^2=27[(x-1)^2+(y-2)^2+(z-3)^2].$

9. $\dfrac{x^2}{4}-\dfrac{y^2+z^2}{5}=1,\ \dfrac{x^2+z^2}{4}-\dfrac{y^2}{5}=1.$

10. (1) $2y^2+2z^2-2yz+12y-10z=3;$　　(2) $(x-y)^2+3z^2-8(x-y)-8z=26.$

12. $\left(\dfrac{1}{3},-\dfrac{1}{3},-\dfrac{1}{3}\right),\ \sqrt{15}.$

13. $\begin{cases}x^2+y^2+x+y=1,\\z=0;\end{cases}$　　$\begin{cases}z=x^2+(1-x-z)^2,\\y=0;\end{cases}$　　$\begin{cases}z=y^2+(1-y-z)^2,\\x=0.\end{cases}$

15. (1) $x=\cos t, y=\sin t, z=2-\cos t+\sin t,\ t\in[0,2\pi];$

　(2) $x=\cos t, y=\dfrac{\sin t}{\sqrt{2}}, z=\dfrac{\sin t}{\sqrt{2}},\ t\in[0,2\pi];$

(3) $x = \dfrac{a(1+\cos t)}{2}, y = \dfrac{a\sin t}{2}, z = a\sin\dfrac{t}{2}, \quad t \in [0, 2\pi];$

(4) $x = \dfrac{a\cos t}{\sqrt{2}} - \dfrac{a\sin t}{\sqrt{6}}, y = \dfrac{\sqrt{6}a\sin t}{3}, z = -\dfrac{a\cos t}{\sqrt{2}} - \dfrac{a\sin t}{\sqrt{6}}, \quad t \in [0, 2\pi].$